U0799605

普通高等教育“十二五”规划教材

有色金属冶金概论

代书华　主编

北　京
冶　金　工　业　出　版　社
2015

内 容 提 要

本书共分为7章，第1章介绍了氧化铝的生产方法，第2~7章分别论述了铝冶金、镁冶金、铜冶金、金银冶金、铂族金属冶金、稀土冶金等生产过程的基本原理、工艺流程、设备及工艺参数。

本书为高等院校冶金工程和材料工程专业的教学用书，也可供相关行业工程技术人员参考。

图书在版编目(CIP)数据

有色金属冶金概论/代书华主编．—北京：冶金工业出版社，2015.8

普通高等教育“十二五”规划教材

ISBN 978-7-5024-7063-0

Ⅰ.①有… Ⅱ.①代… Ⅲ.①有色金属冶金—概论—高等学校—教材 Ⅳ.①TF8

中国版本图书馆CIP数据核字(2015)第201218号

出 版 人　谭学余

地　　址　北京市东城区嵩祝院北巷39号　邮编　100009　电话　(010)64027926

网　　址　www.cnmip.com.cn　电子信箱　yjcbs@cnmip.com.cn

责任编辑　杨秋奎　加工编辑　李维科　美术编辑　吕欣童

版式设计　孙跃红　责任校对　禹　蕊　责任印制　牛晓波

ISBN 978-7-5024-7063-0

冶金工业出版社出版发行；各地新华书店经销；固安华明印业有限公司印刷

2015年8月第1版，2015年8月第1次印刷

787mm×1092mm　1/16；14.5印张；388千字；224页

39.00元

冶金工业出版社　投稿电话　(010)64027932　投稿信箱　tougao@cnmip.com.cn

冶金工业出版社营销中心　电话　(010)64044283　传真　(010)64027893

冶金书店　地址　北京市东四西大街46号(100010)　电话　(010)65289081(兼传真)

冶金工业出版社天猫旗舰店　yjgycbs.tmall.com

(本书如有印装质量问题，本社营销中心负责退换)

前　言

本书为高等院校冶金类专业教材，是按照教育部高等院校培养高技能人才的培养目标和规格，以及应具有的知识结构、能力结构和素质要求，依据内蒙古工业大学材料科学与工程学院教学指导委员会审定的“有色金属冶金学”课程教学大纲，在总结近几年教学经验并征求相关企业技术人员意见的基础上编写而成的。

我国的有色冶金工业已进入“新材料时代”或“高新技术时代”。有色金属主要应用于电子、信息、通信、汽车、包括医疗器械在内的精密机电，以及传统的石油、玻璃、冶金等行业。有色金属产业的高速增长为我国有色冶金工业提供了良好的机遇，我国有色冶金工业的发展也必将为人类社会的进步做出应有的贡献。

“有色金属冶金概论”作为冶金工程、金属材料专业及材料物理专业的核心课程之一，其教学基本目的是：熟悉有色金属火法冶金和各类有色金属生产的基本过程；熟悉生产流程中工艺原理和基本设备；具有在生产一线操作的基本知识和技能；具有开发新材料，采用新工艺、新设备、新技术的初步能力。

几十年来，有色金属冶金技术得到了长足发展，有色冶金产业链不断延伸。为了适应有色金属冶金产业的高速发展，适应教学要求，编者编写了《有色金属冶金概论》一书。《有色金属冶金概论》共分7章，第1章介绍了氧化铝的生产方法、铝酸钠溶液、拜耳法生产氧化铝、烧结法生产氧化铝等基础知识和产业相关知识；第2~7章分别论述了铝冶金、镁冶金、铜冶金、金银冶金、铂族金属冶金、稀土冶金等生产过程的基本原理、工艺流程、设备及工艺参数。在编写过程中力求体现高等院校的教学特色，注重以职业需求为依据，贯彻“基于工作过程”的原则，且注意吸收国内外有关的先进技术成果和生产经验，充实必要的基础知识和基本操作技能。

由于编者水平所限，书中不妥之处，诚请读者批评指正。

编　者

2015年6月

目　录

第一章　氧化铝的生产

第一节　概　述

一、氧化铝及其水合物

氧化铝水合物（$Al_2O_3 \cdot nH_2O$）根据所含结晶水的数目[1]（n）的不同分为三水型、一水型和铝胶三大类，其中三水型为 $n=3$ 的氧化铝水合物，包括三水铝石；一水型为 $n=1$ 的氧化铝水合物，包括一水硬铝石 α-AlOOH、一水软铝石 γ-AlOOH；铝胶为含结晶水不完善的氧化铝水合物。

目前生产氧化铝的主要原料是铝元素以三水铝石、一水硬铝石及一水软铝石等形态存在的各类铝土矿。不同类型的铝土矿与氧化铝生产工艺流程的选择和技术条件的控制有着紧密关系，所以对不同形态氧化铝水合物的性质应该有充分的了解。

二、铝土矿

铝是化学性质很活泼的元素，在自然界中只以化合物状态存在。自然界中含铝矿物达 250 种，其中主要矿物有铝土矿、霞石、明矾石、高岭土和黏土等。目前铝土矿是氧化铝生产工业最主要的矿物资源，世界上 95%以上的氧化铝出自铝土矿[2]。

（一）铝土矿的化学成分和矿物成分

铝土矿是一种以氢氧化铝矿物为主的成分复杂的岩石。铝土矿的主要化学成分有 Al_2O_3、SiO_2、Fe_2O_3、TiO_2，少量的 CaO、MgO、硫化物，以及微量的 Ga、V、P、Cr 等十几种到二十种元素的化合物。

铝土矿中 Al_2O_3的含量为 50%~70%，其矿物成分有三水铝石 $Al(OH)_3$、一水软铝石 γ-AlOOH 和一水硬铝石 α-AlOOH。铝土矿的类型按上述矿物成分而分为三水铝石型、一水软铝石型、一水硬铝石型及各种混合型，如三水铝石-一水软铝石、一水软铝石-一水硬铝石等。我国铝土矿主要为一水硬铝石型铝土矿，也有少量的三水铝石型铝土矿。

铝土矿中的 SiO_2主要以高岭石（$Al_2O_3 \cdot 2SiO_2 \cdot 2H_2O$）等硅酸盐矿物存在，有的含少量的石英（晶质 SiO_2）、蛋白石（$SiO_2 \cdot nH_2O$）及其他黏土矿物。

氧化硅是铝土矿的主要有害成分，它是氧化铝生产中引起碱和氧化铝损失的主要因素，在氧化铝生产中评价铝土矿的质量即以铝土矿中氧化铝和氧化硅的质量比为标准，称为铝硅比（A/S），目前工业生产中要求用拜耳法处理的铝土矿的铝硅比不低于 7，用烧结法处理的应不低于 3.5。

（二）铝土矿的质量标准

铝土矿的质量会影响生产技术条件的控制、设备的产能、能耗及产品质量等各方面。判断铝土矿质量的指标主要有氧化铝含量、氧化硅含量和铝土矿的类型。

（1）氧化铝含量。氧化铝在铝土矿中的含量越高，铝土矿中的杂质就会越少，设备产能、能耗、产品质量等指标就会越好。

（2）氧化硅含量。铝土矿中最主要的杂质是氧化硅和氧化铁。在碱法生产氧化铝工艺中，氧化铁不溶于碱性溶液，会直接进入渣中排掉。二氧化硅为酸性氧化物，会溶解进入碱液中，随后会以不溶性物质含水铝硅酸钠的形式析出，造成氧化钠和氧化铝的损失。因此氧化硅是碱法生产氧化铝的最有害的杂质。铝土矿中表示氧化硅含量的指标是铝硅比。

（3）铝土矿的类型。不同类型的铝土矿由于在拜耳法生产氧化铝时氧化铝溶出的难易程度不同，所采取的工艺技术条件也不相同。三水铝石型矿最易溶出，一水软铝石型矿次之，一水硬铝石型矿最难溶出。所以铝土矿的类型对采用拜耳法工艺生产氧化铝意义重大；而其对采用烧结法工艺生产氧化铝来说则意义不大。

（三）铝土矿矿石结构特点

铝土矿是由上述各种矿物组成的岩石，由于其成分及生成地质条件的不同，因而具有不同的颜色和结构形态。

（1）粗糙状铝土矿。表面粗糙、一般常见颜色有灰、灰白、浅黄色等，这是各地矿石的主要类别。

（2）致密状铝土矿。表面光滑致密，断口呈贝壳状，颜色多为灰、青灰色。这种铝土矿中高岭石含量较高，A/S 多低于工业要求。

（3）豆鲕状铝土矿。表面呈鱼子状或豆状，胶结物主要是粗糙状铝土矿或致密状铝土矿。颜色多为深灰、灰绿、红褐或灰白色。豆粒或鲕粒在矿石中的比例不一。鲕粒的构造复杂，一般由二至七层以上的同心圆组成，这些同心圆可为同一矿物，也可为不同的矿物。鲕心的成分也不相同，如有的铝土矿鲕心为一水硬铝石，有的是一水软铝石，有的则为水云母，此外还有的为高岭石或石英碎屑，这种矿石一般品位都低。

一般来说，矿石越粗糙，其品位越高；反之，矿石越致密，品位越低。而呈豆鲕状质地坚硬者，其品位也高。

我国各地铝土矿中一水硬铝石的晶体粒度也各不相同，大者约达 0.06mm，小者小于 0.01mm。高岭石通常多为 0.01mm 左右的细小晶粒。

（四）铝土矿的地质成因

铝是地壳中分布最广的元素之一，它在地壳中的平均含量为 8.8%，仅次于氧（49.1%）和硅（26%）居第三位，而在金属元素中，铝的含量居第一位。铝是一个典型的亲氧元素，在自然界完全以氧化铝或铝硅酸盐矿物形式存在。

地表含铝岩石在风化作用下，特别是由于水的作用（因水中含有 SO_4^{2-} 和 CO_3^{2-} 等，对岩石有较强的腐蚀分解作用），使岩石发生分解，其中 K、Na、Ca、Mg 等的化合物易溶解，随水流失，而 Fe、Al、Si 等的化合物则形成溶胶残留原地，或搬运不远，即被中和而凝聚沉淀。有的也可搬运较长的距离，在适当的条件下沉积成矿。

我国大部分地区的铝土矿多是石炭纪和二叠纪（距今约 3 亿年和 2 亿年）时的沉积产物。

（1）海相沉积型铝土矿。我国北方在奥陶纪（距今 4 亿年），南方（西南）在寒武纪（距今 5 亿年）以后，由于地壳运动，海水退去，奥陶纪的石灰岩露出水面，经受 1 亿多年的长期剥蚀风化，造成了准平原岩溶（喀斯特）地形，久经红壤化的石灰岩和古陆杂岩的充分分解，于是给铝土矿的形成准备了良好的物质条件。

到石炭纪时，海水漫浸准平原，古风化壳上的残积物经海水的溶解、分离和搬运，在凹凸不平的石灰岩基底上，各种元素根据从溶液中析出的 pH 值不同的特性先后沉淀。一般顺序是铁矿→铁铝岩→铝土矿→黏土。这层铝土矿即我国主要的铝土矿层，一般称为 G 层铝土矿。主要分布地区是山西、山东、河南、云南和贵州。

（2）陆相沉积型铝土矿。G 层铝土矿沉积之后，当条件适合时，海水和湖泊中所携带的氢氧化铝溶胶，又在不同层位上沉积形成黏土及铝土矿。到二叠纪时，我国北方上升为陆地，有高山高地，也有丘陵盆地，这时气候温暖潮湿，在一些盆地和部分沼泽地区，植物大量繁殖，于是形成了许多重要煤田。与此同时，在一些湖盆沼泽中的氢氧化铝溶胶，则在适合的条件下沉积成黏土或铝土矿，如辽宁、山东、湖北的某些铝土矿。

但是，二叠纪时我国南方仍为海相沉积，其分布地区有湖南、四川、贵州、广西、云南等地。

（3）玄武岩风化壳型铝土矿。福建、广东地处亚热带滨海地区，气候炎热，雨水充足。由于玄武岩很平缓地覆盖在第三纪（距今 100 万~600 万年）地层上，不利于大规模搬运，经年复一年的风化分解，K、Na、Mg、Ca 等的化合物易溶，随水流失，年年减少；残留下来的氧化铝、氧化铁等因此增多，富集成矿。这就是夹于红土中的铝土矿矿床。

（五）我国铝土矿资源的特点

我国铝土矿资源丰富[3]。目前已经探明的具有工业价值的铝土矿床，主要分布在河南、山西、广西、贵州及山东等地。我国铝土矿一般特点是高铝、高硅、低铁（只有广西矿为高铁）。因氧化硅含量较高，故铝硅比较低，多数在 4~7 之间，铝硅比在 10 以上的优质铝土矿较少。

除福建、广东有很少量的三水铝石型铝土矿外，我国其他地区均为一水硬铝石型铝土矿。

（六）国外铝土矿

世界铝土矿储量为 245 亿吨，包括潜在储量在内共 350 亿~400 亿吨。如按世界原铝产量每年增长 6%计算，铝土矿原料可满足今后 150 年左右的需要。

铝土矿储量丰富的国家有几内亚、澳大利亚、巴西、牙买加、印度、苏里南、印度尼西亚和希腊等。

国外铝土矿的一般特点是多数为三水铝石型铝土矿，欧洲如匈牙利、法国等为一水软铝石型铝土矿，希腊为一水硬铝石-一水软铝石型铝土矿，而前苏联则各种类型都有。

在化学成分上，国外大多数铝土矿的 SiO_2 含量都很低，而 Fe_2O_3 含量一般较高。

三、其他铝矿资源

除铝土矿外，可用于生产氧化铝的其他原料主要有：

（1）明矾石矿。明矾石矿主要成分为明矾石 $(K,Na)_2SO_4 \cdot Al_2(SO_4)_3 \cdot 4Al(OH)_3$，此外还含有大量石英等脉石。由于明矾石含有氧化铝、钾、硫酸根等有价值的成分，可以综合处理生产氧化铝、钾肥和硫酸。我国浙江、安徽有很大的明矾石矿床。前苏联、美国等都拥有丰富的明矾石矿。

（2）霞石矿。霞石 $(Na,K)_2O \cdot Al_2O_3 \cdot 2SiO_2$ 常与长石、磷灰石等矿物伴生，经选矿后的霞石精矿可用于生产氧化铝、碱和水泥。我国云南和四川有储量很大的霞石矿。前苏联有丰富的霞石资源，尽管工业生产近 70 年，但处理霞石的氧化铝产量不到其氧化铝总产量的 1/5。

第二节 氧化铝生产方法

一、电解炼铝对氧化铝质量的要求

氧化铝作为电解炼铝的原料，对它的化学纯度和物理性质须有一定的要求。

（一）氧化铝纯度

氧化铝纯度是影响原铝质量的主要因素。如氧化铝中含有比铝正电性更大的元素的氧化物（Fe_2O_3、SiO_2、TiO_2等），在电解过程中，这些元素将首先在阴极上析出，使所得的铝不纯。氧化铝中含有比铝负电性更大的元素的氧化物（Na_2O、CaO 等），则在电解时会与氟化铝反应而破坏电解质的正常成分，破坏电解过程。

氧化铝中的水也是有害成分，将增加电解质中氟化物的水解而产生氟化氢损失。近代烟气净化系统已可解决这一问题，因此对氧化铝中的灼减量可适当放宽。

各国对氧化铝的杂质含量（主要是 SiO_2、Fe_2O_3、Na_2O 和灼减量）都有自己的标准。我国现行氧化铝质量标准规定一级氧化铝的杂质含量为：$SiO_2<0.02\%$，$Fe_2O_3<0.03\%$，$Na_2O<0.50\%$，灼减量小于 0.8%。

（二）氧化铝物理性质

氧化铝物理性质主要指 α-Al_2O_3含量、真比重、容重、粒度、比表面积、安息角及磨损系数等。电解过程对氧化铝提出下列要求：在电解质中溶解速度要快；流动性好；粉尘量小；保温性能好；吸附 HF 能力强，这些都与上述诸性能有关。

按照氧化铝的物理特性，可将其分成砂状、中间状和粉状三种，见表 1-1。

表 1-1 工业氧化铝的分类和特性

特性 \ 分类	砂状	中间状	粉状
通过 45μm 筛网的粉料/%	<12	12~20	20~50
平均粒度/μm	80~100	50~80	50
安息角（angle of repose）/（°）	30~35	35~40	>40
比表面积（specific area）/$m^2\cdot g^{-1}$	>35	>35	2~10
真比重（real specific gravity）/$g\cdot cm^{-3}$	<3.70	<3.70	>3.90
容重（bulk density）/$g\cdot cm^{-3}$	>0.85	>0.85	<0.75
α-Al_2O_3/%	25~35	40~50	80~95

对电解过程来说，砂状氧化铝和粉状氧化铝都各有利弊。当前由于各国广泛采用中间下料的大型预焙阳极电解槽和干法烟气净化系统，以控制环境污染，于是要求使用流动性好、溶解快、吸附 HF 能力强和粉尘量小的砂状氧化铝，这已成为一种发展趋势。国外某些原来生产粉状氧化铝的工厂，大都已经改为生产砂状氧化铝。

我国正在制定电解用氧化铝物理性质的标准。根据我国实际情况并考虑到今后铝电解技术发展和环境保护的要求，生产砂状氧化铝将是主要任务。

二、氧化铝生产方法分类

生产氧化铝的方法大致分为碱法、酸法、电热法和酸碱联合法[4]，但目前用于工业生产的几乎全属于碱法。碱法生产氧化铝的基本过程如图 1-1 所示。

碱法[5]是用碱（工业烧碱 NaOH 或纯碱 Na_2CO_3）处理铝土矿，使矿石中的氧化铝变为可溶的铝酸钠。矿石中的铁、钛等杂质和绝大部分的硅则成为不溶解的化合物。将不溶解的残渣（俗作赤泥）与溶液分离，经洗涤后弃去或综合处理利用。将净化的铝酸钠溶液（精液）进行分解以析出氢氧化铝，经分离洗涤和煅烧后，得到产品氧化铝。分解母液则循环使用处理铝土矿。

碱法生产氧化铝有拜耳法、烧结法和拜耳-烧结联合法等多种流程。

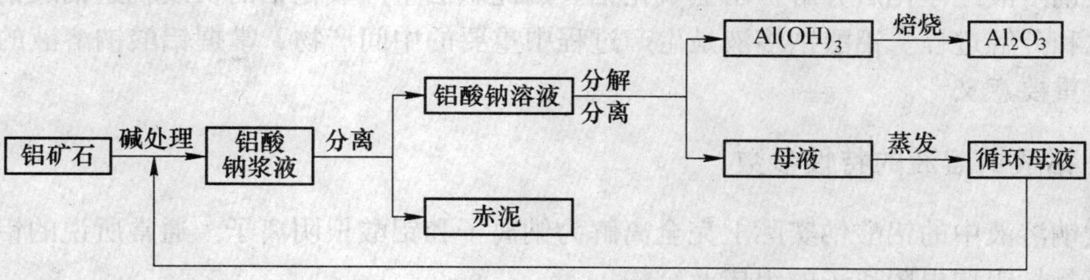

图 1-1　碱法生产氧化铝基本过程

碱法生产氧化铝分类及其优缺点见表 1-2。

表 1-2　　碱法生产氧化铝分类及其优缺点

方法＼优缺点	优　点	缺　点
拜耳法	比较简单，能耗低，产品质量高，成本低	只限于处理较高品位的铝土矿（A/S 应大于 7）
烧结法	它可以处理低品位的铝土矿（A/S 应大于 3.5）	工艺较复杂，能耗高，产品质量和成本不及拜耳法
拜耳-烧结联合法	可处理品位中等的铝土矿（如 A/S 为 6~7）	

拜耳法是直接用含有大量游离 NaOH 的循环母液处理铝矿石，以溶出其中的氧化铝而获得铝酸钠溶液，并用加晶种搅拌分解的方法，使溶液中的氧化铝以 $Al(OH)_3$状态结晶析出。种分母液经蒸发后返回用于浸出另一批铝矿石。矿石中的主要杂质 SiO_2以水合铝硅酸钠（$Na_2O \cdot Al_2O_3 \cdot 1.7SiO_2 \cdot nH_2O$）的形式进入赤泥，造成 Al_2O_3和 Na_2O 的损失。

烧结法是将铝矿石配入石灰石（或石灰）、苏打（含有 Na_2CO_3的碳分母液），在高温下烧结得到含固体铝酸钠的熟料，用稀碱溶液溶出熟料便得到铝酸钠溶液。经脱硅后的纯净铝酸钠溶液用碳酸化分解法使溶液中的氧化铝呈 $Al(OH)_3$形式析出。碳分母液经蒸发后返回用于配制生料浆。矿石中的主要杂质 SiO_2以原硅酸钙（$2CaO \cdot SiO_2$）的形式进入赤泥，不会造成 Al_2O_3和 Na_2O 的损失。

拜耳-烧结联合法兼有拜耳法和烧结法流程，兼具两个流程的优点，获得更好的经济效果。

酸法是用硝酸、硫酸、盐酸等无机酸处理含铝原料而得到相应的铝盐的酸性水溶液。然后使这些铝盐以水合物晶体（蒸发结晶）或碱式铝盐（水解结晶）形式从溶液中析出，也可用碱中和这些铝盐的水溶液，以氢氧化铝形式析出，煅烧后得无水氧化铝。酸法适合处理高硅低铁铝矿，如黏土、高岭土等。但它的缺点是耐酸设备昂贵，酸的回收困难，从溶液中除铁也困难。

酸碱联合法是先用酸法从高硅铝矿中制取含铁、钛等杂质的不纯氢氧化铝，再用碱法（拜耳法）处理。这一流程的实质是用酸法除硅，碱法除铁。

电热法适合处理高硅高铁铝矿，其实质是在电炉或高炉内还原熔炼矿石，同时获得硅铁合金（或生铁）与含氧化铝的炉渣，二者借比重差分开后，再用碱法从炉渣中提取氧化铝。

第三节　铝酸钠溶液

碱法生产氧化铝都是通过不同的途径使氧化铝从铝土矿中溶出成为铝酸钠溶液，而杂质入渣，铝酸钠溶液经净化后分解析出氢氧化铝。因此碱法生产氧化铝的实质就是铝酸钠溶液的制备、净化和分解过程。铝酸钠溶液是生产过程中重要的中间产物，掌握铝酸钠溶液的相关基本概念有着重要意义[6]。

一、铝酸钠溶液的特性参数

铝酸钠溶液中的铝酸钠实际上完全离解为钠离子和铝酸根阴离子。通常所说的铝酸钠溶液的结构，是指铝酸根阴离子的组成及结构。

综合近年来较为确定的关于铝酸根阴离子结构的研究结果，得出：

（1）在中等浓度的铝酸钠溶液中，铝酸根离子以 $Al(OH)_4^-$ 形式存在。

（2）在稀溶液中且温度较低时，以水化离子 $[Al(OH)_4^-](H_2O)_x$ 形式存在。

（3）在较浓的溶液中或温度较高时，发生离子脱水，形成 $[Al_2O(OH)_6]^{2-}$ 二聚离子，在150℃以下，上述两种形式的离子可同时存在。

（一）铝酸钠溶液的组成

1. 碱的类型和符号

工业铝酸钠溶液中有以 $NaAl(OH)_4$ 分子形式存在的 Na_2O，也有以 NaOH 分子形式存在的游离 Na_2O，另外还有以 Na_2CO_3 分子形式存在的 Na_2O 及以 Na_2SO_4 形式存在的 Na_2O，以这些分子形式存在的 Na_2O 在工业上都有各自的名称。

（1）苛性碱是指以 $NaAl(OH)_4$ 分子和 NaOH 分子形式存在的 Na_2O（符号表示为 $Na_2O_{苛}$ 或 Na_2O_k）。

（2）碳酸碱是指以 Na_2CO_3 分子形式存在的 Na_2O（符号表示为 $Na_2O_{碳}$ 或 Na_2O_C）。

（3）硫酸碱是指以 Na_2SO_4 分子形式存在的 Na_2O（符号表示为 $Na_2O_{硫}$ 或 Na_2O_S）。

（4）全碱是指以苛性碱和碳酸碱状态存在 Na_2O 的总和（符号表示为 $Na_2O_{全}$ 或 Na_2O_T）。

2. 铝酸钠溶液的组成

铝酸钠溶液的组成是以溶液中 Al_2O_3 和 Na_2O（苛性碱）的绝对浓度来表示的（苛性碱包括化合为铝酸钠的 Na_2O 和以氢氧化钠形式存在的游离 Na_2O，浓度以 ρ（单位 g/L）表示）。

（二）铝酸钠溶液的特性参数——苛性比值

铝酸钠溶液中的 Na_2O 与 Al_2O_3 的比值，可以用来表示铝酸钠溶液中氧化铝的饱和程度，是铝酸钠溶液的一个重要特性参数，也是一项重要的技术指标。较为普遍的是采用铝酸钠溶液中的 Na_2O 与 Al_2O_3 的摩尔数之比，写作 Na_2O/Al_2O_3 摩尔比，或称苛性比值，以符号"*MR*"或 α_k 表示。工业铝酸钠溶液的 Na_2O/Al_2O_3 摩尔比变化范围也很大，大致为1.25~4.0。不存在摩尔比 $MR \leqslant 1$ 的铝酸钠溶液。

例题：已知铝酸钠溶液的浓度为：$\rho_{Al_2O_3}=100g/L$，$\rho_{Na_2O_T}=120g/L$，$\rho_{Na_2O_C}=20g/L$，计算该溶液的摩尔比 *MR*。

$$MR=\frac{n_{Na_2O_k}}{n_{Al_2O_3}}=\frac{\rho_{Na_2O_k}}{\rho_{Al_2O_3}}\times\frac{102}{62}=\frac{\rho_{Na_2O_T}-\rho_{Na_2O_C}}{\rho_{Al_2O_3}}\times 1.645=\frac{120-20}{100}\times 1.645=1.645$$

式中 $n_{Na_2O_k}$，$n_{Al_2O_3}$——铝酸钠溶液中苛性碱和氧化铝的物质的量，mol。

$\rho_{Na_2O_k}$，$\rho_{Al_2O_3}$，$\rho_{Na_2O_T}$，$\rho_{Na_2O_C}$——铝酸钠溶液中苛性碱、氧化铝、全碱和碳酸碱的质量浓度，g/L。

（三）铝酸钠溶液的硅量指数

铝酸钠溶液的硅量指数是指溶液中所含氧化铝和二氧化硅的质量的比值。通常用两者质量浓度的比值计算得出：

$$硅量指数 = \frac{\rho(Al_2O_3)}{\rho(SiO_2)}$$

式中　$\rho(Al_2O_3)$，$\rho(SiO_2)$——铝酸钠溶液中氧化铝和二氧化硅的质量浓度，g/L。

铝酸钠溶液硅量指数的意义在于表示铝酸钠溶液的纯度。硅量指数越高，则铝酸钠溶液中二氧化硅含量越低，纯度越高，析出的氢氧化铝杂质含量就会越少；反之，则相反。

二、Na_2O-Al_2O_3-H_2O 系

纯的铝酸钠溶液可以看成是 Na_2O-Al_2O_3-H_2O 三元系。通过对 Na_2O-Al_2O_3-H_2O 三元系平衡状态图的了解，可以知道氧化铝在氢氧化铝溶液中的溶解度与溶液浓度和温度的关系，以及在不同条件下的平衡固相，从而得到生产技术参数。Na_2O-Al_2O_3-H_2O 三元系平衡状态图是碱法生产氧化铝理论基础的重要组成部分[7]。

为了应用方便，把在一定温度下的氧化铝溶解度与苛性碱浓度的关系用直角坐标图来表示。纵坐标表示氧化铝浓度，横坐标表示氧化钠浓度。过 *O* 点的任一直线都为等苛性比值（α_k）线，即在该线上的任一点溶液的 α_k 值都相等。

图 1-2 为 30℃下 Na_2O-Al_2O_3-H_2O 三元系平衡状态图。

（一）30℃下的 Na_2O-Al_2O_3-H_2O 三元系平衡状态图中点线的含义

B 点：溶液在 *B* 点会同时与三水铝石固相和含水铝酸钠固相保持平衡共存，是溶液对三水铝石和含水铝酸钠的饱和点。

C 点：含水铝酸钠 $Na_2O \cdot Al_2O_3 \cdot 2.5H_2O$ 和一水氢氧化钠 $NaOH \cdot H_2O$ 同时与溶液保持平衡，是共饱和点。

D 点：一水氢氧化钠 $NaOH \cdot H_2O$ 组成点，它的成分为 53.5% NaOH 和 46.5% H_2O。

E 点：含水铝酸钠 $Na_2O \cdot Al_2O_3 \cdot 2.5H_2O$ 的组成点，它的成分是 29.7% Na_2O、48.8% Al_2O_3 和 21.5% H_2O。

H 点：$Na_2O \cdot Al_2O_3$ 的组成点，它的成分为 37.8% Na_2O 和 62.2% Al_2O_3。

T 点：三水铝石的组成点，它的成分为 65.4% Al_2O_3 和 34.6% H_2O。

M 点：一水铝石的组成点。

OB 线段：该线上溶液的平衡固相是三水铝石，是三水铝石在 NaOH 溶液中的等温溶解度曲线。它表明随着溶液 NaOH 浓度的增加，三水铝石在其中的溶解度越来越大。

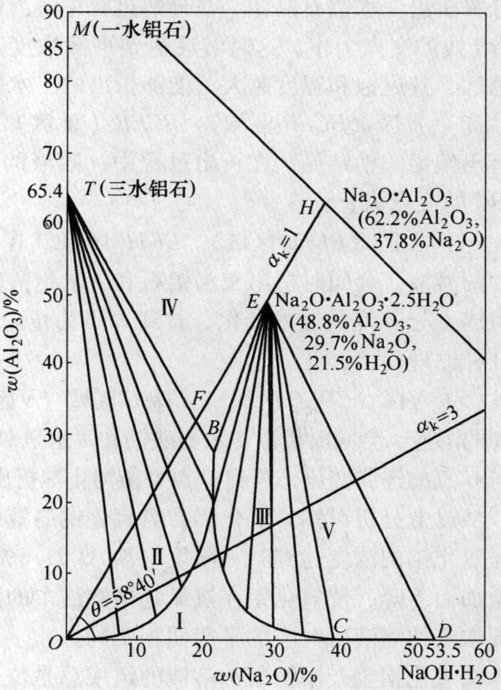

图 1-2　30℃下 Na_2O-Al_2O_3-H_2O 三元系平衡状态图

BC 线段：该线上溶液的平衡固相是含水铝酸钠 $Na_2O \cdot Al_2O_3 \cdot 2.5H_2O$，是含水铝酸钠在 NaOH 溶液中的等温溶解度曲线。它表明含水铝酸钠在 NaOH 溶液中的溶解度随溶液 NaOH 浓

度的增加而降低。

CD 线段：一水氢氧化钠 $NaOH \cdot H_2O$ 在铝酸钠溶液中的溶解度曲线。

图中 *OBCD* 曲线是依次连接各个平衡溶液的组成点得出的，它也就是氧化铝在30℃下的氢氧化钠溶液中的平衡溶解度等温线。

直线 *OEH* 是 $\alpha_k = 1$ 的等苛性比值线，实践证明等苛性比值线等于1或小于1的铝酸钠溶液是不存在的，因此铝酸钠溶液的组成处于直线 *OEH* 的下方。在30℃下 *E* 点和 *D* 点都是以固相形式存在，因此在 *ED* 线上及其右上方是属于固体的区域，不含有液相。所以铝酸钠溶液只能存在于 *OED* 区域内。因此对氧化铝生产来说，对 *OED* 区域的分析才有意义。

（二）*OED* 区域分析

将 *OED* 区域分5个（Ⅰ、Ⅱ、Ⅲ、Ⅳ、Ⅴ）部分进行讨论。

（1）Ⅰ区（*OBCD* 区域）。在 *OBCD* 饱和等温线下方的区域为Ⅰ区，是氢氧化铝和含水铝酸钠的未饱和区，它有溶解这两种物质的能力。当其溶解氢氧化铝时，溶液的组成将沿着原溶液点与 *T* 点的连线变化，直到连线与 *OB* 线的交点为止，即这时溶液已达到平衡浓度。原溶液组成点离 *OB* 线越远，其未饱和程度越大，能溶解的氢氧化铝数量越多。当其溶解固体铝酸钠时，溶液的组成则沿着原溶液组成点与 *E* 点（如果是无水铝酸钠则为 *H* 点）的连线变化，直到连线与 *BC* 线的交点为止。

（2）Ⅱ区（*OBTO* 区域）。*OBTO*（Ⅱ区）内的溶液是氢氧化铝过饱和的铝酸钠溶液，可以分解析出三水铝石晶体。在分解过程中溶液的组成沿原溶液组成点与 *T* 点的连线变化，直到与 *OB* 线的交点为止，这时溶液达到平衡浓度，不再析出三水铝石晶体。原溶液组成点离 *OB* 线越远，其过饱和程度越大，能够析出的三水铝石数量越多。

（3）Ⅲ区（*BCEB* 区域）。*BCEB*（Ⅲ区）内的溶液是含水铝酸钠过饱和的铝酸钠溶液，会析出偏铝酸钠结晶。在析出过程中，溶液的组成沿原溶液组成点与 *E* 点的连线变化，直到与 *BC* 的交点为止。

（4）Ⅳ区（*BETB* 区域）。*BETB* 区域（Ⅳ区）内的溶液是三水铝石和含水铝酸钠同时过饱和的溶液，会同时析出三水铝石和含水铝酸钠。在析出的过程中，溶液的组成点将沿着原溶液组成点与 *B* 点的连线变化，直到 *B* 点为止。析出这两种物质的比例可由连线与 *ET* 线的交点按杠杆原理得出。

（5）Ⅴ区（*CDEC* 区域）。*CDEC* 区域（Ⅴ区）内的溶液是同时含水铝酸钠和一水氢氧化钠过饱和的溶液，会同时析出含水铝酸钠和一水氢氧化钠。在析出过程中，溶液的组成沿原溶液组成点与 *C* 点的连线变化，直到 *C* 点平衡为止。析出这两种物质的比例也可按杠杆原理得出。

从以上分析可知：氧化铝在氢氧化钠溶液中的溶解度随氢氧化钠的浓度增加而增加，但是当氢氧化钠的浓度达到某一限度（Na_2O 21.5%）后，氧化铝的溶解度反而随着氢氧化钠的浓度增加而下降，使氧化铝在氢氧化钠溶液中的溶解度曲线出现最高值。出现这种情况的原因是不同浓度的溶液所对应的平衡固相不同。

在氧化铝生产中铝酸钠溶液的组成总是位于状态图的Ⅰ、Ⅱ区内。

三、不同温度下的 Na_2O-Al_2O_3-H_2O 三元系平衡状态图

通过上面的介绍可知，30℃下 Na_2O-Al_2O_3-H_2O 三元系平衡状态图的特征[1]。如果这些特征仅仅存在于30℃的温度条件下，而在其他温度条件下则不存在，那么，研究 Na_2O-Al_2O_3-H_2O 三元系平衡状态图对生产就没有指导意义。所以，为了适应生产的需要，人们广泛研究了在

30℃、60℃、95℃、150℃、200℃等温度下的 Al_2O_3 在不同 Na_2O 浓度的铝酸钠溶液中的饱和浓度，并绘出了上述各温度下的 Na_2O-Al_2O_3-H_2O 三元系平衡状态图，如图 1-3 所示。

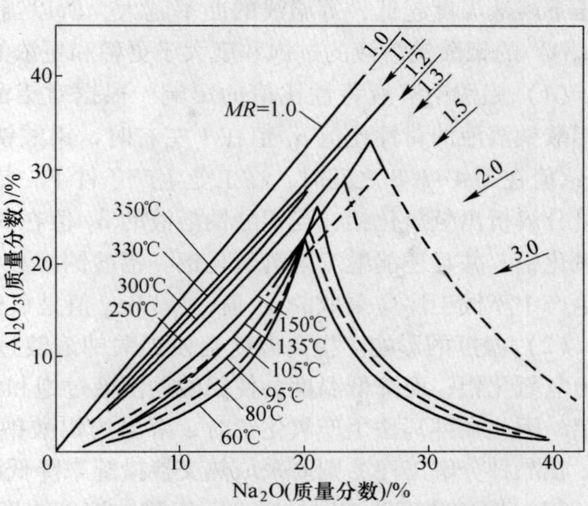

图 1-3　不同温度下的 Na_2O-Al_2O_3-H_2O 系状态图

由图 1-3 可见各个温度下溶解度等温线都包括两个线段，这两个线段的交点为该温度下溶解度的最大点。它说明在所有温度下，氧化铝的溶解度都是随溶液中苛性碱浓度的增加而急剧增长，但苛性碱浓度超过某一限度后，氧化铝的溶解度反而随溶液中苛性碱浓度的急剧增加而急剧下降，这是由于与溶液平衡的固相成分发生改变的结果。图 1-3 中溶解度等温线的左侧线段所对应的平衡固相为三水铝石，而溶解度等温线的右侧线段所对应的平衡固相为含水铝酸钠。

另外，从图 1-3 中看到随温度升高，氧化铝溶解度等温线的曲率逐渐减小，即越来越直，它的两个线段所构成的夹角也逐渐增大，这样就使溶液的未饱和区越来越大，溶解度的最大点随温度升高而向 Na_2O 浓度和 Al_2O_3 浓度较高的方向推移，温度降低则相反。所以温度升高，溶液的未饱和区域扩大，有利于氧化铝溶解度的增加，使溶液能溶解更多的氧化铝；温度降低，溶液的过饱和区域扩大，有利于氧化铝溶解度的降低，使溶液能分解析出更多的氧化铝。

拜耳法生产氧化铝就是根据 Na_2O-Al_2O_3-H_2O 三元系平衡状态图中氧化铝溶解度等温线的上述特点，利用浓苛性碱溶液在高温下溶出铝土矿中的氧化铝，然后再经冷却和稀释使氢氧化铝过饱和而结晶析出。

在氧化铝生产中，分解析出产物为三水铝石，而从图中看到溶解度等温线的左侧线段所对应的平衡固相除三水铝石外，还有一水铝石。这是因为随着温度的不同，溶液所对应的平衡固相发生了变化。图 1-2 中溶解度等温线的左侧线段 *OB* 线所对应的平衡固相在 75℃以下，*OB* 线的平衡固相为三水铝石；而在 75~100℃，*OB* 线的平衡固相则变为三水铝石和一水铝石；在 100℃以上，*OB* 线的平衡固相为一水铝石，三水铝石消失；330℃以上，一水铝石与刚玉共为平衡固相。

四、铝酸钠溶液的稳定性及其影响因素

铝酸钠溶液的稳定性是指从铝酸钠溶液制成到开始分解析出氢氧化铝所需时间的长短。作为氧化铝生产过程中的中间产物铝酸钠溶液从制成到分解析出氢氧化铝要经过赤泥沉降、脱硅、净化等多道工序，在此期间要保证铝酸钠溶液不能分解析出氢氧化铝，并且到分解工序时，要使铝酸钠溶液容易析出。因此，影响铝酸钠溶液稳定性的因素决定了氧化铝生产中的主要技术参数的选择。

在任何较高温度或高苛性碱浓度条件下制得的平衡或接近平衡的铝酸钠溶液，当进行冷却或稀释时，溶液都将处于过饱和状态。从制得过饱和的铝酸钠溶液到开始分解析出氢氧化铝所需时间的长短，可以衡量该铝酸钠溶液稳定性的高低。过饱和程度越大，溶液的稳定性就越低。铝酸钠溶液稳定的规律为：在其他条件相同时，溶液分子比越低，其过饱和程度越大；在

常压下溶液温度越低，等温线的曲率越大，所以当溶液分子比一定时，中等浓度（50~160g/LNa_2O）的铝酸钠溶液的过饱和度大于更稀和更浓的溶液。

（1）铝酸钠溶液苛性比值的影响。根据对铝酸钠溶液的理论分析及测定分析，常温下，当铝酸钠溶液的苛性比值 α_k 值在 1 左右时，铝酸钠溶液极不稳定，不能存在；当铝酸钠溶液的 α_k 值在 1.4~1.8 之间时，在工业生产条件下，铝酸钠溶液能稳定存在于生产过程中，不会大量分解析出氢氧化铝；当铝酸钠溶液的 α_k 值在 3 以上时，铝酸钠溶液极为稳定，不会析出氢氧化铝，并且还能继续溶解氧化铝。铝酸钠溶液在不同 α_k 值条件下的稳定状态决定了氧化铝生产中不同工序应采取的 α_k 值，所以 α_k 值是氧化铝生产过程中主要的生产技术指标。

（2）温度的影响。提高温度会使铝酸钠溶液过饱和状态降低，稳定性增强，不容易分解析出氢氧化铝；而降低温度会使铝酸钠溶液过饱和状态增加，稳定性降低，容易分解析出氢氧化铝。因此在拜耳法生产氧化铝时，溶出的铝酸钠溶液在沉降、净化等工序要保持较高的温度。在晶种分解工序，则要采取热交换措施来降低温度使铝酸钠溶液分解析出氢氧化铝。

（3）铝酸钠溶液浓度的影响。铝酸钠溶液浓度大小会对拜耳法生产氧化铝过程中的晶种分解工序产生影响。铝酸钠溶液浓度过大，溶液的黏度增大，使晶体粒子的扩散受到阻碍，导致氢氧化铝晶体析出速度变慢，溶液的稳定性增强，并且不容易长大成大颗粒；而铝酸钠溶液的浓度过小，又使微小氢氧化铝晶粒之间的接触机会减少，同样使氢氧化铝晶体析出速度变慢，溶液的稳定性增强，并且不容易长大成大颗粒。为保证溶出后的铝酸钠溶液浓度适宜，工业上在溶出后设有一个稀释工序，用赤泥洗液对铝酸钠溶液的浓度进行调整，并回收低浓度的赤泥洗液。

（4）杂质的影响。

1）二氧化硅。在拜耳法生产氧化铝工艺的溶出过程中，铝土矿中的二氧化硅会生成含水铝硅酸钠（$Na_2O \cdot Al_2O_3 \cdot 2SiO_2 \cdot nH_2O$）[8]。该化合物在铝酸钠溶液中的溶解度很低，大部分会随着赤泥一起排掉，但有小部分会溶解在铝酸钠溶液中。在铝酸钠溶液中溶解的二氧化硅是以铝硅酸根阴离子状态存在，这种离子体积庞大，造成铝酸钠溶液的黏度增加，使溶液的稳定性增加。烧结法生产氧化铝工艺中，熟料溶出后的铝酸钠溶液含二氧化硅达到 5~6g/L，即便使溶液的 α_k 值降到 1.25，铝酸钠溶液也不会自发分解析出氢氧化铝，生产还能正常进行。

2）碳酸钠和有机物。氧化铝生产过程中，铝酸钠溶液并不与空气隔绝，空气中的二氧化碳会与铝酸钠溶液中的苛性碱发生反应生成碳酸钠。随着生产的循环，碳酸钠会在铝酸钠溶液中逐渐积累，导致溶液的黏度增加，铝酸钠溶液的稳定性因此得到增强。

铝酸钠溶液中的有机物是由铝土矿带入的。有机物会附在晶核表面，导致其失去吸附能力，不再长大，使析出氢氧化铝晶体的速度减缓，铝酸钠溶液因此表现出稳定状态。

（5）添加晶种的影响。铝酸钠溶液自发生成晶核的过程非常困难。在生产过程中，为提高生产率，就必须提高晶种分解速度，而添加氢氧化铝晶种是非常有效的办法之一。添加氢氧化铝晶种后，铝酸钠溶液的分解析出直接在晶种表面进行，而不需要长时间的晶种自发成核过程，所以铝酸钠溶液的分解析出速度提高，稳定性降低。

（6）搅拌的影响。对铝酸钠溶液进行搅拌加强了溶液中粒子的扩散过程，并且会使溶液的浓度均匀，有利于提高分解析出速度，使溶液的稳定性降低。另外，当有晶种存在时，搅拌会使晶种悬浮于铝酸钠溶液中，晶种与周围溶液接触充分，也有利于晶种吸附长大过程。所以在晶种分解工序要对铝酸钠溶液进行搅拌。

第四节 拜耳法生产氧化铝

一、拜耳法的原理和基本流程

（一）拜耳法的原理

拜耳法经过一百多年的发展，虽然在生产设备、自动化控制等方面有了巨大的进步，但是它的基本工艺原理并没有改变。

拜耳法的基本原理就是使以下反应在不同的条件下朝不同的方向交替进行：

$$Al_2O_3 \cdot xH_2O + NaOH + aq \underset{<100℃}{\overset{>100℃}{\rightleftharpoons}} NaAl(OH)_4 + aq$$

式中，当溶出一水铝石和三水铝石时，x 分别为 1 和 3；当分解铝酸钠溶液时，x 为 3。

首先，在高温高压条件下以 NaOH 溶液溶出铝土矿，使其中的氧化铝水合物按上式向右进行反应得到铝酸钠溶液，铁、硅等杂质进入赤泥；而向彻底经过分离赤泥后的铝酸钠溶液添加晶种，在不断搅拌和逐渐降温的条件下进行分解，使上式向左进行反应析出氢氧化铝，并得到含大量氢氧化钠的母液；母液经过蒸发浓缩后再返回用于溶出新的一批铝土矿；氢氧化铝经焙烧脱水后得到产品氧化铝。

从拜耳法生产氧化铝的原理可以知道：Na_2O_k 在整个生产过程中理论上是不消耗的，是循环使用的物质，所以生产上将 Na_2O_k 经历一次完整的溶出、稀释、晶种分解及分解母液蒸发过程称为一次拜耳法循环。

（二）拜耳法循环

图 1-4 为处理一水硬铝石型铝土矿的拜耳法循环图。通过对该图分析能够更清晰的理解拜耳法的生产原理。

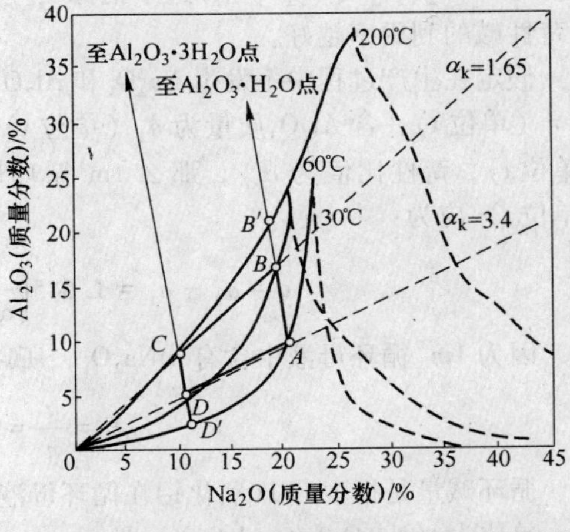

图 1-4 处理一水硬铝石型铝土矿的拜耳法循环图

用于溶出一水硬铝石型铝土矿的循环母液的成分相当于图中 A 点，位于 200℃ 等温线的下方，表明此时循环母液是未饱和的，具有溶解氧化铝水合物的能力。在生产条件下，溶出温度是在 240℃ 以上，所以循环母液是远未饱和的，氧化铝能够迅速溶出。随着氧化铝的不断溶出，氧化铝浓度随之升高，当不考虑苛性碱及氧化铝由于脱硅等化学反应引起的损失时，溶液的组成应沿着 A 点与 $Al_2O_3 \cdot H_2O$ 的组成点的连线变化，直到饱和为止。理论上，随着氧化铝的溶出，铝酸钠溶液的苛性比值随之下降，溶出液的最终成分可以一直达到溶解度等温线上 B' 点。但在实际生产中，如果要达到 240℃ 等温线上则需要很长的时间，这是不经济的。所以由于溶出时间的限制，溶出过程在距离等温线上平衡点很远的 B 点结束。连接 AB 两点的线就被称为溶出线。

从压煮器中排出的压煮矿浆（溶出液）用赤泥洗液稀释，由于苛性碱和氧化铝的浓度同时降低，故稀释过程中溶液的组成由 B 点沿着等苛性比值线变化到 C 点。稀释之后温度下降到 100℃ 左右，溶液中的氧化铝浓度由高温时的未饱和转为低温下的过饱和，并且温度越低，过饱和程度越大，由此可知 C 点溶液处于过饱和区域。连接 B、C 两点的线被称为稀释线。

向分离赤泥后的溶液中加入氢氧化铝晶种时，铝酸钠溶液分解析出氢氧化铝，氧化铝浓度降低，因而溶液的苛性比值上升，溶液组成沿着 C 点与 $Al_2O_3 \cdot 3H_2O$ 的组成点的连线变化，如果溶液在分解过程中最后冷却到 30℃，那么分解后的溶液组成在理论上可达到连线与 30℃ 等温线的交点 D'。但由于溶液成分达到 D 点以后，继续分解，则分解速度会很慢，析出的氢氧化铝很细且分离过滤困难，所以工业生产上一般分解到苛性比值达到 3.5~4.0 为止。连接 C、D 两点的线就称为晶种分解线。

分离氢氧化铝后的母液，经过蒸发，苛性碱和氧化铝浓度同时升高，故在理论上蒸发过程中溶液的组成由 D 点沿着等苛性比值线变化到 A 点。但在实际中，由于生产过程中有苛性碱的化学损失和机械损失，这部分损失的碱需要补充。补充新碱后的循环母液成分便回到 A 点。连接 D、A 两点的线就称为蒸发线。

将上述 4 根线连接起来，就构成了 $ABCD$ 的封闭图形即拜耳法循环图。它表示着拜耳法生产中利用循环母液在高温下溶出铝土矿中的氧化铝，而后又在低温、低浓度、添加晶种的情况下析出氢氧化铝，而母液经过蒸发又浓缩到循环母液原来的成分，这样一个循环过程称之为拜耳法循环。可以看到，组成为 A 点的溶液经过一次这样的循环作业，便可以从矿石中提取出一批氧化铝，而其成分不发生变化。

在生产实际中，由于存在氧化铝和苛性碱的损失，溶出时冷凝水的稀释、添加晶种所带入的高苛性比值的溶液等原因，生产过程与理想过程有差别，拜耳法循环图中的各条线段均会偏离图中所示的位置，对此要有所认识。

（三）拜耳法的循环效率和循环碱量

循环效率是指 1t 苛性碱（Na_2O_k）在一次拜耳法循环中所产出的 Al_2O_3 量（t），用 E 表示。单位为 $t(Al_2O_3)/t(Na_2O_k)$，这个指标反应了苛性碱在循环中的利用效率，E 的数值越高，说明苛性碱的利用率越好。

假定在生产过程中不发生 Na_2O_k 和 Al_2O_3 的损失，$1m^3$ 循环母液中的苛性碱（Na_2O_k）含量为 n（单位 t），含 Al_2O_3 质量为 a_1（单位 t），苛性比值为 α_{k1}，溶出后溶液含 Al_2O_3 质量为 a_2（单位 t），苛性比值为 α_{k2}，那么 $1m^3$ 循环母液经过一次拜耳法循环后产出的氧化铝的质量（单位 t）应为：

$$a = a_2 - a_1 = 1.645\left(\frac{n}{\alpha_{k2}} - \frac{n}{\alpha_{k1}}\right) = 1.645n\frac{\alpha_{k1} - \alpha_{k2}}{\alpha_{k1}\alpha_{k2}}$$

因为 $1m^3$ 循环母液中含有 $nt Na_2O_k$，所以循环效率为：

$$E = \frac{a}{n} = 1.645\frac{\alpha_{k1} - \alpha_{k2}}{\alpha_{k1}\alpha_{k2}}$$

循环碱量是指生产 1t 氧化铝在循环母液中所必须含有的碱量。它是 E 的倒数，常用 N 表示，单位为 $t(Na_2O_k)/t(Al_2O_3)$，即：

$$N = \frac{1}{E} = 0.608\frac{\alpha_{k1}\alpha_{k2}}{\alpha_{k1} - \alpha_{k2}}$$

由此可见，溶出时循环母液的 α_{k1} 越大，并且溶出液的 α_{k2} 越小，循环效率越高，而生产 $1tAl_2O_3$ 所需的碱量越小。

利用上述公式就可以计算出 $1tAl_2O_3$ 理论上应配的苛性碱的质量。

在实际生产中由于存在苛性碱损失，因此循环母液中的碱含量应等于 $N + N\frac{\alpha_{k1}}{\alpha_{k1} - \alpha_{k2}}$。

二、拜耳法的基本流程

拜耳法的基本流程如图 1-5 所示。其中的主要工序有铝土矿原料准备、溶出、稀释、赤泥分离洗涤、晶种分解、氢氧化铝分离洗涤、氢氧化铝煅烧、苛化和蒸发等[9]。

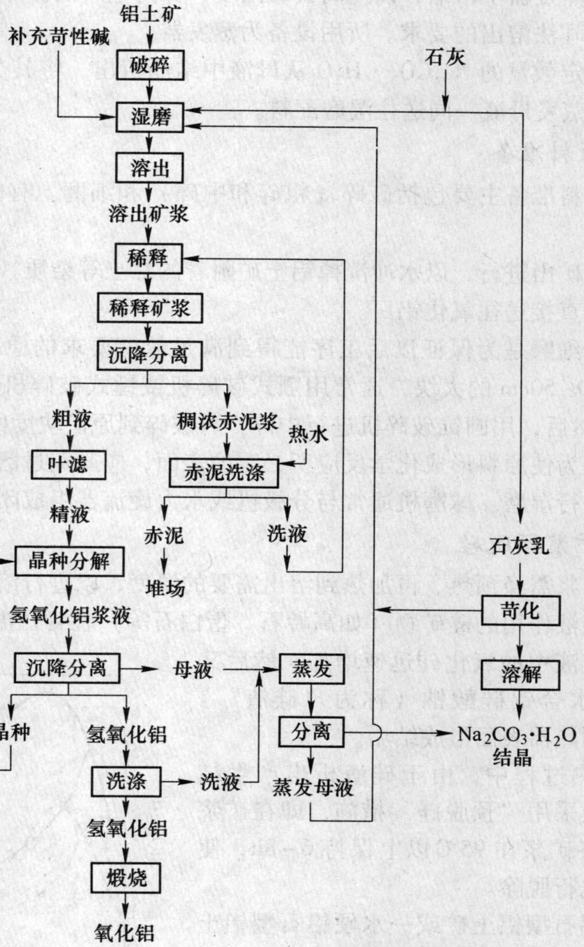

图 1-5　拜耳法生产氧化铝的基本流程

从矿山运来的铝土矿矿石需经过破碎和细磨（湿式磨矿）。湿磨的生矿浆在贮槽中停留较长的时间进行预脱硅，以防止矿浆在加热溶出过程中在管路和设备上生成结垢。

预脱硅的矿浆经预热进入高压溶出器组（压煮器组）进行铝土矿溶出，得到铝酸钠溶液和不溶残渣（赤泥）组成的溶出料浆。

料浆用赤泥洗液进行稀释，然后在沉降槽中分离铝酸钠溶液和赤泥，赤泥经洗涤后排赤泥堆场。

将彻底分离赤泥后的铝酸钠溶液经净化处理，然后送入分解槽内，加入 $Al(OH)_3$ 晶种，不断搅拌并逐渐降低温度，使之发生分解反应析出 $Al(OH)_3$，并得到含有 NaOH 的母液。所用分解设备为有搅拌装置的种分槽。

氢氧化铝与母液进行过滤分离，氢氧化铝再经过滤洗涤。

用煅烧设备在高温下将洗净的 $Al(OH)_3$ 的附着水和结晶水除掉，并使其发生晶型转变，以获得适合电解铝生产要求的氧化铝。所用煅烧设备为回转窑、循环流态化煅烧炉和沸腾闪速煅烧炉。

种分母液需要在蒸发器中浓缩，以提高其碱浓度，保持生产的循环体系中水量的平衡，使循环母液达到符合拜耳法溶出的要求。所用设备为蒸发器。

在蒸发时还有一定数量的 $Na_2CO_3 \cdot H_2O$ 从母液中结晶析出，将其分离出来用 $Ca(OH)_2$ 苛化成 NaOH 溶液，与蒸发母液一同送往湿磨配料。

（一）铝土矿原料准备

拜耳法铝土矿原料准备主要包括破碎（粗碎和中碎）和细磨。有的还可能包括矿石的水洗和烘干。

铝土矿的水洗在矿山进行，以水冲洗掉铝土矿附着的黏土等杂质。但在多数情况下采出的铝土矿不需要水洗而直接送往氧化铝厂。

铝土矿的破碎和细磨是为保证以后工序能得到满足粒度要求的原料。从矿山开采的铝土矿，有时是直径达 40~50cm 的大块，通常用颚式破碎机或锤式破碎机进行粗碎，破碎至原矿块度的 1/10~1/5。然后，用圆锥破碎机进行中碎，再破碎到原矿块度的 1/30 左右。

细磨的铝土矿是为使原料形成化学反应所必需的表面，应避免过磨而消耗大量电能。细磨作业多采用球磨机进行湿磨。球磨机通常与分级机或水力旋流器组成闭路循环。

（二）铝土矿矿浆预脱硅

湿磨的铝土矿矿浆需经预热、再加热到溶出需要的温度，以进行溶出反应。在预热过程中铝土矿所含的易与碱液作用的硅矿物（如高岭石、蛋白石等）在常压温度下即开始与碱液反应而进入溶液，使溶液中的氧化硅迅速增加，然后又成为溶解度很小的水合铝硅酸钠（称为“硅渣”）从溶液中析出，在预热器表面形成结垢。

为防止矿浆加热过程中，由于硅渣析出产生结垢，近年来在工业上采用“预脱硅”措施，即在矿浆进入预热器之前，将矿浆在95℃以上保持 6~8h，使进入溶液中氧化硅先行脱除。

在处理一水软铝石型铝土矿或一水硬铝石型铝土矿时，实行矿浆预脱硅是减轻溶出设备结垢的有效方法。图 1-6 表示各种条件对预脱硅过程的影响。可见提高温度和原矿浆中的固体含量以及降低 Na_2O 浓度，都可加速脱硅过程。

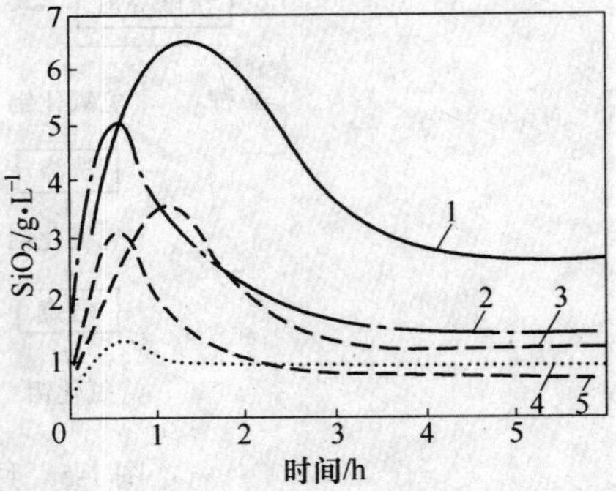

图 1-6　各种参数对于预脱硅过程的影响

三、拜耳法高压溶出

（一）高压溶出原理

原矿浆是由铝土矿、循环母液和石灰组成的混合物。溶出是利用循环母液中的苛性碱把矿石中的氧化铝溶解出来成为铝酸钠溶液。但是铝土矿中除氧化铝外，还有不少的杂质如氧化硅、氧化钛、氧化铁、碳酸盐、有机物和硫化物以及一些微量物质如镓、铬、钒等。另外添加的石灰除主要成分氧化钙外，还有碳酸钠、硫酸钠以及铝硅酸盐等杂质，也会同时进入原矿浆里。因此，原矿浆的组成是很复杂的，在溶出过程中的化学反应也会十分复杂。

曲线编号	Na_2O 浓度/$g \cdot L^{-1}$	铝土矿含量/$g \cdot L^{-1}$	温度/℃
1	200	235	90
2	200	700	90
3	200	235	100
4	200	700	100
5	150	700	100

为清晰了解溶出过程，可将溶出过程中的化学反应分为主反应和副反应两大类：主反应是氧化铝水合物的溶出反应；副反应是各种杂质在溶出过程中的反应。

通过主副反应，铝土矿中的氧化铝进入溶液，而各种杂质进入渣中，从而达到有用物质与杂质分离的目的。

1. 氧化铝水合物的溶出反应

常压下，铝土矿在苛性碱溶液中的溶解难易程度如下：三水铝石型铝土矿容易溶出；一水软铝石型铝土矿不易溶出；一水硬铝石型铝土矿很难溶出。

但是，当对不同的铝土矿采取不同的溶出条件时，三种类型铝土矿中的氧化铝都能溶解进入苛性碱溶液中。各类型铝土矿中的氧化铝矿物与苛性碱反应均以铝酸钠形式转入溶液。

（1）在常压条件下，三水铝石型铝土矿就会与苛性碱发生反应生成铝酸钠溶液：

$$Al(OH)_3 + NaOH + aq \xrightarrow{>100℃} NaAl(OH)_4 + aq$$

在高温高压条件下，一水软铝石型铝土矿或一水硬铝石型铝土矿才会与苛性碱发生反应生成铝酸钠溶液。

（2）对一水软铝石型铝土矿：$AlOOH + NaOH + H_2O \xrightarrow{>200°C} NaAl(OH)_4$

（3）对一水硬铝石型铝土矿：$AlOOH+NaOH+CaO+2H_2O \xrightarrow{>240°C} NaAl(OH)_4+Ca(OH)_2$

在溶出一水硬铝石型铝土矿时，加入相当于矿石质量3%～7%的石灰，以促进一水硬铝石的溶解，上式右侧 $Ca(OH)_2$ 并不是反应的最终产物，仍继续反应，主要生成水合铝硅酸钙和水合钛酸钙。

2. 氧化硅在溶出过程中的行为

铝土矿中的氧化硅一般以石英（SiO_2）、蛋白石（$SiO_2 \cdot nH_2O$）、高岭石（$Al_2O_3 \cdot 2SiO_2 \cdot 2H_2O$）和叶蜡石（$Al_2O_3 \cdot 4SiO_2 \cdot 2H_2O$）等形态存在。

（1）氧化硅在溶出时的反应。由于形态、粒度、苛性碱浓度及温度的不同，氧化硅与苛性碱的反应也不同。石英（SiO_2）化学活性小，在125℃下不与苛性碱反应，但在125℃以上会与碱反应。所以，三水铝石型铝土矿中的石英会进入渣中，而一水软铝石型铝土矿中的石英则全部溶解，即：

$$SiO_2 + 2NaOH = Na_2SiO_3 + H_2O$$

蛋白石（$SiO_2 \cdot nH_2O$）能很容易的与苛性碱反应：

$$SiO_2 \cdot nH_2O + 2NaOH = Na_2SiO_3 + (n+1)H_2O$$

上述两个反应生成的可溶性硅酸钠又会与溶液中的铝酸钠反应生成不溶性的含水铝硅酸钠进入赤泥：

$$1.7Na_2SiO_3 + 2NaAl(OH)_4 + aq \rightleftharpoons Na_2O \cdot Al_2O_3 \cdot 1.7SiO_2 \cdot nH_2O\downarrow + 3.4NaOH + aq$$

高岭石（$Al_2O_3 \cdot 2SiO_2 \cdot 2H_2O$）也较容易与苛性碱反应：

$$Al_2O_3 \cdot 2SiO_2 \cdot 2H_2O + NaOH + aq \longrightarrow Na_2SiO_3 + NaAl(OH)_4 + aq$$

两种生成物又会相互反应生成不溶性的含水铝硅酸钠进入赤泥：

$$1.7Na_2SiO_3 + 2NaAl(OH)_4 + aq \rightleftharpoons Na_2O \cdot Al_2O_3 \cdot 1.7SiO_2 \cdot nH_2O \downarrow + 3.4NaOH + aq$$

从上述反应可见，铝土矿中的氧化硅在溶出时最终会以不溶性的含水铝硅酸钠形式进入赤泥。

（2）氧化硅对生产的危害。

1）会造成氧化铝和苛性碱的损失。从含水铝硅酸钠的分子式可看出：矿石中有1kg的SiO_2就会有1kg的Al_2O_3和0.608kg的Na_2O结合成含水铝硅酸钠进入赤泥而损失。铝土矿中SiO_2越多，氧化铝和苛性碱的损失就越大；铝土矿中SiO_2越少，氧化铝和苛性碱的损失越小。

2）在流程中的管道结疤，影响生产的正常进行。反应生成的含水铝硅酸钠除大部分进入赤泥而排出外，还有少量保留在溶液中，但残留在溶液中的SiO_2仍然是过饱和的，它随着生产过程中条件的变化，陆续在各工序中析出，导致管道和设备内壁结垢，影响传热并增加清理工作量。

3）溶液中的SiO_2还可能进入产品氧化铝中影响产品的质量。因此氧化硅是碱法生产氧化铝中最大的有害物质。

（3）减轻SiO_2危害的措施。选用铝硅比高的铝土矿，矿石中氧化硅数量就会减少，含水铝硅酸钠的生成数量也就相应减少。在溶出时添加石灰，其化学反应式为：

$$3Na_2O \cdot Al_2O_3 \cdot nSiO_2 \cdot nH_2O + 3Ca(OH)_2 + aq \longrightarrow 3CaO \cdot Al_2O_3 \cdot xSiO_2 \cdot (6-2x)H_2O + 6NaOH$$

3. 氧化钛在溶出过程中的行为

氧化钛一般以金红石、锐钛矿和板钛矿的形式存在。

（1）氧化钛在溶出时的反应。在不加石灰时，氧化钛与苛性碱作用生成不溶性的钛酸钠。反应如下：

$$3TiO_2 + 2NaOH = Na_2O \cdot 3TiO_2 \cdot H_2O \downarrow$$

（2）氧化钛对生产的危害。

1）氧化钛在溶出时生成的不溶性钛酸钠会造成苛性碱的损失。

2）在一水硬铝石型铝土矿溶出时，结晶致密的钛酸钠会形成一层保护膜把矿粒包裹起来，阻碍一水硬铝石的溶出，使溶出率降低。而三水铝石型铝土矿易溶解，在钛酸钠生成之前已经溶出完毕，所以氧化钛对三水铝石型铝土矿的溶出没有影响。而一水软铝石型铝土矿，则受到一定程度的影响。

3）细小钛酸钠会形成胶体，恶化赤泥沉降。

（3）消除氧化钛危害的措施。

1）加石灰消除氧化钛。在溶出一水硬铝石时加石灰，TiO_2会与CaO作用生成不溶性的钛酸钙：

$$2CaO + TiO_2 + 2H_2O = 2CaO \cdot TiO_2 \cdot 2H_2O \downarrow$$

钛酸钙结晶粗大松脆，易脱落，所以氧化铝溶出不受影响，并且消除了生成钛酸钠所造成的苛性碱损失。

2）延长浸出时间和提高温度，使钛酸钠再结晶长大，自动破坏保护膜。

4. 氧化铁在溶出过程中的行为

铝土矿中的氧化铁主要是以赤铁矿形态存在。

在铝土矿溶出的条件下，氧化铁作为碱性氧化物不与苛性碱作用，Fe_2O_3及其水合物全部残留于固相而进入泥渣中，使泥渣呈红色，所以溶出的泥渣也叫赤泥。

氧化铁虽然不进入溶液，也不引起碱和氧化铝的损失，但是矿石中氧化铁含量越大，赤泥量就越大，由于赤泥的吸附作用，洗涤不净造成碱和氧化铝的机械损失也就越多。

5. 硫在溶出过程中的行为

硫在铝土矿中主要是以黄铁矿（FeS_2）及其异构体白铁矿和胶黄铁矿的矿物形态存在。

（1）硫在溶出时的反应。在溶出过程中，硫化物能与苛性碱反应生成硫化钠（Na_2S）和硫代硫酸钠（$Na_2S_2O_3$），其中，硫化钠在流程中与空气接触最终被氧化成硫酸钠；胶溶状态的硫化亚铁（FeS）也会进入溶液。

（2）硫对生产的危害。

1）铝土矿中的硫化物生成硫化钠，造成有效苛性碱的损失；同时使铝酸钠溶液中的硫酸钠含量增高，达到一定浓度后，在母液蒸发时便有碳钠矾（$2Na_2SO_4 \cdot Na_2CO_3$）析出，会引起蒸发器加热面结垢而堵管，影响蒸发作业的正常进行。

2）硫化亚铁（FeS）水溶胶分散在溶液中，它可以透过过滤介质进入精液，将影响产品氧化铝的质量，使氧化铝的含铁量增高。

3）硫代硫酸钠（$Na_2S_2O_3$）在铝酸钠溶液中的含量增高到一定程度后，会严重腐蚀钢制设备，影响设备的使用寿命。所以矿石中的硫化物是一种有害的物质，一般要求矿石中硫含量不高于0.7%。

（3）消除硫危害的措施。采用沸腾焙烧的方法，将矿石在200℃连续焙烧20~30min，使矿石中的硫以二氧化硫的形式烧除。添加氧化锌使硫以硫化锌的形式除掉。

6. 碳酸盐在溶出过程中的行为

碳酸盐是由铝土矿和质量差的石灰带入生产流程的，通常以$CaCO_3$、$MgCO_3$、$FeCO_3$形式存在。

碳酸盐在高温高压溶出时，与苛性碱溶液能进行反苛化反应生成碳酸钠：

$$MCO_3+2NaOH = Na_2CO_3+M(OH)_2$$

碳酸盐对生产的危害包括：

（1）碳酸盐的存在能消耗苛性碱，使循环母液溶出铝土矿中氧化铝的能力下降。

（2）反苛化反应生成的碳酸钠在蒸发时，会结晶析出黏附在加热管表面上，影响传热，降低蒸发效率。

所以碳酸盐在生产中也是一种有害物质。

7. 有机物、微量元素在溶出过程中的行为

（1）铝土矿中的有机物通常以腐殖质和沥青的形态存在。沥青不与碱液作用而进入赤泥中；腐殖质能与碱作用生成草酸钠和蚁酸钠进入溶液中，当铝酸钠溶液中有机物含量高时，溶液的黏度增大，这不利于赤泥分离和晶种分解。

（2）铝土矿中常含有多种微量元素，其中主要有Ga、V等元素。Ga、V等元素与碱作用进入溶液中，生成镓酸钠（$NaGaO_4$）和钒酸钠（Na_3VO_4），随着溶液的不断循环使用，镓酸钠和钒酸钠不断富集，当达到一定浓度时，降温使其以氢氧化物形式分解析出，然后去提镓提钒。

（二）影响溶出过程的因素

为使高压溶出达到合格的氧化铝溶出率，要对各种相关的技术条件进行控制。在我国铝土

矿的类型（一水硬铝石型）已经确定的情况下[10]，在溶出过程中主要是控制矿石细度、循环母液苛性碱浓度和苛性比值、溶出液的苛性比值、溶出温度和石灰添加量等技术条件。

（1）矿石细度。由于溶出反应是在相界面进行的，因此溶出速度是与相界面的面积成正比的。而矿石的比表面积与其粒子直径大小成反比，所以矿石磨的越细其比表面积就越大，溶出速度就越快。另外，矿石磨细还可以把被杂质包围起来的氧化铝水合物表面暴露出来，能有效地与碱液接触，加快溶解速度。但是如果磨得太细，能引起赤泥沉降性能变坏，并且增加能耗，降低设备产能。因此对不同矿石的最佳磨细程度应通过实验和生产实践来确定。

（2）循环母液苛性碱浓度和苛性比值。如果仅针对溶出工序，提高循环母液苛性碱浓度和苛性比值不仅能加快铝土矿的溶出速度，提高溶出率，而且还能提高设备产能和劳动生产率。

但是，从整个生产流程来看，过分地提高循环母液浓度和苛性比值并不经济，这是因为：

1）晶种分解时要求铝酸钠溶液的浓度不能太高，种分母液中的苛性碱浓度一般在140g/L左右，因此要求循环母液浓度越高，必须蒸发掉的水分就越多，这样将会造成结疤严重，影响蒸发效率，增加气耗。

2）苛性碱浓度增高后，对钢制设备的腐蚀作用加剧，降低设备使用寿命。

3）要求循环母液苛性比值越高，则晶种分解时间就越长，会降低分解设备的产能。

因此，循环母液苛性碱浓度和苛性比值要通过技术经济指标的核算来确定。

（3）溶出液的苛性比值。溶出液的苛性比值的高低不但对溶出过程有影响，而且对赤泥分离和晶种分解等生产过程也都起着极大的作用。当溶出液苛性比值高时，晶种分解的速度就慢，种分分解率就低，即循环效率降低，物料流量增大，降低了设备产能，增加了加工费用；反之，溶出液苛性比值低，晶种分解速度就快，种分分解率高，不仅提高了循环效率，减少了物料流量，而且还能提高设备产能，降低加工费用。在工业生产中，往往采用低苛性比值溶出的技术条件来提高循环效率，改善整个生产过程的技术条件。在工业生产中，溶出液的苛性比值一般控制在1.55左右。溶液在这个苛性比值条件下，在种分之前不会分解。

（4）溶出的温度。

温度是影响氧化铝溶出率的最主要因素。在其他条件相同时，溶出的温度越高，溶出率就会越高，溶出时间就越短。如果溶出的温度提高到300℃时，无论哪种类型的铝土矿，溶出过程都可以在几分钟内完成，而且得到近似饱和的铝酸钠溶液。

所以，溶出工艺技术的进步主要体现在溶出温度的提高上，因为温度提高与溶出器内的压力有关，温度越高，溶出器内的压力就会越高，溶出器器壁的厚度在直径不变时则应越厚才能承受，但这样受到了设备制造的限制。如果溶出器的直径越小，在溶出器器壁的厚度不变时，越能承受更高的压力。管道化溶出工艺的先进性就在于能将溶出的温度提高到300℃以上。目前，我国生产企业的直接加热溶出流程控制溶出温度在240℃以上。

（5）石灰添加量。溶出一水硬铝石时，在溶出过程中添加适量的石灰，可以加速溶出反应的进行，有利于提高溶出率，原因在前面已介绍过。石灰要根据铝土矿中氧化钛的含量进行添加，如果过量，则多余的石灰会在溶出过程中生成水化石榴石 $3CaO \cdot Al_2O_3 \cdot xSiO_2 \cdot (6-2x)H_2O$，使氧化铝溶出率降低。

（三）高压溶出工艺

在工业上使用的高压溶出流程为连续溶出工艺流程。按溶出设备的不同分为压煮器溶出流程和管道化溶出流程。压煮器溶出工艺按加热方式的不同又分为蒸汽直接加热溶出和蒸汽间接加热溶出两种流程。目前，我国氧化铝厂采用的高压溶出流程有蒸汽直接加热溶出流程和单管预热间接加热压煮器溶出流程两种。

近代氧化铝工业生产中所用的溶出工艺设备都是连续作业的高压溶出系统，主要由矿浆输送泵、预热器组、溶出器组、自蒸发器组等设备组成，按溶出流程可分为单流法和双流法。单流法是指将循环母液和矿石一起磨制成原矿浆进行预热溶出的方法；双流法是指仅将一部分循环母液送去磨制矿浆，大部分母液单独预热到溶出温度，再于溶出器内和浓稠矿浆混合进行溶出的方法。

1. 蒸汽直接加热溶出流程

在用蒸汽直接加热并搅拌的高压溶出器组内，料浆是由设备系统前后的压差推动着依次在各个压煮器中从上而下地流动着。压煮器底部的矿浆则通过出料管返流向上排入下一个压煮器。蒸汽直接加热压煮器流程如图 1-7 所示。

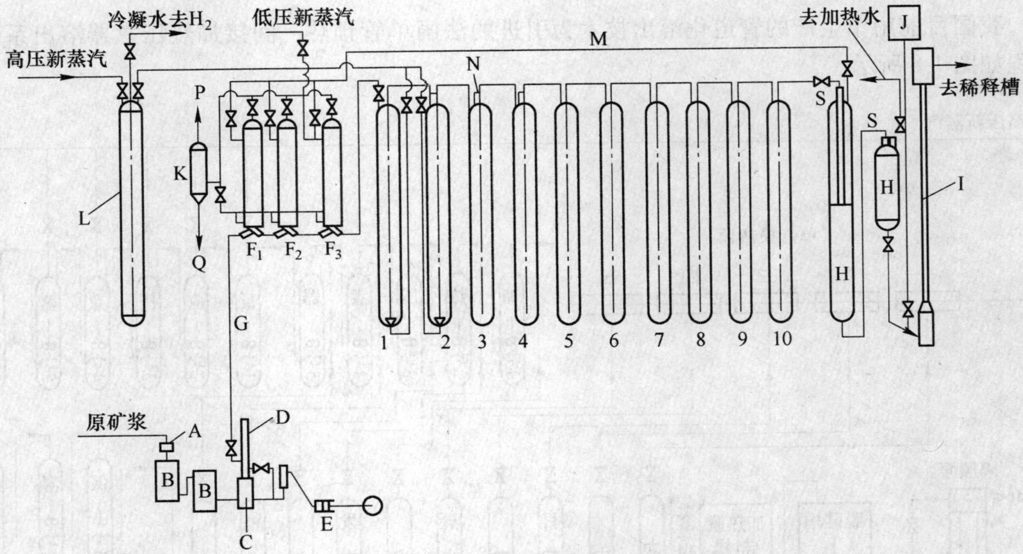

图 1-7　直接加热高压溶出设备流程图

A—原矿浆分料箱；B—原矿浆槽；C—泵进口空气室；D—泵出口空气室；E—油压泥浆泵；F—双程预热器；G—原矿浆管道；H—自蒸发器；I—溶出矿浆缓冲器；J—赤泥洗液高位槽；K—冷凝水自蒸发器；P，Q—去加热赤泥滤液；L—高压蒸汽缓冲器；N—不凝性气体排出管；M—乏汽管道；S—减压阀；1，2—加热溶出器；3~10—反应溶出器

磨制好的原矿浆，在进入溶出器之前，需将矿浆中的硅脱掉一部分，这样可减轻加热表面的结疤，延长加热器的清理周期，所以原矿浆在矿浆槽内搅拌并停留 3~4h 进行预脱硅，预脱硅效果能达 60%，然后由泥浆泵送入预热器并预热到 140~160℃后，再进入溶出器进行溶出。机组前面 1、2 号溶出器直接加入蒸汽将矿浆加热到溶出温度 245℃。然后顺次进入 3~10 号溶出器进行保温并完成溶出反应。溶出后的矿浆按顺序排入自蒸发器进行三级蒸发，使溶出矿浆冷却，自蒸发产生的二次蒸汽（乏汽）送去预热矿浆，第一、第二级自蒸发器的乏汽去第二、第一级预热器预热原矿浆，第三级自蒸发器的乏汽去加热赤泥洗涤用水。级数越多，回收的热量就越多。为了回收矿浆降至常压所放出的热量，将溶出矿浆在缓冲器内与赤泥洗液混合，提高洗液的温度。

该流程的特点是：由于压煮溶出器内没有机械搅拌运动部件，所以操作简便、结构简单、易于制作和维护；由于是蒸汽直接加热，新蒸汽加热矿浆后自身冷凝成水而进入料浆，使料浆在溶出一开始就受到很大的稀释，碱浓度被蒸汽冷凝水稀释 18%~20%，降低了 40~60g/L，这不仅对溶出不利，而且加重了蒸发的负担，增加了气耗；该流程自蒸发级数少，热回收差，矿浆的预热温度低，原矿浆的预热温度与溶出温度相差较大，其结果是增加了气耗和稀释程度。

预热器—溶出器系统：经预脱硅后调整的原矿浆用泵送到预热器组，逐级加热到预定的预热温度，然后进入溶出器组进一步加热到溶出温度并同时进行溶出。溶出后的料浆通过自蒸发器组逐级冷却，放出自蒸发蒸汽（二次蒸汽），将其输入预热器组加热原矿浆。自蒸发器卸出的料浆送至稀释槽。

2. 管道化溶出流程

我国目前用于生产的管道化溶出技术为引进的法国单管预热—间接加热压煮器溶出系统，流程如图 1-8 所示。

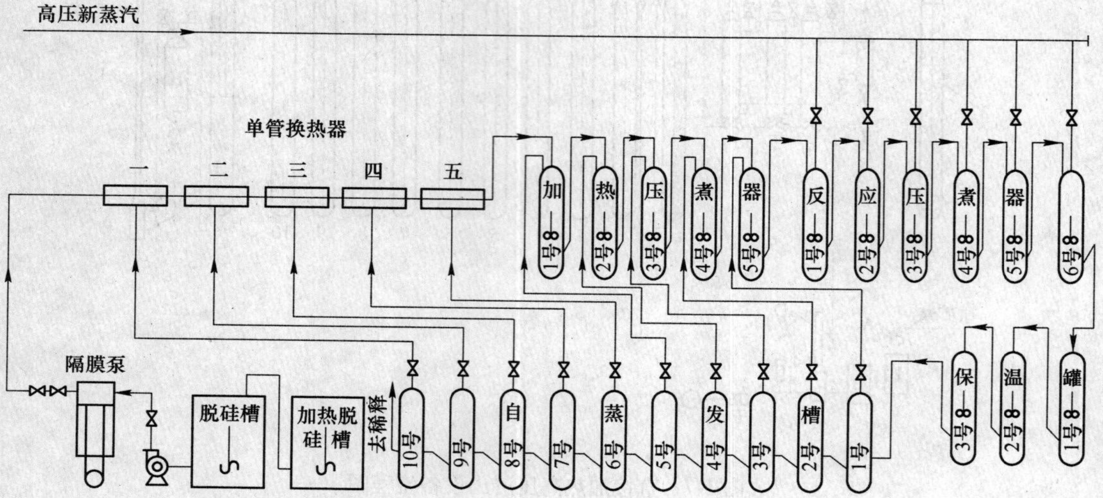

图 1-8 单管预热—间接加热压煮器溶出流程

固体含量为 300~400g/L 的矿浆在加热槽中从 70℃ 加热到 100℃，再在预脱硅槽中常压脱硅 4~8h，预脱硅后的矿浆配入适量碱，使固体含量达 200g/L，温度 90~100℃，用高压隔膜泵送入 5 级 2400m 长的单管加热器，用 10 级矿浆自蒸发器的前 5 级产生的二次蒸汽加热，矿浆温度提高到 155℃。然后进入 5 台间接加热压煮器，用后 5 级矿浆自蒸发器产生的二次蒸汽加热到 220℃，再在 6 台反应压煮器中用 6MPa 高压新蒸汽加热到溶出温度 260℃，然后在 3 台保温反应压煮器中保温反应 45~60min。高温溶出浆液经 10 级自蒸发，温度降到 130℃ 后送入稀释槽。

四、赤泥的分离与洗涤

拜耳法赤泥的分离与洗涤的目的为[11]：（1）从铝土矿溶出料浆中得到纯净的铝酸钠溶液；（2）尽可能减少由赤泥以附着碱液形式带走的 Na_2O 和 Al_2O_3 的损失。赤泥分离洗涤过程的步骤：赤泥料浆稀释、沉降分离、赤泥反向洗涤、溢流控制过滤。

（一）稀释

稀释是用一次赤泥洗液将溶出的料浆在稀释槽中稀释。用赤泥洗液作稀释液的原因：赤泥洗液所含 Al_2O_3数量约为铝土矿所含 Al_2O_3数量的1/4左右，并含有相当数量的碱，这是必须回收的。但赤泥洗液的浓度太低（含 Al_2O_3 40g/L），如果单独分解，则晶种分解槽的生产率会很低，所以要用赤泥洗液来稀释溶出料浆，既能达到稀释的目的，也回收了洗液中的 Al_2O_3 和 Na_2O。

稀释有如下目的：

（1）降低铝酸钠溶液的浓度。溶出矿浆的铝酸钠溶液氧化铝浓度一般在250~270g/L之间，溶液很稳定，不利于晶种分解。用赤泥洗液将溶出矿浆溶液中的氧化铝浓度稀释到135~145g/L，降低了铝酸钠溶液的稳定性，在晶种分解时，能加快分解速度，提高分解槽的产能，同时还能得到较高的分解率。

（2）使铝酸钠溶液进一步脱硅。溶出矿浆中铝酸钠溶液的硅量指数只有100~150，为了保证氧化铝产品的质量，要求分解时溶液的硅量指数必须在300以上。而在稀释过程中，随着铝酸钠溶液中氧化铝浓度的降低，脱硅反应会进一步进行，溶液的硅量指数能够提高到300以上，如加入石灰搅拌3~4h，则能将铝酸钠溶液硅量指数提高到600以上。

（3）有利于赤泥分离。铝酸钠溶液浓度越高，溶液的黏度就越大，赤泥分离也就越困难，而溶出矿浆的铝酸钠溶液浓度很高。稀释使溶液浓度降低，黏度下降，使赤泥的沉降速度加快，从而提高了沉降槽的产能，有利于赤泥分离。

（4）便于沉降槽的操作。在生产中溶出矿浆的成分是波动的。它进入稀释槽内混合后使矿浆的成分波动较小，浓度符合要求，密度稳定，便于沉降槽的操作。

（二）溢流控制过滤

将分离沉降槽溢流用叶滤机进行控制过滤，使滤液中浮游物含量不超过工艺要求的水平。浮游物为悬浮固体微粒，主要是氢氧化铁，为使种分产物氢氧化铝不被含铁杂质污染，送往加种子分解的铝酸钠溶液必须经过有效地控制过滤处理。

五、铝酸钠溶液的晶种分解

晶种分解就是将铝酸钠溶液降温并加入氢氧化铝作为晶种并进行搅拌[12]，使其析出氢氧化铝的过程，简称种分。它是拜耳法生产氧化铝的关键工序之一。它对产品的质量、产量以及全厂的技术经济指标有着重大的影响。种分除得到氢氧化铝，也会同时得到苛性比值较高的种分母液，作为溶出铝土矿的循环母液，从而构成拜耳法生产氧化铝的闭路循环。

从液滤机出来的精液经冷却后，进入晶种分解槽并加入晶种进行搅拌分离，经分离所得的氢氧化铝除返回一部分作为晶种外，其余部分经洗涤制得合格的 $Al(OH)_3$。另外分离所得的晶种分解母液经蒸发浓缩后送去配料，洗液送去赤泥洗涤。

种分分解率是指铝酸钠溶液中分解析出的氢氧化铝中所含氧化铝数量占精液中所含氧化铝数量的百分数。

（一）氢氧化铝的品质

由氧化铝的纯度和一些物理性质（如粒度）主要取决于氢氧化铝的纯度和粒度，所以控制氢氧化铝的品质也就是控制了产品氧化铝的品质。通常氢氧化铝的品质是指氢氧化铝的纯度和粒度两方面。

1. 氢氧化铝的纯度

对氢氧化铝纯度的要求是指氢氧化铝产品中氧化硅、氧化铁、氧化钠等杂质含量不能超过一定的限度。

氧化铁的来源主要是浮游物，而氧化硅的来源则有两个途径：一个途径是浮游物黏附在氢氧化铝产品中；另一个途径是分解过程的脱硅反应。由于在分解过程中种分分解率一般只能达到50%左右，而分解精液的硅量指数一般在200~300以上，不会发生明显的脱硅反应。所以只要控制好粗液精制的技术条件，使分解精液的浮游物含量在0.02g/L以下，那么氧化硅和氧化铁在氢氧化铝产品中的含量就能达到要求。

氧化钠在氢氧化铝产品中的存在有四种形式：析出氢氧化铝颗粒所挟带的母液中的碱和附着于氢氧化铝颗粒表面的碱，又称附着碱；在氢氧化铝结晶集合体空隙中包裹的母液中所带的碱，又称晶间碱；以含水铝硅酸钠形式存在于氢氧化铝晶体中的碱，又称化合碱；取代氢氧化铝中的氢离子而进入晶格中的碱，又称晶格碱。第一种碱经过洗涤容易洗去，后三种碱则不易洗掉。但是氢氧化铝晶体中的晶间碱和晶格碱含量少，化合碱在分解过程中脱硅反应不明显时也比较少。所以通过严格洗涤，氢氧化铝产品中氧化钠含量能够达到要求。

2. 氢氧化铝粒度

氢氧化铝的粒度控制是晶种分解过程中的主要任务。控制不同的生产条件，可以生产出砂状氧化铝、中间状氧化铝或粉状氧化铝三种产品。生产要求氧化铝粒度最低不小于40μm。因为氢氧化铝粒度过细，沉降速度慢，沉降槽易跑浑，过滤困难。结果会使氢氧化铝晶体的沉降、过滤和洗涤效果都降低。同时，细颗粒氢氧化铝的比表面积较大，吸附碱液和杂质较多，为了洗掉其附着碱和杂质，就必须增加用水量，因而又将增加蒸发工序的负担。如果洗涤用水量保持不变，则所得的氢氧化铝含碱量高，这不仅增加碱耗，而且会使焙烧后的氧化铝含碱量过高，影响电解技术经济指标的提高。此外，细颗粒的氢氧化铝无论是在焙烧、输送或是在电解过程中的飞扬损失都将增加。所以在晶种分解过程中，控制产品质量主要是保证分解产物具有所要求的粒度分布。

以上三个主要技术经济指标存在着相互制约的关系，能使氢氧化铝颗粒增大的因素，又不利于分解率和分解槽单位产能的提高；有利于分解率和粒度的因素，又影响到设备产能的提高；降低分解母液的苛性比值有利于增加产能，却又降低了分解率，等等。因此，选择种分作业条件时，应该同时考虑到上述各种因素对分解率、设备产能以及氢氧化铝品质影响，才能确定比较合理的操作条件。

（二）晶种分解机理

1. 晶种分解的化学过程

在氧化铝生产中，溶出是使矿石中的氧化铝溶解于碱液中而制得铝酸钠溶液，而分解却是将铝酸钠溶液中氧化铝以氢氧化铝结晶析出的过程，其化学反应如下：

$$NaAl(OH)_4 \rightleftharpoons Al(OH)_3 + NaOH$$

这是一个可逆反应，当反应条件控制在高温、高苛性比值和高碱浓度条件下，反应便向左进行，这就是铝土矿的溶出过程，制得铝酸钠溶液；反之，控制在低温、低苛性比值和低碱浓度条件下，反应便向右进行，这就是过饱和的铝酸钠溶液结晶析出氢氧化铝的化学过程。

2. 晶种分解的物理过程

过饱和的铝酸钠溶液分解析出氢氧化铝晶体的物理过程可分为四个步骤：氢氧化铝晶核形成、氢氧化铝晶体的长大、氢氧化铝晶体的破裂和氢氧化铝晶体的附聚[13]。

（1）氢氧化铝晶核的形成。氢氧化铝晶核的形成有自发成核和二次成核两种形式[14]。

1）自发成核。液滤后的铝酸钠溶液，氧化铝浓度为120~145g/L，苛性比值为1.48~1.7

左右，这是一种处于过饱和状态的介稳溶液。这种溶液在不加晶种和不搅拌的情况下虽然也能自发分解析出氢氧化铝，但是这种氢氧化铝晶核的自发生成过程是需要很长时间的，对生产来说，并不实际。生产上为了加快分解过程，人为地往分解精液中添加氢氧化铝晶种来避开晶核的自发生成过程，使氢氧化铝直接在晶种表面分解析出。另一方面，也会使氢氧化铝晶体的粒度变粗。

2）二次成核。当分解温度低，晶种表面积小，分解精液的过饱和度高时，生成的晶核表面粗糙，长成向外突出细小的枝晶，在颗粒相互碰撞或流体的剪切力的作用下，这些细小晶体便脱离母晶而进入溶液中，成为新的晶核，这种成核方式就是二次成核（或次生成核）。二次成核越多，则分解析出的氢氧化铝粒度越细。生产上是通过控制晶体长大的速度，来减少二次成核的数量。

（2）氢氧化铝晶体的长大。氢氧化铝晶体长大的速度，取决于分解条件，即分解温度高和分解精液的过饱和度高，有利于晶体长大，但为了减少二次成核，减缓结晶长大的速度，生产上通过提高分解温度和保持分解精液过饱和度适宜的方法，来使结晶的长大缓慢、均匀，减少枝晶的生成，使晶体颗粒粗，强度高。

（3）氢氧化铝晶体的破裂。氢氧化铝晶体的破裂是氢氧化铝晶体颗粒之间碰撞以及颗粒与槽壁、搅拌器之间的碰撞，使结晶体破裂的现象。氢氧化铝的破裂越多，氢氧化铝晶体的粒度越细小。

（4）氢氧化铝晶体的附聚。氢氧化铝晶体的附聚是指一些细小的晶粒互相依附并黏结成为一个较大晶体的过程，同时伴随有晶体数目的减少。氢氧化铝晶体的附聚分为两个步骤：第一步，细小晶粒互相碰撞，产生由两个或两个以上原始颗粒组成的松散的絮团，但其机械强度小容易重新分裂；第二步，絮团在未分裂时，被从铝酸钠溶液中析出的氢氧化铝“充填空隙”，将各个晶粒黏结在一起，形成较为牢固的附聚物。

分解精液过饱和度高、温度高、种子晶粒细小且数量多时，有利于附聚过程的进行。

由此可见，工业上为了得到颗粒较粗的氢氧化铝晶体，分解时就必须尽量减弱氢氧化铝晶体的二次成核和破裂两个步骤，控制条件以加强氢氧化铝晶体的均匀长大和附聚两个步骤，所以提高分解温度，使分解精液过饱和度适宜，是得到颗粒较粗的氢氧化铝晶体的有效方法。

实际上铝酸钠溶液加种子分解的速度很慢，拜耳法加种子分解过程需要50~80h。一般认为铝酸根离子分解为氢氧化铝的速度可能很快，而氢氧化铝结晶（主要是结晶生长）速度很慢，所以铝酸钠溶液加种子分解的速度受结晶化学速度的控制。铝酸钠溶液加种子分解速度可写成：

$$-\frac{\mathrm{d}A}{\mathrm{d}t}=ka_0\,(A-A_e)^2$$

式中 k——分解速度常数；

a_0——种子表面积；

A——溶液中Al_2O_3浓度；

A_e——该分解条件下的Al_2O_3平衡浓度。

（三）影响晶种分解的因素

为了使晶种分解既能满足分解速度和分解率的要求，又能满足氢氧化铝晶体粒度的要求，就要对影响晶种分解的各个因素作分析，来确定合适的操作条件。

（1）分解精液（原液）苛性比值（分子比）的影响。在工业生产允许的浓度范围内，任何铝酸钠溶液的苛性比值都比其在一定温度下平衡的苛性比值小，则其过饱和的程度越大，自发分解的倾向也就越大。因此铝酸钠溶液的苛性比值越小，在其他条件相同时，铝酸钠溶液的分解率和槽产能也就越高。降低分解精液（原液）的苛性比值是强化晶种分解的主要途径。

降低分解精液的苛性比值虽能大大地提高分解速度，但分解温度如果不变，分解产物氢氧化铝晶体的粒度则较细。所以，为了获得粒度合格的氢氧化铝，采用低苛性比值的分解精液进行分解时，可以将使分解温度稍高，这样既可提高分解率，又可得到合格氢氧化铝产品。生产上控制的是低苛性比值（1.48~1.7）的分解精液。

（2）分解精液（原液）氧化铝浓度的影响。在一定温度制度下，当分解精液的苛性比值不变时，增加分解精液的氧化铝浓度会使铝酸钠溶液的过饱和度降低，分解速度和在一定时间内的分解率会下降，但设备的产能却上升；反之，则相反。因此当其他条件相同时，分解精液的氧化铝浓度会有一最佳值。

理论及实践都已证明分解精液的苛性比值降低，分解精液的过饱和度增加，分解速度加快，分解时间缩短，槽单位产能增加。所以，当分解精液的苛性比值更低时，分解精液则可以采用更大的氧化铝浓度而不影响分解速度和在一定时间内的分解率。目前，生产上分解精液氧化铝的质量浓度一般取100~150g/L。

（3）分解温度的影响。分解温度是影响分解过程的重要因素之一。在分解过程中，既要保证一定的分解速度和分解率，又要保证分解析出的氢氧化铝的质量要求。这与分解过程中降温制度有很大关系。

分解在较高的初温下进行时，由于铝酸钠溶液的过饱和度小，分解速度慢，分解率较低，但晶体均匀长大的速度较快，能得到粒度较粗的氢氧化铝。这是因为随着温度的升高，溶液的黏度降低，从而使溶液内部颗粒移动速度增大，促使已生成的晶体长大。相反，在较低温度下分解，溶液的黏度大，晶核较多，虽然溶液的分解率较高，但所得到的氢氧化铝颗粒较细。

在工业生产中，降温制度要根据生产需要全面地考虑。生产粉状氧化铝时，采取急剧地降低分解初温，即将90~100℃的分解精液迅速地降至60~65℃，然后保持一定的速率降至分解终温40℃左右的降温制度。这种降温制度，因为前期急剧降温，破坏了铝酸钠溶液的稳定性，分解速度快。这样就使晶种分解的前期生成大量的晶核，在分解后期温度下降缓慢，晶核就有足够的时间来长大。因此，产品氧化铝的粒度得以保证，而最终的分解率也得以提高。而对于生产砂状氧化铝时，就要控制较高的分解初温（70~85℃）和分解终温（60℃），这样能生产出颗粒较粗且强度较大的氢氧化铝，但分解速度减慢，分解率较低。

（4）晶种的影响。在分解过程中，加入氢氧化铝晶种，使分解直接在晶种表面进行，避免了氢氧化铝晶体漫长的自发成核过程，加速了分解精液的分解速度，并且也能得到粗粒的氢氧化铝产品。

晶种的添加量通常用晶种系数（也称种子比）来表示。晶种系数是指作为晶种的氢氧化铝数量与用以分解的精液中的氧化铝数量的比值。

晶种系数的大小有一最佳值，当其他条件及晶种粒度和活度相同时，提高晶种系数，晶种表面积随之增加，因而分解速度加快。但是，过高的晶种系数，一方面使氢氧化铝在生产流程中的循环量增大，带来设备及动力费用的增加；另一方面，由于种子不经洗涤，会导致种子附液进入分解精液的数量增多，从而使分解精液的苛性比值升高，分解速度于是不再提高。因此，晶种系数过高也是不利的，选用的晶种系数必须适当，目前晶种系数一般为1.0~3.0。

（5）分解时间的影响。在一定地分解条件下，分解时间对分解速度和最终分解率是有一定影响的。在分解初期，分解速度很快，随着分解时间的延长，分解速度会越来越慢。虽然分解率仍在提高，但提高的速度越来越慢。所以分解时间短，分解率低，氧化铝返回得多，循环母液的苛性比值低，不利于溶出，将会使一系列的技术经济指标恶化，这是不允许的。反之，为了得到高分解率而无限地延长分解时间，又会造成设备产能的降低，这也是不允许的。在工业生产中，分解时间一般为30~72h。

（6）搅拌的影响。分解槽的搅拌一般有两种形式，即机械搅拌和空气搅拌。搅拌的目的是使氢氧化铝晶种能在铝酸钠溶液中保持悬浮状态，以保证溶液和晶种有良好的接触；另一方面还是溶液的扩散速度加快，保持溶液浓度均匀，破坏溶液的稳定性，加速铝酸钠溶液的分解，并能使氢氧化铝晶体均匀地长大。

搅拌速度过快过慢都是不利的，过慢不但起不到搅拌的作用，甚至还有可能造成氢氧化铝沉淀；过快则有可能把生成的氢氧化铝晶体打碎，造成氢氧化铝晶体变细。

（7）杂质的影响。铝酸钠溶液中的杂质通常有氧化硅、有机物、硫酸钠和碳酸钠以及其他微量元素等。

氧化硅的存在使铝酸钠溶液的稳定性增加，阻碍分解过程的进行。但由于拜耳法精液的硅量指数一般为300~350。所以二氧化硅的含量越少，它的影响就越小。

有机物在铝酸钠溶液中的存在，使铝酸钠溶液的黏度增大，因此铝酸钠溶液的稳定性增加，分解速度减慢。另一方面，它吸附在析出的氢氧化铝表面，阻碍氢氧化铝晶体的长大，从而造成产品氢氧化铝粒度变细的不良后果。

碳酸钠和硫酸钠浓度在溶液中增加时，溶液黏度增加，分解率下降。

综上所述，影响种分分解率和产品质量的因素虽然很多，但毕竟有主次之分。对分解工序操作者来说，主要是保证晶种的数量和品质，掌握好降温制度和液量平衡等，从而提高分解率和保证产品氢氧化铝的品质。

六、氢氧化铝焙烧

（一）氢氧化铝焙烧原理及流程

焙烧就是将氢氧化铝在高温下脱去附着水和结晶水，并使其发生晶型转变，制得符合电解所要求的氧化铝的工艺流程[15]，是生产氧化铝产品的最后一道工序。

1. 氢氧化铝焙烧原理

工业生产中经过过滤的湿氢氧化铝是三水铝石（$Al_2O_3 \cdot 3H_2O$），并带有10%~15%的附着水。在焙烧过程中随着温度的提高，湿的氢氧化铝会发生脱水和晶型转变等一系列的复杂变化，最终由三水铝石（$Al_2O_3 \cdot 3H_2O$）变为γ-Al_2O_3和α-Al_2O_3。

（1）附着水的脱除。湿氢氧化铝的附着水，在110~120℃时就会被蒸发掉。

（2）结晶水的脱除。氢氧化铝烘干后其结晶水的脱除是分阶段进行的。当加热到250~450℃时，氢氧化铝脱掉两个结晶水，成为一水软铝石：

$$Al_2O_3 \cdot 3H_2O \longrightarrow Al_2O_3 \cdot H_2O + 2H_2O(气)$$

继续提高到500℃时，再脱掉一个结晶水，生成γ-Al_2O_3：

$$Al_2O_3 \cdot H_2O \longrightarrow \gamma\text{-}Al_2O_3 + H_2O(气)$$

（3）氢氧化铝的晶型转变。脱水后生成的γ-Al_2O_3结晶不完善，具有很强的吸水性，不能满足电解铝生产要求。需要对其进行进一步的晶型转变，即转变为α-Al_2O_3。随着温度提高到900℃以上时，γ-Al_2O_3开始变成α-Al_2O_3。若在1200℃下焙烧4h，就可以全部转变成α-Al_2O_3，此时生成的α-Al_2O_3晶格紧密，密度大，硬度高，但化学活性小，在冰晶石熔体中的溶解度小。

2. 焙烧过程对氧化铝质量的影响

（1）温度的影响。温度越高，氧化铝中的灼减（结晶水）含量越少，$\alpha-Al_2O_3$ 越多。在正常焙烧温度下，氧化铝产品的粒度不受影响，主要由氢氧化铝的粒度决定。

（2）矿化剂的影响。在焙烧氢氧化铝时加入少量的矿化剂能加速 Al_2O_3 的晶型转变过程，可以降低焙烧温度，缩短焙烧时间，从而提高设备的产能，降低能耗。工业上添加的矿化剂有氟化铝和氟化钙等，添加矿化剂焙烧能得到 α- Al_2O_3 含量高的氧化铝，黏附性好，易成团，但结晶表面不平，晶粒较粗，流动性差，在电解质中溶解速度降低，所以矿化剂没有被广泛采用，特别是生产砂状氧化铝的厂，一般不采用矿化剂。

（3）焙烧燃料的影响。焙烧燃料采用重油，带入氧化铝产品中的杂质少，所以氧化铝产品的纯度主要取决于氢氧化铝中间产品的纯度。

（4）氢氧化铝晶体粒度和强度的影响。

氢氧化铝产品的粒度和强度对氧化铝产品影响较大，只有粒度较粗，强度较大的氢氧化铝才能焙烧出粒度较粗的氧化铝；反之则不能。

3. 氧化铝焙烧工艺流程

目前，氧化铝焙烧工艺有两种：回转窑焙烧工艺和流态化焙烧工艺。由于流态化焙烧工艺具有热耗低、产能高、维修费用少、占地面积小、产品质量好等优点，新建企业都采用了流态化焙烧工艺，而老企业仍在使用回转窑焙烧工艺。两种工艺流程都是用重油作为燃料的。回转窑焙烧工艺设备连接如图 1-9 所示。

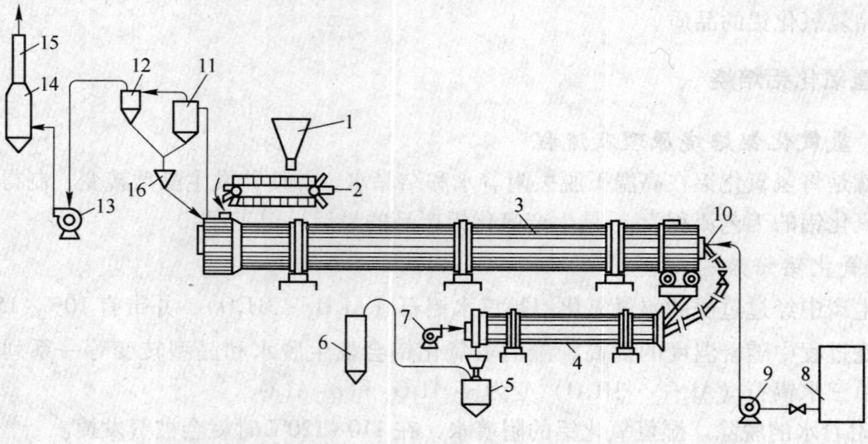

图 1-9 回转窑焙烧工艺设备连接

1—氢氧化铝储仓；2—板式饲料机；3—焙烧窑；4—冷却机；5—吹灰机；6—氧化铝储仓；7—鼓风机；8—储油罐；9—油泵；10—油枪；11——次旋风收尘器；12—二次旋风收尘器；13—排风机；14—电收尘器；15—烟囱；16—集灰斗

（二）回转窑焙烧工艺

回转窑是按逆流原理进行工作的，通常窑体具有一定的倾斜度，一般为 2%～3%。燃料及助燃空气由较低的窑头端入窑，而物料则从较高的窑尾端加入，物料与热气流在窑内朝相反方向运动。当窑体转动时，就把物料带到一定高度，然后在重力的作用下，物料又沿斜面下落。由于窑体有一定的倾斜度，当物料升起和落下的时候，就向窑头方向前进一定距离，直至窑头，完成由氢氧化铝变成氧化铝的焙烧过程。

根据物料在窑内不同温度区域发生的物理化学变化，可将窑划分为如下四个带：

（1）烘干带。入窑的物料由40℃左右被加热到200℃，湿氢氧化铝所带的附着水在烘干带全部被蒸发掉。而窑气的温度则由600℃左右降低到250~350℃，并被排出窑外。

（2）脱水带。物料由200℃继续加热到900℃，氢氧化铝的结晶水在脱水带得到脱除而变成γ- Al_2O_3，窑气温度由1050℃降至600℃左右。

（3）烧成带。物料温度由900℃加热到1200℃左右，使γ- Al_2O_3 转变为α- Al_2O_3，其转变过程取决于温度、停留时间以及是否添加矿化剂等条件，烧成带的气流温度为1050~1400℃。

（4）冷却带。物料在冷却带由1200℃冷却到1000℃左右，然后进入冷却机继续冷却至70℃左右排出。

以上各带的长度不是固定不变的，它随着焙烧窑规格的不同及操作条件的变化而变化，但各带的温度基本上是不变的。

七、分解母液的蒸发与苏打的苛化

（一）分解母液的蒸发

在生产过程中，由于赤泥的洗涤、氢氧化铝的洗涤以及蒸汽直接加热等，多余的水进入到生产流程中。在拜耳法生产过程中，因为氧化铝的溶出率是随着循环母液苛性碱浓度的提高而上升的，如果不蒸发掉多余的水，就会导致循环母液浓度降低，氧化铝溶出率下降；而在烧结法生产过程中，生料浆的水分过大，将影响熟料窑的操作，使熟料窑产能下降。因此必须排除在生产过程中加入的多余水分来保持生产系统的水量平衡，使生产顺利进行。

拜耳法流程中多余水分的排除有四种途径：（1）作为赤泥的附液而排除；（2）作为氢氧化铝的附液而排除；（3）作为自蒸发气体而排除；（4）蒸发过程的排除。这四种途径中，前三种排除的水分量较少，绝大多数的水分要靠蒸发排除。

烧结法流程中多余水分的排除，有五种途径：（1）作为赤泥的附液而排除；（2）作为氢氧化铝的附液而排除；（3）作为自蒸发气体而排除；（4）熟料烧结排除；（5）蒸发过程的排除。前三种排除的水量较少，绝大多数的水分要靠后两种排除。但由于熟料烧结对入窑炉料的水分含量有限制，所以也必须依靠蒸发来排除大量的水分。

（二）苏打的苛化

用拜耳法生产氧化铝时，循环母液中的苛性碱每循环一次大约有3%左右被反苛化为碳酸盐，这些碳酸盐在蒸发过程中以一水碳酸钠结晶析出，从而造成苛性碱损耗。为了减少苛性碱损耗，单独的拜耳法生产氧化铝厂需要将析出的碳酸钠进行苛化处理，以回收苛性碱。

拜耳法的一水碳酸钠的苛化，是采用石灰苛化法，即将一水碳酸钠溶解，然后加入石灰如进行苛化，其苛化反应为：

$$Na_2CO_3 + Ca(OH)_2 \xlongequal{} 2NaOH + CaCO_3$$

第五节　烧结法生产氧化铝

一、烧结法原理及工艺流程

工业处理低品位铝土矿（A/S<4），唯一可取得经济效益的方法是碱石灰烧结法[16]。在处

理霞石等高硅原料时，用烧结法可实现原料的综合利用，以降低氧化铝的生产成本。

早在拜耳法发明之前，法国人勒·萨特里在1858年即提出用碳酸钠和铝土矿烧结，得到含固体铝酸钠$Na_2O \cdot Al_2O_3$的熟料。用稀碱溶液溶出这种熟料得到铝酸钠溶液，向溶液中通入CO_2气体，即可析出氢氧化铝。原料中的氧化硅则以铝硅酸钠的形式转入泥渣。这种方法所得的成品质量差，耗热量大，所以当较经济的拜耳法提出之后，该法即被淘汰。

到1902年帕卡尔（H. Packard）提出用碳酸钠和石灰石按一定比例与铝土矿烧结，可在很大程度上减轻氧化硅的危害，使Al_2O_3和Na_2O的损失大为减少。他提出最佳的配料比（摩尔比）应该是：$CaO/SiO_2=2$；$Na_2O/Al_2O_3=3$。这样就形成了碱石灰烧结法。现在的烧结法中，CaO用量基本上仍按上述比例计算，但Na_2O的用量则根据生成化合物成分的不同而有所改进。

烧结法在前苏联得到进一步的发展与完善，成为处理低品位铝土矿和铝硅酸盐矿物的较为经济的方法。

我国在烧结法处理低品位铝土矿生产氧化铝方面也取得重大成就。烧结法技术也是适用于处理中等品位铝土矿的联合法的组成部分，这对我国有重要意义。

在碱石灰烧结法中，一般是使原料中的各成分通过烧结反应（高温固相反应）转变为铝酸钠（$Na_2O \cdot Al_2O_3$）、铁酸钠（$Na_2O \cdot Fe_2O_3$）、硅酸二钙（$2CaO \cdot SiO_2$）和钛酸钙（$CaO \cdot TiO_2$）。其中铝酸钠易溶于水和稀碱溶液；铁酸钠则易水解形成NaOH和$Fe_2O_3 \cdot H_2O$；硅酸二钙和碱液溶出时Al_2O_3和Na_2O转入溶液，而同其他不溶杂质分离。得到的铝酸钠溶液经过净化（脱硅），通入CO_2气体，降低其稳定性，析出氢氧化铝，这种方法叫碳酸化分解。碳酸化分解母液，主要含Na_2CO_3，可再用于配料，因此在烧结法中碱也是循环使用的。

烧结法的主要工艺过程有：生料配料和烧结；熟料溶出；粗液脱硅；碳酸化分解；氢氧化铝煅烧；碳分母液蒸发。碱石灰烧结法基本流程如图1-10所示。

二、碱石灰铝土矿熟料烧结

（一）熟料的物相组成

碱石灰烧结法熟料的物相组成[17]，对熟料的溶出性能有重要影响。高硅铝土矿的碱石灰烧结法熟料不是均一的产物，而是几种矿物的集合体，各有不同的溶出特性。已确定工业熟料中主要含有下列几种矿物。

（1）铝酸钠。铝酸钠（$Na_2O \cdot Al_2O_3$）为Al_2O_3与等分子数或更多的Na_2CO_3在高温700~1150℃煅烧的唯一产物。

铝酸钠为无色结晶。熔点1650℃，在高温高于1150℃时，铝酸钠开始部分地分解，Na_2O挥发；但只有在高于1250~1300℃时，铝酸钠的分解才较显著。长时间高温加热时能生成部分β-氧化铝（$Na_2O \cdot 11Al_2O_3$）。

铝酸钠易溶于水，若无过剩OH^-时则会分解析出氢氧化铝。

（2）铁酸钠。铁酸钠（$Na_2O \cdot Fe_2O_3$）是Fe_2O_3与Na_2CO_3在高温500~1150℃煅烧的唯一产物。熔点1345℃，在高温下铁酸钠分解，Na_2O挥发，生成β-氧化铁（$Na_2O \cdot 11Fe_2O_3$）。

铁酸钠在热水中水解为NaOH和$Fe(OH)_3$。

高温下，铁酸钠中的氧化铁可被氧化铝置换生成铝酸钠：

$$Na_2O \cdot Fe_2O_3 + Al_2O_3 \longrightarrow Na_2O \cdot Al_2O_3 + Fe_2O_3$$

如烧结配料中碱量不足，则主要生成铝酸钠。但为在熟料溶出时铝酸钠溶液具有一定的稳定性，烧结时必须同时考虑Al_2O_3和Fe_2O_3含量以确定配碱量。

熟料中铝酸钠和铁酸钠可形成连续固溶体，在溶出时易于溶解，然后铁酸钠水解。

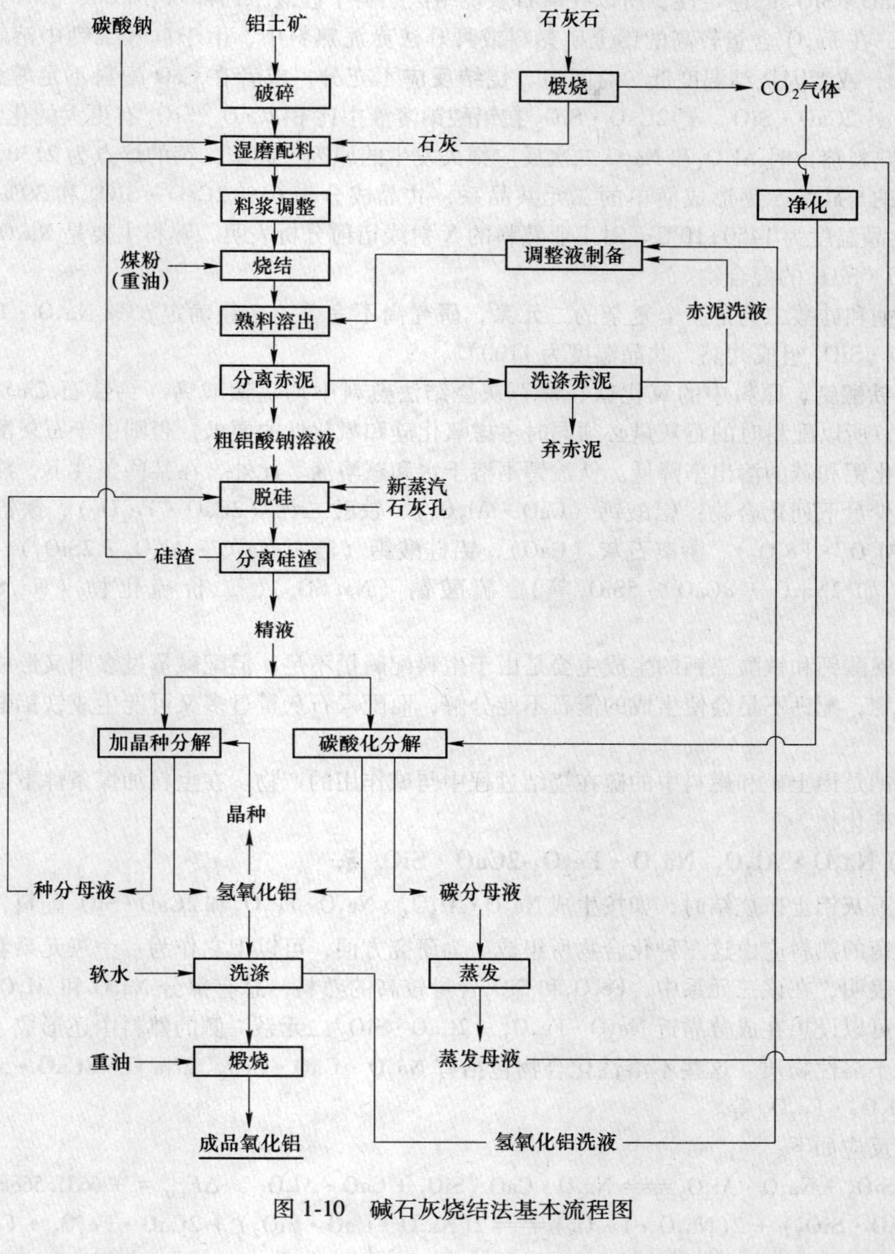

图 1-10　碱石灰烧结法基本流程图

（3）硅酸二钙。硅酸二钙（$2CaO \cdot SiO_2$）是 SiO_2 与 CaO 在高温反应时的最初产物。硅酸二钙有三种稳定的变体，它们之间的转变温度为：$\alpha-2CaO \cdot SiO_2 \xrightleftharpoons{1420℃} \beta-2CaO \cdot SiO_2 \xrightleftharpoons{675℃} \gamma\text{-}2CaO \cdot SiO_2$，另外还有一种不稳定的变体 $\alpha'\text{-}2CaO \cdot SiO_2$，$\alpha'\text{-}2CaO \cdot SiO_2$ 和 $\beta\text{-}2CaO \cdot SiO_2$ 的晶型结构很近似。$\alpha'\text{-}2CaO \cdot SiO_2$ 介稳存在的温度范围为 830~1425℃，但也可以保持到其介稳温度以下。

在 675~1420℃的稳定相是 $\beta\text{-}2CaO \cdot SiO_2$，温度低于 675℃则发生 β 相向 γ 相的转变，转变时其体积膨胀 10%而引起自动粉化。但在有铝酸钠或其他少量氧化物存在的情况下，则会

增加 β-$2CaO \cdot SiO_2$ 的稳定性，所以在碱石灰烧结法熟料中硅酸二钙都以 β-$2CaO \cdot SiO_2$ 形式存在。但是，在 Fe_2O_3 含量较高的铝土矿熟料或拜耳法赤泥熟料中，由于硅酸二钙中溶解有 Fe_2O_3 和 Na_2O，或者因烧结温度低、时间短、烧结反应不充分，或者在 CaO 配料不足等条件下，都会出现 α'-$2CaO \cdot SiO_2$。α'-$2CaO \cdot SiO_2$ 在铝酸钠溶液中比 β-$2CaO \cdot SiO_2$ 有更大的化学活性，这就是在熟料溶出时 Al_2O_3 和 Na_2O 二次反应损失发生的原因。硅酸二钙的熔点为 2130℃。

铝酸钠与硅酸二钙形成简单的二元共晶系，共晶成分为 61% $2CaO \cdot SiO_2$ 和 39% $Na_2O \cdot Al_2O_3$，共晶温度为 1450±10℃。对工业熟料的 X 射线衍射分析表明，熟料主要是 $Na_2O \cdot Al_2O_3$ 和 β-$2CaO \cdot SiO_2$ 的混合物。

铁酸钠和硅酸二钙是一个复杂的二元系，研究尚不完善。已经确定 63% $Na_2O \cdot Fe_2O_3$ 与 37% $2CaO \cdot SiO_2$ 组成共晶，共晶温度为 1100℃。

（4）钛酸钙。原料中的氧化钛在碱石灰烧结法熟料中均呈钛酸钙（钙钛石 $CaO \cdot TiO_2$）形成存在，所以配料时的石灰量必须同时考虑氧化硅和氧化钛的要求，否则由于石灰配量不足会引起氧化铝和碱的溶出率降低。钛酸钙不溶于水和碱溶液。此外，在某些条件下，熟料中还可能含有少量下列化合物：铝酸钙（$CaO \cdot Al_2O_3$）、铁酸二钙（$2CaO \cdot Fe_2O_3$）、铁铝酸四钙（$4CaO \cdot Al_2O_3 \cdot Fe_2O_3$）、游离石灰（CaO）、铝硅酸钙（霞石 $Na_2O \cdot Al_2O_3 \cdot 2SiO_2$）、钠钙硅化合物（如 $2Na_2O \cdot 8CaO \cdot 5SiO_2$ 等）、硫酸钠（Na_2SO_4）、二价硫化物（Na_2S、CaS、FeS）等。

其中铝酸钙和铁酸二钙的生成主要是由于生料配碱量不足，但配碱量过多则又形成钠钙硅三元化合物；配钙不足会使生成的霞石不能分解，而配入石灰量过多又可能生成铁铝酸四钙和游离石灰。

硫酸钠是铝土矿和燃料中的硫在烧结过程中与碱作用的产物。在生料加煤条件下部分硫可变为二价硫化物。

（二）$Na_2O \cdot Al_2O_3$-$Na_2O \cdot Fe_2O_3$-$2CaO \cdot SiO_2$ 系

在碱石灰铝土矿烧结时，如按生成 $Na_2O \cdot Al_2O_3$、$Na_2O \cdot Fe_2O_3$ 和 $2CaO \cdot SiO_2$ 配料，烧结反应达到平衡的熟料应由这三种化合物所组成。为研究方便，可以把它作为一个三元系看待。

实验表明，在该三元系中，Fe_2O_3 和 SiO_2 含量较高的熟料，总有部分 Na_2O 和 Al_2O_3 不能溶出。因此可以设想在成分靠近 $Na_2O \cdot Fe_2O_3 - 2CaO \cdot SiO_2$ 二元系一侧的熟料中还形成了一些较为复杂的不溶性物质。这些不溶性化合物包括有 $Na_2O \cdot CaO \cdot SiO_2$、$2Na_2O \cdot 8CaO \cdot 5SiO_2$ 和 $4CaO \cdot Al_2O_3 \cdot Fe_2O_3$ 等。

有关反应如下：

$$2CaO \cdot SiO_2 + Na_2O \cdot Al_2O_3 = Na_2O \cdot CaO \cdot SiO_2 + CaO \cdot Al_2O_3 \qquad \Delta F^{\ominus}_{1500} = +6631.568\text{kJ/mol}$$

$$2(2CaO \cdot SiO_2) + 2(Na_2O \cdot Fe_2O_3) = 2(Na_2O \cdot CaO \cdot SiO_2) + 2CaO \cdot Fe_2O_3 + Fe_2O_3$$

$$\Delta F^{\ominus}_{1500} = +47664.128\text{kJ/mol}$$

$$3(2CaO \cdot SiO_2) + Na_2O \cdot Al_2O_3 + Na_2O \cdot Fe_2O_3 = 2(Na_2O \cdot CaO \cdot SiO_2) + 4CaO \cdot Al_2O_3 \cdot Fe_2O_3 + SiO_2$$

$$\Delta F^{\ominus}_{1500} = +91406.88\text{kJ/mol}$$

以上反应的热力学条件计算（缺 $2Na_2O \cdot 8CaO \cdot 5SiO_2$ 数据）表明，生成上述三元化合物的可能性是极小的。含氧化硅和氧化铁较多的熟料中的 Na_2O 和 Al_2O_3 溶出率的显著降低应如何解释？这种熟料在烧结时会出现较多的液相，在液相结晶过程中，最初可能生成上述的三元化合物作为中间产物，当熟料冷却过快，这些中间化合物来不及转变，仍保留在熟料中，结果使碱和氧化铝的溶出率降低。如将熟料缓慢冷却，这些中间产物就可分解转变为平衡产物 $Na_2O \cdot$

Al_2O_3、$Na_2O \cdot Fe_2O_3$和$2CaO \cdot SiO_2$。试验证明，对于铁含量高的熟料，必须在900℃以上保持缓慢冷却，这样可以改善熟料质量。

（三）碱石灰铝土矿熟料烧结反应顺序

根据用连续记录的高温X射线衍射法对物料在烧结过程中相组成变化的研究，可推论碱石灰铝土矿熟料烧结的反应顺序如下。

（1）400~700℃时，一水硬铝石脱水，高岭石脱水。

（2）700~800℃时，石灰石分解。

（3）800~1000℃时：

$$Al_2O_3 \cdot 2SiO_2 + Na_2CO_3 \longrightarrow Na_2O \cdot Al_2O_3 \cdot 2SiO_2 + CO_2$$

$$Al_2O_3 + Na_2CO_3 \longrightarrow Na_2O \cdot Al_2O_3 + CO_2$$

$$Fe_2O_3 + Na_2CO_3 \longrightarrow Na_2O \cdot Fe_2O_3 + CO_2$$

$$Na_2O \cdot Al_2O_3 \cdot 2SiO_2 + 2CaO \longrightarrow Na_2O \cdot Al_2O_3 \cdot SiO_2 + 2CaO \cdot SiO_2$$

$$TiO_2 + CaO \longrightarrow CaO \cdot TiO_2$$

（4）1000~1200℃时：

$$Na_2O \cdot Al_2O_3 \cdot SiO_2 + 2CaO \longrightarrow Na_2O \cdot Al_2O_3 + 2CaO \cdot SiO_2$$

（四）烧结温度和烧结温度范围

（1）正烧结温度。生产上把烧结过程中液相量为20%~30%时所得到的熟料称为正烧结熟料；把得到正烧结熟料的烧结称为正烧结；把得到正烧结熟料的烧结温度称为正烧结温度。正烧结的上限温度与正烧结的下限温度之差称为熟料的烧结温度范围。

（2）过烧结温度。生产上把烧结过程中液相量多于30%时所得到的熟料称为过烧结熟料；把得到过烧结熟料的烧结称为过烧结；把得到过烧结熟料的烧结温度称为过烧结温度。过烧结熟料的块度大、强度大、孔隙率小、溶出率低。

（3）近烧结温度。生产上把烧结过程中液相量少于20%时所得到的熟料称为近烧结熟料；把得到近烧结熟料的烧结称为近烧结；把得到近烧结熟料的烧结温度称为近烧结温度。近烧结熟料的块度小、可磨性好、标准溶出率高，但赤泥沉降性能不稳定。

（4）欠烧结温度。生产上把烧结过程中液相量少于5%时所得到的熟料称为黄料；把得到黄料的烧结称为欠烧结；把得到黄料的烧结温度称为欠烧结温度。黄料为粉状物料，其标准溶出率非常低，为正常反应未反应完全所得到的物料。

（五）生料加煤问题

以碱石灰烧结法处理含铁或含硫较高的铝土矿时，在生料中加入4%~5%的固体还原剂（煤）取得了良好的经济效果[18]。

铝土矿中的氧化铁，在烧结时生成的$Na_2O \cdot Fe_2O_3$，可与$2CaO \cdot SiO_2$形成共晶，产生少量液相，能促进熟料的烧结反应。但含氧化铁量较高时，则会降低烧结产物的熔点，生成大量液相，使窑产生结圈。

铝土矿及燃料中所含的硫，在烧结过程中与碱作用生成Na_2SO_4，熟料溶出时进入溶液，并在生产过程中循环和积累。Na_2SO_4的积累是烧结法生产中一个严重的问题。因为Na_2SO_4熔点为884℃，故熟料中含较多Na_2SO_4（>6%）时易使窑产生结圈；Na_2SO_4的积累标志着碱耗增加，使蒸发器中Na_2SO_4结垢严重。

向生料中加入固体还原剂（生料加煤）可以消除氧化铁和硫的有害影响[19]。

生料加煤后，氧化铁在烧结过程中于600~700℃被还原成碱性较大的氧化亚铁（FeO），甚至还原成金属铁。以黄铁矿形式存在的铁，在还原气氛下被还原成硫化亚铁（FeS）。

Na_2SO_4熔点低且不易分解和挥发。Na_2SO_4在 1300～1350℃时开始分解，P_{SO_2} = 1atm 时的温度为 2177℃。有碳存在时，Na_2SO_4在 750～880℃即开始分解。还原剂、氧化物或碳酸钙同时存在，可使 Na_2SO_4达到完全分解。

所以，碱石灰烧结法生料中加入还原剂，除前述各主要反应之外，还将发生下列反应：

$$Fe_2O_3 + C = 2FeO + CO$$

$$2FeS_2 + Fe_2O_3 + C = 4FeS + 3CO$$

$$Na_2SO_4 + C = Na_2SO_3 + CO$$

$$Na_2SO_4 + 4C = Na_2S + 4CO$$

$$Na_2S + 3Na_2SO_4 = 4Na_2SO_3$$

$$Na_2SO_3 + Al_2O_3 \xrightarrow{900℃\ 以上} Na_2O \cdot Al_2O_3 + SO_2$$

$$Na_2S + FeO + Al_2O_3 = Na_2O \cdot Al_2O_3 + FeS$$

$$Na_2S + CaO + Al_2O_3 = Na_2O \cdot Al_2O_3 + CaS$$

当生料中有足够的氧化铁或氧化钙时，可以避免生成多余的 Na_2S。

应当注意的是当烧结物料进入到窑的高温带后，处于氧化气氛下，暴露在料层表面的二价硫化物与空气接触又会被氧化成 Na_2SO_4，只有约半数的硫以二价硫化物形式存在于熟料中。

所以，碱石灰烧结法生料加还原剂烧结的结果，使熟料中大部分硫转化为二价硫化物，熟料溶出时在赤泥中排出。

另外，由于铝土矿中部分氧化铁还原成 FeO 和 FeS，配料中可以减少碱的配比，不必使 Fe_2O_3全部与 Na_2O 结合，故可降低碱耗。此外，加入还原剂还能强化烧结过程，因为生料加入的煤在窑内燃烧带以前燃烧，等于增加了窑的燃烧空间，提高窑的发热能力。

（六）熟料烧结设备

熟料烧结用设备——回转窑是一种工业反应设备。在窑内除燃料燃烧发热之外，物料在窑内要进行热加工。国外最大的熟料烧结窑尺寸为 ϕ5.0m×185m（处理霞石）。

物料在窑内的热加工过程中发生一系列物理化学变化。根据窑内物料沿窑长的温度和物理化学变化的特点，可以将窑依次划成如下各带：

（1）烘干带，生料浆水分蒸发；

（2）预热带，生料中氢氧化物或水合物脱水；

（3）分解带，主要为石灰石热分解和开始部分固相反应；

（4）烧成带，最后完成熟料矿物组成的反应；

（5）冷却带，熟料冷却。

窑内各带长度表征窑的工作情况，是随着窑的规格、操作制度和窑内热交换装置而改变的。

熟料烧结回转窑作为反应设备，其主要缺点是热效率低。熟料烧结反应所消耗热量仅占燃料燃烧热量的 12%～18%，料浆水分蒸发热耗约 30%，故熟料烧结的理论热耗（即化学反应热耗与水分蒸发热耗之和）不到总热耗的 50%。废气带走热量也达 20%～30%。

三、熟料溶出与赤泥分离洗涤

（一）溶出过程的主要反应

碱石灰烧结法熟料中的主要矿物组成在溶出时的行为如下。

（1）铝酸钠。铝酸钠易溶于水和稀苛性碱溶液，溶解速度很快。由于固体铝酸钠的结构与溶液中铝酸根离子结构不同，所以熟料中铝酸钠的溶解实际上是一个化学反应，即：

$$Na_2O \cdot Al_2O_3(固) + 4H_2O \longrightarrow 2Na^+ + 2Al(OH)_4^-$$

这一反应为放热反应。在100℃时，固体铝酸钠溶解于NaOH溶液中得到浓度为100g/L的Al_2O_3，摩尔比为1.6的铝酸钠溶液只需3min便可完成溶解。

在熟料溶出所得的铝酸钠溶液中常会有4~5g/L SiO_2，使溶液有较高的稳定性，这样溶液的分子比可低至1.20~1.25。

（2）铁酸钠。铁酸钠不溶于水，在水中发生水解，生成NaOH：

$$Na_2O \cdot Fe_2O_3 + 2H_2O \longrightarrow 2NaOH + Fe_2O_3 \cdot H_2O$$

铁酸钠水解速度很快，20℃时可在30min内完全分解。提高温度，铁酸钠水解速度增大。

熟料中铁酸钠水解生成NaOH，使铝酸钠溶液分子比增高，成为溶液的稳定因素。

（3）硅酸二钙。β-$2CaO \cdot SiO_2$在水中发生水化生成$CaO \cdot SiO_2 \cdot 1.7H_2O$，在$\beta$-$2CaO \cdot SiO_2$表面形成致密薄膜，可以阻止水化过程继续进行。

熟料中$2CaO \cdot SiO_2$在溶出时可与NaOH反应而被分解：

$$2CaO \cdot SiO_2 + 2NaOH + aq \longrightarrow Na_2SiO_3 + 2Ca(OH)_2 + aq$$

α'-$2CaO \cdot SiO_2$被NaOH溶液分解的速度远大于β-$2CaO \cdot SiO_2$。硅酸二钙在溶出条件下的分解程度主要与SiO_2在铝酸钠溶液中的介稳平衡溶解度有关。

由于硅酸二钙的部分分解而引起SiO_2进入溶液是不可避免的。这使溶出液含有一定数量的SiO_2，溶液的A/S为30~40。同时，由于硅酸二钙的分解而进一步造成在溶出时产生氧化铝和碱的二次反应损失，这是在烧结法生产中的一个重要技术问题。

（4）钛酸钙。熟料中的钛酸钙$CaO \cdot TiO_2$在溶出时不发生任何反应，残留于赤泥中。

（5）Na_2S、CaS、FeS等二价硫化物。熟料中Na_2S、Na_2SO_4在溶出时直接转入溶液，而CaS、FeS在溶出时部分地被NaOH和Na_2CO_3所分解，变为Na_2SO_4转入溶液。这样，熟料中的二价硫化物仍能部分地造成碱的损失。

（二）熟料溶出过程中的二次反应

熟料溶出过程中发生的主要反应是固体铝酸钠的溶解和铁酸钠的水解，溶出开始后，溶出液的摩尔比和Al_2O_3浓度很快即可达到预定数值。在铝酸钠溶解的过程中，硅酸二钙被NaOH分解的速度很快，与铝酸钠溶解速度相同。由于硅酸二钙的分解又引起其他反应，使已溶出的Al_2O_3和Na_2O又转为固相而造成损失，这种造成Al_2O_3和Na_2O损失的反应叫做溶出二次反应。

熟料溶出时硅酸二钙被NaOH分解转入溶液中的SiO_2量在短时间内可达最大值（即达到SiO_2的介稳溶解度），然后发生脱硅，温度越高脱硅速度也越快。随着脱硅的进行，硅酸二钙可进一步分解。这种脱硅反应可以是：

$$2Na_2SiO_3 + (2+n)NaAl(OH)_4 + aq \rightleftharpoons Na_2O \cdot Al_2O_3 \cdot 2SiO_2 \cdot nNaAl(OH)_4 \cdot xH_2O + 4NaOH + aq$$

$$3Ca(OH)_2 + NaAl(OH)_4 + aq \rightleftharpoons 3CaO \cdot Al_2O_3 \cdot 6H_2O + 2NaOH + aq$$

水化铝酸钙再与溶液中的Na_2SiO_3作用生成水合铝硅酸钙（水化石榴石）：

$$3CaO \cdot Al_2O_3 \cdot 6H_2O + nNa_2SiO_3 \rightleftharpoons 3CaO \cdot Al_2O_3 \cdot nSiO_2 \cdot (6-2n)H_2O + 2nNaOH + aq$$

在烧结法熟料溶出条件下，多数脱硅产物中的CaO/Al_2O_3摩尔比等于3，与标准溶出率比较，发生二次反应时，主要是已溶出的Al_2O_3的损失，而Na_2O的损失很小，所以可以认为熟料溶出时的二次反应主要是生成水化石榴石的反应。这可能与水化石榴石在铝酸钠溶液中的溶解度比水合铝硅酸钠小有关。

当铝酸钠溶液与溶出后的赤泥继续接触，则硅酸二钙会进一步分解，继续产生上述的脱硅作用，使Al_2O_3损失增大。

（三）溶出用溶液中 Na_2CO_3 的作用

硅酸二钙可与 Na_2CO_3 溶液反应而被分解，且进行较为彻底，即：

$$2CaO \cdot SiO_2 + 2Na_2CO_3 + H_2O + aq \longrightarrow 2CaCO_3 + Na_2SiO_3 + 2NaOH + aq$$

但在熟料溶出条件下，溶液中含有 Na_2CO_3 时，则溶液属于 Na_2O-Al_2O_3-CaO-SiO_2-CO_2-H_2O 系，可以利用该六元系相图（见图 1-11）来分析 Na_2CO_3 的作用。

当溶液中 Na_2O_C 浓度位于 Na_2O-Al_2O_3-CaO-SiO_2-CO_2-H_2O 系苛化平衡曲线以上时，由 $2CaO \cdot SiO_2$ 分解产生的 $Ca(OH)_2$ 即与 Na_2CO_3 作用生成 $CaCO_3$，从而避免 $Ca(OH)_2$ 与 $NaAl(OH)_4$ 和 Na_2SiO_3 之间的作用。如 Na_2O_C 浓度位于苛化曲线下部，即位于平衡固相 $3CaO \cdot Al_2O_3 \cdot n\,SiO_2 \cdot (6-2n)H_2O$ 区时，则 $Ca(OH)_2$ 即与 $NaAl(OH)_4$ 和 Na_2SiO_3 作用生成水化石榴石。

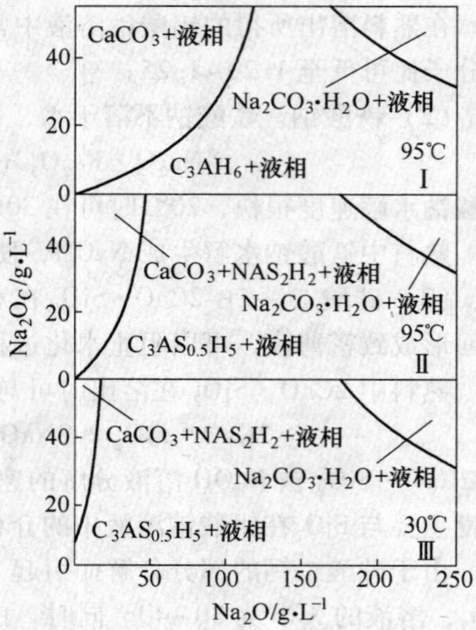

图 1-11　Na_2O-Al_2O_3-CaO-SiO_2-CO_2-H_2O 系平衡曲线（部分）

比较在相同温度条件下的 Na_2O-Al_2O_3-CaO-CO_2-H_2O 系和 Na_2O-Al_2O_3-CaO-SiO_2-CO_2-H_2O 系（图 1-11 中的Ⅰ、Ⅱ）苛化曲线的位置可以看出，在含有 Na_2CO_3 的铝酸钠溶液中，水化石榴石比水合铝酸钙更稳定。同时也可以比较图 1-11 中的Ⅱ、Ⅲ，当温度升高时，苛化曲线位置下移。

所以，为避免在溶出时生成水化石榴石而引起二次反应损失，采取调整溶液的 Na_2O_C 浓度，使溶液组成位于苛化平衡曲线稍上的适当位置，则硅酸二钙分解出的 $Ca(OH)_2$ 只与 Na_2CO_3 发生苛化反应，使溶液中 SiO_2 仍保持以溶解度较大的铝硅酸配离子状态存在，从而可以抑制 $2CaO \cdot SiO_2$ 的进一步分解。

但是，增大溶液中 Na_2CO_3 浓度也会使硅酸二钙分解加快，在温度较高的情况下，形成水合铝硅酸钠析出。

（四）减少二次反应损失

如上所述，熟料溶出时产生二次反应损失的根本原因是硅酸二钙的分解，为减少二次反应损失，采用的溶出条件（溶出用调整液的组成、温度、时间等）必须是能最大限度地阻止硅酸二钙的分解。

我国烧结法厂采用熟料湿磨溶出、沉淀分离的溶出流程，在防止溶出二次反应损失，提高 Al_2O_3 和 Na_2O 的溶出率方面有成功的经验：

（1）溶出用调整液的组成使熟料中铝酸钠溶出后的溶出液摩尔比控制为 1.25 左右，以减少溶液中游离苛性碱的浓度。这一条件适应所用低铁铝土矿的特点。

（2）溶液中 Na_2O_C 浓度保持不大于 30g/L，使溶液位于苛化曲线上部的 $CaCO_3$ 稳定区。

（3）在不显著影响赤泥沉降速度的条件下采取偏低的溶出温度 78～82℃。

（4）快速分离赤泥。

二段湿磨溶出的缺点是流程过于复杂。若采用高效分离设备，可用一段磨闭路溶出。

（五）熟料溶出赤泥的沉降性能

烧结法熟料在采用湿磨溶出沉降分离洗涤流程时，赤泥的沉降性能对沉降槽产能和二次反应损失都有很大影响。

烧结法赤泥的主要成分是硅酸二钙、钛酸钙及不同形式的铁的化合物。烧结法赤泥变性（赤泥膨胀）是采用沉降分离洗涤设备系统时威胁生产的严重问题。赤泥膨胀现象主要表现为沉降速度极其缓慢，压缩层疏松，压缩液固比很大，形成容积庞大的胶凝状物体；同时有大量悬浮赤泥微粒进入溢流，俗称“跑浑”，破坏正常工作。

赤泥膨胀时极易引起沉降分离洗涤过程中的二次反应，而二次反应的发生又加剧了赤泥膨胀。

所以，保证熟料质量，采用高效赤泥分离设备和高效絮凝剂，才能简化湿磨溶出流程。前苏联多采用块状熟料的固定床溶出，熟料溶出及赤泥分离洗涤都在同一设备中完成。

四、铝酸钠溶液脱硅

（一）铝酸钠溶液脱硅的目的和方法

在熟料溶出过程中，由于硅酸二钙被分解，使较多的氧化硅进入溶液[20]。如湿磨溶出时在80℃制得含$Al_2O_3$120g/L、摩尔比1.25的溶出液中，SiO_2含量可达4.5~6g/L，超过该条件下SiO_2平衡浓度许多倍，这种含大量SiO_2的溶出液称为粗液。

含大量SiO_2的铝酸钠溶液，在碳酸化分解时，SiO_2将随氢氧化铝一起析出，降低产品纯度，因此，在溶液碳酸化分解之前，必须对粗液进行专门的脱硅处理，制成精液。

为保证产品质量（化学纯度），碳酸化分解的分解率是按精液A/S控制的，一般要求精液A/S不小于400。

为进一步提高烧结法产品氧化铝的质量，使其能达到拜耳法产品等级，采用了所谓“两段端脱硅”的深度脱硅方法。先在温度为150~170℃的压煮器（脱硅机）中进行一段脱硅，使溶液A/S提高到400；然后再在常压下加石灰进行二段脱硅，使溶液A/S达到1200~1500。

（二）铝酸钠溶液脱硅过程

熟料溶出时硅酸二钙分解使SiO_2进入溶液，根据溶液的浓度和温度，在一定时间内，溶液中SiO_2含量可处于介稳平衡状态。

向70℃的不同浓度的铝酸钠溶液（摩尔比1.7）中加入Na_2SiO_3，并分别搅拌1~2h和搅拌5~6d，结果如图1-12所示。

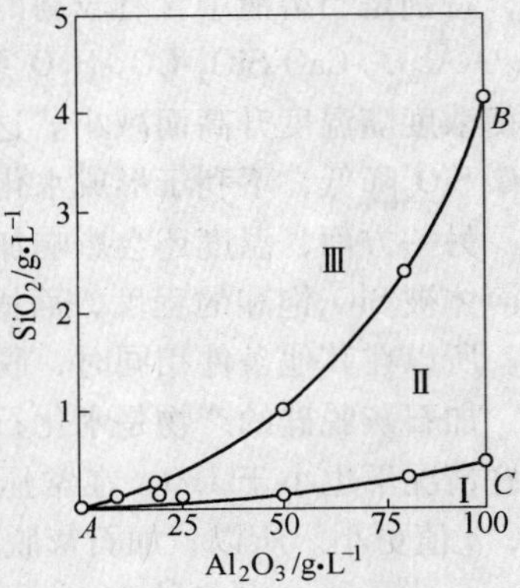

图1-12 SiO_2在铝酸钠溶液中的溶解度和介稳状态溶解度（70℃）

曲线*AB*为搅拌1~2h后溶液中SiO_2浓度；曲线*AC*为搅拌5~6d后的SiO_2浓度。所以，可以认为曲线*AC*是70℃不同Al_2O_3浓度下的SiO_2平衡溶解度曲线；曲线*AB*则为介稳溶解度曲线；曲线*AB*和*AC*之间的区域即为SiO_2的介稳浓度区。

铝酸钠溶液的脱硅过程即为使溶液中SiO_2由介稳状态过渡到平衡状态的过程，过饱和部分的SiO_2自溶液中析出。

铝酸钠溶液中SiO_2的平衡浓度（g/L）与Na_2O和Al_2O_3浓度（g/L）有如下的关系：

$$S_{\infty} = 2.7 \times 10^{-5} \times Na_2O \times Al_2O_3$$

在100~180℃范围内，温度对SiO_2平衡浓度影响很小。

但是，温度对脱硅过程的动力学有决定性作用。在100~180℃范围内，随温度升高可以加快脱硅速度。如继续提高温度，则由于 SiO_2 平衡溶解度再次增大，致使溶液中 SiO_2 含量增大。从下列数字可以看出温度对脱硅速度的影响（粗液成分 Al_2O_3 99~107g/L；摩尔比 1.60；SiO_2 2.63~3.25g/L；脱硅时间都为 2h）：

工作压力/MPa	0.1	0.3	0.5	0.7	0.9	1.2
精液 SiO_2 含量/$g \cdot L^{-1}$	2.10	0.60	0.37	0.24	0.26	0.29

在压力 0.7MPa（约 170℃）时溶液中 SiO_2 含量出现最低值。所以采用适当的温度可以缩短脱硅所需时间，增大设备产能，这是在工业上采用“加压”脱硅的主要原因。

粗液脱硅时加入具有表面活性的水合铝硅酸钠作为种子，也能加速硅渣结晶析出。

但是对于中等浓度的工业铝酸钠溶液（Al_2O_3 100~120g/L，摩尔比 1.6，SiO_2 3~4g/L），不论是高压脱硅还是常压脱硅，溶液中 SiO_2 含量至多也只能降低到 0.25~0.30g/L，其 A/S 最高只能达到 350~450，这不满足烧结法产品优质高产的工艺要求。

（三）铝酸钠溶液加石灰脱硅

铝酸钠溶液加石灰脱硅，是根据加石灰后可生成比水合铝硅酸钠溶解度更小的水合铝硅酸钙（水化石榴石），能使溶液得到深度脱硅。加石灰脱硅还可清除溶液中的含铁杂质。

在较宽的温度、浓度和分子比的范围内，加石灰脱硅的溶液中 SiO_2 平衡浓度可达 0.02~0.05g/L。

但是，较高的苛性碱浓度不利于水化石榴石的生成，溶液中的 Na_2CO_3 含量也只能增加石灰的消耗。

最适宜的石灰添加量应根据溶液的浓度和脱硅温度而定，特别是应该考虑到原溶液中 SiO_2 浓度。

为了最大限度地将溶液中 SiO_2 转变为水化石榴石并使其进入固相，对普通溶出粗液中介稳浓度的 SiO_2 来说，加入石灰量应使 CaO/SiO_2 摩尔比为 5~7；而对 SiO_2 接近平衡浓度的铝酸钠溶液，为能得到深度脱硅，加石灰量必须使 CaO/SiO_2 摩尔比高达 30 以上。

加石灰脱硅时提高脱硅温度与加大石灰量的作用相似，可以增大脱硅程度。

考虑到水化石榴石在碱溶液中的分解是随温度升高而增大的，因而提高温度可能对脱硅不利，特别是当溶液中含有较高的 Na_2CO_3 时。如前所述，无论对 Na_2O-Al_2O_3-CaO-CO_2-H_2O 系或 Na_2O-Al_2O_3-CaO-SiO_2-CO_2-H_2O 系，其中 $CaCO_3$ 的稳定区都随温度升高而扩大，也即 Na_2CO_3 的平衡浓度随温度升高而减小。这时加入的石灰将主要消耗于苛化 Na_2CO_3 生成 $CaCO_3$，使有效 CaO/SiO_2 降低，不利于形成水化石榴石。

另一方面，温度还会影响加石灰脱硅的化学反应速度，因为提高温度可以增大水化石榴石固溶体被 SiO_2 饱和的程度，而固溶体被 SiO_2 饱和程度越大，它在 NaOH 溶液中的稳定性也越大。所以在其他条件相同时，脱硅深度又将随温度的提高而增大。

加石灰脱硅的产物是水化石榴石固溶体 $3CaO \cdot Al_2O_3 \cdot nSiO_2 \cdot (6-2n)H_2O$，其中 n 值在最好情况下也小于 1.0，在常压下只为 0.2~0.3。特别是为增大脱硅程度而加大石灰添加量时，n 值更小。所以，加石灰脱硅又会增加 Al_2O_3 损失的办法，是采取“两段脱硅”。

（四）两段脱硅工艺

将 Al_2O_3 110~120g/L，$MR=1.4$，Na_2O_C 25g/L，SiO_2 5g/L 的溶出粗液先经高温一次脱硅，析出水合铝硅酸钠（钠硅渣），使溶液中 SiO_2 降至 0.3~0.4g/L；然后在常压（100℃左右）下加入石灰进行二次脱硅，又将溶液中 SiO_2 降至 0.1~0.2g/L，精液 A/S 可提高到 500~1000 以上。常压二次脱硅产物 $3CaO \cdot Al_2O_3 \cdot nSiO_2 \cdot (6-2n)H_2O$ 中的 n 值约为 0.1。

对上述组成的溶液，采用常压加石灰二次脱硅，可以提供有效的 CaO/SiO_2 分子比。例如，只采用高温加石灰脱硅，设向粗液中加 10g/L CaO，其 $CaO/SiO_2 = 1.9$，在高温下发生苛化反应消耗 CaO 量的 30%～50%，实际上有效 CaO/SiO_2 只有 0.9～1.4，所以不会得到好的脱硅效果；如果采用两段脱硅，向经高温脱硅后的溶液中也加 10g/L CaO，则 $CaO/SiO_2 = 30$，100℃时消耗于苛化反应的 CaO 量为 10%～20%，有效 CaO/SiO_2 仍有 20～25，所以可以得到较大的脱硅深度。

高温一次脱硅后浆液中的水合铝硅酸钠（钠硅渣）的存在，会降低加石灰二次脱硅的脱硅能力。

加石灰二次脱硅时生成水化石榴石，使溶液中 SiO_2 平衡浓度降低到平衡固相为水合铝硅酸钠的 SiO_2 平衡溶解度以下，此时对 SiO_2 平衡溶解度较高的钠硅渣来说，溶液中 SiO_2 将是不饱和的，于是又可引起脱硅浆液中存在的钠硅渣的重新溶解，结果使得溶液中 SiO_2 含量再次升高。

由于钠硅渣的存在，使加石灰的二次脱硅限制了铝酸钠溶液 A/S 的进一步提高，解决的办法是将高温脱硅浆液分离钠硅渣后，再进行常压加石灰二次脱硅。

分离钠硅渣后的铝酸钠溶液加石灰二次脱硅，可以得到稳定而且 A/S 很高的精液。例如，$CaO/SiO_2 = 30$，不分离钠硅渣，加石灰二次脱硅后溶液 A/S 只达到 700～800；如分离钠硅渣后，在同样条件下溶液 A/S 可达 2000 以上。

经深度脱硅的铝酸钠溶液方可由碳酸化分解制得高质量（低 SiO_2 含量）的氢氧化铝。当然，增加钠硅渣分离会使工艺流程更复杂。

深度脱硅工艺可提出其他改进方案。如将加石灰二次脱硅所得的水化石榴石渣用作一次脱硅过程的晶种，并使一次脱硅在常压下进行。这样，一次硅渣的成分则主要是水化石榴石，其中 SiO_2 饱和程度 n 可达到 0.4。

分离后的一次硅渣用 Na_2CO_3 溶液（碳分母液）处理，提取渣中 Al_2O_3 后，将 $CaCO_3$ 渣送去配制生料浆，使返回烧结过程的 Al_2O_3 量减至最少。所得的稀铝酸钠溶液可用于熟料溶出。

五、铝酸钠溶液的碳酸化分解

（一）碳酸化分解过程的原理

铝酸钠溶液的碳酸化分解是一个有气、液、固三相参加的复杂的多相反应过程，它包括有以下的物理化学过程：

（1）二氧化碳被铝酸钠溶液吸收，中和苛性碱。

（2）氢氧化铝结晶析出。

（3）溶液脱硅析出水合铝硅酸钠结晶。

（4）水合碳酸铝钠（$Na_2O \cdot Al_2O_3 \cdot 2CO_2 \cdot nH_2O$）的生成和破坏，并在碳酸化分解终了时沉淀析出。

关于碳酸化分解过程的机理，一般认为，通入溶液的 CO_2，使部分游离苛性碱中和：

$$2NaOH + CO_2 \longrightarrow Na_2CO_3 + H_2O$$

于是溶液分子比降低，铝酸钠溶液过饱和度增大，引起溶液的分解：

$$NaAl(OH)_4 \longrightarrow Al(OH)_3 + NaOH$$

由于连续通入 CO_2，使溶液始终维持较大的过饱和度，所以，在碳酸化分解时，即使不加晶种，溶液也具有较大的分解速度。

对工业碳酸化分解槽分解过程的实测表明，溶液通入 CO_2 之后，NaOH 浓度连续均匀下降，

Al_2O_3浓度的降低滞后几十分钟，然后Al_2O_3浓度的变化曲线几乎与NaOH浓度变化曲线平行。溶液摩尔比基本保持在1.5左右。

水合铝硅酸钠的析出主要是在碳分过程的末期，这也使氢氧化铝被SiO_2和碱污染。

除上述的苛性碱中和反应和氢氧化铝结晶过程外，对碳酸化分解过程的机理，还有关于水合碳酸铝钠的生成和破坏过程。

碳酸化分解时，在通入的CO_2气泡和铝酸钠溶液的边界上，先形成碳酸铝钠的薄膜，随着气泡向溶液表面的上升运动，薄膜脱出而被苛性碱分解（破坏）：

$$Na_2O \cdot Al_2O_3 \cdot 2CO_2 \cdot nH_2O + 2NaOH + aq \longrightarrow 2Al(OH)_3 + 2Na_2CO_3 + aq$$

在碳酸化分解初期，由于溶液中苛性碱浓度较大，碳酸铝钠薄膜分解形成$Al(OH)_3$的同时，又发生$Al(OH)_3$的溶解，结果只是NaOH变为Na_2CO_3，$Al(OH)_3$并未析出。随苛性碱量的减少，形成的碳酸铝钠即按上式分解，并析出$Al(OH)_3$。

碳酸化分解末期，当溶液中苛性碱很少，碳酸钠含量增高，且温度也较高的条件下，水合碳酸铝钠即从溶液中析出。所以，当溶液彻底碳酸化分解时，最后的氢氧化铝中含有大量碳酸钠。

（二）碳分过程中氧化硅的析出

在碳酸化分解过程中，铝酸钠溶液中SiO_2析出变化曲线可分为三个阶段（见图1-13）[21]。

第一阶段（分解初期）表明有$Al(OH)_3$与SiO_2共同析出。分解原液中的A/S越高，这段曲线也越短，与$Al(OH)_3$共同析出的SiO_2就越少。

第二阶段表明只析出$Al(OH)_3$而不析出SiO_2，表现为SiO_2析出变化曲线与横坐标轴平行。这一段的长度随分解原液中A/S的提高而延长。

第三阶段表明随$Al(OH)_3$的析出，SiO_2也强烈析出。

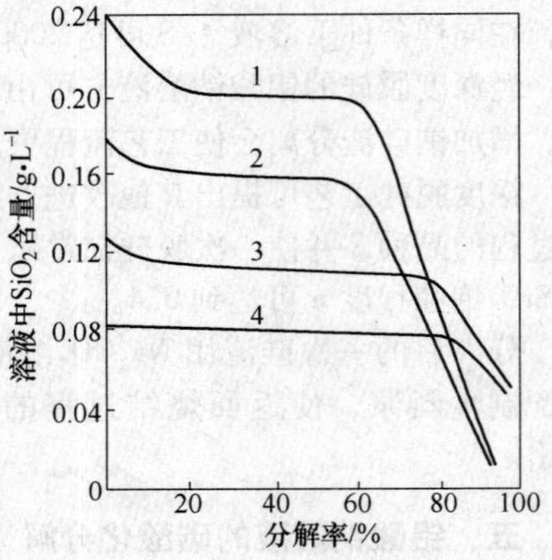

图1-13 碳分过程中SiO_2析出变化曲线

1—溶液A/S为350；2—溶液A/S为470；3—溶液A/S为600；4—溶液A/S为970

从上述不同A/S溶液碳酸化分解时SiO_2析出变化规律，可以认为，A/S较低的溶液，其SiO_2浓度可能仍为过饱和状态，在$Al(OH)_3$未析出之前，由于Na_2O浓度的降低，其过饱和度还要稍有增加，但碳分温度不超过70~80℃时，又不具备合适的脱硅条件，这种过饱和度不易降低。只有当第一批氢氧化铝呈细分散状态析出后，因比表面积大、吸附能力强，造成降低SiO_2过饱和度的条件。于是这种活性氢氧化铝从溶液中吸附部分SiO_2。溶液中SiO_2过饱和度越高，被吸附的SiO_2量就越大。

随溶液继续分解，氢氧化铝颗粒增大，比表面积减小，吸附能力下降，这时只有氢氧化铝单独析出。析出的氢氧化铝中SiO_2相对含量逐渐降低。在此期间，随Na_2O和Al_2O_3浓度的降低，SiO_2过饱和度不断提高，当SiO_2过饱和度达到一定极限时，SiO_2即以水合铝硅酸钠形式和氢氧化铝一起强烈析出。

所以，铝酸钠溶液碳酸化分解过程中，氢氧化铝中SiO_2杂质含量以在第二阶段终了之前为最少。

铝酸钠溶液碳酸化分解时，如加入氢氧化铝种子，则在SiO_2析出变化曲线上的第一阶段曲线消失，只剩其后两段曲线。这表明如有种子颗粒作为结晶中心，不再生成细分散的氢氧化铝，故析出的第一批氢氧化铝中不会有 SiO_2。

经深度脱硅的铝酸钠溶液，同样能防止碳酸化分解时第一批氢氧化铝与 SiO_2 共同析出。

根据上述 SiO_2 在碳分过程中的行为可以得出如下结论：铝酸钠溶液 A/S 一定时，氢氧化铝产品纯度取决于碳分分解率。因此在生产中要根据精液的 A/S 和产品中允许的 SiO_2 含量（等级标准）来规定碳酸化分解率。

在处理铝土矿的烧结法中，碳酸化分解不能进行到底。对于实现深度脱硅的铝酸钠溶液（如 A/S>1000 时），碳酸化分解率当有较大的提高。

（三）碳酸化分解速度

碳酸化分解速度取决于 CO_2 气体的浓度和通入速度。碳分分解速度对氢氧化铝产品质量有较大的影响。工业碳酸化分解时间为 6~8h，快速分解则只需 3h。

当分解率相同，快速碳分所得的氢氧化铝中 SiO_2 含量比慢速碳分所得者显著减少。这可能与在快分解条件下溶液中过饱和的 SiO_2 析出滞后有关。

快速碳分条件下氢氧化铝结晶集合体的晶间空隙中包含的母液有所增加，这使氢氧化铝中不可洗碱的含量略有增加。分解过快，则 CO_2 利用率下降，氢氧化铝粒度可能变细。

利用高浓度 CO_2（38%左右）的石灰炉炉气进行碳分，可以提高分解速度。同时，由于 CO_2 与 NaOH 的中和反应及 $Al(OH)_3$ 结晶放热，不仅能维持碳酸化分解所需的温度，而且溶液的温度还能提高（可达 85℃左右），因而有利于氢氧化铝结晶生长以及氢氧化铝的分离洗涤。

当采用 CO_2 含量为 12%左右的熟料窑窑气时，则碳分速度缓慢。碳分后期，由于 NaOH 浓度降低，CO_2 利用率下降，碳分槽的散热损失增大，甚至不能维持过程所需的温度（70~80℃）。这时则需要通蒸气保温。

（四）碳分氢氧化铝强度问题

现有工业碳酸化分解所得氢氧化铝的粒度是较粗的，但其机械强度很差，是由 20μm 左右的柱状晶体附聚而成的多晶集合体，不能用于生产砂状氧化铝。如增强晶粒间的黏结，则可得到强度高的氢氧化铝和氧化铝。

国内已成功研究出烧结法砂状氧化铝的碳酸化分解新工艺技术。

（五）碳酸化分解设备

碳酸化分解设备叫碳酸化分解槽，简称碳分槽。它是一种带挂链式搅拌器的圆筒形平底容器。二氧化碳气体经若干支管从槽的下部通入，并经槽顶的气水分离器排出。另外一种为气体搅拌的圆筒形锥底碳分槽。上述碳分槽都是从下部通入 CO_2 气体，气体通过的液柱层很高，因而动力消耗都很大。试验表明，二氧化碳的利用率并不与液柱的高度成正比。所以，碳分槽有很大改进余地。碳酸化分解在国外已采用连续作业。

第六节　拜耳-烧结联合法

根据我国铝土矿资源情况，联合法在我国氧化铝生产中占有重要地位[22]。联合法有并联、串联和混联三种流程。

一、并联法

并联法（见图 1-14）包括拜耳法和烧结法两个平行的生产系统，以拜耳法处理高品位铝土矿，以烧结法处理低品位铝土矿。烧结法系统的溶液并入拜耳法系统，以补偿拜耳法系统的苛性碱损失。

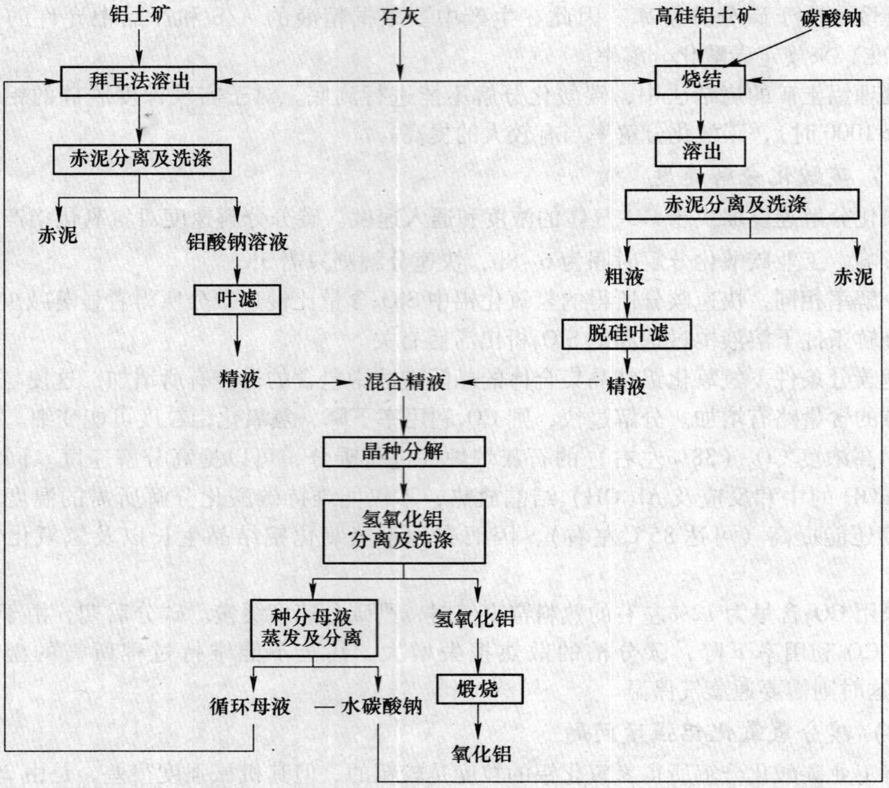

图 1-14　并联法工艺流程

并联法的主要优点是：

(1) 可充分利用本地区矿石资源，即在处理高品位矿石的同时，还可处理部分低品位矿石。

(2) 生产过程的全部碱损失都用价格较低的纯碱补偿。

(3) 种分母液蒸发时析出的 $Na_2CO_3 \cdot H_2O$ 直接送烧结法系统配料，可抵消拜耳法的不良影响。

并联法的主要缺点是工艺流程复杂，拜耳法系统的生产受烧结法的影响和制约，为此必须有足够的循环母液储备。

二、串联法

串联法（见图 1-15）适用于处理中等品位的铝土矿和低品位的三水铝石型铝土矿。先用拜耳法处理矿石，提取其中大部分氧化铝；然后再用烧结法处理拜耳法赤泥，以进一步提取其中的氧化铝和碱，所得的铝酸钠溶液并入拜耳法系统。

串联法可以克服矿石中碳酸盐和有机物含量高带来的困难，此外还有氧化铝回收率高、碱

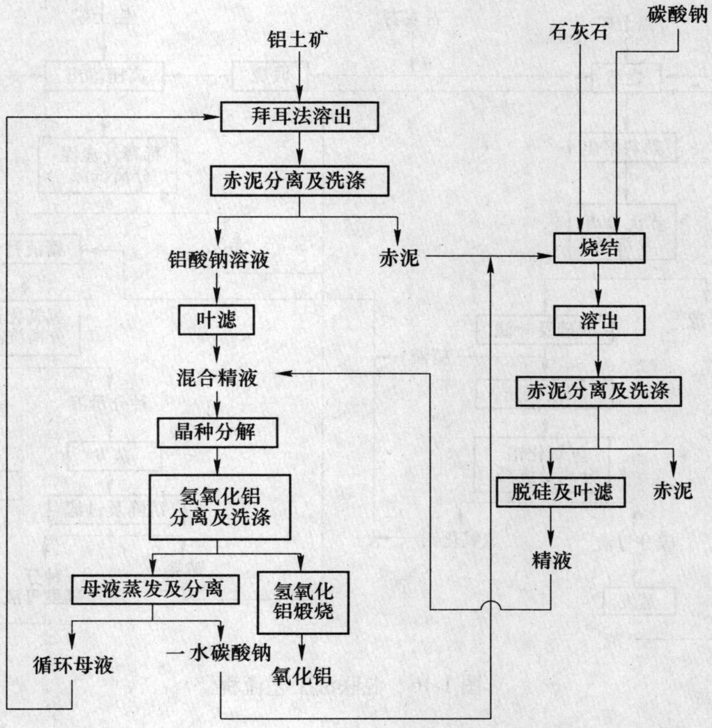

图 1-15　串联法工艺流程

耗低以及产品成本也较低等优点。

串联法的主要缺点是：

(1) 拜耳法赤泥生料烧结，由于 A/S 低和 Fe_2O_3 含量较高，在技术上有困难，往往影响熟料质量。另外，如果铝土矿中 Fe_2O_3 含量低，则又存在烧结法系统的溶液不足以补偿拜耳法系统的碱损失，即存在所谓供碱不足的问题。

(2) 如拜耳法中矿石品位和溶出条件等发生波动，则会引起氧化铝溶出率和赤泥成分与数量的变化，这直接影响烧结法生产，烧结法波动反过来又影响拜耳法系统的稳定。两个系统相互影响，给生产控制带来一定困难。

美国和前苏联都采用串联法处理三水铝石型的低品位铝土矿（A/S 为 3.5~4.0）。

三、混联法

如果铝土矿中含铁量低，则串联法的烧结法系统向拜耳法系统供碱不足。解决这个问题的方法之一，是在拜耳法赤泥中添加一部分低品位矿石一起烧结。这种相当于将串联法和并联法结合在一起的联合法叫混联法（见图 1-16）。这种方法目前只有我国采用。生产实践证明，混联法在处理低铁铝土矿时是有效的方法，多余的烧结法溶液进行碳分，以作为调节过剩苛性碱液的平衡措施，这样便可缓解整个生产流程维持均衡稳定的问题。

混联法的主要缺点是流程太长，设备繁多，控制复杂等。

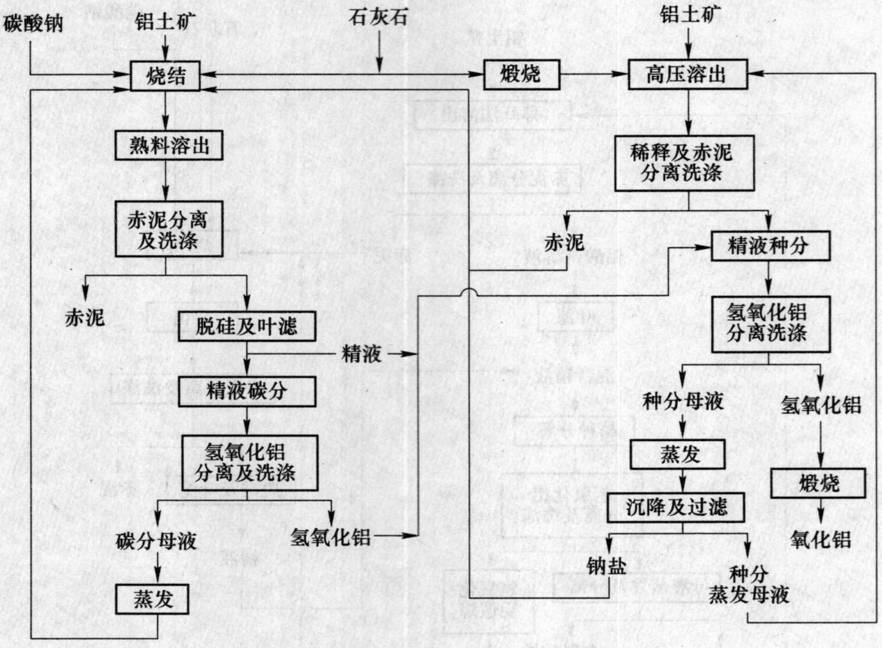

图 1-16　混联法工艺流程

习　题

1. 简述氧化铝的生产方法。
2. 衡量铝土矿的质量标准是什么？

第二章 铝冶金

第一节 概 述

Aluminium 一词是从古罗马语 Alumen（明矾）衍生而来。1746 年德国人波特（J. H. Pott）从明矾制得一种氧化物，即氧化铝。18 世纪法国人拉瓦锡（A. L. Lavoisier）认为这是一种未知金属的氧化物，它与氧的亲和力极大，以致不可能用碳和当时已知的其他还原剂将它还原出来。1807 年英国人戴维（H. Davy）试图电解熔融的氧化铝以制取金属，没有成功。1809 年他将这种想象中的金属命名为 Alumin，后来改称为 Aluminium。1825 年丹麦人奥斯塔（Oerstad）用钾汞齐还原无水氯化铝，第一次得到几毫克金属铝，指出它具有与铝相同的颜色和光泽。1827 年德国人威勒（F. Wohler）用钾还原无水氯化铝得到少量金属粉末[23]。1845 年他用氯化铝气体通过熔融金属钾的表面，得到一些铝珠，每颗重约 10～15mg，从而对铝的密度和延展性作了初步测定。1854 年法国人德维耳（S. C. Deville）用钠代替钾还原 $NaAlCl_4$ 配合盐，制得金属铝，同年在巴黎附近建厂，生产出一些铝制头盔、餐具和玩具。当时铝的价格接近黄金。1886 年美国人霍尔（C. M. Hall）和法国人埃鲁[24]（P. L. T. Heroult）几乎同时用冰晶石-氧化铝融盐电解法制取金属铝，并申请专利。该法沿用至今，称为霍尔-埃鲁法。已经有一百余年的历史。

奥地利人拜耳于 1887 年发明了用苛性碱（NaOH）提取铝土矿中氧化铝的方法，该法沿用至今，称为拜耳法。

1888 年在美国匹兹堡建立了第一家电解铝厂，从此铝的生产进入一个新的阶段。此后世界各国相继采用冰晶石-氧化铝融盐电解法炼铝。法国始于 1889 年，英国始于 1890 年，德国始于 1898 年，奥地利始于 1899 年，挪威始于 1906 年，意大利始于 1907 年，西班牙始于 1927 年，苏联始于 1931 年。

自从冰晶石-氧化铝融盐电解法发明以来，全世界的原铝产量迅速增长。1890 年正值电解法诞生伊始，铝的年产量只有 180t，至 2014 年全世界铝产量增加到 5390 万吨，中国铝产量 2810 万吨[25]。图 2-1 为自 1999 年到 2014 年的历年铝产量的演变曲线。从发展总趋势看来，今后的铝产量仍然会继续增加，但增长速度放慢。

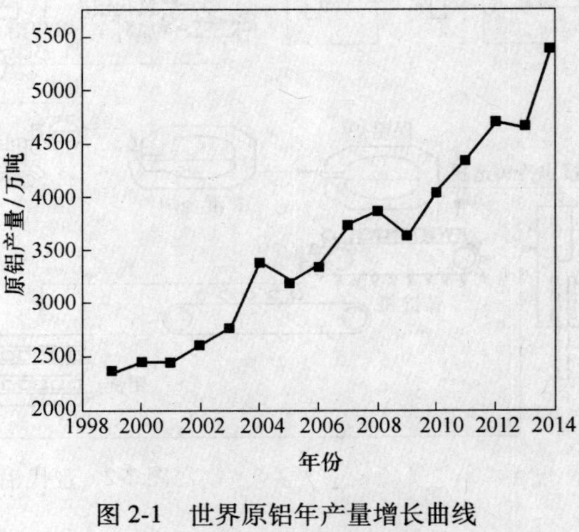

图 2-1 世界原铝年产量增长曲线

现代铝工业有三个主要生产环节：

（1）从铝土矿提取氧化铝——氧化铝生产；

（2）用冰晶石-氧化铝熔盐电解法生产金属铝——铝电解；

（3）铝加工。

2014 年世界上的铝产量分布如下（除中国以外）[25]：

非洲	北美	拉丁美洲	亚洲	西欧	中东	大洋洲	波斯湾
174.5 万吨	457.6 万吨	153.0 万吨	242.9 万吨	351.4 万吨	376.5 万吨	203.5 万吨	483.3 万吨

铝土矿是制造氧化铝的原料。我国铝土矿的储量非常丰富，广泛分布在山西、河南、贵州、广西、山东等省、自治区。我国又有充沛的能源——水电、天然气、石油、煤，仅就水电而论，已开发利用的不过 5%。此外，我国还有丰富的油焦，可供生产炭阳极之用。我国的萤石储量也十分丰富，可用来制造炼铝用的熔剂——冰晶石和氟化铝。故我国兼有充足的原料与能源之利，被誉为未来的世界重要产铝国家。

随着铝工业生产的发展，铝冶金的理论研究不断地前进。有关铝土矿的溶出机理和烧结反应，融熔电解质的结构和电极反应等基础理论问题都已有许多深入的研究，但是不得不指出，研究结果仍然有很大的分歧，需要进一步去探讨。在工业生产上存在的主要问题是能耗太高。生产 1t 铝，大约需要电能 17400kW · h，热能 52GJ。如果电能是由热能转化而来，包括能量转换损失在内，总能量高达 218GJ，相当于 7.4t 硬煤。节省铝电解中的电能消耗以及氧化铝生产中的热能消耗，是当前铝冶金中的主要课题。

在最近数十年中人们研究了多种炼铝新方法[26]。这一方面在于节省能量消耗，另一方面是试图利用低品位铝矿（例如黏土）来代替高品位铝矿以提取氧化铝。其中，铝矿直接还原法制取铝硅合金[27]，氯化铝电解法和氧化铝低温电解法是比较有前途的方法。

第二节 铝的性质和用途

现代铝工业生产流程如图 2-2 所示。

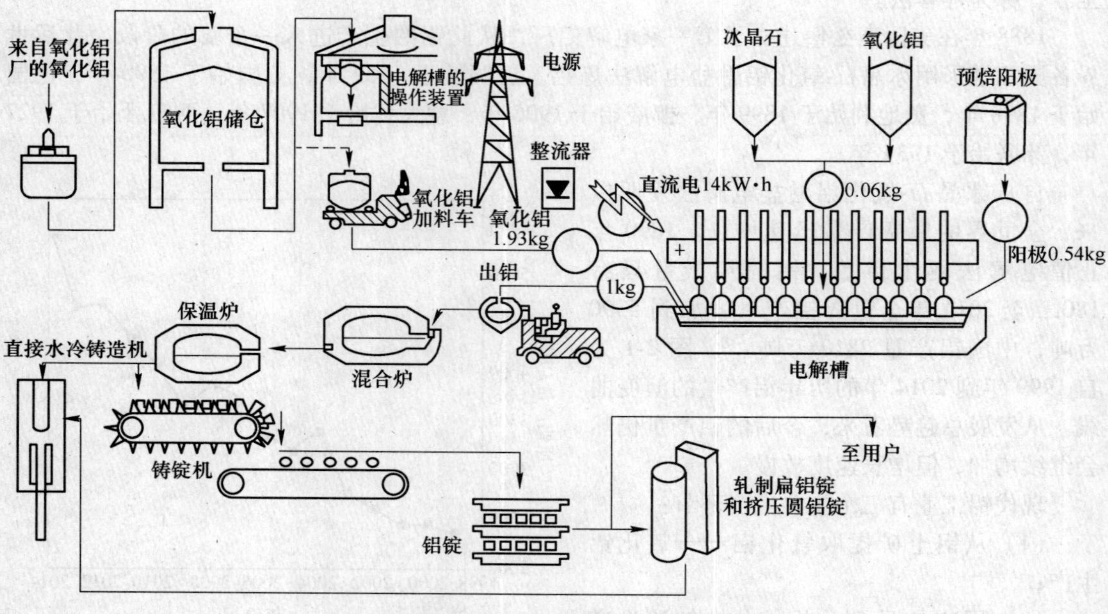

图 2-2 现代铝工业生产流程

铝对氧的亲和力很大。氧化铝的生成热$\Delta H_{298}^{\ominus}$为1678.108±6.279kJ/mol（-400.9±1.5kcal/mol）。所以，铝可用作炼钢的脱氧剂和高熔点金属氧化物（如MnO_2、Cr_2O_3）的热还原剂。铝与氮、硫和卤族元素在高温下发生反应，生成如AlN、Al_2S_3、$AlCl_3$之类的化合物。AlN、Al_2S_3、$AlCl_3$等与铝在真空中加热到1000℃以上，生成相应的低价铝化合物。铝的低价化合物在低温下发生歧化分解反应，生成金属铝和三价铝化合物。AlN加热到2000℃以上时，分解出铝。

铝是两性元素，它缓慢地溶解在稀酸溶液中，但是在浓盐酸中迅速溶解。铝与苛性碱溶液发生强烈反应，迅速溶解，生成$Al(OH)_4^-$：

$$2Al + 6HCl = 2AlCl_3 + 3H_2\uparrow$$

$$2Al + 2NaOH + 6H_2O = 2NaAl(OH)_4 + 3H_2\uparrow$$

铝在各个工业部门和日常生活中应用广泛。航空工业是传统的用铝部门。在建筑工业上用铝合金制作房屋门窗和屋顶、墙面。在各种车辆上也广泛用铝合金制造部件，因此车辆的质量减轻，节省汽油燃料，足以补偿炼铝时所消耗的能量且有余。在电力输送方面，铝的用量早已位居首位，现在90%的高压电缆用铝制作。在食品工业方面，从储槽到罐头盒以至饮料容器大多用铝制作。

表2-1列出2004年和2012年美国铝的用途分配量和所占的百分数[28]。

表2-1　2004年和2012年美国及全球铝的用途分配

用途	2004年		2012年	
	用量/万吨	所占的百分数/%	用量/万吨	所占的百分数/%
建筑	98.85	15	54.24	12
交通运输	230.65	35	153.68	34
电力	39.54	6.0	40.68	9.0
机械制造	39.54	6.0	36.16	8
包装	131.80	20	117.52	26.0
耐用消费品	39.54	6.0	31.62	7.0
其他	39.54	6.0	18.08	4.0
出口	39.54	6.0	0	0
总计	659	100.0	812	100.0

第三节　铝电解用的原料

现代铝工业生产，主要采取冰晶石-氧化铝融盐电解法[29]。直流电流通入电解槽，在阴极和阳极上起电化学反应。电解产物在阴极上是铝液，在阳极上是CO_2和CO气体。铝液用真空抬包抽出，经过净化和澄清之后[2]，浇铸成商品铝锭，其质量达到99.5%~99.8% Al。阳极气体中还含有少量有害的氟化物和沥青烟气，经过净化之后，废气排放入大气，收回的氟化物返回电解槽。图2-3是铝电解生产流程简图。

炼铝的原料是氧化铝。氧化铝是一种白色粉末，熔点2050℃，真密度3.5~3.6g/cm^3，容积密度为1g/cm^3。工业氧化铝中通常含有Al_2O_3 99%左右。铝电解对于氧化铝质量的要求详见第一章第二节。

生产每吨铝所需的Al_2O_3量，从理论上计算等于1889kg，实际上由于工业氧化铝中大约含有$Al_2O_3$99%左右，以及在运输和加料过程中有尘散损失，所以生产每吨铝所需的工业氧化铝量为1920~1940kg。

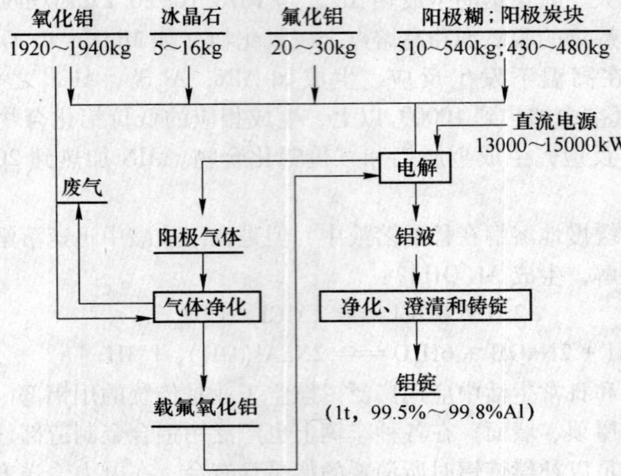

图 2-3 铝电解生产流程

铝电解用的熔剂包括冰晶石、氟化铝、氟化钙、氟化镁、氟化锂等几种。

氧化铝溶解在冰晶石熔液内，构成冰晶石-氧化铝熔液。这种熔液在电解温度950℃左右能够良好地导电。它的密度约为2.1g/cm^3，比同一温度下铝液的密度（2.3g/cm^3）小10%左右，因而能够保证铝液跟电解液分层。在这种熔液里基本上不含有比铝正电性更大的元素，从而能够保证电解产物铝的质量。此外，冰晶石-氧化铝熔液基本上不吸水，在电解温度下它的蒸气压不高，因而具有较大的稳定性。

天然冰晶石（$3NaF \cdot AlF_3$）产于格陵兰岛，属于单斜晶系，无色或雪白色[30]，比重2.95，硬度2.5，熔点1010℃。但是它的储量有限，远远不能满足全世界铝工业的需要，所以现代铝工业采用合成冰晶石，这是用萤石、硫酸、纯碱和氢氧化铝等原料制成的，或者是在磷肥生产中以副产物形式制造。前者称为酸法冰晶石，后者称为副产冰晶石。

制造酸法冰晶石有两道工序[31]：

（1）制酸。用萤石精矿粉（CaF_2 95%以上）和硫酸（H_2SO_4 90%～92.5%）在回转窑内制备氟化氢气体。用水吸收，得粗氟酸，其中含有少量硅氟酸。硅氟酸是由原料中的二氧化硅与氟化氢气体起作用生成的。然后加碳酸钠脱除 H_2SiF_6，得精氟酸。副产品为硫酸钙（可用于水泥制造工业）和硅氟酸钠（Na_2SiF_6，可用作农业杀虫剂，或应用于轻工业搪瓷生产）。在制酸过程中发生的主要反应是：

$$CaF_2 + H_2SO_4 = 2HF\uparrow + CaSO_4$$

$$SiO_2 + 4HF = SiF_4\uparrow + 2H_2O$$

$$SiF_4 + 2HF = H_2SiF_6$$

$$H_2SiF_6 + Na_2CO_3 = Na_2SiF_6\downarrow + H_2O + CO_2\uparrow$$

（2）制盐。用精氟酸同氢氧化铝浆液反应，生成氟铝酸（H_3AlF_6），然后用碳酸钠中和，生成冰晶石泥浆。过滤后得到冰晶石软膏，最后在130～140℃下干燥，得到产品冰晶石。在制盐过程中发生的主要反应是：

$$Al(OH)_3 + 6HF = H_3AlF_6 + 3H_2O$$

$$2H_3AlF_6 + 3Na_2CO_3 = 2Na_3AlF_6 + 3CO_2\uparrow + 3H_2O$$

这种冰晶石通常是冰晶石（$3NaF \cdot AlF_3$）和亚冰晶石（$5NaF \cdot 3AlF_3$）的混合物，其中

NaF/AlF_3（摩尔比）等于2左右，属于酸性。

氟化铝由精氟酸与氢氧化铝浆液起反应而制得：

$$Al(OH)_3 + 3HF \xlongequal{} AlF_3 \cdot 3H_2O$$

$AlF_3 \cdot 3H_2O$ 在500~550℃下可以完全脱水，但同时会发生部分水解作用。所以工业上一般是在较低的温度（350~400℃）下进行脱水，制取含有半个结晶水的氟化铝（$AlF_3 \cdot 0.5H_2O$）。在实验室内经真空蒸馏制取纯 AlF_3。

工业冰晶石是一种白色粉末，略粘手。工业氟化铝是极细的白色粉末，不粘手，它在常压下加热时不熔化，而在高温下升华。目前铝电解工业上一般采用酸性电解质，故用氟化铝来调整电解质的 NaF/AlF_3 摩尔比。

为了改善铝电解质的性质，还加入一些添加剂，例如氟化钙、氟化镁、氟化锂（或碳酸锂）。氟化钙是由天然萤石经过精选而得，其成分是 $CaF_2>95\%$，$CaCO_3<2\%$，$SiO_2<1\%$。氟化镁和氟化锂是由精氟酸分别与有关的碳酸盐起作用而制得，工业氟化镁含 MgF_2 90%~95%。

国产冰晶石和氟化铝的质量标准详见表2-2和表2-3。

表2-2 国产冰晶石的质量标准 （%）

组 分	Na	F	Al	$SiO_2+Fe_2O_3$	SO_4^{2-}	H_2O（总）
一级品	≤29	≥54	≥15	≤0.4	≤1.3	≤1.0
二级品	≤30	≥53	≥14	≤0.55	≤1.5	≤1.5

表2-3 国产氟化铝的质量标准 （%）

F	Al	$SiO_2+Fe_2O_3$	SO_4^{2-}	H_2O（总）
≥61	≥30	≤0.5	≤1.5	≤7.5

在铝电解过程中，生产每吨铝的氟盐消耗指标是：冰晶石5~15kg，氟化铝20~30kg，氟化镁3~5kg（或氟化锂1~3kg）。

第四节 炭 阳 极

在铝电解过程中，高温且具有很大侵蚀性的冰晶石熔液直接同电极接触。在各种电极材料当中，能够抵抗这种侵蚀性并且能良好地导电而又价格低廉的唯有炭素材料[32]。因此目前铝工业均采用炭阳极和炭阴极。炭阳极在电解过程中参与电化学反应而连续消耗，炭阴极原则上只破损而不消耗。在炭阴极上经常有一层铝液覆盖着，这层铝液实际上就是阴极。

铝电解用的炭阳极分为两大类：自焙阳极和预焙阳极。自焙阳极依导电方式不同又分旁插棒式和上插棒式阳极。预焙阳极依电解过程中阳极本身是否连续使用又分为连续式阳极和不连续式阳极。这四种型式阳极的配料组成是不同的，但是制造方法有共同的地方。图2-4为炭阳极生产的简明流程[33]。

焦炭和沥青是制造阳极的原料。焦炭经高温煅烧后，进行中碎和粉碎，然后按照不同的粒度组成与一定比例的沥青进行配料，经混捏后，便得到可直接用于自焙阳极的阳极糊或用于制造预焙阳极的炭块糊。炭块糊经振动成型或挤压成型，制成生炭块。生炭块经过高温焙烧后，便得到预焙阳极炭块。

一、焦炭

制造阳极用的焦炭，通常是石油焦或石油焦与沥青焦的混合物。石油焦是渣油蒸馏过程中的副产物。我国目前广泛使用的延迟石油焦，其灰分低于0.5%，挥发分低于10%~12%。沥青焦是炼焦副产物煤沥青在高温下焦化的产物。它同延迟焦相比，灰分都低于0.5%，但机械强度较高，硫含量较低（<0.5%）；而一般延迟焦的硫含量较高，为0.5%~1.5%。

焦炭中所含的杂质大部分进入铝内，因此选用低灰分的焦炭可以提高铝的质量。延迟焦和沥青焦都能满足这项要求。延迟焦中的硫含量视原油品种而异。硫是有害杂质，它在高温下同铁质阳极棒起作用，生成电阻很大的硫化铁膜，从而增大了铁-炭的接触电压降。因此，在自焙阳极制造方面宜选用含硫量比较低的石油焦。焦炭中的钒会增大其氧化活性，故要求钒含量低于0.02%。

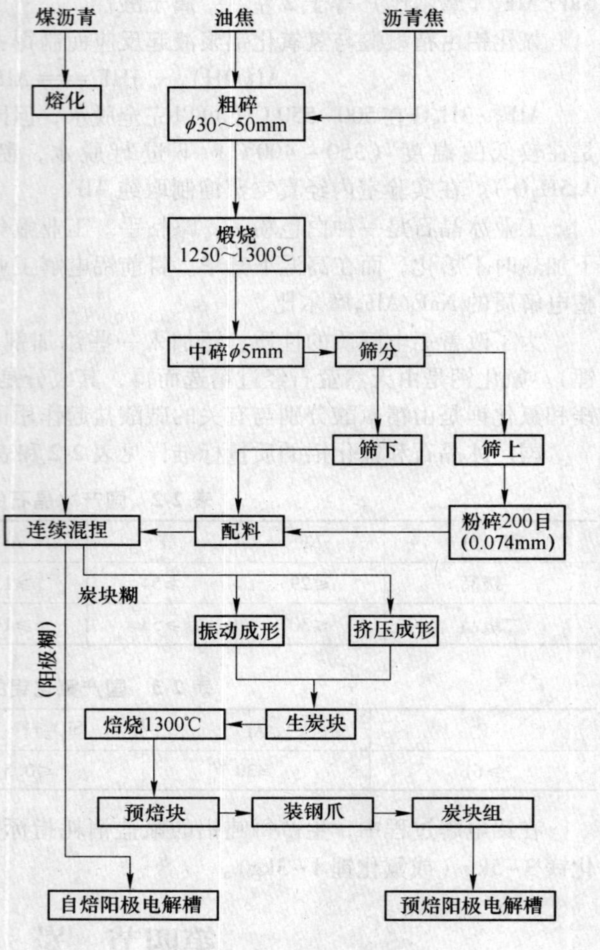

图2-4 炭阳极生产的简明流程

二、沥青

沥青是制造阳极的黏结剂。它在电极制造过程中黏结固体炭粒（骨料），组成具有一定塑性的炭糊，并且在炭糊焦化过程中，焦结固体炭粒，使电极具有足够的机械强度。依其软化点不同，沥青可分三种（按水银法测定）：软沥青，软化点48~51℃；硬沥青，软化点100℃以上；中硬沥青，软化点介于二者之间，为65~75℃。在现代铝工业上，制造预焙阳极和上插棒阳极，一般选用硬沥青；而制造旁插棒阳极，一般选用中硬沥青或硬沥青作为黏结剂。

按照沥青在高温下干馏的产物来看，不同品种的沥青含有不同数量的固定碳、挥发分和灰分。在隔绝空气的条件下，沥青在800℃干馏3h排除所有挥发分之后，残余的总碳量称为它的固定碳量。优质沥青含固定碳50%~55%。这部分固定碳在阳极糊的焦化过程中沉积在骨料炭之间，使阳极的孔度减少，机械强度和导电度提高。沥青的挥发分为45%~50%。

据测定，沥青在焦化过程中残留的固定碳量视焦化速度快慢而异。缓慢焦化者，残焦率可显著提高。沥青中的灰分一般低于0.5%。在配制炭糊之前，沥青中的水分应预先脱除（H_2O<0.5%），为此先将沥青熔化，然后静置3d。

三、自焙阳极糊

对自焙阳极来说，阳极糊的塑性（或流动性）是一种重要性能[2]。在上插棒电解槽上，拔棒之后遗留下来的孔洞，宜由上面的阳极糊来填满，因此阳极糊应该具有足够的流动性。旁插棒槽用流动性较小的阳极糊是适宜的。但是，在任何情形下，阳极糊软化时的流动性不应引起糊中焦粒偏析，也不应使上插棒阳极拔棒后遗留下来的孔洞被富集着沥青的炭糊所填充，以免由此而造成危害。

阳极糊的流动性与糊中沥青的配比、沥青的软化点、阳极上部温度等因素相关。

阳极糊的质量在很大程度上取决于糊中固体炭素的粒度组成，而糊中沥青的配比又是依粒度组成来确定的。因此，为了制造优质糊，宜经常测定其粒度组成来保持配料的准确性，其允许误差宜小于±1%。

固体炭粒和沥青的混捏，易在充分加热的条件下进行。混捏加热的温度大约是沥青软化点的 2 倍。为保证沥青很好地浸入焦炭的孔洞内及混合均匀，混捏应该有足够的时间。例如，旁插棒槽阳极糊用软化点为 65~75℃的中硬沥青时，可选取阳极糊的混捏温度为 130~170℃，混捏时间 38min。但在制造阳极炭块时，混捏时间宜稍长，约为 60min。为了适应环境保护的要求，宜适当增大骨料炭粒度且减少沥青配入量。

我国生产的阳极糊分三级：优级品、一级品和二级品，其规格见表 2-4。

表 2-4　阳极糊的等级规格

等级 \ 技术要求	灰分	电阻率/Ω·cm	抗压强度/MPa	孔隙度/%
优级品	<0.5	<85	>27	<32
一级品	<1.0	<85	>27	<32
二级品	<1.5	不规定	>27	<32

四、预焙阳极炭块

预焙阳极炭块一般采取挤压和振动成型法制造。在挤压法中使用 1500~4500t 水压机。但是最近十年来，振动成型法的应用逐渐广泛，它除了能使生炭块更加密实以外，还能提高劳动生产率和减少设备投资，同时不需要很大的费用就可以使生炭块的尺寸和形状随生产需要而改变。预焙阳极的阳极糊中，沥青的配比一般为 17%左右。

目前炭素工业上还采用真空振动成形法，该法能够制造出尺寸为 2250mm×750mm×900mm，质量达 2.5t 的大型炭块。

生炭块通常在环式窑内焙烧。改进焙烧技术是生产中的重要课题。已经查明，温度 300~600℃区间，是排除挥发分的主要阶段，在该阶段中一般控制升温速度为 2℃/h，最大为 5℃/h（视炭块尺寸的大小而异），这样可以改善产品预焙炭块的质量。

采用新的成形技术之后，炭块的焙烧温度可从 1300℃降低到 1200℃左右。

预焙阳极炭块的质量指标通常包括真比重、假比重、机械强度和电阻率等。它们都与焙烧温度有关。真比重随焙烧温度升高而增大，机械强度和电阻率随焙烧温度升高而减小。

五、炭阳极消耗指数

碳的相对原子质量为 12.011。理论上 96487C 电量消耗 $\frac{1}{4}$mol 炭。当阳极一次反应生成 100%CO_2时，炭的电化学常数是：

$$\frac{12.011/4}{96487/3600} = 0.1120\text{g/(A·h)}$$

这就是说，通过 1A · h 电量，炭的理论消耗量为 0.1120g。

在现代铝工业上，实际消耗的炭量均超过该理论值。按每 1A · h 电量计算，阳极的实际炭耗量对理论炭耗量的比率，称为炭耗指数，该值视阳极型式而异。

例如，中型旁插分棒自焙阳极电解槽，一般电流效率为 87.5%，阳极糊消耗量为 530kg/t（铝），阳极糊焙烧之后剩下的炭量为 480kg 左右。此时，生产每吨铝实际所需的电量为：

$$\frac{10^6}{0.3356 \times 0.875} = 3.38 \times 10^6 \text{A} \cdot \text{h}$$

1A · h 电量实际消耗的炭量是：

$$\frac{480 \times 10^3}{3.38 \times 10^6} = 0.142\text{g}/(\text{A} \cdot \text{h})$$

因此

$$\text{炭耗指数} = \frac{0.142}{0.112} = 1.26$$

也即相对于理论上的炭耗量来说，实际上多消耗了 26%。

而一般预焙阳极的消耗量约为 450kg/t（铝），炭耗指数为 1.19。

炭耗指数超过理论值的原因有很多，其中包括阳极在空气中氧化、阳极掉粒等。

第五节　铝电解槽

一、发展概况

铝电解槽是炼铝的主要设备。铝电解槽的发展概况见表 2-5。自焙阳极电解槽在最近二十年来的发展不大。目前，旁插棒槽的电流强度一般是 6 万~10 万安培，而上插槽达到 10 万~15 万安培。现在，自焙阳极电解槽的电流强度已停止发展，其主要原因是由于环保的限制和机械化程度不高[34]。

表 2-5　工业铝电解槽的发展概况

槽型＼年代	1888~1900 年	至 1930 年	至 1950 年	至 1970 年	1980 年以来
不连续预焙阳极电解槽	4000~8000A（1888 年开始）η = 70% W = 42	20000A η = 70%~80% W = 18~25	50000A η = 88% W = 18	125000A η = 89% W = 14~15	200000~280000A η = 90%~94% W = 13.5~12.8
旁插棒自焙阳极电解槽		8000~25000A（1923 年开始）η = 80% W = 20	80000A η = 87% W = 16.0~16.5	135000A η = 87% W = 15~16	η = 88%~90% W = 14.5~15
上插棒自焙阳极电解槽			1940 年左右开始试验	100000A η = 89% W = 14~15	150000A η = 90% W = 13.8~14.5

续表 2-5

槽型＼年代	1888~1900 年	至 1930 年	至 1950 年	至 1970 年	1980 年以来
连续预焙阳极电解槽			1955 年开始大型试验	110000A η =88% W=15~16	—

注：η—电流效率,%；W—电耗率，kW·h/kg（铝）。

因此，现代铝工业上有两类三种型式的电解槽：

（1）旁插棒式自焙阳极电解槽；

（2）上插棒式自焙阳极电解槽；

（3）不连续式预焙阳极电解槽。

除了上述的三种型式电解槽之外，还有一种多室电解槽，它既可用于氯化铝电解，又可用于氧化铝电解，目前尚处于试验阶段。

铝电解槽在增大生产能力的同时，原铝的质量有明显的提高，有的达到99.85%Al。

由于铝电解生产需要大量的电能，故降低单位铝产量的电能消耗量历来是人们全力以赴的研究目标。在铝工业生产初期，电耗率高达 42kW·h/kg（铝）。以后，随着电解槽生产能力的增加，阳极和导电母线的电流密度的减小，电解槽结构的改进和生产操作的改善，电耗率也相应地有所降低，现在一般为 13.5~16.0kW·h/kg（铝），有的甚至降低到 12.8kW·h/kg（铝）（见表 2-5）。

电解槽结构的现代化，必须涉及其他方面的改进，例如，生产操作的机械化和自动化，电解槽气体净化和综合利用等。同时，劳动生产率也有明显的提高（现在有的达到 2.8~4.0 人·时/吨（铝））。

二、工业铝电解槽的构造

工业铝电解槽的构造[35]，主要包括阳极、阴极和母线三部分，视电解槽的型式而异[36]。下面分别叙述不同型式电解槽的构造特点。

（一）预焙阳极电解槽

现代预焙阳极电解槽，按其加料方式不同分两种：边部下料电解槽及中部上料电解槽。这两种预焙槽的构造，在阳极、阴极、母线等方面是相同的，所不同的只是下料部位和方式。

（1）阳极炭块组。阳极炭块组包括阳极导杆、钢爪和炭块三部分。铝导杆用夹具夹紧在阳极母线大梁上。有三种炭块组：单块组、双块组和三块组。铝导杆用铝合金（95%Al+5%Si）制作。铝导杆下端与钢板的联结采取爆炸焊，钢板下面焊接圆柱形钢爪。

阳极炭块用振动成形机成形，炭块呈异形。炭块上有洼穴（称为炭碗），钢爪分别插入这些炭碗中。在钢爪与炭碗之间浇铸铸铁，浇铸终了后，在铸铁上面用炭糊捣固在铝环内。这种炭糊在电解槽上自行烧结，可用来防止钢爪受电解质之侵蚀，并起到减小 Fe-C 电压降的作用。

（2）阴极装置。电解槽有长方形刚体槽壳，外壁和槽底又能用型钢加固。侧壁砌一层炭块和一层耐火砖。槽底铺一层阴极炭块，一层炭素垫，两层耐火砖，两层保温砖，一层氧化铝粉。此外，通常在槽膛内打一道斜坡。在中部下料预焙槽上，其侧壁保温层有所减薄，以适应边部不下料的需要。有不少工业槽，在阴极炭块下面全部铺设氧化铝作为保温料。

阴极炭块组是由阴极炭块与埋设在炭块内的钢质导电棒构成的，导电棒的数目可为一根或两根。在导电棒与炭块之间用生铁浇铸。现代电解槽有的采用通长的阴极炭块组，以减少中央部位的缝隙。阴极棒也是一根通长的。为了减小槽底电压降，特意采用半石墨化或石墨化的阴极炭块。

（3）铝母线。铝电解槽有阳极母线、阴极母线和立柱母线，都用铝制作。铝母线有两种：压延母线和铸造母线。后者通用于高电流的大型电解槽。铝母线的电流密度一般为 0.25～0.40A/mm^2。

铝母线的配置方式视电解槽的容量和排列方式而异。大型预焙槽一般采取横向排列方式，而中小型自焙槽或预焙槽一般采用纵向排列方式。母线的配置方式，前者采取双端进电，后者采取一端进电。图 2-5 为两种不同的进电方式。新式的大型槽则采取边部四端进电方式。

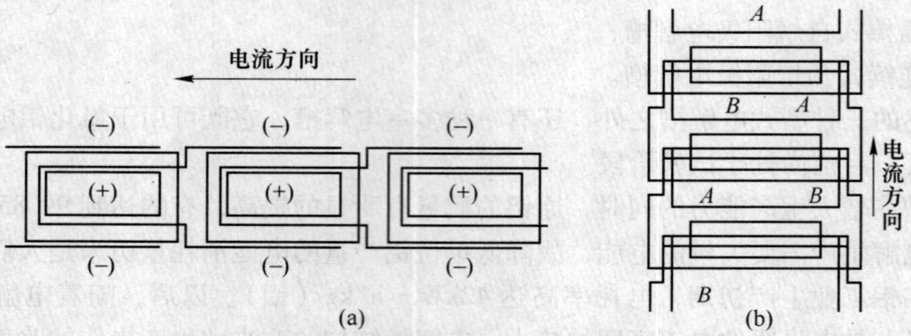

图 2-5 铝电解槽纵向排列与横向排列时的进电方式
（a）纵向排列时的进电方式；（b）横向排列时的进电方式

图 2-6 为现代预焙槽的简图。

下面是 280000A 大型预焙阳极电解槽（中部下斜式）的基本结构参数：

1）阳极电流密度为 0.74A/cm^2。

2）阳极面积 $S_{阳} = \dfrac{280000}{0.74} = 378378\text{cm}^2(37.8\text{m}^2)$。

3）阳极炭块尺寸为 1700mm×700mm×550mm。

4）阳极炭块数目为每块阳极的水平截面积 = 170cm×70cm = 11900cm^2；阳极炭块数目为 $N = \dfrac{378378}{11900} = 32$ 块，分两行排列，每行 16 块。行间距离 300mm，组间距离取 45mm。

5）槽膛尺寸取阳极炭块至槽膛侧壁的距离为 500mm，至槽膛端壁的距离为 500mm。所以槽膛宽度 = 2×500+2×1700+300 = 4700mm；槽膛长度 = 16×700+15×45+2×500 = 12875mm；槽膛深度 = 600mm。

6）槽壳侧壁用一层炭块（120mm）。

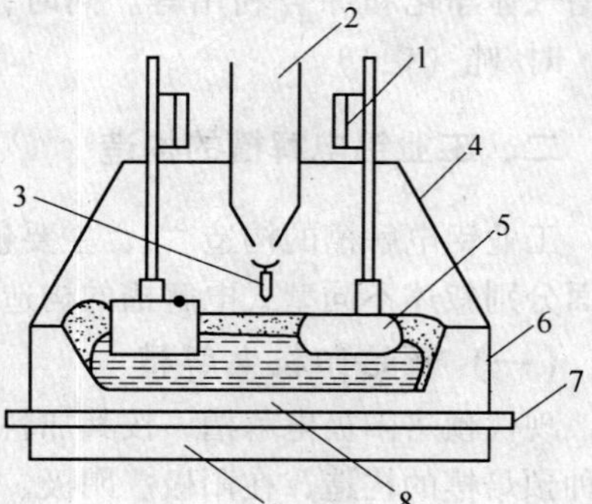

图 2-6 预焙阳极电解槽
1—阳极母线梁；2—氧化铝料斗；3—打壳机锤头；4—槽罩；5—阳极；6—槽壳；7—阳极棒；8—炭素内衬；9—保温层

全槽共有 42 个炭块组，分两行排列。行与行间和组与组间都扎固 50mm 宽的炭糊（扎缝）。

（二）自焙阳极旁插棒式电解槽

自焙阳极旁插式电解槽适用于中小型电解铝厂。由于这种电解槽发热量少，因而要加强保温。下面是中型槽的结构特点，如图 2-7 所示。

（1）基础。电解槽通常设置在地沟内的混凝土地基上面。在地基之上铺砌瓷板和石棉板，然后安放电解槽槽壳。在现代铝电解厂房里，整流器的输出电压高达800~1000V，故电解槽的基础应具有充分可靠的电绝缘性能。

（2）阴极。电解槽通常采用长方形刚体槽壳，外部用型钢加固（槽钢或工字钢）。槽壳上口有槽沿板，槽沿板上焊接着挡料板，用以防止原料淌出。槽壳内部砌筑保温层，自上而下为两层石棉板（10mm），两至三层硅藻土砖、两层黏土耐火砖，其中还有一层65mm厚的氧化铝层。保温层之上为炭素垫，它由无烟煤27%±1%、油焦55%±1%和中硬沥青18%±2%组成的“底糊”在100~130℃下捣固而成，厚30~40mm。其作用是铺平耐火砖的表面，以便安装阴极炭块，保护耐火砖层免受电解质的侵蚀。然后在炭素垫的上面安放阴极炭块组。炭块组由炭块和阴极棒构成。阴极棒和炭块之间，用生铁浇铸。炭块组采取错缝排列，长的和短的错开，以保证槽底坚固耐久。炭块之间的缝隙为30~40mm，用炭素底糊分层扎固。阴极棒和槽壳“窗口”之间的缝隙用水玻璃、石棉灰堵塞，以免空气进入使炭块氧化。

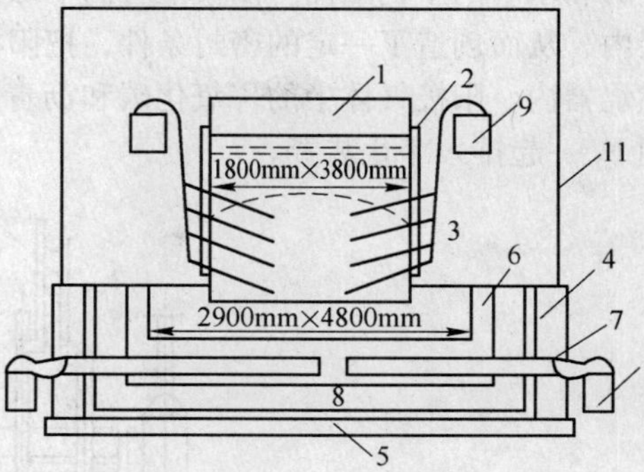

图2-7 自焙阳极旁插棒式电解槽

1—铝箱；2—阳极框架；3—阳极棒；4—槽壳；5—底部加固型钢；6—侧部炭块和底部炭块；7—阴极棒；8—保温层；9—阳极母线；10—阴极母线；11—槽帘

电解槽槽壳的侧壁上，通常砌筑两层石棉板、一层耐火砖和两层侧部炭块。槽膛深度一般为500mm。槽膛内壁上通常用炭糊构筑斜坡，用来收缩铝液镜面，提高电流效率。

（3）阳极。炭阳极外面有铝箱和钢质框架。铝箱用厚度为1.5mm的薄铝板制作。阳极棒用软钢制作，直径为60~80mm，长度为750~800mm，从阳极侧面插入，与水平面成15°~20°，共有4排。其中上面2排棒不导电，属于备用，下面2排棒导电。上下两排棒之间的距离为180~200mm。

（4）上部金属结构。上部金属结构包括：支柱、平台、氧化铝料斗、阳极升降机构、槽帘和排烟管道。四个支柱装在槽壳的四角上，它的作用在于承担全部金属结构、阳极和导电母线束的重量。

电解槽是密闭的，阳极上产生的烟气由排烟管道排出。槽帘有平板式和卷帘式两种。设有对开阳极的中部自动下料自焙槽是一种新的型式。槽上的排烟管道与厂房内的总烟管连接。

（5）导电母线和绝缘设施。铝电解槽的阳极母线、阴极母线和立柱母线均用铝板制作。但是阳极小母线采用铜板和软铜片焊成。由于铜板价格较贵，故铜母线的电流密度较大，一般为1A/mm^2，约为铝母线电流密度的3~4倍。

（三）自焙阳极上插棒式电解槽

现在，自焙阳极上插棒式电解槽（图2-8）在工业上也被广泛地采用。由图2-8看出，这种电解槽的阴极装置与旁插棒槽的相仿。虽然它的阳极也是连续自焙阳极，但是阳极棒却是从阳极顶部插入。阳极棒一般是铝钢组合棒，铝合金导杆连接在钢棒的上端。阳极棒在水平面上按4排配置，而在垂直面上按2~4层配置，层间距离为10~12cm，铝合金导杆与阳极母线大梁之间用夹具夹紧。阳极母线系铸铝母线，用纵向的钢梁加固，它既作为导电体，又作为承重梁。炭阳极的外围有阳极框套，阳极框套由10mm厚的钢板焊成，其下口比上口大10mm，并用垂直的和水平的型钢加固。阳极框套的下缘四周设有铸铁的集气罩，它延伸到槽面的氧化铝保温层内，从而创造了一定的密封条件，把阳极气体汇集起来并将其排送到槽面对角位置上的两个燃烧器内。阳极气体中的一氧化碳和沥青挥发分（H_2和C_nH_{2n+2}等）在燃烧器内燃烧，然后连同F_2一起排入净化装置。

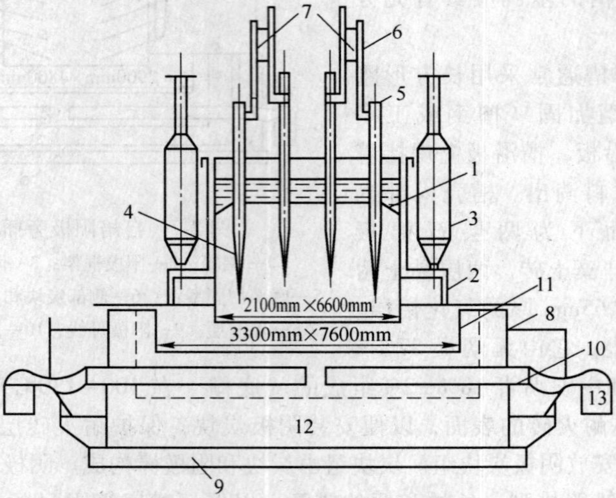

图 2-8　自焙阳极上插棒式电解槽

1—阳极框套；2—集气罩；3—燃烧器；4—阳极；5—阳极棒；6—阳极棒的铝导杆；7—阳极母线梁；8—槽壳；9—槽壳底部的型钢；10—阴极棒；11—侧部炭块和底部炭块；12—保温层；13—阴极母线

在上插棒式电解槽上有两套运转速度相等的提升装置，主机用来提升阳极母线大梁，辅机用来提升阳极框套。

在电解过程中阳极逐渐消耗。为了保持恒定的极距，需要开动主提升机构使整个阳极下降，这时，为使阳极框套的位置不变，同样需要开动辅助提升机构使阳极框套以同一速度上升。这样，阳极框套的绝对运动速度就为零，它相对于电解槽槽壳和电解质结壳的位置就保持不变。

前联邦德国莱茵费尔顿铝厂的 90kA 上插棒电解槽的生产技术指标见表 2-6。

表 2-6　前联邦德国 90kA 上插棒电解槽的生产技术指标

阳极电流密度/A·cm^{-2}	0.67	铝液/cm	23
平均电压/V	4.30	电解液/cm	18
效应系数/次·（槽·日）$^{-1}$	1.5	电流效率/%	91
电解质组成		电能消耗/kW·h·kg^{-1}（Al）	14.1
AlF_3（过量）/%	9（摩尔比 2.4）	阳极糊消耗/g·kg^{-1}（Al）	530
CaF_2/%	4	熔剂消耗/g·kg^{-1}（Al）	40
温度/℃	953		

该厂从 1983 年起试用无焦油的阳极糊，使多核芳香碳氢化合物（PAH）减少到一般阳极糊的 1/20，借以改善铝电解的劳动条件。该厂使用无焦油的阳极糊之后，未发现明显的阳极掉粒和底掌坑洼不平现象，只是槽电压提高了 0.1V，其他的生产技术参数并未改变。

据文献报道，目前全世界铝工业上应用最广泛的槽型是预焙槽，约占总生产能力的 65%；

其次是上插棒槽，约占20%；旁插棒槽占15%左右。近十年来，新建的大型槽多数采用中部下料预焙槽。

上述的几种型式电解槽各有优缺点，见表2-7。

表2-7　几种型式电解槽的优缺点

电解槽型式	优　点	缺　点
自焙阳极电解槽	(1) 自焙阳极的连续性正好适应了电解生产过程的连续性； (2) 旁插棒电解槽多年来已经有了成熟的经验，由于它的结构比较简易，投资较省，阳极可以连续使用	(1) 向外散发氟化物； (2) 向外散发有害的沥青烟，污染厂房内外的空气； (3) 上插棒槽的上部金属结构比较复杂，要求较高的机械化程度，投资也大； (4) 阳极电压降较大
非连续预焙阳极	(1) 可以大型化； (2) 操作的机械化程度较高； (3) 电耗率较低，预焙阳极的电压降只有0.3V； (4) 烟害较小； (5) 预焙槽的上部金属结构和阳极结构比较简单； (6) 电解槽的造价稍低	(1) 非连续预焙阳极不适应电解生产过程的连续性； (2) 需要焙烧用的热能

目前各种型式的电解槽都在进行生产。旁插棒电解槽多年来已经有了成熟的经验，由于它的结构比较简易，投资较省，阳极可以连续使用，因此在中小型工厂里获得了广泛的应用。目前正在排除烟害和实现阳极操作机械化方面继续加以改进。预焙阳极电解槽的主要优点是可以大型化，操作的机械化程度较高，电耗率较低，烟害较小，所以在新建大型工厂时多采用这种型式的电解槽。虽然上插棒电解槽的投资较高，但是由于它生产操作的机械化程度较高，故也在铝工业中采用。此外，自焙阳极槽也已在自动下料方面取得新的进展。近年来，铝工业上正在积极研制惰性阳极、惰性阴极和惰性侧壁材料。其中，惰性阴极电解槽和多室槽的采用，将是铝工业上的一项重大技术革新。

第六节　铝电解槽系列

铝电解槽系列是铝生产的单元。每一个系列都有它额定的直流电流和电解槽数目。一般中型电解槽系列，电流强度为60~80kA，直流电压825V，槽数为160台，整个系列的直流电功率达到50000~66000kW。而一些较大的系列，电流强度为280000A，槽数为150台者，可年产铝12万吨，全系列的直流电功率高达220000kW。

铝电解厂需要稳定而可靠的电源，至少要有两个，以保证电解槽系列能够连续地正常运行。

系列中电解槽串联连接。直流电从整流器的正极经铝母线送到电解槽的阳极，经电解质和铝液层流过阴极，然后进入下一台电解槽的阳极，依次类推。从最后一台电解槽阴极出来的电流，返回整流器的负极。

电解槽设在电解厂房内。电解厂房有两种结构，一种是单层结构，另一种是双层结构。双层结构能改善电解厂房的通风条件，在某些情况下，还能够把需要修理的槽体（阴极装置）从楼下搬运到厂房外面的修理部去修理，这样有利于电解槽的大修理工作，并减少停产损失。

电解厂房内电解槽的配置方式有纵向排列和横向排列两种，每一种排列方式又可分为单行排列和双行排列。

图 2-9 为铝电解槽系列的配置图。

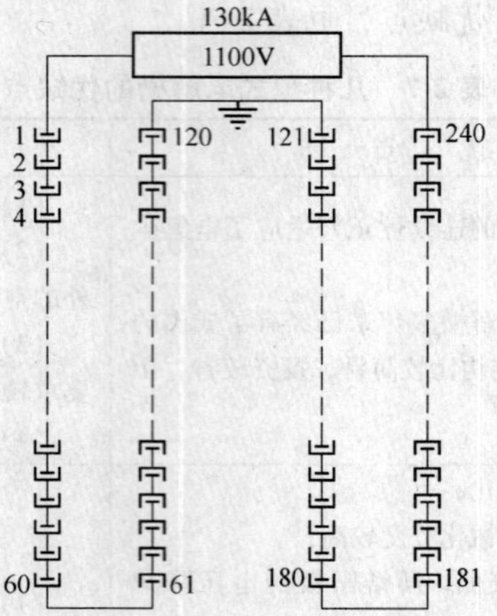

图 2-9 铝电解槽配置图

（240 台电解槽，系列电流 130kA，电压 100V）

第七节 铝电解质体系

工业铝电解质通常含有冰晶石（86%~88%）、氟化铝（8%~10%）和氧化铝（约 4%）。冰晶石和氟化铝是熔剂，氧化铝是炼铝的原料。冰晶石是由 NaF 和 AlF_3合成。故 NaF-AlF_3二元系、Na_3AlF_6-Al_2O_3二元系和 Na_3AlF_6-AlF_3-Al_2O_3三元系是铝电解质的基本体系[37]。

一、NaF-AlF_3二元系

在 NaF-AlF_3二元系中，有两个化合物：冰晶石（Na_3AlF_6）和亚冰晶石（$Na_5Al_3F_{14}$）。此外，还可能有化合物单冰晶石（$NaAlF_4$）。

冰晶石熔点 1009℃，相图上它占显峰位置，但峰的陡度不太尖锐，表示它在熔化时发生一定程度的热分解。根据计算，其热分解率为 30%。冰晶石在固态下有三种变体[38]：单斜晶系、立方晶系和六方晶系。其相变温度分别为 565℃和 880℃：

$$\text{单斜晶系} \xrightleftharpoons{565℃} \text{立方晶系} \xrightleftharpoons{880℃} \text{六方晶系}$$

亚冰晶石在 NaF-AlF_3二元系中是由初晶体 Na_3AlF_6（固相）与液相起包晶反应而生成：

$$Na_3AlF_6(\text{晶}) + L(\text{液}) \longrightarrow Na_5Al_3F_{14}(\text{晶})$$

包晶点为 737℃。在 737℃以下，亚冰晶石是稳定的，在 737℃以上它熔化并分解成冰晶石和氟化铝：

$$3[Na_5Al_3F_{14}] \longrightarrow 5[Na_3AlF_6] + 4AlF_3$$

NaF-AlF_3二元系最早是由费道切夫（Фепепотьев）和依琳斯基（Ильинский）在 1912 年研究的，当时已经确定了冰晶石和亚冰晶石的存在。至今，这两种化合物的存在已确信无疑。

但是，1933 年哈杜因（Hardouin）所研究的 NaF-AlF_3二元系相图上出现了第三种化合物（显峰位置上的），即单冰晶石 $NaAlF_4$。1967 年，金诗伯（Ginsberg）和魏弗尔斯（Wefers）在密封装置里用热分析法和差热分析法对 NaF-AlF_3二元系熔液进行测定，也发现了单冰晶石。它

是在 710℃由 AlF_3晶体与液相起包晶反应而生成：

$$AlF_3(晶) + L(液) \longrightarrow NaAlF_4(晶)$$

但是，它在 680℃以下分解成亚冰晶石和氟化铝：

$$5NaAlF_4(晶) \longrightarrow Na_5Al_3F_{14}(晶) + 2AlF_3(晶)$$

因此认为单冰晶石只是在有限的温度范围内（680~710℃）稳定。

图 2-10 是格罗泰姆（Grjotheim）新近报道的 $NaF\text{-}AlF_3$二元系相图。

冰晶石在其熔点时的真实组成是否也是 $3NaF\text{-}AlF_3$？杜因（Dewing）根据热力学的讨论和电导率的测定结果指出，冰晶石此时并非按化学计量，其真实组成为 $Na_{2.824}AlF_{5.824}$。萨巴其（Saboungi）等人在 $NaF\text{-}AlF_3$二元系相图的计算机分析中（在 0~35% AlF_3（摩尔分数）范围内），算得其高峰也是在 $Na_{2.824}AlF_{5.824}$处（见图 2-11）。这与热分析的测量结果一致。

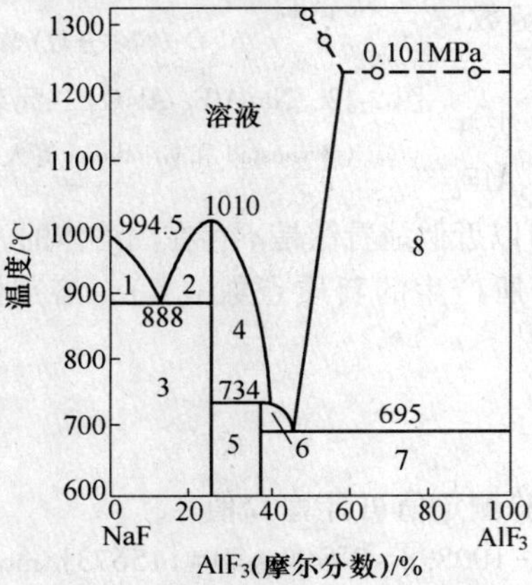

图 2-10　NaF-AlF$_3$ 二元系相图

（图中的化合物都是固相）

1—NaF+熔液；2，4—Na_3AlF_6+熔液；

3—NaF+Na_3AlF_6；

5—Na_3AlF_6+$Na_5Al_3F_{14}$；6—$Na_5Al_3F_{14}$+熔液；

7—$Na_5Al_3F_{14}$+AlF_3；8—AlF_3+熔液

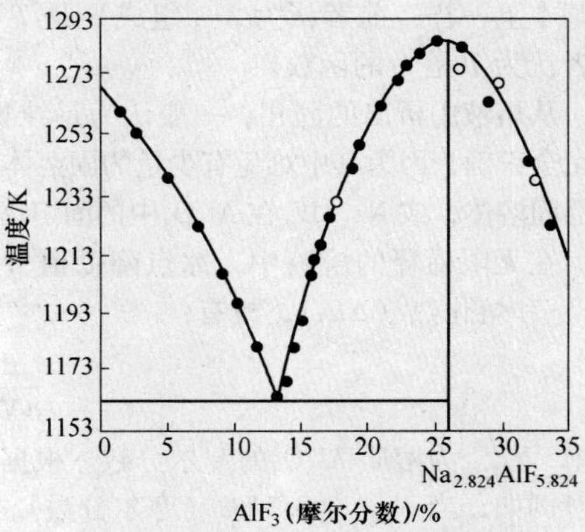

图 2-11　NaF-AlF$_3$ 二元系相图

实线—计算机运算值；

○—Fenerty 和 Hollingshead 实验数据；

●—Grjotheim 实验数据

$NaF\text{-}AlF_3$二元系以冰晶石线为基准，可划分成两个分系：

（1）$NaF\text{-}AlF_3$分系。简单共晶系，共晶点在 23% AlF_3+77% NaF 处，共晶温度 888℃。

（2）$Na_3AlF_6\text{-}AlF_3$分系。该系尚未取得一致意见，目前有两种型式的相图，一种是在狭小的温度范围内存在着单冰晶石，另一种是根本不存在单冰晶石。这种分歧的起因在于高浓度下 AlF_3具有很大的蒸气压，造成实验上的困难。故 $NaF\text{-}AlF_3$二元系相图只研究到 75% AlF_3为止。

二、$Na_3AlF_6\text{-}Al_2O_3$二元系

自从 1945 年以来，$Na_3AlF_6\text{-}Al_2O_3$二元系已被公认为简单共晶系，共晶点在 10.0%~11.5%（质量分数）或 18.6%~21.1%（摩尔分数）处，960~962℃，其中不存在固溶体。

勃列内斯塔（Brynestad）和格罗泰姆（Grjotheim）等研究的相图如图 2-12 所示。

他们在实验中采用手选的格陵兰（Greenland）冰晶石，其组成为 F 54.29%，Na 32.67%，Al 12.90%，Si 0.13%，Fe 0.022%。熔点是 1010.8℃。氧化铝是默克（Merck）公司出品的化学纯试剂。

他们在进行这项热分析时，为了避免过冷现象，选用很慢的冷却速度（0.7~1.0℃/min），

对冰晶石熔液搅拌并添加细微的晶种。为使冰晶石-氧化铝熔液在962℃时达到完全的结晶，试样不得不在该温度下保持15~24h之久，从而获得比较可靠的结果。

在图2-12上，*CE*和*DE*为初晶线。它们是恒压（101.3kPa）下，固-液平衡时的温度-组成曲线，在*CE*和*DE*初晶线以上均为熔液相。*CE*和*DE*初晶线以下，1区内固相（Na_3AlF_6）与液相共存；2区内固相（Al_2O_3）与液相共存。在共晶线以下均为固相（Na_3AlF_6和Al_2O_3）。

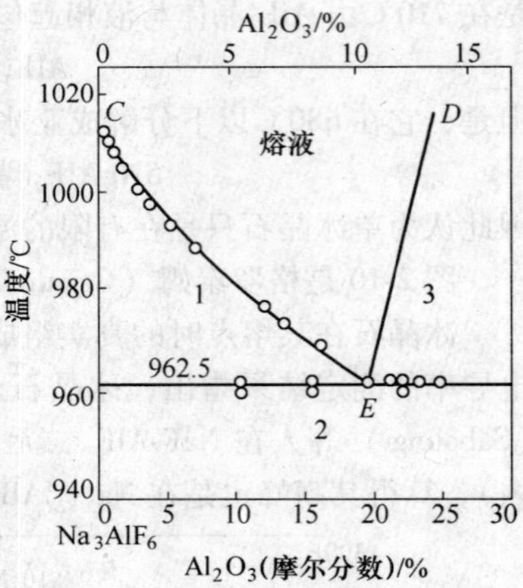

图2-12 Na_3AlF_6-Al_2O_3二元系相图
（Brynestad和Grjotheim等人）

*CE*和*DE*线可看做是固体Al_2O_3在熔液中的溶解度曲线，或者是添加Al_2O_3而致的熔液冰点降低曲线。这两种解释基本上一样：前者认为*X*（组成）是*T*（温度）的函数，后者认为*T*是*X*的函数。

从熔液中析出的固相，一般认为是纯物质。这种看法并不完全正确，因为其中难免有少量的固溶体（Al_2O_3在Na_3AlF_6中的固溶体，或Na_3AlF_6在Al_2O_3中的固溶体）。但是，可以近似地看做是不存在固溶体的。

在无限稀释的溶液中，冰点降低值（d*T*）取决于所产生的新质点数（*C*），溶剂的熔点（T_f）和熔化热（ΔH_f），故有：

$$\frac{dT}{dN_{Al_2O_3}} = C\frac{RT_f^2}{\Delta H_f}$$

式中，$N_{Al_2O_3}$为溶质Al_2O_3的摩尔分数。根据该式以及实验测定值可计算*C*值。

例如，当$N_{Al_2O_3}=0.51\%$（摩尔分数），$\Delta T=1010.8-1008.8=2℃$，$\Delta H_f=115673J/mol$，$T_f=1283.8K$时，有：

$$C=\frac{dT}{dN_{Al_2O_3}}\times\frac{\Delta H_f}{RT_f^2}=\frac{2}{0.51\%}\times\frac{115673}{1.987\times1283.8\times4.185}=3.3$$

将计算得到的*C*值外推到$N_{Al_2O_3}=0$处，求得$\frac{dT}{dN_{Al_2O_3}}=400$，$C=3.3$。考虑到$\Delta T$值的测量系统误差约为0.2℃，故取$C=3.0$。其含义是：在$Na_3AlF_6$-$Al_2O_3$稀熔液中，生成的新质点数目为3。

三、工业铝电解质（添加剂的应用）

自从1886年霍尔-埃鲁法问世以来，工业铝电解质一直以冰晶石-氧化铝为基本体系。其间虽然试验了各种氯化物、硫化物、碳酸盐、硫酸盐、铝酸盐来代替冰晶石，但实际上均无成效。

因此，不得不采取改善冰晶石性能的方法，也即往冰晶石-氧化铝熔液中，添加某些能够改善它的物理化学性质以及提高电解生产指标的盐类，这种盐类称为添加剂。

盐类添加剂应基本上满足下列各项要求。首先是它们在铝电解过程中不分解，从而可以保证铝的质量和电流效率。添加剂应能改善冰晶石-氧化铝熔液的物理化学性质，例如降低其熔点，或者提高其电导率，减小铝的溶解度，降低其蒸气压，而且对于氧化铝在冰晶石熔液中的溶解度没有大的影响。此外，添加剂应是来源广泛并且价格低廉的。

基本上满足上述要求的添加剂有氟化铝、氟化钙、氟化镁、氟化锂、氯化钠、氯化钡等几种。它们都具有降低电解质初晶点的优点，有的还能提高电解质的电导率，但是大多数具有减小氧化铝溶解度的缺点。迄今为止，还没有一种完全合乎理想的添加剂。由于原料氧化铝中含有少量CaO（0.02%~0.04%），它进入冰晶石熔液中之后与冰晶石发生反应而生成CaF_2：

$$3CaO + 2Na_3AlF_6 = 3CaF_2 + Al_2O_3 + 6NaF$$

生成的CaF_2又在电解液中积聚起来，当CaF_2浓度与铝中Ca浓度平衡时，电解液中CaF_2浓度为2%~3%。因此，CaF_2可算是一种当然的添加剂。

现代冰晶石-氧化铝电解质，依其组成不同，可分为以下四种，见表2-8。

表2-8 现代冰晶石-氧化铝电解质的组成

种类	酸度		添加剂	Al_2O_3浓度/%	电解质温度/℃
	过量AlF_3/%	NaF/AlF_3摩尔比			
传统电解质	3~7	2.8~2.5	CaF_2 6%~9%	5	970
弱酸性电解质	2~4	2.8~2.7	CaF_2 2%~3% MgF_2 3%~5% LiF 2%~3%	3~4	960~970
酸性电解质	7~14	2.5~2.1	CaF_2 2%~4%	2~4	950~960
低熔点电解质	15~40	2.1~1.1	CaF_2 2%~3% MgF_2 3%~5% LiF 1%~2%	2~4	800~900

表2-8中，传统电解质、弱酸性电解质和酸性电解质三者都已在工业上应用；低熔点电解质尚处于实验室试验阶段。

铝的熔点为660℃，如为制取液态铝，铝电解的温度仅需高出铝的熔点150℃左右，即可满足铝液运输和铸锭的需要。现代铝工业上一般采取相当高的电解温度是迫不得已的，因为所用的电解质具有较高的熔点。如果采用低熔点电解质[39]，则电解温度可明显降低，实现低温（800~900℃）下的电解，照样制取液态铝。降低电解温度到800~900℃，则电流效率明显提高，电能消耗量和炭阳极消耗量均明显减少，槽寿命也可大为延长。此外，低温电解质与惰性阴极配合使用，则其经济效益越加显著，可算是铝工业的一个发展方向。

四、铝电解质的酸度

现代铝工业上普遍采用酸性电解质，其定义是除了冰晶石（Na_3AlF_6）之外，还含有一定数量的游离氟化铝（AlF_3）。游离氟化铝含量越高，则电解质的酸度越大。酸性电解质的优点是：熔点比较低，因而可以降低电解温度；铝在其中的溶解度较小，故有利于提高电流效率；而且电解质结壳酥松好打。因此，现代铝工业乐于采用。

铝电解质的酸度[40]，有3种表示方式：

（1）NaF/AlF_3摩尔比（K_1），我国和前苏联采用；

（2）NaF/AlF_3质量比（K_2），北美洲采用；

（3）游离AlF_3百分含量（f），西欧采用。

这三种酸度表示方式之间的关系，推算如下。

（1）NaF/AlF_3摩尔比与质量比之间的关系：

设x为NaF,%；y为AlF_3,%。则：

$$K_1 = \frac{\frac{x}{42}}{\frac{y}{84}} = \frac{x}{y} \times 2 = 2K_2$$

也即，NaF/AlF_3摩尔比为其质量比的 2 倍。

(2) NaF/AlF_3摩尔比与游离 AlF_3含量之间的关系：

设$\sum a$为电解质中 Al_2O_3与 CaF_2的含量，%；y_1 为与 NaF 结合成 Na_3AlF_6所需的 AlF_3量，%；$1.5y_1$ 为与 AlF_3结合成 Na_3AlF_6所需的 NaF 量，%。则：

$$f + y_1 + 1.5y_1 + \sum a = 100$$

$$2.5y_1 = 100 - \sum a - f$$

$$y_1 = \frac{100 - \sum a - f}{2.5} = 0.4(100 - \sum a - f)$$

AlF_3总量 $x = y_1 + f$，则：

$$K_1 = 2 \times \frac{0.6(100 - \sum a - f)}{0.4(100 - \sum a - f)} = \frac{3(100 - \sum a - f)}{100 - \sum a + 1.5f}$$

$$K_1 = 3 - \frac{7.5f}{100 - \sum a + 1.5f}$$

如略去$\sum a$，则有

$$K_1 = 3 - \frac{7.5f}{100 + 1.5f}$$

或

$$f = 100 - \frac{500K_1}{3K_1 + 6}$$

由于添加剂会与熔融冰晶石发生反应，生成具有一定组成的化合物，故会影响熔液的摩尔比。添加 CaF_2和 LiF 会使摩尔比增大[41]，而添加 MgF_2（当然也包括添加 AlF_3）会使摩尔比减小。在 Na_3AlF_6-MgF_2系中，生成的镁冰晶石（$NaMgF_3$）是稳定的。1 单位质量 MgF_2同 0.674 单位质量 NaF 结合，生成 1.674 单位质量的 $NaMgF_3$。故在计算熔液摩尔比时，应考虑到这种实际情况。

现举例计算如下。

例 某一电解槽内有电解质 3500kg，其组成为 NaF 52.5%，AlF_3 37.5%，MgF_2 3%，Al_2O_3 2%。试计算其 NaF/AlF_3摩尔比，以及调整摩尔比到 2.5 所需的 AlF_3量。

解 槽内剩余 NaF 量 = 52.5% − 0.67×3% = 50.5%

电解液摩尔比 $K_1 = \frac{50.5}{37.5} \times 2 = 2.69$

设 m 为配入的 AlF_3量（%），则 $2 \times \frac{50.5}{37.5 + m} = 2.5$

$$m = 2.9\%$$

AlF_3 配入量 = 2.9% × 3500 = 101.5kg

即理论量为 101.5kg，但实际上需要 130kg。

第八节 铝电解质性质

研究冰晶石-氧化铝熔液的物理化学性质，其目的一方面在于改善铝的电解过程，谋求提高电流效率，减少能量消耗，节省原料，延长电解槽的使用期；另一方面在于了解融盐体系的结构，进而探讨铝电解的机理问题。前者在于直接应用，后者在于理论研究。

冰晶石-氧化铝熔液的物理化学性质，包括熔度（熔点或初晶点）、密度、电导率、迁移数、蒸气压、黏度、表面性质等[42]。

一、NaF-AlF_3系

NaF-AlF_3电解质体系如图 2-13 所示。

（1）密度（d）。在密度曲线上有一极大值，其位置是在冰晶石所在点的左侧不远处。这暗示在该处存在较多的 AlF_6^{3-} 离子团。但是该高峰是平缓的，因为冰晶石在其熔化温度下发生了一定程度的热分解，其分解率可从摩尔体积曲线推算出来，约为 22%，这接近于热力学计算结果。冰晶石的密度在 1000℃下为 2. 0957g/cm³。

（2）电导率（χ）。NaF-AlF_3二元系的电导率随 AlF_3浓度增大而减小。冰晶石的电导率在 1000℃下为 2. 855/(Ω · cm)。

（3）黏度（η）。在黏度曲线上有一极大值，其位置是在冰晶石所在点的左侧不远处。这也暗示在该处存在较多的 AlF_6^{3-} 离子团，使黏度增大。纯冰晶石熔液的黏度在 1000℃下为 2. 4cp(2. 4mPa · s)。

（4）在炭板上的湿润角（θ）随 AlF_3浓度增大而增大，其高峰是在冰晶石所在处附近，为 122°；继续增加 AlF_3浓度，则 θ 角减小。

二、Na_3AlF_6-Al_2O_3系

Na_3AlF_6-Al_2O_3电解质体系如图 2-14 所示。

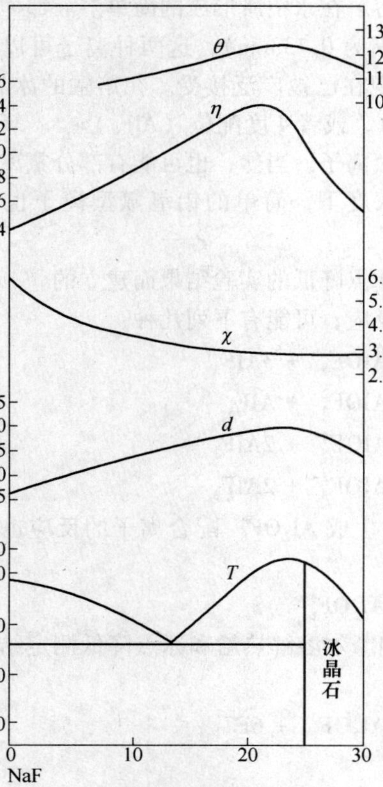

图 2-13　NaF-AlF_3 二元系的物理化学性质（1000℃）

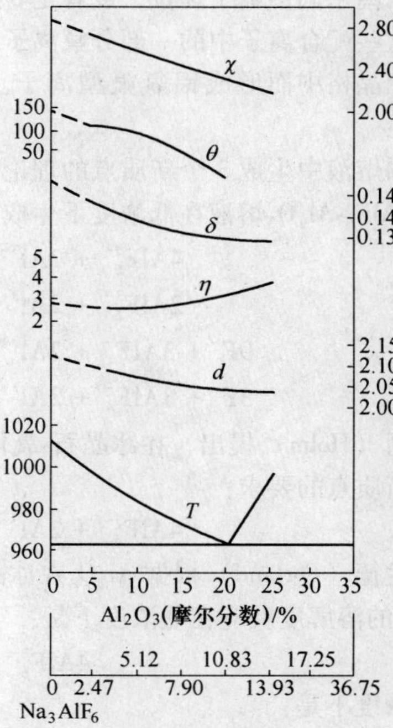

图 2-14　冰晶石-氧化铝二元系的物理化学性质（1000℃）

（1）密度（d）。99.5%纯铝在1000℃下的密度为2.29g/cm³；而在同一温度下，含5%（重量）Al_2O_3的冰晶石熔液的密度为2.09g/cm³。二者之间的密度差约为0.2g/cm³。不到10%的密度差可保证铝液沉在电解液的下层，同时使电解槽的结构得到简化。本来，氧化铝的密度在其熔点2050℃时是很大的，为3.01g/cm³，比熔融的冰晶石大得多。但是，冰晶石熔液中加入氧化铝之后，密度变小。这一事实表明，氧化铝同冰晶石熔液发生了化学反应，生成体积庞大的铝-氧-氟配合离子。

（2）电导率（χ）。该系的电导率随Al_2O_3浓度增大而减小，这表示熔液中生成了铝-氧-氟配合离子，由于它的导电性能差，故使冰晶石熔液的电导率降低。

（3）黏度（η）。该系的黏度随Al_2O_3浓度增大而减小。这显然也与生成铝-氧-氟配合离子有关。

（4）表面性质。该系在空气界面上的表面张力随Al_2O_3浓度增大而减小，见曲线σ；该系在炭素材料界面上的界面张力也随Al_2O_3浓度增大而减小，见曲线θ。因此，氧化铝在这两个界面上是一种表面活性物质。

三、冰晶石-氧化铝熔液的离子结构

如上所述，当氧化铝溶解入冰晶石熔液中时，Na_3AlF_6-Al_2O_3熔液的性质发生明显变化，其熔点、密度、蒸气压、电导率、表面张力等均减小，而黏度增大。这就暗示着在溶剂和溶质之间发生了强烈的化学反应，因此，这种熔液并非像糖溶解在水中所形成的简单溶液那样。由于氧离子半径和氟离子半径大小相似（O^{2-}为0.14nm，F^-为0.133nm），这两种离子可以彼此易位，所以提出了生成铝氧氟型离子的概念。这种概念现在已被广泛接受。在熔融的冰晶石中，大多数氟离子同铝离子配位，或者是6度配位（AlF_6^{3-}），或者4度配位（AlF_4^-）[43]。氧离子可以取代这些配合离子中的一部分氟离子，而形成铝氧氟离子。当然，也可能有部分氟离子移植入氧化铝晶格中而形成铝氧氟型离子。此外，在高浓度下，简单的铝氧氟型离子也可互相缔合。

在稀熔液中生成3个新质点的理论则是根据熔液冰点降低的实验结果而建立的。

Na_3AlF_6-Al_2O_3熔液在低浓度下生成3个新离子的反应，可能有下列几种：

$$4AlF_6^{3-} + 2Al^{3+} + 3O^{2-} = 3AlOF_5^{4-} + 3AlF_3$$

$$2AlF_6^{3-} + 2Al^{3+} + 3O^{2-} = 3AlOF_3^{2-} + AlF_3$$

$$9F^- + 3AlF_4^- + 2Al^{3+} + 3O^{2-} = 3AlOF_5^{4-} + 2AlF_3$$

$$3F^- + 3AlF_4^- + 2Al^{3+} + 3O^{2-} = 3AlOF_3^{2-} + 2AlF_3$$

霍姆（Holm）提出，在冰晶石-氧化铝稀熔液中，生成$Al_2OF_8^{4-}$配合离子的反应也满足生成3个新质点的要求：

$$4AlF_6^{3-} + 2Al^{3+} + 3O^{2-} = 3Al_2OF_8^{4-}$$

福兰德（Förland）根据Al_2O_3在冰晶石熔液中的偏摩尔溶解热焓和冰点降低测定结果，认为Al_2O_3的溶解度反应在低浓度下是：

$$4AlF_6^{3-} + Al_2O_3 = 3Al_2OF_6^{3-} + 6F^-$$

而在高浓度下是：

$$AlF_6^{3-} + Al_2O_3 = 3AlOF_2^-$$

$$2AlF_6^{3-} + 2Al_2O_3 = 3(AlO_2 \cdot AlF_4)^{2-}$$

在冰晶石-氧化铝稀熔液中，由于O^{2-}少而F^-众多，故也可能有生成$Al_2OF_{10}^{6-}$或$Al_2OF_6^{2-}$型离子的反应：

$$6F^- + 4AlF_6^{3-} + 2Al^{3+} + 3O^{2-} \xlongequal{} 3Al_2OF_{10}^{6-}$$

$$2F^- + 4AlF_4^- + 2Al^{3+} + 3O^{2-} \xlongequal{} 3Al_2OF_6^{2-}$$

在高氧化铝浓度下，桥式离子解体，生成 $AlOF_2^-$ 和 $Al_2O_2F_4^{2-}$ 型离子。从桥式离子向 $AlOF_2^-$ 离子过渡时，生成 $AlOF_5^{4-}$ 与 $AlOF_3^{2-}$ 型离子。

第九节 铝电解的两极反应

铝电解槽的电极反应包括阴极反应和阳极反应[44]。

一、阴极反应

冰晶石-氧化铝熔液中的离子质点，有 Na^+、AlF_6^{3-}、AlF_4^-、F^- 以及 Al-O-F 型配合离子。其中 Na^+是单体离子，Al^{3+}结合在配合离子里。

由于 Na^+是电流的主要迁移者，它承担迁移 99% 的电流，所以有些学者认为阴极上的一次反应可能是 Na^+的放电反应，也即阴极一次产物是钠，而铝是由钠取代得出。但是，许多人持有不同的观点，他们认为阴极上的一次反应是 Al^{3+}的放电反应，铝是阴极一次反应产物，而铝中的少量钠是由铝取代冰晶石熔液中的钠或 Na^+在阴极上放电而产生的。

在单一融盐电解时，电流传送到电极以及在电极上放电都是由同一离子来实现的。例如 NaCl 融盐电解时，Na^+向阴极迁移而 Cl^- 向阳极迁移，这两种离子也就在电极上放电，阴极上产出金属钠，阳极上放出氯气。

但在复合融盐电解时，体系中存在多种阳离子和阴离子。它们虽然都参与迁移电流，但是究竟何种阳离子在阴极上放电，何种阴离子在阳极上放电，这要比较它们的电位。在其他条件相等时，阳离子电位越正，则它在阴极上放电的可能性越大。所有传送电流的离子不一定都同时在电极上放电。甚至有这种情形：即使大部分电流是由某种离子来迁移，但是在电极上放电的，却可能是另外一种离子。

现在已经确定，在 1000℃左右，冰晶石-氧化铝熔液中纯钠的平衡析出电位大约比纯铝的平衡析出电位低 250mV。

由于阴极上离子放电不存在很大的过电位（析出铝的过电位为 10~100mV），所以在这样大的析出电位差之下，阴极上的反应主要是析出铝。

在该反应中，铝氧氟配合离子中的 Al^{3+}获得 3 个电子而放电，即 Al^{3+}(配合的) + 3e → Al 。这就是阴极一次反应。

但是，冰晶石-氧化铝熔液中纯钠和纯铝析出电位的差值，并非固定不变，而是随着电解质 NaF/AlF_3摩尔比增大，温度升高，Al_2O_3浓度减少以及阴极电流密度（$d_{阴}$）的提高而减小。如果钠和铝的析出电位差值减小，则钠离子就会同铝离子一起放电，结果造成电流效率的重大损失。此外，随着电流密度增大，由扩散和对流引起的传质过程如果保持不变，则由于阴极液中 Al^{3+}浓度的迅速减小而造成 Na^+的大量积聚，也将会引起铝离子和钠离子析出电位之间的差值减小，直至倒转过来。

二、阳极反应

金斯伯格（Ginsberg）和弗里格（Wrigge）已从实验上证明，在适当的电流密度下，炭阳极上的气体产物几乎是纯 CO_2。

氧离子（基本上是配合在铝氧氟离子中的离子）在炭阳极上放电，生成二氧化碳的反应是：

$$2O^{2-}(\text{配合的}) - 4e + C \longrightarrow CO_2$$

因此，铝电解的总反应式是：

$$Al_2O_3 + 1.5C \longrightarrow 2Al + 1.5CO_2\uparrow$$

铝和二氧化碳都是电极上的一次产物。按该总反应式可求出氧化铝和碳的理论消耗量分别为 1.889kg 和 0.333kg（按 1kg 铝计算）。铝电解中的阳极反应，包括以下几个步骤[45]：

（1）氧离子越过双电层在阳极上放电，并生成原子态氧：$O^{2-}(\text{配合的}) \rightarrow O(\text{吸附}) + 2e$。

（2）吸附在阳极上的氧与炭阳极本身发生作用，生成碳氧化合物 C_xO：$O(\text{吸附}) + xC \rightarrow C_xO$。

（3）C_xO 分解出 CO_2，这些 CO_2 仍然吸附在炭阳极上：$C_xO \rightarrow CO_2(\text{吸附}) + (2x-1)C$。

三、氧化铝的分解电压

在工业铝电解槽上，一般采用活性阳极和铝阴极[46]。阳极上产生气体，其组成通常为 70%CO_2+30%CO，这些 CO 是由于 CO_2 与电解质中溶解的金属起反应而生成的。所以，氧化铝的分解电压是由下列反应中的自由能改变值决定的：

$$Al_2O_3 + 1.5C \longrightarrow 2Al + 3CO_2$$

$$Al_2O_3 + 3C \longrightarrow 2Al + 3CO$$

或

$$Al_2O_3 + xC \longrightarrow 2Al + yCO_2 + zCO$$

依据热力学数据计算化合物分解电压的原理是：化合物分解所需的电功在数值上等于它在恒压下的生成自由能，但符号相反[47]。也即：

$$\Delta G_T^{\ominus} = -nFE_T^{\ominus} \times 4.184$$

$$E_T^{\ominus} = -\frac{\Delta G_T^{\ominus}}{nF \times 4.184}$$

式中 $E_T^{\ominus}$——分解电压，V；

F——法拉第常数，$F=96487C$；

n——改变的价数，Al_2O_3 电解时，$n=6$；

$\Delta G_T^{\ominus}$——恒压下由元素铝和氧生成 Al_2O_3 的自由能改变值，J/mol。该值是由 Gibbs-Helmholtz 方程算出，即 $\Delta G_T^{\ominus} = \Delta H_T^{\ominus} - T \cdot \Delta S_T^{\ominus}$。

表 2-9 列出在各种不同的阳极气体组成下的氧化铝分解电压值（热力学计算值）。

表 2-9 各种阳极气体组成下的 Al_2O_3 分解电压值

气体组成/%		$\Delta G_T^{\ominus}$/J·mol^{-1}	$E_T^{\ominus}$/V
CO_2	CO		
0	100	−628461.5	1.086
10	90	−642146.4	1.109
20	80	−649679.4	1.122
30	70	−657790.0	1.136
40	60	−660811.5	1.142

续表 2-9

气体组成/%		$\Delta G_T^{\ominus}$/J · mol^{-1}	$E_T^{\ominus}$/V
CO_2	CO		
50	50	−670939.2	1.159
60	40	−674287.2	1.165
70	30	−679225.5	1.173
80	20	−692492.0	1.196
90	10	−688809.2	1.190
100	0	−692492.0	1.196

用惰性阳极电解时，在 1300K 下，Al_2O_3的分解电压为 2.178V。该值是由反应 $Al_2O_3 = 2Al + \frac{3}{2}O_2$ 中的自由能改变值决定的。

此时，阴极上析出液态铝，阳极上析出氧气。

在相同的条件下，电解质中其余各组分的分解电压值为：

NaCl	2.995V	MgF_2	4.652V
AlF_3	3.976V	LiF	5.100V
Na_3AlF_6	4.444V	CaF_2	5.202V
NaF	4.451V		

它们的分解电压值均大于 Al_2O_3，故 Al_2O_3优先进行电解。

四、铝电解中两极副反应

铝电解中，阴极和阳极上除了发生主反应之外，还进行着多种副反应，例如，阳极效应、铝的溶解等。这些副反应会影响电流效率和电能消耗，所以铝工业中要力图设法减免其发生。

（一）阳极效应

阳极效应是发生在阳极上的一种特殊现象，当其发生时，阳极上出现许多细小而明亮的电弧，槽电压升高到数十伏[48]。在工业铝电解中，通常是当电解质中氧化铝浓度减少到 1%左右时发生阳极效应。

有关阳极效应的发生机理问题，文献上提出了多种学说。由于阳极效应发生在阳极（固）-阳极气体-电解质熔液三相界面上。所以在研究其机理时，都是从这三相本身所起的变化，以及其间相互关系的变化方面着眼。这三相界面的状态如图 2-15 所示。

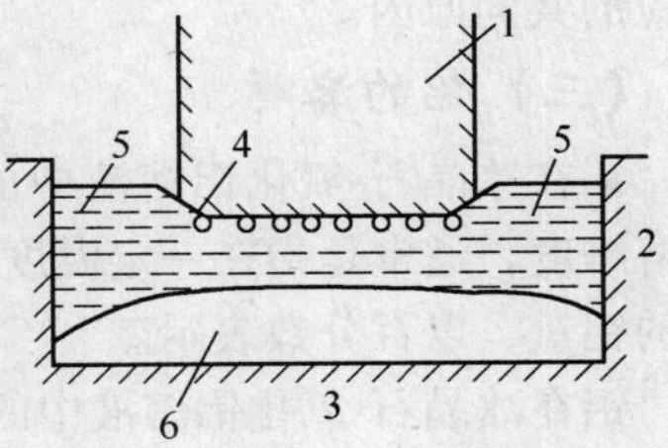

图 2-15　铝电解槽内三相界面状态图

1—炭阳极；2—炭素材料侧壁；3—炭素阴极；4—阳极气泡；5—冰晶石-氧化铝电解液；6—铝液

（二）阳极效应的机理

关于阳极效应机理主要存在以下三种学说：

（1）湿润性学说。发生阳极效应是由于电解液对炭阳极湿润性的改变。Al_2O_3是一种表面活性物质，它能减小冰晶石熔液在炭素材料上的界面张力。当冰晶石熔液中 Al_2O_3含量高时，熔液对炭阳极湿润良好，阳极气泡不能停留在阳极上，故不致发生阳极效应；而当 Al_2O_3含量低时，熔液对炭阳极湿润不良，阳极气泡便能够停留在阳极上，最终连成一片而发生阳极效应。

（2）氟离子放电学说。发生阳极效应[2,36]是由于阳极过程从氧离子放电转变到氧离子与氟离子共同放电所致。这种学说认为当氟离子放电时，在炭阳极上生成碳氟化合物，这是一种表面能很小的化合物，它减弱电解质对炭阳极的湿润性，故引起阳极效应的发生。

（3）静电引力学说。阳极气泡所带的电荷的改变，是发生阳极效应的原因。当电解液中Al_2O_3浓度较高时，气泡带正电，故被阳极排斥；当Al_2O_3浓度低时，气泡带负电，故被阳极吸引住，于是发生阳极效应。

已知阳极效应不仅在炭阳极上发生，也在惰性阳极（例如，金和铂阳极）上发生。

根据在实验室和工业电解槽上的观测，当阳极效应发生时，电流和电压都带有高频成分，这引起阳极和阳极母线振动。依照其发生的原因，阳极效应可分为两类：一类是因电流密度增大；另一类是因氧化铝浓度减低。前者可快速发生，即使电解质中氧化铝浓度相当大；后者是缓慢发生的，有一个量变到质变的过程，这两种机理分述于下[49]。

（1）阳极效应的发生单纯是由于阳极电流密度的增大所致（*AE*-Ⅰ）。电解前，冰晶石-氧化铝熔液对炭的湿润良好。一开始电解时，由于阳极上析出气体，电解液被部分地排挤开，但是仍然能够进行正常电解。当电流密度增大时（或者是由于提高电流强度，或者是由于减小阳极浸入电解液中的深度），阳极单位面积上产生的气泡量增多，阳极就在更大程度上排斥电解液。最终，阳极上的电流通路大部分已经闭塞，电流便被迫从气体层中通过，在高电压下以细小的电弧形式穿过该气体层。这就是说，这时候气体已经解离，阳极效应就发生了。

这类阳极效应的发生，显然与气泡在阳极上大量积聚有直接关系。当然，这时候在炭阳极上也可能有碳氟化合物生成。但是它的生成未必是发生阳极效应的主要原因。金阳极上和铂阳极上发生的阳极效应可佐证这一论点。

（2）阳极效应的发生是由于氧化铝浓度的减小[50]（*AE*-Ⅱ）。在铝电解的正常过程中，阳极上生成碳氧配合物，经过缓慢的吸附和脱附，分解出CO_2气体。阳极便变得不如原先那样活泼，阳极过电压因此增大。当氧化铝浓度减小到1%左右时，氟离子和氧离子一起在炭阳极上放电，生成炭氧氟化合物COF_x。于是阳极上吸附着许多化合物和气体，阳极的惰性也增大，电解液便在更大程度上被阳极排斥。此时，阳极的有效电流密度越发增大。当阳极表面上覆盖着一层浓密的气泡时，便发生阳极效应。所以，这类阳极效应的发生，与生成表面化合物以及气泡的积聚有关。

综合以上两种机理，可以认为：阳极上产生气体而引起对电解液的排斥作用，是发生阳极效应的共同原因。

（三）铝的溶解

铝在冰晶石-氧化铝熔液中的溶解度很小[2,36]，在1000℃时仅为0.05%~0.10%。所谓铝的溶解度，通常是指在一定温度并有过量金属存在时，在平衡状态下，溶解在密闭容器内融盐中的铝量，以百分数表示。

铝在冰晶石-氧化铝熔液中的溶解，可有以下4种方式。

（1）铝与冰晶石熔液发生化学反应，生成低价氟化铝：

$$2Al(液) + Na_3AlF_6(液) = 3NaF(液) + 3AlF(液)$$

（2）铝置换冰晶石中的钠，生成钠单质：

$$Al(液) + Na_3AlF_6(液) = 3Na(液) + 2AlF_3(液)$$

（3）铝以电化学溶解方式，生成低价铝离子，并给出电子：

$$Al(液) = Al^+(液) + 2e$$

（4）物理溶解。铝以金属微粒的形态存在于冰晶石-氧化铝熔液中。这种金属微粒在入射光照耀下呈现紫蓝色，它的比重略大于冰晶石-氧化铝熔液，具有还原性，可被阳极气体氧化。铝的金属雾与冰晶石-氧化铝熔液构成胶体溶液。而前面 3 种溶解形式，形成真溶液。

关于溶解的金属的本性问题，还可从冰点降低和相图研究方面加以了解。对于 Na_3AlF_6-Al 二元系相图的研究结果表明：该系的共晶点在 0.24%Al 处，温度为 1005℃，比纯冰晶石熔点低 5℃。可以认为，在共晶点之前，生成化学真溶液；而在共晶点之后，生成胶体溶液，如图 2-16 所示。在 1000℃下，铝在冰晶石熔液中的溶解度为 0.1%~0.4%（质量分数）。

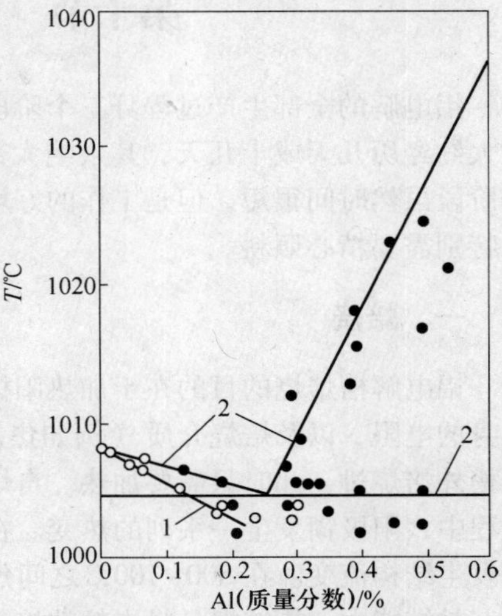

图 2-16　Na_3AlF_6-Al 二元系相图
1—Grjotheim；2—Gerlach

五、铝电解的电流效率

在铝电解中，遵照法拉第定律，每通过 96487C 电量，阴极上析出 $\frac{1}{3}$mol Al，同时阳极上析出 $\frac{1}{2}$mol O。据此，可推算出铝和氧的电化学当量值：

$$铝的电化学当量 = \frac{26.98154/3}{96487/3600} = 0.3356\text{g}/(\text{A}\cdot\text{h})$$

$$氧的电化学当量 = \frac{15.999/2}{96487/3600} = 0.2985\text{g}/(\text{A}\cdot\text{h})$$

当平均电流强度为 $\bar{I}$，时间为 t(h) 时，理论的铝产量 m 为 $0.3356\bar{I}t$，实际上产出的铝量 (m')，由于副反应和其他原因，往往不足该值。在实验室研究和工业生产上，通常以铝的实际产量在理论产量中所占的百分数计算电流效率：

$$电流效率(\%) = \frac{m'}{m}\times 100\% = \frac{m'}{0.3356\bar{I}t}\times 100\% = 2.980\times\frac{m'}{\bar{I}t}\times 100\%$$

引起电流效率降低的原因很多，归纳起来，不外乎以下四种[51]。

（1）铝的溶解和损失。前面谈到，阴极上析出的铝一部分重新溶解在电解质里。这部分溶解的铝转移到阳极附近，被阳极气体氧化：

$$2Al(溶解的) + 3CO_2(气) \longrightarrow Al_2O_3(溶解的) + 3CO(气)$$

结果造成铝的损失，同时在阳极气体中出现 CO 气体，而 CO_2 气体浓度降低。因此铝工业上可利用阳极气体中 CO_2 浓度值来计算瞬时电流效率，其关系式称为皮尔逊-沃丁顿方程（Pearson-Waddington Equation）：

$$电流效率(\%) = 50\% + 0.5(CO_2\%)$$

在工业实际应用时，可对此引入一个校正值 K：电流效率(%) = 50% + 0.5(CO_2%) + K。根据测定，K 值为+3.5%[3]。

（2）析出钠。阴极上的一次反应是析出铝，但是在一定条件下钠离子也会同铝离子一起放电。此外，铝还能置换电解质中的钠。

（3）电流空耗。高阶离子在阴极上放电不完全，结果生成低价离子，该低价离子以后又在阳极上氧化，重新生成高价离子，如此循环不已，造成电流空耗。此外，融盐中的电子导电，或阴极和阳极局部短路，也造成电流空耗。

（4）其他损失。包括槽内生成 Al_4C_3、融盐中所含的水分电解以及铸锭过程中的机械损失等。

在这四个因素当中，最主要的是铝的溶解和损失。减少铝的溶解和损失，是提高电流效率的关键。

第十节 铝电解槽的焙烧和启动

铝电解的全部生产过程分三个阶段[2,36]，即焙烧、启动和正常生产阶段。其中，焙烧和启动大约经历几天或十几天，其余绝大部分时间属于正常生产阶段，达4~5年之久。焙烧和启动阶段虽然时间很短，但是工作的好坏对于以后的正常生产以及电解槽的寿命有很大关系，所以特别需要精心照料。

一、焙烧

铝电解槽焙烧的目的在于加热阳极、阴极和炉膛，以利于启动。在焙烧时利用阳极和阴极本身的电阻，以及焙烧介质（例如焦炭粒）的电阻发热，或者利用燃料发热。预焙阳极已经在槽外焙烧过，此时只需要加热。自焙阳极是由阳极糊组成，它需要在槽内就地加热，在加热过程中，阳极糊发生一系列的热变。在360~400℃以下，沥青中析出焦油物质，沥青变得浓密而发生结构流变。在500~700℃之间焦油物质裂化并生成焦炭，这种焦炭称为结焦炭。结焦炭具有黏结能力，能够把骨料炭粒粘接起来，形成“烧结锥体”。析出来的碳氢化合物气体，在更高的温度下（700~900℃）分解，生成二次焦、甲烷和氢气。二次焦沉积在骨料炭之间，使“烧结锥体”更加密实。

自焙阳极新槽一般采用焦粒焙烧法，需耗时6~7天；旧槽采用铝液焙烧法，需耗时2~3天。预焙阳极槽一般采用铝液焙烧法，新槽需耗时6~7天，旧槽需耗时2~3天。焙烧终了后即可启动。

二、启动

铝电解槽的启动是指在电解槽内熔化电解质和铝，开始电解，然后逐步纳入正常生产而言[52]。

在电解槽启动之前，在阳极周围铺放氟化钙，然后放冰晶石和氟化钠（或纯碱）混合物，在槽膛内壁边缘铺放固体电解质块。灌入液体电解质，同时迅速提升阳极，电压达到8~10V，使槽内固体物料逐渐熔化，并陆续添加固体冰晶石，直至电解质水平达到30~35cm为止。熔料结束时，槽电压保持8~10V。全部熔料时间为6~8h。这种启动方法称为“无效应”启动法。在铝工业上也常常采用“效应”启动法，就是在启动开始时提升阳极使其发生阳极效应，保持槽电压40~50V，迅速熔化槽内的物料，在1h内完成。

从开始电解逐步纳入正常生产的一个过渡时期，称为启动后期[53]，大约需要2个月。在此期间，由于槽电压、电解质温度、NaF/AlF_3摩尔比及电解质水平逐渐降低，而铝液水平逐渐升高；并且在槽膛内壁上逐渐生长结壳，其组成为60%~80%的大晶粒刚玉（α-Al_2O_3）和20%~30%的冰晶石。电解质里的氟化钙是一种矿化剂，它能促进γ-Al_2O_3向α-Al_2O_3转变。随着电解槽热平衡的建立，结壳逐渐长厚，最终建立了椭圆形的槽膛内形。它是热和电的绝缘体，对于保护炭素侧壁、减少热损失量和提高电流效率，起着有益的作用。

在启动后期中，电解质液面上也逐渐形成结壳，起初沿着槽壁结晶出冰晶石，以后渐渐向阳极推移，最终形成一整片结壳，覆盖在电解质液面上。这层表面结壳对于电解生产是有益的：第一，它是存放原料氧化铝的基地，使氧化铝得到预热，并且脱去其中的部分水分；第二，结壳本身以及在其上面堆放的氧化铝是良好的保温层，可减少电解质的热损失量。

第十一节　铝电解槽的常规作业

铝电解槽经过焙烧和启动两个阶段之后，便投入正常生产。在正常生产期间，电解槽的各项技术条件已经保持稳定，建立了热平衡，并且取得良好的生产指标。

一、正常生产的特征

生产正常的电解槽具有如下各种特征[29,54]：

（1）从火眼中喷冒出有力的火苗，颜色呈纯蓝色或淡紫蓝色，或者稍带黄线。颜色为浓黄色者，是因其温度高或者 NaF/AlF_3摩尔比高；颜色淡蓝色而又喷冒无力者，因其温度低。这两者都是不正常的。

（2）槽电压稳定地保持在设定的范围内。

（3）电解质温度保持在940~960℃范围内（对应于电解质 NaF/AlF_3摩尔比在2.4~2.7范围内）。

（4）阳极周边“沸腾”均匀，炭渣分离良好。

（5）槽面上有完整的结壳，结壳酥松好打。

（6）在槽膛内壁上有稳定而规整的结壳。冷槽，槽内结壳肥大，槽内铝液挤得很高，而电解液层萎缩；热槽，槽内结壳瘦小，铝液层减薄，而电解液层增长。

二、铝电解槽正常生产期间所应保持的技术条件

（一）电流强度

在现代铝工业生产上采用强大的直流电流进行电解，每一个电解槽系列都有额定的电流强度，因而就有额定的铝产量。但是，额定的电流强度不是一成不变的。铝电解厂往往根据电力供应情况调整电流强度，例如在电力供应充裕的时期，适当增大电流强度；而在电力供应不足的时期，适当减少电流强度。许多铝电解厂还特意采取增大电流、强化生产的措施，以增加阴极单位面积的铝产量。

在现有的电流强度之下，铝电解厂采取与其适应的其他各种技术条件，以求实现正常生产并获得良好的生产指标。这些技术条件包括：槽电压、极距、温度、电解质组成、电解质水平和铝液水平、阳极效应系数等。

（二）槽电压

槽电压是阳极母线至阴极母线之间的电压降，它由与电解槽并联的直流电压表来表示[2,40]。

槽电压的数值包括电解槽的极化电压值和各部分导电体的电压降值。电解槽内有两类导电体，第一类导体包括铝、铜、炭；第二类导电体是冰晶石-氧化铝熔融电解质。

在工业生产上，为了核算电解槽的电能消耗量，通常需要计算电解槽的平均电压。平均电压一般是指下列各项的总和：（1）槽电压（槽上电压表读数）的平均值；（2）发生阳极效应的电压分摊值；（3）槽上电压表测量范围以外的系列线路电压降的分摊值。

在同一台电解槽上，槽电压常随生产操作而变动，因此只能控制在一定的电压范围之内。现代铝电解生产上采取自动调节电压（或极距）的办法来严格控制电解过程，因此可以节省

电能并增加铝产量。

（三）极距

所谓极距[2,36]，是指阴、阳两极之间的距离。在工业电解槽上，浸在电解质里的阳极表面都是阳极工作面，而槽底上的铝液表面实际上就是阴极工作面。为便于测量起见，一般取阳极底掌到铝液镜面之间的垂直距离作为极距。

工业电解槽的极距一般保持在4cm左右。提高极距，则电解质电压降有所增大。根据实测，每提高极距10mm，引起电压降增加400mV（旁插棒槽）或350mV（预焙槽）。因此在工业生产上宜在取得高电流效率的情形下保持尽可能低的极距，以便减少单位铝产量的电能消耗量。

（四）电解温度

在铝电解生产上，通常把电解温度看做重要技术条件。所谓电解温度，是指电解质温度而言。这是一个温度范围，一般取950～970℃，高出电解质的初晶点10～20℃。

铝的熔点为660℃。如果为了制取液态铝，电解温度只需要高出铝的熔点100～150℃。换言之，理想的电解温度应在750～800℃左右。但是，目前所有的冰晶石-氧化铝电解质，它的初晶点是很高的，所以电解温度也相应很高。其结果使得槽内铝的溶解损失量增多（将使电流效率降低），同时电能和物料消耗量也增多，对生产不利。因此，现代铝工业上力图采用低熔点的电解质，以降低电解温度。

（五）电解质成分

工业铝电解生产目前普遍采用冰晶石-氧化铝熔融电解质[2,36]。其中，冰晶石是熔剂（82%～90%），氧化铝是电解的原料（3%～5%）。此外，在冰晶石-氧化铝电解质里还含有游离的氟化铝8%～10%（质量分数），以及旨在改善电解质物理化学性质的一些添加物（CaF_2、MgF_2和LiF）3%～5%（质量分数）。

工业电解质里的氧化铝浓度，在打壳终了时为4%～5%，而在下一次打壳前减少到2%～3%。采取“勤加工少下料”的办法或自动连续下料的办法，可使电解质保持比较稳定的Al_2O_3浓度，因而有利于提高电流效率。

（六）电解质水平和铝液水平

在铝电解槽内，电解液和铝液两层液体按照密度差别而分处上下两层[2,36]。所谓电解质水平和铝液水平，是指它们各自的厚度而言。

槽内的熔融电解质起着溶解氧化铝的作用。在中型电解槽上，电解质水平通常保持16～18cm，槽内电解质重量约为2.5t。当加料周期为2h时，每次加入槽内的氧化铝量为70～75kg；而在中部下料的大型预焙槽上，电解质水平通常保持20cm，槽内电解质质量为7～8t。如果加料周期为5min，则每次加入槽内的氧化铝量约为9kg。

工业电解槽内经常保持一层液体铝是有益的。第一，它保护着槽底炭块，减少生成碳化铝；第二，它使阳极底掌中央部位多余的热量通过这层良导体传输到阳极四周，使槽内各部分温度趋于均匀；第三，它填充了槽底表面高低不平之处，使电流比较均匀地通过槽底；第四，厚度适当的铝液层能够削弱磁场产生的作用力。槽内铝液水平一般保持20cm左右。电磁平衡好的电解槽，铝液水平还可减薄到10cm。

（七）阳极效应系数

每天分摊到每槽的阳极效应次数称为阳极效应系数[2,36]。

阳极效应是铝电解生产中发生在阳极上的一种特殊现象，它的发生通常与电解质里缺乏氧化铝有着密切的关系。当它发生时，阳极上发生火花放电，槽电压升高到30V左右。通常在加入氧化铝之后，可及时予以熄灭。阳极效应延续的时间一般不得超过3~5min。当阳极效应发生时，与电解槽并联的信号灯便亮了。从灯光明亮的程度可以判断电解生产的状态。如信号灯暗淡，电压只有几伏或十几伏，则表示电解槽处于热行程；如信号灯异常明亮，电压达到50~100V，则表示电解槽处于冷行程。正常的阳极效应是灯光明亮，电压20~30V，阳极上火花放电分布均匀，加入氧化铝之后，易熄灭。因此工业上可以利用阳极效应来检查电解槽的生产状态是否正常。

当阳极效应发生时，电解质对炭的湿润性不良，炭粒能够从电解质里分离出来，电解质变得清净。因此，在容易发生阳极效应的电解槽上，电解质的电阻小些。

但是不得不看到，发生阳极效应会增加电能和物料消耗，而且当阳极效应重叠发生时，系列电流会降低，则将引起铝产量的降低。此外，除自动化操作的电解槽外，发生阳极效应会增加工作量。所以，对阳极效应要予以适当防范。

现代铝工业上，自动化程度高的电解槽通常取阳极效应系数0.5~1.0次/(槽·日)，而一般电解槽取0.1~0.5次/(槽·日)。

表2-10列举出几种工业铝电解槽的主要技术条件，以资比较。

表2-10　工业铝电解槽的技术条件

技术条件及指标	预焙槽 180kA	旁插棒槽 60kA	上插棒槽 150kA
阳极电流密度/$A\cdot cm^{-2}$	0.69	0.85~1.0	0.65
槽电压/V	3.9~4.0	4.2~4.4	4.0~4.2
温度/℃	950~960	950~970	965~970
极距/cm	4.0	4.0~4.5	4.0
NaF/AlF_3分子比	2.4~2.6	2.6~2.8	2.6~2.8
添加剂/%	$CaF_2+MgF_2=8\%$	$CaF_2+MgF_2=8\%$	$CaF_2+MgF_2=8\%$
电解质水平/cm	22~24	16~20	16~18
铝液水平/cm	26~30	24~30	24~26
效应系数/次·(槽·日)$^{-1}$	1.0	0.1~0.5	1.0
电流效率/%	90~92	86~90	88~90
铝产量/kg·(槽·日)$^{-1}$	1300	420~450	725
电耗率/$kW\cdot h\cdot t^{-1}$（铝）	13200	14000~15000	14000~15000

铝电解槽的生产指标，最重要的是生产率和电耗率两项。生产率通常按日产铝量计算（我国铝厂称之为槽昼夜产量）：

$$P(kg/d)=0.3356\times\bar{I}\times\gamma\times24\times10^{-3}=8.054\bar{I}\gamma\times10^{-3}$$

电耗率是单位铝产量所需的电量：

$$W(kW\cdot h/kg(铝))=\frac{V_{平均}}{0.3356\gamma}=2.98\frac{V_{平均}}{\gamma}$$

式中　$\bar{I}$——平均电流强度，A；

　　γ——电流效率（小数）；

$V_{平均}$ ——平均电压，V；
0.3356 ——铝的电化学当量，g/(A·h)。

三、增加铝产量

电解槽系列的铝产量与电流强度、电流效率和运行的槽昼夜总数相关：

$$系列铝产量(t) = 8.052 \times \bar{I} \times \eta \times \sum(Nt) \times 10^{-6}$$

式中　8.052 ——铝的电化学常数(0.3356g/(A·h))与每昼夜的小时数(24h) 的乘积，g/(A·d)；
$\bar{I}$ ——平均电流强度，A；
η ——电流效率；
$\sum(Nt)$ ——槽昼夜总数，其中 N 为槽数，t 为运行的夜昼数。

因此提高电流强度，提高电流效率和增加运行的槽昼夜总数，都能够增加铝产量[55]。

（一）严格保持生产的稳定性

（1）尽可能的保持槽内铝液层平静[56]。槽内铝液和电解液两层液体依靠密度差别（约10%）而分开。但是铝液层是不平静的。由于经常存在的磁场作用力和阳极气体抽力，使铝液作周期性地起伏摆动，可达每分钟 6~8 次，甚至达每分钟 20~25 次。同时，在阴阳两极之间，铝液层表面之上 25~30mm 处，是铝的强烈的再氧化区。铝液不平静，则铝的氧化损失增多，造成减产。

因此，在生产管理上宜保持规整的炉膛内形，减少槽底上的沉淀，并保持适当的铝液层厚度，以使铝液层内的垂直电流的分布趋于均匀，而水平电流减弱，从而削弱磁场的作用力。

（2）采取适当的技术条件进行生产。保持电流强度的稳定性非常重要，因为电流强度如果发生经常性波动，会引起槽内的铝液层波动，而增加铝的损失，同时电解质温度也要受到影响。保持技术条件稳定可使生产趋于正常。

（3）在比较低的温度和适当的氧化铝浓度下进行生产。在两次加料中间，电解质和铝液温度逐渐升高，造成电流效率降低。因此缩短加料周期，频繁地往电解质内增加适量的氧化铝，以使电解质经常保持适当的氧化铝浓度和比较低的温度，可以实现高产。

（二）提高电流强度

现在有许多铝厂，利用现有设备条件，通过提高电流强度来增加铝产量[2, 36]。这是因为铝只在阴极表面上析出，每平方米阴极表面积每小时一般只析出 1.5kg 左右，即铝电解槽的生产率是很小的。目前看来，增加单位阴极面积上的铝产量是可能的，而且潜力巨大。

当然，在一定的结构条件下，强化电解槽的生产是有一定限度的。因为，在强化生产时需要照顾到电耗率所发生的变化，同时，还要照顾到阴极、电解质和阳极的热负荷状态。

生产实践表明，电解槽的生产率（P）随电流强度的提高而增加，但是其提高的幅度随电流效率而异。电解槽的电耗率（W）在提高电流初始，呈现减低的趋势，以后则呈现增加的趋势。所以，电解槽的电流强度可选择在 I_1 与 I_2 之间，如图 2-17 所示。

从图 2-17 推论，在电力供应不足或电价昂贵的情况下，电流强度宜选择在 I_1 点附近，而在电力充裕或电价低廉的情形下，电流强度可选择在 I_2 点的左侧。

（三）增加电解槽系列的槽昼夜总数

增加系列槽昼夜总数有两种办法[2, 36]：

（1）增加槽数；

（2）缩短停槽大修理时间。

如果系列总电压有剩余，降低槽平均电压可以增加槽数。

对于现有的电解槽而言，缩短停槽大修理的时间，同样能够增加槽昼夜总数。如果系列中有 200 台电解槽，平均槽寿命为 4 年，则每年就有 50 台槽需要进行大修理。如果因检修而耽误的生产时间每台槽占 20 天，则全年损失 1000 个槽昼夜。如果每个槽昼夜的铝产量为 1000kg，则全年损失 1000t 铝。此时电解槽系列的运转率只有 98.6%，也即相当于大约有 3 台槽经常处于停工状态。电解槽的运转率用下式来表示：

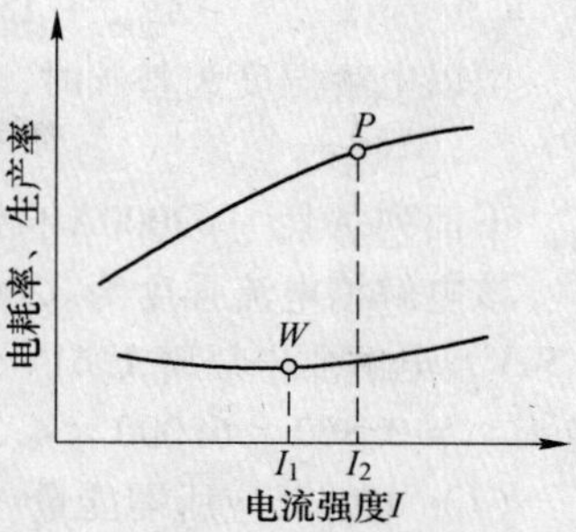

图 2-17　铝电解槽的生产率和电耗率随电流强度的变化

$$C = \left(1 - \frac{\tau}{365x}\right) \times 100\%$$

式中　τ——每槽平均检修时间，天；

x——槽平均寿命，年。

从上式看出，缩短检修时间或延长槽寿命，都能提高运转率，增加铝产量。

四、节省电能

在冰晶石-氧化铝电解过程中[2, 36]，每吨铝大约需要用直流电 13500～14000kW·h。如果计入整流损失、启动、铸锭和动力用电，总计达到交流电 15000～16000kW·h。其中：电解用电 14000kW·h，整流损失 350kW·h，启动用电 60kW·h，铸锭用电 50kW·h，动力用电 880kW·h，合计 15340kW·h。

现代铝工业已经在生产实践中，积累了节省电能的宝贵经验。这些经验主要是：采用硅整流器代替水银整流器，提高整流效率 3%～4%；缩短添加氧化铝的周期，以减少阳极效应的发生次数；适当的缩短极距，从原来的 4.5～5cm 降低到 4.0cm 左右。此外，在改进焙烧启动方法、改善槽体结构、母线配置和施工质量等方面，都为节省电能做出了贡献。

当前，进一步节省电能仍然是一个非常重要的课题，而潜力确实是很大的。

我们在前面已经提到，铝电解的电耗率是由电解槽的平均电压（$V_{平均}$）和电流效率（η）决定的。因此，降低平均电压或提高电流效率都能节省电能。例如，在 60000A 电解槽系列上（160 台槽），如果每台电解槽降低电压 1mV，则全年可节省电能 84000kW·h，即：

$$160 \times 60000 \times 0.001 \times 8760 \approx 84000\text{kW}\cdot\text{h}$$

五、铝电解槽的能量平衡

为了研究节省电能问题，需要编制铝电解槽的能量平衡。所谓能量平衡，是指在稳定状态下，供给电解槽体系的能量与电解槽消耗和损失的能量之间的平衡。

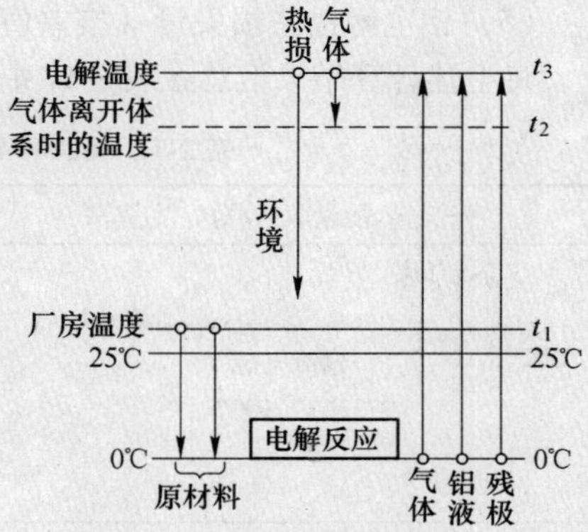

图 2-18　铝电解槽的能量平衡示意图（温度基础 0℃）

计算铝电解能量平衡时，涉及确定体系和项目等问题。体系通常是计算对象的边界范围，它应包括电解槽槽体。能量平衡式所列的项目视温度而异。图 2-18 为以 0℃ 为温度基础的能量平衡示意图。

能量平衡以 0℃ 为基础时[57]，平衡式两边的项目最为醒目，可写成：

$$A_{电能} + A_{原材料}^{t_1-t_0} + A_{气体}^{t_3-t_2} = A_{反应}^{0} + A_{气体}^{0-t_3} + A_{铝液}^{0-t_3} + A_{残极}^{0-t_3} + A_{热损}$$

当以电解温度为基础时，能量平衡式可写成：

$$A_{电能} + A_{气体}^{t_3-t_2} = A_{反应}^{t_3} + A_{热损} + A_{原材料}^{t_1-t_3}$$

下面列举某一62000A自焙阳极电解槽的能量平衡概算资料。

该电解槽电流强度为62000A；平均电压为4.38V，其中，阳极电压降0.52V，阴极电压降0.50V，电解质电压降1.61V，极化电压1.70V，阳极效应分摊电压0.05V；供入能量为直流电能$A_{供入} = 0.860 \times 62000 \times 4.38 \times 4.184 = 977365\text{kJ/h}$；支出能量包含以下几项：

（1）电解反应所需能量。电解温度为1223K（950℃）。取阳极气体中CO_2浓度为70%，则电解反应式为：

$$Al_2O_3 + 1.77C = 2Al + 1.24CO_2 + 0.53CO$$

$$\Delta H_{1223} = (-94.49 \times 1.24 - 27.05 \times 0.53 + 402.6) \times 4.184 = 1134.5\text{kJ/mol}(Al_2O_3)$$
$$= 21008.7\text{kJ/kg(铝)}$$

则有：

每小时的铝产量 = 0.3356 × 62000 × 0.88 × 1 = 18.3kg

电解反应能量 = 21008.7 × 18.3 = 384460kJ

（2）加热氧化铝所需能量：

氧化铝消耗量 = 1.93kg/kg（铝）

从25℃加热到950℃所需能量 = 249 × 4.185 = 1042kJ/kg（Al_2O_3）

加热氧化铝的能量 = 1.93 × 18.3 × 249 × 4.184 = 36803kJ

（3）加热阳极所需能量：

阳极糊消耗量 = 0.54kg/kg（铝）

从25℃加热到950℃所需能量=380×4.184=1590kJ/kg（糊）（其中包括沥青熔化与焦化所需热量）

加热阳极糊所需能量=0.54×18.3×380×4.184=15715kJ

（4）加热氟盐所需能量：

氟盐消耗量 = 0.05kg/kg（铝）

从25℃加热到950℃所需能量=426×4.184=1783kJ/kg（氟盐）（包括氟盐熔化）

加热氟盐所需能量 = 0.05 × 18.3 × 1783 = 1632kJ

加热原材料所需能量 = 54150kJ

（5）铝电解槽热损失量（按差值）为977365 − 384460 − 54150 = 538755kJ/h。

将上述计算结果汇总在表2-11中。

表2-11 62000A自焙阳极铝电解槽的能量平衡概算表 （时间：1h）

能量收入/kJ	能量支出/kJ			
直流电能 977365（100%）	电解反应	384460		（39.3%）
	加热热氧化	36803	54150	（5.6%）
	加热热阳极	15715		
	加热热氟	1632		
	电解槽热损失量	538755		（55.1%）
合　计　977365（100%）	合　计	977365		（100%）

注：在能量收入中略去阳极在空气中氧化的生成热以及阳极气体离开体系前放出的能量。

从计算中得知，电解槽的热损失量 538755kJ/h 占总支出量 977365kJ/h 的 55.1%。设 $a_{热损}$ 为按照 1A·h 电量计算的热损失量，又把热损失量换算成 W·h，则 $a_{热损}$ 相当于电压（V）：

$$a_{热损} = \frac{538755}{3.6 \times 62000 \times 1} = 2.41\text{V}$$

可用它来比较不同电解槽的热损失量的多寡。

六、铸锭

铝电解槽产出的液体铝，经过净化、澄清和除渣之后，铸成商品铝锭，称为原铝。国际上规定，原铝的产品不包括配入的合金元素量和再熔的废屑量，只计算由电解槽直接产出的铝量。其中一部分原铝配成铝合金，例如 Al-0.5Si-0.5Mg 合金。

原铝通常浇铸成普通铝锭或线锭，铝合金浇铸成圆锭或板锭。

从电解槽抽出来的铝液中通常含有三类杂质[58]：

（1）金属元素，即 Fe、Si、Cu、Ca、Mg、Na、Li 等，其中 Fe 和 Si 是主要杂质。

（2）非金属固态夹杂物，即 Al_2O_3、AlN 和 Al_4C_3。

（3）气体，即 H_2、CO_2、CO、CH_4和 N_2，其中主要是 H_2。在 660℃下，100g 铝液中大约溶解 0.2cm^3 H_2（见图 2-19）。

99.996% Al 的纯铝（铝丝 ϕ2mm，硬拔制成），电阻率为 0.02668Ω·mm^2/m。如果存在金属杂质元素，则电阻率增大。其中影响最大者为 Cr、V、Mn、Li、Ti，影响较小者为 Mg、Cu、Si、Fe。非金属固态和气态杂质，使型材产生裂纹或气孔。所以，铝中的杂质是有害的，必须清除。

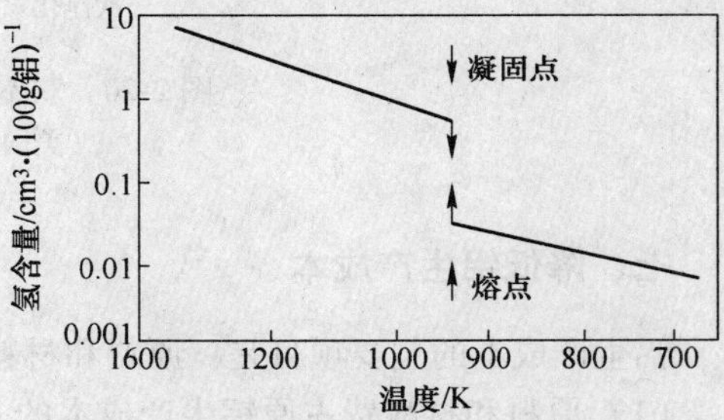

图 2-19　铝中氢含量与温度的关系

为清除铝液中的金属和非金属杂质，需要在铸锭之前进行熔剂净化和气体净化。

熔剂净化主要是为清除铝中的非金属夹杂物，所用的熔剂有三种，见表 2-12。

表 2-12　铝液净化用的熔剂

熔 剂	组成（质量分数）/%				熔点/℃
	NaCl	KCl	Na_3AlF_6	$MgCl_2$	
A	30	25	45	—	660
B	45	45	—	10	600
C	40	40	10	10	600

注：熔剂用量一般为 3~5kg/t(铝)。

气体净化是一种主要的净化方法，所用的气体是氯气，或者是氮气和氯气的混合气体。用氯气净化铝液的原理是把干燥的氯气通入铝液中，使氯与铝中的金属杂质（如钠、锂、钙、镁等，它们的氯化物的生成自由能均比氯化铝的生成自由能更负）起反应，生成相应的氯化物而得以除去。同时，那些悬浮在铝液中的非金属夹杂物，例如 Al_2O_3、Al_4C_3和炭粒等便吸附在氯化铝气泡上，上升到铝液表面上时，气泡破裂，分离出这些夹杂物。在氯化过程中，铝液中的原子态氢也同氯气起反应，生成氯化氢气体而析出：

$$Cl_2 + 2[H] = 2HCl$$

铝在氯化时，反应生成大量热能。铝的氯化强度随温度升高而增大，因此宜选择适当的氯化温度，以减少铝的氯化损失量。通常采用氯化温度750~770℃，时间15min。每吨铝大约消耗氯气0.3~0.5kg，以$AlCl_3$形态损失的铝量为0.2kg。

现在铝工业中多采用干燥的氯气与氮气的混合气体作为铝液净化剂，以降低生产费用并减轻气体对环境的污染。氯气与氮气的配比一般为15：85（体积）。也有单独使用氯气的净化方法，如图2-20所示。在该装置中用两个串联的反应器，使铝液被气体净化后进入刚玉过滤层，然后铸锭。

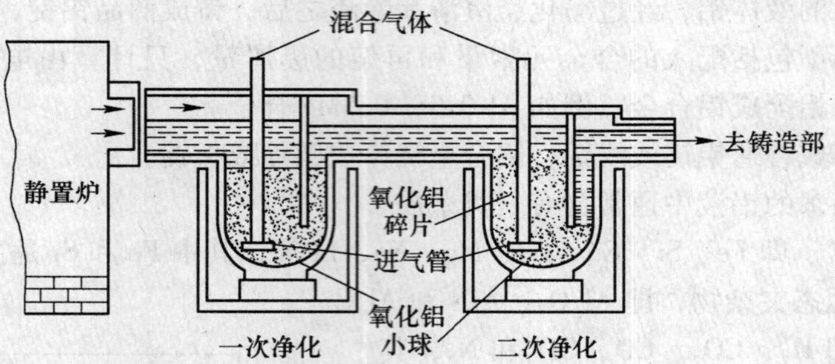

图2-20 双室串联连续净化铝液装置
（美国铝业公司469法）

七、降低铝生产成本

铝生产成本的主要项目是：原料和材料费、电力费、工资、折旧和管理费等。

（1）原料和材料费占原铝生产成本的45%~50%。其中，氧化铝占35%，炭阳极占10%，氟盐（冰晶石、氟化铝、添加剂等）占5%。减少原料和材料的机械损失，以及从废气和废旧内衬中回收氟盐可以节省原料。近年来，炭阳极价格上涨，故在生产中宜设法减少其消耗量并回收利用残极。

（2）电力费在原铝生产成本中所占的比重视电价而异。电价低廉者仅占30%，电价昂贵者可高达45%。减少电能消耗量，可从槽外和槽内两方面去解决。槽外，主要是减少母线中的电能损失。槽内，主要是减少电解质中的电能损失，为此需要降低电解温度，以求减少电解槽的热量损失。

（3）实行电解厂和加工厂的联合作用。一般铝电解厂，在铝锭铸造过程中损失铝量的0.4%~0.5%。而在另外的加工厂内需要把铝锭再熔，结果造成铝的双重损失。所以需要实行电解厂和加工厂的联合作业，把铝液（或把配成的铝合金液）直接浇铸成加工厂所需的坯锭，则既可节省铝，又可节省能量。

（4）延长铝电解槽的使用寿命。槽龄的长短，直接影响铝生产的成本。一般中型电解槽，更换一次阴极内衬，耗资数万元，同时还要停产一个月，经济损失很大。所以，要求尽可能地延长电解槽的使用期。

（5）回收废铝。铝的使用周转期平均为20~30年，而一般饮料罐的使用周转期不过数月。回收废铝所需的能量大约占从矿石到原铝生产所需总能量的5%。新屑的回收率约为70%。现在全世界回收的废铝量约占原铝总产量的30%。回收废铝意味着降低铝生产的成本。

表2-13列出原铝生产成本的概算。

表 2-13　原铝生产成本概算表（按 1t 铝计算）

成本项目		单位	数量	所占的百分数/%
原料和材料费	氧化铝	kg	1930	40~50
	冰晶石	kg	15	
	氟化铝	kg	30	
	炭阳极	kg	535	
电力费	电解用电	kW·h	15000	30~40
	动力用电	kW·h	500	
工资				20~30
车间经费				
工厂管理费				
工厂成本				100

第十二节　烟气净化

铝电解槽散发出来的烟气对人体和动植物有害，因为其中含有污染物质。气态污染物质的主要成分是氟化氢（HF）和二氧化硫（SO_2）。固态污染物质包括大颗粒物质（直径大于5μm），主要是氧化铝、冰晶石和炭的粉尘；还有细颗粒物质（亚微米颗粒），由电解质蒸气凝结而成，其中氟含量高达45%，因此烟气需要净化。在净化过程中回收的物质，仍可返回用于电解生产，实现烟气净化与综合利用，可谓一举两得。

现代铝电解厂，每生产 1t 铝大约消耗氟盐 30kg，氟的消耗量分配为：烟气带走 50%~60%，阴极吸收 30%~40%，其他消耗 8%~10%。烟气带走的氟盐，在净化装置里捕集，大约98%的氟盐可以回收。从净化装置排放出来的废气中所含的氟含量，每吨铝约为 1kg 氟，符合环保要求。

铝电解槽散发的烟气[59]，由槽上集气罩捕集的，称为一次烟气；未经集气罩收集而直接进入电解厂房空气中的，称为二次烟气。一次烟气体积较小，其中氟化物浓度较大；二次烟气被厂房空气稀释后，体积较大，氟化物浓度很小。电解厂一般只处理一次烟气，但是有的兼处理二次烟气。由于一次烟气和二次烟气在体积、浓度、组成和散发方式上有很大差别，所以采取不同的净化装置。

一、一次烟气净化

典型的净化装置有以下两种。

（一）干式净化装置

铝电解的原料氧化铝，对于氟化氢气体有吸附能力，可用作净化介质。吸附作用发生在氧化铝颗粒的单分子层上，生成表面化合物 AlF_3。吸附过程分以下四个步骤[60]。

（1）HF 在气相中扩散。

（2）HF 通过 Al_2O_3 表面气膜达到其表面单分子层。

（3）HF 受 Al_2O_3 表面原子剩余价力的作用而被吸附。

（4）被吸附的 HF 与 Al_2O_3 发生化学反应，生成表面化合物 AlF_3：

$$Al_2O_3 + 6HF \longrightarrow 2AlF_3 + 3H_2O$$

该转化温度在 300℃ 以上。上述吸附过程在 0.25~1.5s 的短时间内完成，吸附效率可达到 98%~99%。铝电解用的氧化铝，因品种不同而在比表面积和表面活性上有些差异，故吸附 HF 的能力有所不同，其饱和含氟量通常是 1.5%~1.8%。

干法净化系统通常是在烟气通过袋式过滤器进行收尘之前，使烟气在流化床或输送床中与氧化铝直接接触。流化床和输送床是一种强化手段，可改善气固两相的接触状况，使接触表面不断更新，这对于减小气膜内的扩散阻力无疑是有益的。此外，烟气中的 HF 浓度越高，则气相传质的推动力越大，越有利于吸附过程的进行。所以，提高电解槽的密闭程度，避免空气漏入集气系统，对于提高吸收效率是有利的。干式净化法目前已得到广泛的应用。

（二）湿式洗涤塔

对于消除可溶性气体（HF）具有很高的效率，而对于清除颗粒物质具有中等效率。洗涤塔的效率同烟气-洗涤液的接触装置中所耗用的能量多少成正比。湿式洗涤塔通常与静电收尘器联合使用。

在湿式净化系统中，通常用5%的苏打溶液去洗涤含氟气体。其原理是使 Na_2CO_3 与气体中的 HF 起反应，生成碳酸氢钠和氟化钠：

$$Na_2CO_3 + HF \longrightarrow NaHCO_3 + NaF$$

苏打溶液在洗涤器内循环使用，直到其中 NaF 含量达到 25~30g/L 为止。然后把 $NaF+NaHCO_3$ 溶液送至冰晶石合成槽，在那里与铝酸钠溶液起作用，合成冰晶石：

$$6NaF + 4NaHCO_3 + NaAlO_2 = Na_3AlF_6 + 4Na_2CO_3 + 2H_2O$$

该反应在 75℃ 下进行。冰晶石泥浆经沉降过滤后，送去干燥，得到无水冰晶石，可供铝电解使用。湿法净化投资较省，设备较简便，因此也被广泛采用。

二、二次烟气净化

二次烟气净化一般用洗涤器来处理体积大、污染物浓度小的气体。典型的洗涤器是：喷雾帘、错流填充床、浮动床、多栅文丘里管和多孔板洗涤器等。二次烟气的净化效率大约与烟气洗涤液接触时所耗用的能量多少成正比。在设有一次净化系统的情况下，二次烟气净化系统的净化效率为：颗粒状氟化物 40%~60%，气态氟化物 70%~85%。

烟气净化的总控效率是：

$$\eta_{总} = \eta_{集1} \cdot \eta_{净1} + (1 - \eta_{净1}) \cdot \eta_{净2}$$

式中 $\eta_{集1}$——槽子一次集气系统的集气效率；

$\eta_{净1}$——一次净化系统的净化效率；

$\eta_{净2}$——二次净化系统的净化效率。

对于新式预焙槽来说，采用一次集气和净化系统时，要求总控制效率达到 93%~95%。

三、铝电解槽废旧阴极内衬的回收

铝电解的废旧内衬中含有有价值的物料，即炭和氟盐，值得回收利用[61]。而且如果任意弃置，则必将造成公害。简便的处理办法是用苛性碱熔液熔浸废旧阴极炭块（磨碎的），其中氟盐含量约为 30%。熔浸后的熔液合并到湿式烟气净化系统中去，以回收冰晶石。或者将废旧阴极炭块磨碎，送往回转窑作为燃料，供制造水泥或氧化铝使用。

第十三节 铝的电解精炼

工业铝电解槽中产出的原铝，由于受所用原料（氧化铝）、熔剂（冰晶石+氟化铝）与材料（炭阳极和炭阴极）中所含杂质的影响，其纯度一般为99.5%~99.8%，虽然在特定的条件下也能制取得到99.9%纯度，其中只含有0.05%Si、0.03%Fe以及少量其他杂质。如为制取纯度大于99.99%Al的精铝，用作制电容器的铝箔，则需要把原铝加以电解精炼，所用的电解质仍为融盐。这种方法是Hoopes于1901年发明的，称为三层液电解精炼法[62]，它因精炼电解槽内有三层熔融液而得名。其下层液体是阳极合金，它是由30%Cu与70%Al组成的，密度为3.4~3.7g/cm^3。中层液体为电解质，各国采用不同的电解质体系，大体上可分为纯氟化物体系（SALA法，瑞士专利）和氯氟化物体系（Gadeau法，法国专利），其密度为2.7~2.8g/cm^3。最上层为精炼出来的铝液，用作阴极，其密度为2.3g/cm^3。因此，这三层液体因密度差别而上下分层。两类电解质的组成以及相应的电解槽的操作参数，分别汇总在表2-14中。精炼电解槽的构造如图2-21所示。

表2-14　铝精炼电解质的性质

项　目		Gadeau法（法国）	SAIA法（瑞士）
电解质的典型组成/%	AlF_3	15	48
	NaF	17	18
	BaF_2	—	18
	$BaCl_2$	60	—
	CaF_2	—	—
	NaCl	8	—
电解液密度/g·cm^{-3}		2.7(740℃)	2.5(740℃)
电解液电阻率/Ω·cm		0.75~0.85(740℃)	1.1(740℃)
阳极合金组成/%	Al	60	70
	Cu	28	30
	其他元素	12	—
阳极密度/g·cm^{-3}		3.14(740℃)	3.05(740℃)
阴极液（精铝）密度/g·cm^{-3}		2.3(740℃)	2.3(740℃)
操作参数	温度/℃	740	740
	电压/V	6.3	5.5
	电流/A	约30000	约30000
	电流密度/A·cm^{-2}	0.40	0.36

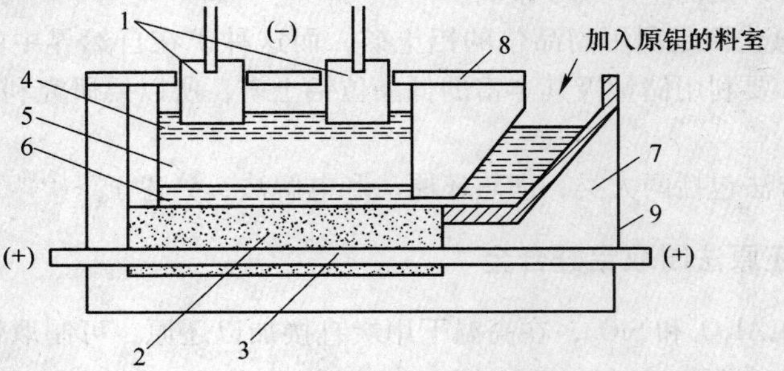

图2-21　铝电解精炼槽

1—阴极；2—阳极；3—阳极导电棒；4—精铝；5—电解质；6—阳极合金；7—耐火材料；8—盖；9—钢壳

铝的电解精炼所依据的原理是：在阳极合金的各种金属元素当中，只有铝在阴极上析出，分述如下[63]。

一、阳极反应

阳极合金中，如铜、铁、硅等没有铝活泼的金属元素，并不从阳极上溶解，仍然残留在合金内；如钙、镁、钠之类比铝更活泼的金属元素，虽然同铝一起溶解出来，生成相应的离子进入电解液内，但它们并不在阴极上析出。因此，阳极上的溶解反应是：

$$Al \longrightarrow Al^{3+} + 3e$$

$$Ca \longrightarrow Ca^{2+} + 2e$$

$$Mg \longrightarrow Mg^{2+} + 2e$$

$$Na \longrightarrow Na^{+} + e$$

二、阴极反应

迁往阴极的各种阳离子当中，铝的电极电位比较正，故 Al^{3+} 优先在阴极上获得电子，析出金属铝：

$$Al^{3+} + 3e^{-} \longrightarrow Al$$

但是，电解质本身所含的电位比铝更正的元素，却会在阴极上析出，使铝的纯度降低，故电解质宜选用纯的原料，并且在母槽中进行预电解，以清除其中的杂质，然后应用。

所以，电解精炼的最终结果是：铝从阳极合金中溶解出来，并在阴极上析出，而原铝中所含的杂质则不溶解，以此达到精炼的目的。

第十四节 炼铝新方法

自从冰晶石-氧化铝融盐电解法开始在工业上应用以来，一直有许多人研究其他的炼铝方法。这是因为现行的电解法本身还存在不少问题，未能从根本上解决。这些问题包括：

（1）冰晶石-氧化铝融盐电解法需要用大量电能，每吨铝消耗 13000~15000kW·h 直流电能。其中电能利用率是很低的，不到 50%。

（2）铝厂的投资很大，年产量为 10 万吨的铝厂需要建造数百台电解槽，因为电解槽的生产能力是很小的，当前最新式的 280kA 电解槽，每槽每天的铝产量不过 2t。这是因为电化学反应只在炭电极（阴极）的表面上进行，而电流密度是很小的，只有 0.3~0.5A/cm^2。

（3）电解所用的原料和材料，如氧化铝、炭阳极、冰晶石和氟化铝等都是很贵的，而且电价也是很贵的，所以铝的生产成本很高。

（4）目前生产氧化铝是利用高品位的铝土矿，而这种矿在自然界中的储量是有限的。从长远考虑，今后势必要利用储量极其丰富的低品位铝土矿，所以要研究利用低品位铝土矿的炼铝方法。

现在，炼铝新方法包括两大类，即热还原法和电解法，分述于下[2, 36]。

一、铝矿直接还原法制取铝硅合金

一般黏土中含有 Al_2O_3 和 SiO_2，在高温下用炭直接加以还原，可制取铝硅合金。这样可以节省纯铝，因为有相当多的纯铝是用来配制工业的铝硅合金，例如含硅量为 12% 左右的共晶铝硅，这是一种铸造合金。

铝矿直接还原的过程可分成以下三个步骤。

（1）铝矿中的氧化硅与炭起反应，生成碳化硅：

$$SiO_2 + 3C = SiC + 2CO\uparrow$$

（2）铝矿中的氧化铝在更高的温度下与炭起反应，生成铝氧碳化合物：

$$2Al_2O_3 + 3C = Al_4O_4C + 2CO\uparrow$$

（3）最后，SiC 与 Al_4O_4C 发生反应，生成 Al-Si 合金：

$$3SiC + 2Al_4O_4C + 3C = 8Al + 3Si + 8CO\uparrow$$

按照上述反应式推论，铝硅合金中 Al 的浓度以 72%为限度。

还原反应通常是在电弧炉中进行。因为电弧炉容易达到 2400℃以上的高温，足以保证铝矿顺利地被炭还原。电弧炉的产品中铝含量一般为 60%~65%，其余为硅，合金中还含有少量的 Fe、Ti 和 C 等。合金经过掺铝稀释后，可配制成高硅的或低硅的工业合金。

二、氯化铝电解法制取纯铝

早在 1854 年，德国人 Bunsen 和法国人 Deville 分别电解熔融的 $NaCl\cdot AlCl_3$ 得到金属铝。之后人们对氯化铝电解法的研究，始终没有停止过。

1973 年美国铝业公司（Alcoa）宣布，研制成功氯化铝电解法，采用多室电解槽。氯化铝电解法包括三个主要步骤：

（1）从铝土矿制取氧化铝；

（2）用氯气和炭在高温下氯化氧化铝，制取无水氯化铝；

（3）电解氯化铝得铝。

所用的电解槽是竖式多室槽，它的外面是一只钢壳，内部砌筑耐侵蚀的、非导电性的耐火材料。槽内下部设有储存铝液的空间，上部为用耐火材料衬砌的盖子。经过盖子的孔洞，供入原料氯化铝，并排出电解产物铝液和氯气。电解槽内有若干个双极性电极，上下配置，极间距离大约是 1.3cm。据报道，电解槽的日产铝量达到 13t，电耗率为 9.5kW · h/kg(铝)。所用的电解质组成是：$AlCl_3$ 5%±2%，NaCl 53%，LiCl 42%。其电导率约为 4.0/(Ω · cm)，电解温度为 700℃，单槽电压为 2.7V。

现在，经过半工业试验之后，氯化铝电解法已经中途停止了，其原因是：铝生产的成本高，因为它需要一个额外的氯化步骤；此外，还有一些工程上的困难。如果能够解决氯化铝的来源问题，则该法仍有实现的可能性。

三、氧化铝低温电解法

仍然用氧化铝作为炼铝的原料，但是在相当低的温度下（例如 800℃左右），进行铝电解，此时照样产出液态铝，但是电解槽的热损失量可以大幅度降低，因此槽电压得以明显减小，即节省了电能。低温铝电解的关键问题是选用低熔点的电解质。在进行低温铝电解时，有望与惰性阳极和惰性阴极（或双极性电极）配合使用，可能会取得更好的效果。

习　题

什么是酸性电解质，酸性电解质有什么优点？

第三章 镁冶金

第一节 概 述

一、镁的性质和用途

镁的蒸气压与温度的关系如图 3-1 所示。

镁与铝、锌、锂、稀土、锆等金属构成合金，在工业上应用。

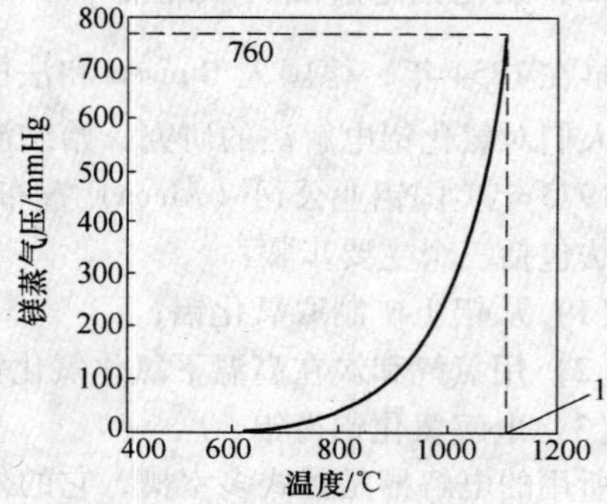

图 3-1 镁蒸气压曲线

由于镁的密度小，化学性质活泼，能与铝、锌、锰等金属构成合金，并具有机械强度大、化学稳定性高和抗腐蚀等优良性能，因此在现代工业的许多方面都得到了广泛的应用：

（1）生产难熔金属和稀有金属的还原剂[64]。镁不但可作为生产稀有金属（Ti、Zr、Hf 等）的还原剂，也可作为生产 Be、B 的还原剂（$BeF_2 + Mg = Be + MgF_2$，$B_2O_3 + 3Mg = 2B + 3MgO$）。

（2）铝合金的添加元素。铝合金中加入金属镁，使合金更轻，强度更大，抗腐蚀能力更好。作为铝合金中主要合金元素是镁的一大用途。

（3）球墨铸铁的球化剂。镁在球墨铸铁中起着球化作用，使铸件强度、延展性更高。镁在球墨铸铁中的应用在逐年增大。

（4）钢铁脱硫的脱硫剂。整个北美洲、欧洲钢铁生产中用镁粉作为钢铁脱硫剂。我国用镁作为钢铁脱硫剂的用量也在不断增长，市场前景广阔。用镁粉作为钢铁脱硫剂不仅工艺简单，而且由于镁具有对硫的亲和力好这种独特性质，使钢铁市场在较低的成本下达到高产量、高质量，并能生产出如 HSLA 级低硫钢，这种优质钢可用于汽车、设备及结构体中。用镁脱硫不仅改善了钢的可铸性、延展性、焊接性和冲击韧性，而且降低了结构件的重量，这就进一步增加了镁在钢铁工业中的需求量。

（5）高贮能材料。

（6）焰火。

2012 年、2013 年全球原镁产量见表 3-1。2013 年国内镁消费情况见表 3-2。

表 3-1 全球原镁产量（USGS，2014） （万吨）

国 家	2012 年	2013 年
美国	—	—
巴西	16	16
中国	698	800

续表 3-1

国 家	2012 年	2013 年
以色列	27	28
乌兹别克斯坦	21	21
韩国	3	9
马来西亚	5	5
俄罗斯	29	30
塞尔维亚	2	2
乌克兰	2	2
全球总量	803	913

表 3-2 2013 年国内镁消费情况

分类	冶金/万吨					加工/万吨	其他/万吨	合计/万吨	同比增长/%
	铝合金添加	炼钢脱硫	球墨铸铁球化剂	金属还原	稀土镁合金	铸件、铸件、型材			
2013 年	8.82	3.20	2.80	8.47	0.70	10.46	0.70	35.15	13.39

自然界中未发现金属镁，但是镁有 150 种赋存形态。地壳中镁的含量约为 2%，海水中镁以氯化物的形式存在，每立方米海水中大约含镁 1.3kg，海水便是镁取之不尽的来源。另外一种重要矿石是白云石（即碳酸镁和碳酸钙的配合盐），它广泛产出于世界各地。这些丰富的天然资源和其广泛的地理分布，可使任何国家只要有适当的技术和比较便宜的能源，就能够独立地发展镁的工业生产，在这方面镁比铝更加优越。全球所利用的镁资源主要是白云石、菱镁矿、水镁石、光卤石和橄榄石这几种矿物，其外观形貌如图 3-2 所示[65]。几种重要的炼镁原料见表 3-3。

图 3-2 镁矿物的形貌

我国有长达数千千米的海岸线，盛产卤块，又有广泛分布的白云石矿。其中，辽宁省菱镁矿质地优良，且储量丰富；青海盐湖盛产光卤石和卤水。故我国具备发展镁工业的良好资源条件。

表 3-3 几种重要的炼镁原料

矿 石		组 成	相对分子质量	Mg 含量/%
碳酸盐	菱镁矿	$MgCO_3$	84	39
	白云石	$MgCO_3 \cdot CaCO_3$	184	13
氯化物	光卤石	$MgCl_2 \cdot KCl \cdot 6H_2O$	278	9
	水氯镁石	$MgCl_2 \cdot 6H_2O$	203	12

续表 3-3

矿 石		组 成	相对分子质量	Mg 含量/%
氢氧化物	水镁石	$Mg(OH)_2$	58	42
硅酸盐	蛇纹石	$3MgO \cdot 2SiO_2 \cdot 2H_2O$	276	26

按照所用原料不同，炼镁方法可分为两大类：电解法和热还原法。前者采用氯化镁作原料；后者采用煅烧后的氯化镁或白云石作原料，所用的还原剂是75%硅铁，或铝屑。下面分别加以讨论。

二、镁的发展阶段

金属镁从发现到现在经历了200余年的历史。工业生产中镁的发展可分为三个阶段[66]：

（1）化学法。1808年英国人戴维（H. Davy）电解汞和氧化镁的混合物，制取镁汞齐，然后得到金属镁。1828年法国人布赛（A. Bussy）用钾还原熔融的氯化镁制得纯镁。

（2）熔盐电解法。1833年英国科学家法拉第（M. Faraday）首先用电解熔融氯化镁的方法制得了纯镁。1886年在德国开始镁的工业生产。1909年由于“电子”镁基合金的发明和使用，才确定了电解氯化镁作为工业生产镁的方法。

（3）热还原法。氧化镁真空热还原法炼镁始于1913年。1924年安吉平、阿拉贝舍夫第一次采用硅作为还原剂还原氧化镁。1932年安吉平、阿拉贝舍夫用铝硅合金作为还原剂来还原氧化镁。1941年皮江在加拿大渥太华建立了一个以硅铁还原煅烧白云石炼镁的试验厂并取得成功。1942年加拿大政府在哈雷白云石矿建立了一个年产5000t金属镁的硅热法炼镁厂。

第二节 电解法炼镁生产工艺及技术参数

一、原料准备

依所用原料不同，原料准备方法可分为四种：道乌制镁法（Dow Process）、阿玛克斯法（Amax Process）、诺斯克法（Norsk Hydro Process）和氧化镁氯化法。这些方法都是为制取氯化镁。

（1）道乌制镁法[67]。道乌化学公司用海水作为原料，提取 $Mg(OH)_2$，然后与盐酸起反应，生成氯化镁溶液，脱水后得 $MgCl_2 \cdot 2H_2O$，用作电解的原料，最后电解得镁。该法的主要工序包括：用石灰乳沉淀氢氧化镁；用盐酸处理氢氧化镁，制取氯化镁溶液；氯化镁溶液的提纯与浓缩；电解含水的氯化镁（$MgCl_2 \cdot (1\sim2)H_2O$），制取纯镁。

道乌制镁法生产镁的工艺流程如图3-3所示。

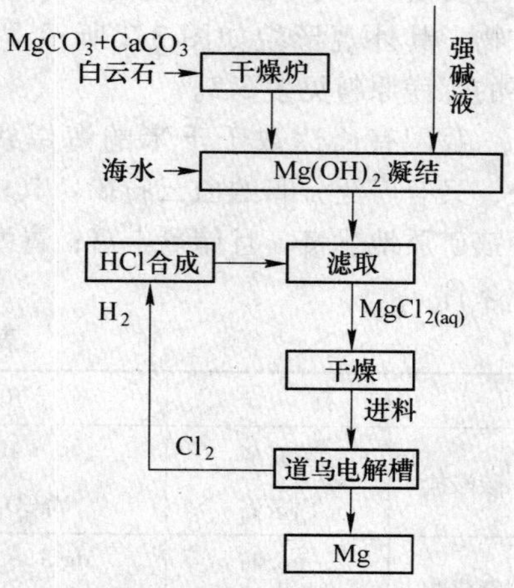

图3-3 道乌制镁法生产工艺流程

（2）阿玛克斯法。取美国大盐湖（the Great Salt Lake）的卤水，在太阳池中浓缩，经进一步浓缩、提纯和脱水后，得到氯化镁，最后电解得镁。

（3）诺斯克法。所用原料要么是海水，要么是 $MgCl_2$

含量高的卤水[68]。跟道乌法不同的是，所得氢氧化镁不是用盐酸去氯化，而是加以煅烧，以得 MgO。MgO 与焦炭混合制团后，用电解槽产出的氯气去氯化，制得无水氯化镁。

其早先的生产流程如图 3-4 所示。

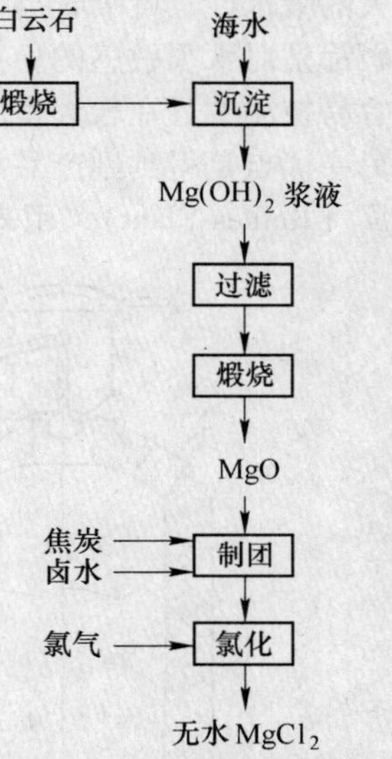

图 3-4 挪威诺斯克炼镁流程

挪威诺斯克水电公司是世界上著名的电解法炼镁企业，该公司所属的帕斯格伦厂（Porsgrunn Plant）原先用海水和高纯度白云石（Mg 含量 12%~13%）作为原料，每年大约耗用白云石 25 万吨。海水从海湾中抽入厂内，每小时流量达到 2000m^3。此外，每年还从德国进口 8 万吨卤水（氯化镁溶液）。煅烧物料用的回转窑，每年耗用 5 万吨油作为燃料。电解 1kg 镁，用电量约 20kW · h。该厂镁的年产量约为 4 万吨，各种原料所提供的镁含量所占比例是：海水 41%，白云石 45%，氯化镁卤水 13%。

白云石经破碎之后，在回转窑内煅烧到 1000℃，以排除所含的 CO_2。煅后料与海水混合，氧化镁逐渐溶解，生成 $Mg(OH)_2$泥浆。$Mg(OH)_2$泥浆在大型沉降槽内沉降，废液则返回海湾中。$Mg(OH)_2$泥浆在真空过滤器内过滤，滤饼在回转窑内煅烧，得轻烧氧化镁，其中尚含有少量水分。一部分氧化镁供给纤维工业，大部分用于炼镁。所得轻烧氧化镁经磨碎后，与焦粉和卤水混合，制成直径为 1cm 的小球。经充分干燥后，在竖式电炉内氯化，温度为 1100~1200℃，使氧化镁转化成无水氯化镁。氯气主要来自电解槽所产，另外补给少量。无水氯化镁在 800℃下注入抬包中，然后运往电解厂房，在 750℃下加入电解槽内进行电解。在炭阳极上析出氯气，同时在钢阴极上析出金属镁。阳极区是隔离的，以免氯气与镁发生逆反应，氯气从槽内抽出，然后返回去氯化氧化镁。金属镁每天或每隔一天抽送入抬包内，运往再熔炉内去精炼，分离掉夹杂物之后，配入合金元素，然后在 700℃下浇铸成锭。铸锭时用 SO_2 或 SO_2 空气混合物保护，以免镁燃烧。

该厂为了减少能量消耗并减轻环境污染，建立了新的生产流程，采用氯化镁卤水作为原料，制取无水氯化镁，其生产流程如图 3-5 所示。

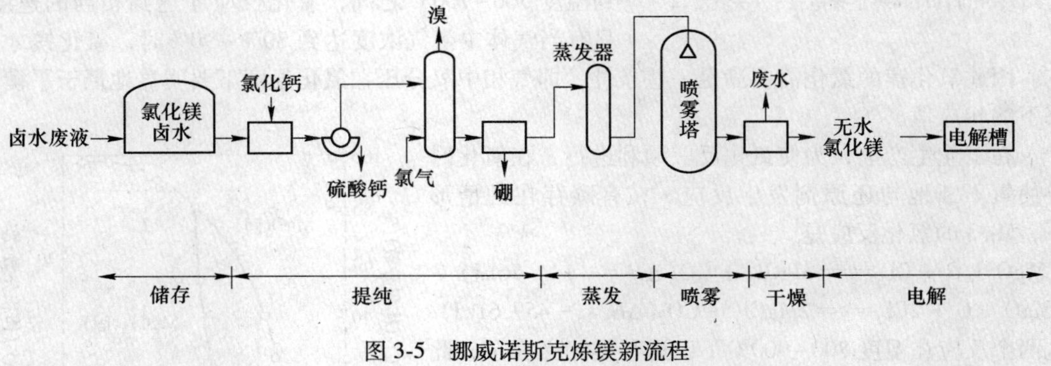

图 3-5 挪威诺斯克炼镁新流程

在该新流程中，利用德国制钾工业的卤水废液（其中含有氯化镁），制取无水氯化镁，然后电解。生产 1t 镁，可得副产品氯气 2.9t。先把卤水提纯，因为其中除了 30%$MgCl_2$之外，还有不少杂质，例如硼和硫，必须予以清除，以免影响电解的电流效率。氯化镁脱水是一个关键步骤。不能采取简单的加热方法，因为氯化镁会分解成氧化镁和氯化氢气体，氧化镁无助于电解过程，氯化氢则会使设备受到严重腐蚀。因此，卤水先经初步蒸发，然后喷入喷雾干燥塔内，使其转化成固体结块。产品的最后脱水是在氯化氢气氛中进行，所得的无水氯化镁具有很大的吸水性，可吸收空气中的水分，因此在其运输和储存时必须妥善加以防护。镁电解槽的炉料都是对水很敏感的。在该新流程中，废弃了那种难以操作而又形成污染源的氯化炉，代之以容易控制的且在较大程度上实现自动化的密闭设备，从而避免了原料潮解和空气污染问题。其另一优点是得到副产品氯气，它经过提纯后加以压缩，然后用泵打入设在海港对岸的来弗纳斯厂（Rafnes Plant），用来制造聚氯乙烯塑料。

（4）氧化镁氯化法。在该法中利用天然菱镁矿，在温度700~800℃下煅烧，得到活性较好的轻烧氧化镁。80%的氧化镁要磨细到小于0.144mm的粒度，然后与炭素还原剂混合制团。炭素还原剂可选用褐煤，因其活性较好。团块炉料在竖式电炉中氯化，制取无水氯化镁。

氯化炉的构造如图3-6[69]所示。

电炉的外壳是钢壳，内壁上砌筑异型耐火砖，电炉直径超过3m。下部设有两排石墨电极，每排各有3根，彼此成120°角，下排电极配置在炉底上，而上排电极高出炉底2m，从平面上看，上、下排电极彼此成60°角。在上、下排电极之间的炉膛内填充以圆柱形的炭素格子（每个直径为70mm，高100mm，用作加热体，兼作为无水氯化镁的过滤介质）。

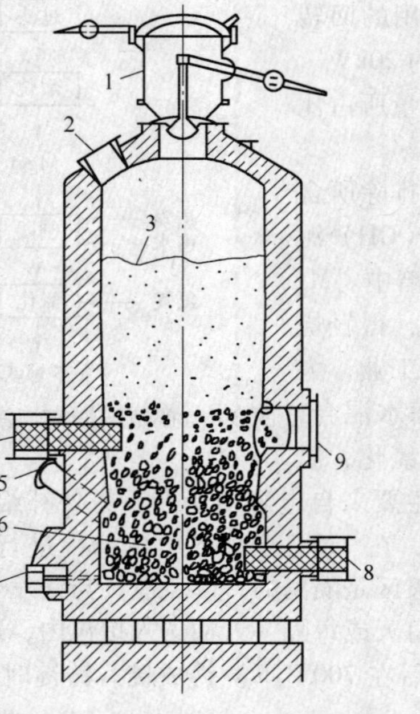

图3-6 菱镁矿氯化用的竖式电炉示意图
1—加料装置；2—排气口；3—料面；
4—上排电极；5—氯气入口；6—炭素格子；
7—出料口；8—下排电极；9—清渣口

氧化镁氯化是一个可逆反应：

$$MgO(固) + Cl_2(气) \rightleftharpoons MgCl_2(液) + 0.5O_2(气)$$

图3-7是该反应的平衡图[70]。从平衡图（图3-7）可见，在温度200~300℃范围内，O_2和Cl_2的比值小于2.3时，可以生成$MgCl_2$。但是此时氯化进行得太慢。到温度500~700℃之间，氯化反应才达到相当的速度，只有当气体中氯气浓度达到80%~90%时，氯化镁才存在。因此氧化镁的氯化需要满足一些条件，即气相中氧分压在氯化温度下要明显地低于平衡状态下的相应值。

在工业生产上，为使氯化反应顺利进行，在氯化时要使氧不断地与还原剂发生反应。在有碳存在的情形下，MgO的氯化反应是[71]：

$$MgO + C + Cl_2 = MgCl_2 + CO(\Delta H = -144.56kJ)$$

$$2MgO + C + 2Cl_2 = 2MgCl_2 + CO_2(\Delta H = -459.61kJ)$$

这两个反应在温度800~900℃下已进行得相当完全，此外还可能有下列反应：

$$MgO + CO + Cl_2 = MgCl_2 + CO_2(\Delta H = -296.22kJ)$$

在这些放热反应中，ΔH值均有相当大的负值，表明在工业电炉中，氧化镁的氯化反应只需要少量外加的热能。

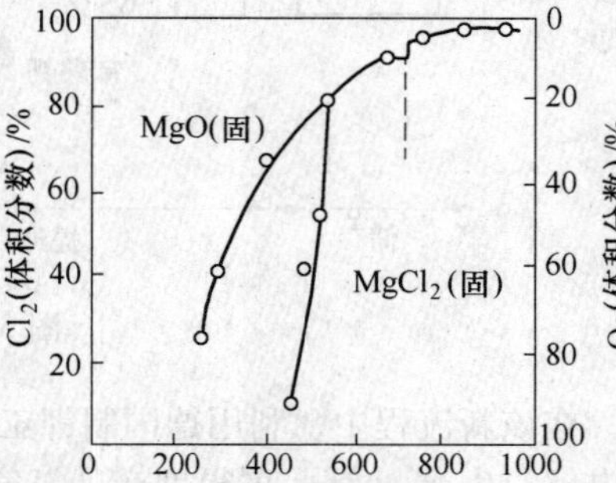

图3-7 反应$MgO+Cl_2 = MgCl_2+0.5O_2$平衡示意图

无水氯化镁的组成为：$MgCl_2$ 约 95%，$CaCl_2$ 约 2%，KCl+NaCl 约 1%，MgO 约 0.1%。

二、镁电解质的组成与性质

镁电解质的组成视原料来源而异。若是采用光卤石作为原料，则电解质的组成通常是：$MgCl_2$ 5%～15%、KCl 70%～85%、NaCl 5%～15%。在这种电解质内，KCl 含量很高，因为光卤石（KCl · $MgCl_2$ · $6H_2O$）中含有多量 KCl，电解温度为 680～720℃。如用氧化镁作为原料时，则电解质的组成通常是：$MgCl_2$ 12%～15%，NaCl 40%～45%、$CaCl_2$ 38%～42%，KCl 5%～7%，NaCl/KCl 约为 6～7，电解温度为 690～720℃。

（1）熔点。电解质诸组成分的熔点为：$MgCl_2$ 718℃，$CaCl_2$ 774℃，KCl 768℃，$BaCl_2$ 962℃，NaCl 800℃，LiCl 606℃，而镁的熔点是 650℃。

在 $MgCl_2$-KCl-NaCl 系中有三个共晶点，这种以光卤石为原料的电解质的熔点为 600～650℃。$MgCl_2$-KCl-NaCl-$CaCl_2$ 系的熔点见表 3-4，这种以氧化镁为原料的电解质的熔点为 570～640℃。

表 3-4　$MgCl_2$-KCl-NaCl-$CaCl_2$ 系的熔点（当 NaCl/KCl=6 时）

组成（质量分数）/%				初晶温度/℃
$MgCl_2$	$CaCl_2$	NaCl	KCl	
10	0	77.14	12.86	745
10	10	68.57	11.43	719
10	20	60	10.0	685
10	30	53.43	8.57	641
10	40	42.85	7.15	571
10	50	34.22	5.78	489
10	60	26.71	4.29	508
10	70	17.14	2.86	611
10	80	8.57	1.43	688
10	90	0	0	760

（2）密度[72]。工业镁电解的一个重要特点是：液体金属镁漂浮在熔融电解质之上，由于氯气也向上逸出，容易发生逆反应，所以在阴极和阳极之间需要用隔板来隔离。而在工业铝电解中，液体金属铝沉在熔融电解质的下面，阳极气体则向上逸出，所以在阴阳两极之间无须隔离，电解槽的结构因此得以简化。镁电解槽的结构则是比较复杂的。

镁电解质各组分的密度值见表 3-5。镁的密度在 650℃ 下为 1.590g/cm^3，750℃ 下为 1.582g/cm^3，它比电解质的密度小。图 3-8 为镁和电解质的密度随温度升高而变化的情况。

表 3-5　镁电解质各组分密度数据　（g/cm^3）

温　度		700℃	750℃	800℃
组分	LiCl	1.46	1.44	1.41
	NaCl	1.59	1.56	1.52
	KCl	1.57	1.54	1.51
	$MgCl_2$	1.69	1.67	1.66
	$CaCl_2$	2.11	2.09	2.07
	$SrCl_2$	2.78	2.76	2.73
	$BaCl_2$	3.30	3.24	3.17

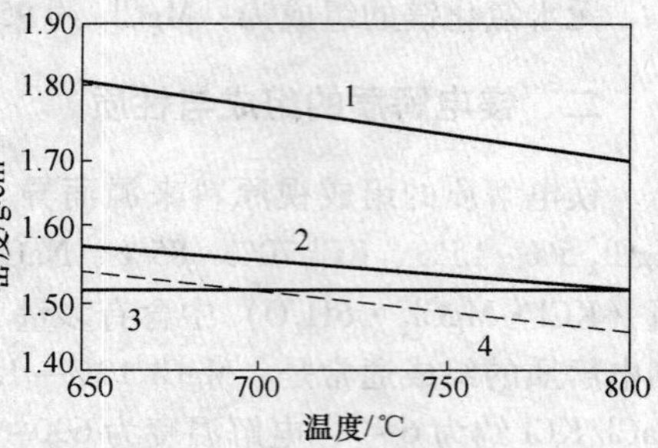

图 3-8 镁液与电解液的密度随温度而变化的曲线

1—10% $MgCl_2$+45%$CaCl_2$+40%NaCl+5%KCl；2—90%KCl+10%$MgCl_2$；3—KCl；4—Mg

从图 3-8 看出，电解质密度的变化在很大程度上取决于其组成的变化。在工业生产上当然希望在电解质与镁之间有明显的密度差，以利于镁的分离。

电解质中 $CaCl_2$ 和 $BaCl_2$ 的含量对增大其密度有重要影响，因为它们会使镁珠上浮。如果要使镁像铝那样沉在电解质的下面，则不用 $CaCl_2$ 和 $BaCl_2$，而要添加 LiCl。

（3）黏度。理想的镁电解质，应具有较小的黏度，以利于镁珠渣及电解质的分离：镁珠上浮而渣下沉。

在温度 800℃ 左右，KCl 和 NaCl 的黏度较小，$MgCl_2$ 较大，$CaCl_2$ 最大。例如，NaCl 在 815℃ 时黏度为 1.17Pa · s；KCl 在 797℃ 时黏度为 1.12Pa · s；$MgCl_2$ 在 801℃ 时黏度为 1.84Pa · s；$CaCl_2$ 在 800℃ 时黏度为 4.2Pa · s。所以，电解质中 $CaCl_2$ 浓度增大时，对镁电解过程不利。

（4）电导率。在镁电解质各组分中，LiCl 的电导率最好，其次是 NaCl，而 $MgCl_2$ 最差。表 3-6 列出各种氯化物的电导率数据，以资比较。

表 3-6 镁电解质各组分的电导率数据 （$(\Omega \cdot cm)^{-1}$）

温 度		700℃	750℃	800℃
组分	LiCl	7.51	7.56	7.61
	NaCl	3.33	3.44	3.55
	KCl	1.98	2.09	2.19
	$MgCl_2$	1.00	1.09	1.17
	$CaCl_2$	1.66	1.82	1.99
	$SrCl_2$	1.40	1.53	1.68
	$BaCl_2$	1.11	1.26	1.40

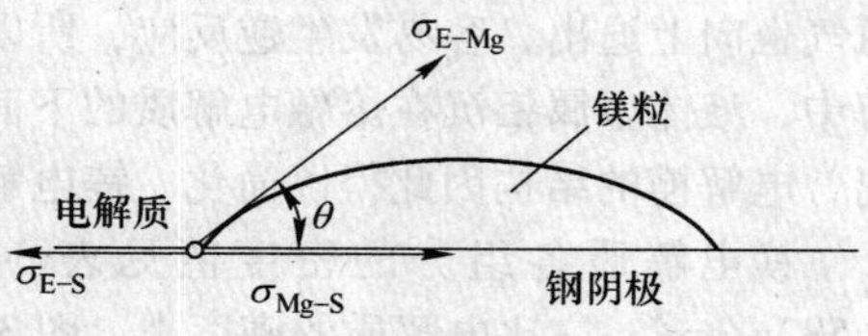

图 3-9 镁-电解质-钢阴极三相间界面张力的关系

（5）湿润性。镁对电解质和钢阴极的湿润性，涉及镁电解的电流效率。镁对钢阴极的湿润性改善时，则镁珠容易汇集，有利于提高电流效率；但当电解质对钢阴极表面的湿润性好时，则会妨害镁珠对钢阴极的湿润，从而会妨害镁珠的汇集并使电流效率降低。三者之间的关系可用图 3-9 来说明[73]。

图 3-9 中，$\sigma_{E\text{-}Mg}$ 为电解质-镁的界面张力，$\sigma_{E\text{-}S}$ 为电解液-钢阴极的界面张力，$\sigma_{Mg\text{-}S}$ 为镁-钢阴极的界面张力。当三者达到平衡时，则存在下列关系：

$$\sigma_{E\text{-}S} = \sigma_{Mg\text{-}S} + \sigma_{E\text{-}M} \cdot \cos\theta$$

$$\cos\theta = \frac{\sigma_{E\text{-}S} - \sigma_{Mg\text{-}S}}{\sigma_{E\text{-}Mg}}$$

θ 减小，表示镁对钢阴极湿润良好，则 $\cos\theta$ 值增大。从上述关系式看出，使 $\cos\theta$ 值增大的条件显然是 $\sigma_{E\text{-}S}$ 值增大（即电解质对钢阴极湿润不良）或者 $\sigma_{Mg\text{-}S}$ 减小（即镁对钢阴极湿润良好）。所以，镁对钢阴极湿润良好，以及电解质对钢阴极湿润不良，都是获得高电流效率的重要条件。

现在，有关界面张力的资料还不充分。已知，电解质各组分对钢表面的湿润性增大的顺序是：$MgCl_2 \rightarrow CaCl_2 \rightarrow NaCl \rightarrow KCl$。

（6）分解电压。镁电解质各组分的分解电压见表3-7[2,36]。由表3-7可见，$MgCl_2$的分解电压值在800℃时为2.51V，在各组分中是最低的，所以它优先进行电解。镁电解质中$MgCl_2$浓度的下限是5%~10%。如果电解质中$MgCl_2$浓度低于该界限，则碱金属和其他碱土金属氯化物有可能与$MgCl_2$一起分解。温度也是一个重要因素，温度升高时，则分解电压值减小：

$$E_t = E_{800} - a(t - 800)$$

式中 E_t——温度t时的分解电压值，V；

E_{800}——温度800℃时的分解电压值；

a——温度系数。

但是碱金属和其他碱土金属氯化物的温度系数较大，升温时它们的分解电压值大幅减小，而$MgCl_2$的分解电压值小幅减小，因而彼此接近。所以镁电解也应在尽可能低的温度下进行。

表3-7 镁电解质各组分的分解电压值（温度800℃）（德罗斯巴赫）

组 分	E_0/V	温度系数a	组 分	E_0/V	温度系数a
LiCl	3.30	1.2×10^3	$MgCl_2$	2.51	0.8×10^3
KCl	3.37	1.7×10^3	$CaCl_2$	3.23	1.7×10^3
NaCl	3.22	1.4×10^3	$BaCl_2$	3.47	4.1×10^3

（7）镁的溶解度。镁溶解在$MgCl_2$熔液中，大部分生成低价氯化亚镁MgCl，一部分则以胶体状态镁存在于熔液中。生成低价氯化亚镁的反应是：

$$MgCl_2 + Mg = 2MgCl$$

镁在$MgCl_2$中的溶解度数据见表3-8。镁在$MgCl_2$-KCl-NaCl-$CaCl_2$熔液中的溶解度是小的，其范围为0.004%~0.02%（质量分数），因此电解质中Mg的浓度不大，如图3-10所示。

表3-8 镁在氯化镁中的溶解度

金 属	融 盐	温度/K	溶解度（原子百分数）/%
Mg	$MgCl_2$	993	0.55
Mg	$MgCl_2$	1073	0.82
Mg	$MgCl_2$	1173	1.28

阳极产物氯气也溶解在电解液中。在接近大气压力下，氯的溶解度很小，为$4\times10^{-7}\sim2\times10^{-6}$ mol/cm^3。这说明，氯的溶解机理与惰性气体在熔液中的溶解机理相似。氯的溶解度随温度升高而增大。

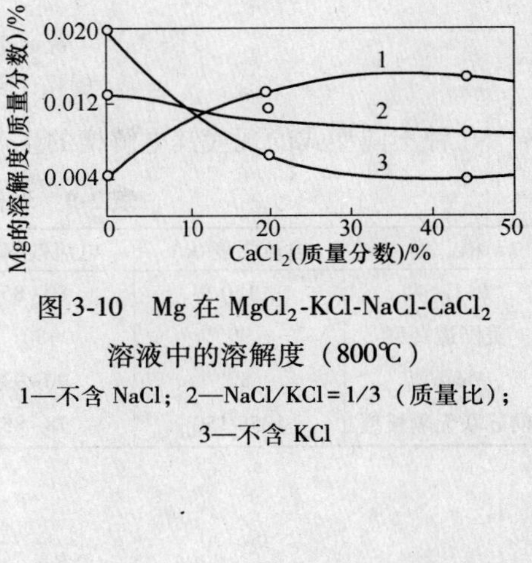

图3-10 Mg在$MgCl_2$-KCl-NaCl-$CaCl_2$溶液中的溶解度（800℃）

1—不含NaCl；2—NaCl/KCl=1/3（质量比）；3—不含KCl

三、镁电解槽

镁电解槽有两种型式，即有隔板槽与无隔板槽[74]。

（1）有隔板槽。1925年首先在德国的I. G. 颜料公司使用。这是一种有内衬材料的钢板槽，阳极用石墨，阴极用铸钢，两极之间有隔板，用以分隔阳极和阴极。

(2) 无隔板槽。1940 年左右开始研制，曾被加拿大和苏联采用。槽内阴阳两极之间并无隔板，但在槽内沿纵向砌筑隔墙，将槽膛分成电解室和集镁室两部分。墙上有导镁沟，阴极上析出的镁可沿此沟引入集镁室内[75]。

图 3-11 和图 3-12 分别为有隔板镁电解槽和无隔板镁电解槽的典型例子。

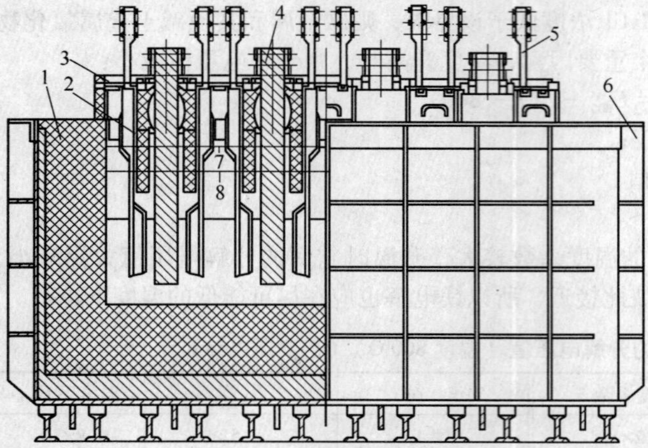

图 3-11　有隔板镁电解槽

1—槽内衬；2—隔板；3—阳极板罩；4—阳极；5—阴极；6—槽壳；
7—电解质最高液面；8—电解质最低液面

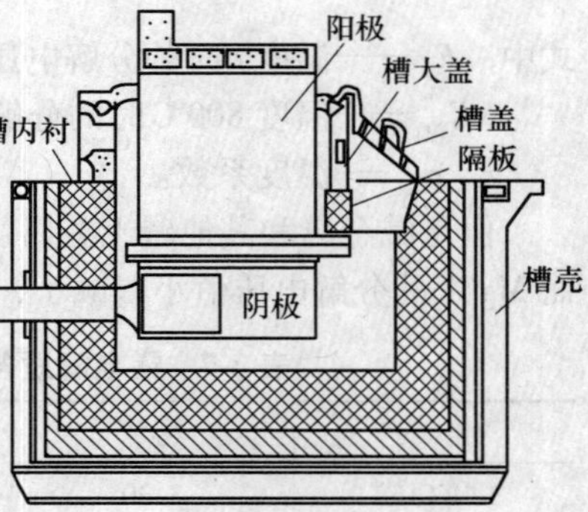

图 3-12　Ⅰ型无隔板镁电解槽

据报道，加拿大铝业公司于 1979 开始研制其第三代新型镁电解槽[76]，即双极性镁电解槽，如图 3-13 所示。其原理是简单的。如果用一块导电板放在阳极和阴极之间，则其对着阳极的一面就成为阴极，对着阴极的一面就成为阳极，该导电板就成为双极性电极，而电解槽的产量几乎加倍增长。1980 年该公司启动了第一台 40kA 试验槽，电耗率减少到 11kW · h/kg(Mg)。

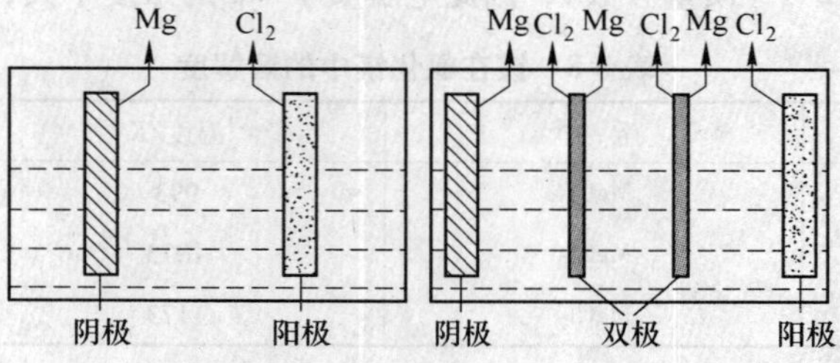

图 3-13　普通电解槽和多极电解槽结构示意图

(a) 普通电解槽；(b) 多极电解槽

几种不同型式的现代镁电解槽的生产技术指标，汇总列于表 3-9。

表 3-9　现代镁电解槽的生产技术指标

槽　型	电流强度/kA	电流效率/%	槽电压/V	直流电耗/kW · h · kg^{-1} (镁)
I. G. 型	150	80~85	5.5~7.0	15~18
美国道乌型	90	80	6.0	16.5
Alcan 型	80	90~93	5.7~6.0	14
前苏联无隔板型	105~150	78~85	4.6~4.8	12.8~13.5

四、镁电解的电流效率

（一）镁和氯的电化学当量

在氯化镁（$MgCl_2$）融盐电解中，遵照法拉第定律，每通过96487C电量，阴极上析出$\frac{1}{2}$ mol Mg，同时，阳极上析出$\frac{1}{2}$mol Cl_2。据此可推算出镁和氯的电化学当量值。

$$镁的电化学当量 = \frac{24.305/2}{96487/3600} = 0.45342 g/(A \cdot h)$$

$$氯的电化学当量 = \frac{35.453/1}{96487/3600} = 1.32278 g/(A \cdot h)$$

按照反应式$MgCl_2 = Mg + Cl_2$，制取1g Mg，理论上需要3.917g $MgCl_2$，同时产出2.917g Cl_2。阴极析出的镁量：

$$m = 0.4534\bar{I}t$$

式中，$\bar{I}$为平均电流强度（A）；t为电解时间（h）。这是理论量，实际上产出的镁量，由于副反应往往低于理论计算值。在工业生产上，通常以镁的实际产量与理论产量之比计算电流效率：

$$电流效率(\%) = \frac{Q_{实际}}{Q_{理论}} \times 100\% = \frac{Q_{实际}}{0.4534\bar{I}t} \times 100\% = 2.205 \times \frac{Q_{实际}}{\bar{I}t} \times 100\%$$

现代工业镁电解槽的电流效率约为85%，即损失电流效率15%左右。以150000A槽为例，如按电流效率85%计算，则每年的镁产量应为：

$$Q_{镁实际} = 0.4534 \times 150000 \times 365 \times 24 \times 85\% \times 10^{-6} = 506.4t$$

每年产出的氯气量，如仍按85%电流效率计算应为：

$$Q_{氯实际} = 1.3228 \times 150000 \times 365 \times 24 \times 85\% \times 10^{-6} = 1477.4t$$

（二）电解液循环而引起镁电流效率降低的原因

镁电解槽中因电解液循环而引起镁电流效率降低的原因，主要是镁的再氯化反应，即阴极上产出的镁被阳极气体氯气所氯化，重新生成$MgCl_2$，因此造成镁的损失。

许多研究结果以及工厂生产实践经验总结，就氯化镁电解时金属镁损失机理问题得出下述结论：

（1）和其他融盐电解时一样，氯化镁电解时的金属镁损失，在一定程度上取决于镁在阴极上的溶解速度和已溶解的镁通过扩散层和循环电解液层向阳极迁移的速度。

（2）镁的损失主要取决于分散在循环电解液中的镁珠的溶解，以及溶解的镁同氯气的反应。

（3）镁的大量损失是由于分散在循环电解液中的镁珠与氯气直接发生相互作用的结果。

因此，镁电解槽内电解液的循环问题受到重视。

在有隔板的电解槽内，阴极配置在隔板的下面，在正常的条件下，电解液的循环流动如图3-14所示。氯气几乎是沿着阳极垂直上升，电解液则围绕阴极循环，然后镁和电解液一起上升，进入阴极空间后镁跟电解液分开，漂浮在上面。

工业生产经验表明，当向电解液中加入甚至含有极少量的硫酸盐的电解液时，则会产生长时间的电解质“沸腾现象”，伴随生成大量泡沫。电解液表面上的镁液层因电解液滚动而被破碎成许多细小镁珠，于是被电解液带入阳极空间而发生氯化反应。此外，翻滚的电解液也把镁液层表面上的保护膜冲刷掉，于是镁液层暴露在空气中引起燃烧。

无隔板电解槽，电解液的循环方式能够保证把金属镁带入集镁室内，而集镁室是基本上与电解室分开的。即使在这种情形下，当电解液起沫时，电解液的循环受到破坏，也会增加镁的损失，因为这时候所产生的涡流妨碍了镁被带到集镁室中去[77]。

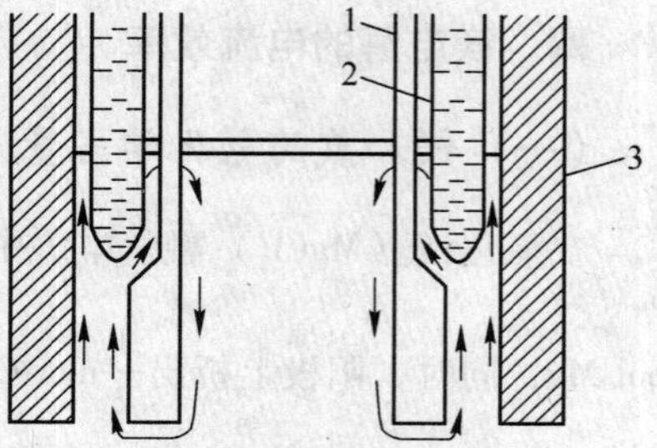

图 3-14 有隔板镁电解槽内电解液的循环流动图
1—阴极；2—隔板；3—阳极

（三）硼对阴极钝化的作用

值得注意的是阴极钝化问题。当阴极表面上生成一层钝化膜时，液态镁就难以汇集成片，而是呈分散的鱼子状混杂在电解液中，这种现象与阳极上氯气泡呈分散状态相同。阴极钝化膜的主要成分是 MgO。由此推知，MgO 不仅能使阳极产物氯气分散成小气泡，也能使阴极产物镁分散成小镁珠，影响电流效率。

镁电解质中含有 0.001%～0.002% 硼，会使镁珠极度地分散，在阴极上生成坚固的钝化膜，使电流效率降低到 50%～60%。这是因为电解质中的硼会沉积在钢阴极上，使其表面钝化。

（四）温度对于电流效率的影响

根据实验室研究，当阳极电流密度为 0.5A/cm^2，阳极高度为 80cm，极距为 8cm 时，电流效率与温度的关系是：

温度/℃	680	700	750	800
电流效率/%	88.0	86.4	82.1	78.0

在温度 680～800℃ 范围内，电流效率与温度的关系成直线关系：温度每升高 10℃，电流效率大致降低 0.8%。这一关系已被工业生产所证实。电流效率随温度升高而降低，是由镁被氯气氯化的速度加快所致。

五、镁电解中的电能消耗

镁电解中的电能消耗率是由槽电压（包括槽外母线电压降分摊值）与镁的电流效率值决定的[78]：

$$W(\mathrm{kW\cdot h/kg(镁)}) = \frac{U_{槽}}{0.4534\gamma} = 2.205\frac{U_{槽}}{\gamma}$$

式中 $U_{槽}$——槽电压（包括槽外母线电压降分摊值），V；

0.4534——镁的电化学当量值，g/(A · h)；

γ——电流效率，%。

从该式可见，降低槽电压或提高电流效率，均有利于减少电能消耗率。

槽电压包括下列各项[79]：

$$U_{槽} = E_0 + \eta + IR_{质} + I\sum R_{导}$$

式中 E_0——氯化镁的分解电压，它相当于电池 Mg | $MgCl_2$ | Cl_2(C) 的电动势，V；

η——阴极和阳极的过电压，V；

$IR_{质}$——电解质电阻造成的电压降值，V。

电解质电阻用下式计算：

$$R_{质} = \frac{1}{\chi} \cdot \frac{l}{q}$$

式中　χ——电解质的电导率，$(\Omega \cdot cm)^{-1}$；

l——极间距离，cm；

q——电极的导电表面积，cm^2；

$I\sum R_{导}$——各种导体的电压降，V。其中包括阳极和阴极中的电压降，阳极和阴极母线的电压降以及槽外导电线压降的分摊值。

第三节　硅热还原法炼镁的原理及应用

一、硅热还原法炼镁的原理

硅铁合金（含 75%Si）在高温和减压下还原白云石中的 MgO，得到纯镁和二钙硅酸盐渣的反应是[80]：

$$2(CaO \cdot MgO)(s) + Si(Si\text{-}Fe)(s) = 2Mg(g) + 2CaO \cdot SiO_2(s)$$

有关该反应进行的可能性，可参照艾林汉图[81]（见图 3-15）。在该图中绘示出各种氧化物的标准生成自由能（$\Delta G^{\ominus}$值，$kJ/mol(O_2)$）随温度而改变的曲线。从图 3-15 看出，反应 $Si + O_2 = SiO_2$ 的标准生成自由能负值比反应 $2Mg + O_2 = 2MgO$ 的标准生成自由能负值小得多。2375℃时，二者相等，这时候才有可能用 Si 还原 MgO。

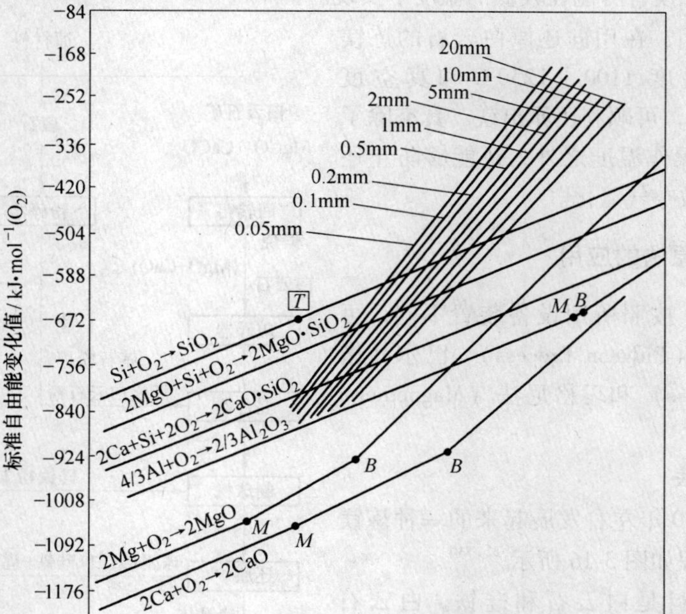

图 3-15　艾林汉图

这里有两点值得考虑：

（1）当用硅（铁）还原白云石时，生成了稳定的化合物二钙硅酸盐，此时还原起始温度降低约 600℃，所以，用白云石作为原料是有利的。

（2）艾林汉图上的标准生成自由能是指在标准状态，即参与反应的气态物质的分压为 101.325kPa，而固态或液态物质的活度均为 1 时的生成自由能。如果参与反应的物质不是处于标准状态，则反应的自由能变化值 ΔG 应为：

$$\Delta G = \Delta G^{\ominus} + RT\ln p$$

式中，p 为参与反应的物质的原始分压比；$RT\ln p$ 为反应自由能变化值的修正值。在反应 $a\text{Me} + \text{O}_2 = b\text{MeO}$（这里 O_2分压为 101.325kPa）形式的反应中，自由能变化值的修正值为：

$$RT\ln\frac{p_{\text{MeO}}^{b}}{p_{\text{Me}}^{a}\cdot p_{\text{O}_2}}（其中\ p_{\text{O}_2}=1）$$

当反应中 MeO 为固态，Me 为气态时，则：

$$\Delta G = \Delta G^{\ominus} - RT\ln p_{\text{Me}}^{a}$$

由此可见，当金属 Me 的原始压力小于 101.325kPa 时，$-\ln p_{\text{Me}}^{a}$为正值，但是 $\Delta G^{\ominus}$值为负值，结果使 ΔG 值的负值减小，也即自由能改变值曲线向上移动。

在反应 $2\text{Mg} + \text{O}_2 = 2\text{MgO}$ 中，自由能改变值则为：

$$\Delta G = \Delta G^{\ominus} - RT\ln p_{\text{Mg}}^{2} = \Delta G^{\ominus} - 2RT\ln p_{\text{Mg}}$$

当 Mg 的原始分压为 101.325kPa 时，$2RT\ln p_{\text{Mg}}$ 项消失，则 $\Delta G=\Delta G^{\ominus}$，即一般艾林汉图上的曲线。当其原始分压低于 101.325kPa 时，ΔG 的负值将减少，曲线位置向上移动，这就意味着用 Si 还原 MgO 的可能性增大。因此，在减压条件下，用 Si 还原 MgO 的温度可以明显降低。这就使得硅热还原法炼镁有可能在较低的温度下实现。

实践结果表明，在用硅还原白云石的炼镁过程中，采取温度 1100～1250℃ 和真空度 13.332～133.32Pa，可顺利还原出镁。真空除了能够降低还原的操作温度之外，还能够防止还原剂硅和产品镁被空气氧化。

二、硅热还原法的应用

硅热还原法，按照所用设备装置不同，可分三种：皮江法（Pidgeon Process）、巴尔扎诺法（Balzano Process）和玛格尼法（Magnetherm Process）。

（一）皮江法

皮江法是 1940 年左右发展起来的一种炼镁方法，其生产流程如图 3-16 所示[82,83]。

皮江法的原料是白云石和硅铁。白云石（至少含 20% Mg）在回转窑内煅烧，其煅烧温度为 1350℃。还原剂硅铁（硅含量 75%）是从电弧炉中产出的，往磨细的原料中添加 2.5% CaF_2，经混合后压成坚实的团块。团块要在随后的加热过程中不至于破裂。

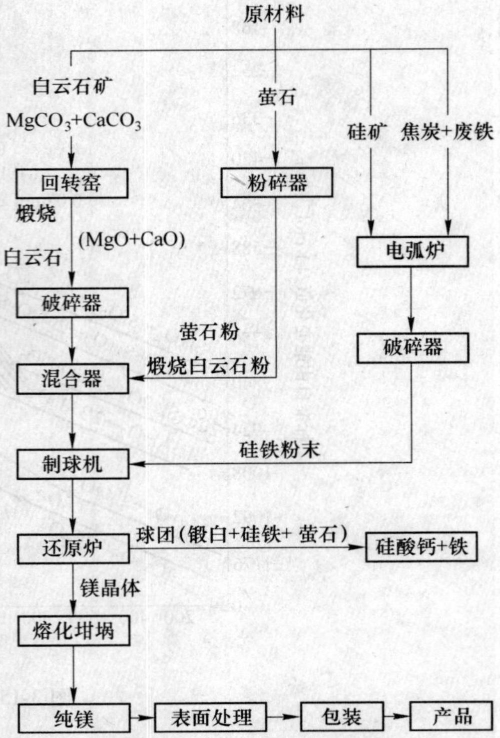

图 3-16　皮江法炼镁的工艺流程

蒸馏缶用无缝的不锈钢管制成，卧式，操作温度为1200℃，从外部加热。缶的长度为3m，内径28cm，可容纳160kg炉料，如图3-17所示。在真空蒸馏缶的一端装入一只钢制的套管，用于收集冷凝下来的镁。生产方式是间断的。每个生产周期大约为10h，可分为三个步骤：

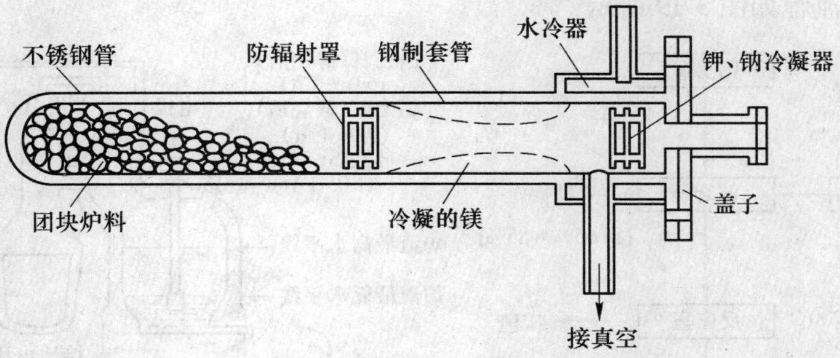

图3-17　皮江法用的镁蒸馏缶

（1）预热期。装料后，让炉料得到预热，此时炉料中的二氧化碳和水分被排除。

（2）低真空加热期。装上蒸馏缶的盖子，在低真空条件下加热蒸馏缶，此时所有的二氧化碳和水分均被排除。

（3）高真空加热期。此时缶内真空度保持13.332~133.32Pa，温度达1200℃左右，时间为9h。镁蒸气冷凝在钢缶中的缸套上。由于外面水箱的冷却作用，缸套的温度大约为250℃，最终切断真空，将盖子打开，取出冷凝着镁的钢套。钢套上的镁呈皇冠状，故称为“镁冠”，这是一种结晶得很好的镁。蒸馏后的残余物为二钙硅酸盐渣和铁。残余物取出后，装入新料，开始下一轮的操作。

在蒸馏缶的末端有一只捕集钾、钠的冷凝器。

镁的蒸馏效率用下式表示：

$$\eta_{镁} = \frac{产出的镁量}{按\ Si\ 量计算的镁量} \times 100\%$$

生产经验指出，白云石中二氧化硅或硅酸盐的含量不宜超过2%，因为它们会妨害白云石的反应活性。此外，白云石中碱金属的含量也不宜超过0.15%，以免污染镁冠，而使镁冠在空气中着火燃烧。炉料中添加2%CaF_2（萤石）可起催化作用，提高镁的提取率。

（二）巴尔扎诺法

该法从皮江法演化而来。其真空蒸馏缶的尺寸加大了，在内部用电加热，所用的炉料同皮江法，但是加料和排渣方式有所不同。该法在意大利应用，每天可产镁2000kg，如图3-18所示[2]。

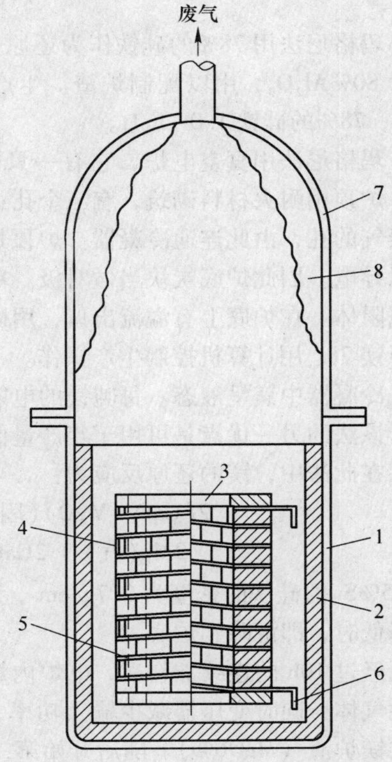

图3-18　巴尔扎诺法用的镁蒸馏缶

1—钢壳；2—耐火材料内衬；3—装料罐；4—炉料；5—块料支架；6—外接加热电源；7—冷凝器；8—冷凝的镁

（三）玛格尼法

玛格尼法起源于法国。该法的主要特点是：

（1）用铝土矿和白云石作为原料，硅铁作为还原剂，在真空电炉中进行还原反应，反应温度为1600～1700℃，真空度为2666.4～13332Pa。

（2）所有炉料均呈液态，产品为液态镁，炉渣也为液态。

该法的生产流程如图3-19所示[84]。

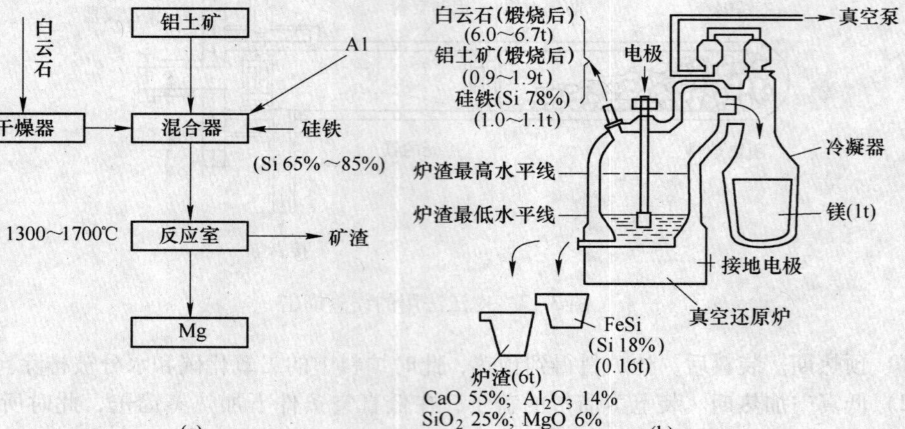

(a)　　(b)

图3-19　玛格尼法炼镁流程

（a）工艺流程；（b）生产流程

玛格尼法用78%的硅铁作为还原剂，其中含Al约4%。铝土矿在1200℃下煅烧，煅后料中含80%Al_2O_3，用以配制炉渣。生产1t镁，耗用煅后白云石6.0～6.5t，煅后铝土矿0.9～1.0t，78%的硅铁1.0～1.1t。

玛格尼法用真空电炉，它有一只圆柱形的钢壳，内部砌筑保温层和耐火砖，最内层是炭砖。炉顶用耐火材料砌筑，有三个孔：其一为下料孔；其二为插入石墨电极的孔；其三为排出镁蒸气的孔，由此连通冷凝器。炉顶是水冷的；而炉底用炭块砌筑，其中有四根水冷的铜管，用以导电。因此炉底炭块当做对极。单相交流电流导入炉渣层中，用以加热并熔化炉渣，炉渣是电阻体。在炉底上有溢流出口，用以排出残余的硅铁和炉渣。该电炉的功率为4500kW，每日产镁7t，用计算机控制生产操作。

冷凝器中镁呈液态。每吨镁的电能消耗量约为9500kW·h。因此，玛格尼法是有发展前途的。该法的另一优点是可用于年产量低于500t的镁厂。

在此法中，镁的还原反应为：

$$2(CaO\cdot MgO)(固) + 2Si(Fe)(固) + nAl_2O_3(固) \longrightarrow 2Mg(气) + 2CaO\cdot SiO_2\cdot nAl_2O_3(液) + Si\text{-}Fe(液)$$

含75%Si的硅铁的密度为2.7g/cm³，它跟炉渣相仿，因此，二者混合在一起。当硅铁中硅含量降低时，即沉降到炉底。

经过10h的连续加料后，电炉内炉渣的深度可达到2.4m。此时，切断真空，代之以注入惰性气体，同时变压器减少输入功率，只为维持必要的炉温，然后排出残余的贫铁（Si18%）和贫镁炉渣（MgO6%）。随后开始第二个生产周期。所以，生产过程也不是连续的。

当第二个生产周期结束之后，将镁的冷凝缶移走，代之以一只空缶。

习　题

硅热还原法炼镁的原理及具体应用是什么？

第四章　铜 冶 金

第一节　概　　述

铜冶炼于20世纪30~60年代奠定了其技术基础，在这三十年中，铜冶炼从熔炼生精矿产出中、高品位铜锍（省去了焙烧过程）和适合制酸的烟气，发展到高产能的闪速熔炼和熔池熔炼产出粗铜[85]。铜冶炼技术发展主要经历了以下几个阶段：

（1）闪速熔炼试验首先在加拿大与法国进行，随后在加拿大和芬兰进行商业化应用（1930~1940年）。

（2）20世纪60年代捷克斯洛伐克（现在的斯洛伐克）采用顶吹系统和固定炉子进行了连续熔炼和吹炼试验。

（3）20世纪60~70年代，加拿大和日本分别出现诺兰达冶炼技术和三菱冶炼技术，随后还出现了智利的特尼恩特技术。

（4）20世纪60年代出现了澳大利亚的顶吹浸没式喷枪技术。

（5）工业氧在熔炼和吹炼技术中的应用进行了试验，同时P-S转炉以及始于20世纪60年代苏联的瓦纽科夫熔炼炉，在世界范围内也有了极大发展。

铜冶炼技术不断发展的诱因是：铜熔炼过程需要简易化；硫化精矿的热值应有效利用；节能减排（特别是二氧化硫的排放减少）等环保因素。

一、铜的性质

铜呈玫瑰色（见图4-1），它的物理性质特点是：展性和延性好；导电导热性极佳，仅次于银；无磁性；不挥发；液态铜流动性好。

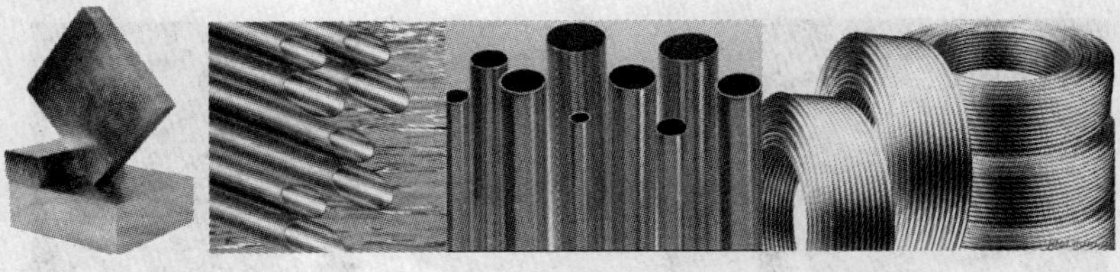

图4-1　纯铜（密度8.9g/cm^3）

铜的蒸气压很小，在熔点温度下仅为9×10^{-5}Pa。高温下，液体铜能溶解氢、氧、二氧化硫、二氧化碳、一氧化碳等气体。凝固时，溶解的气体又从铜中放出，造成铜铸件内带有气孔，影响铜的机械性能和电工性能。

铜在干燥空气中不起变化，但在含有二氧化碳的潮湿空气中则能被氧化形成碱式碳酸铜（铜绿）有毒薄膜，如图4-2所示[86]。加热至185℃，铜在空气中开始氧化，高于350℃氧化成Cu_2O和CuO。因铜为正电性元素，故不能置换酸（盐酸和硫酸）中的氢，而仅能溶于有氧化作用的酸（如硝酸）和有氧化剂存在时的硫酸中。铜能溶于氨水并能与氧、硫、卤素等发生化合反应。

二、铜的主要化合物的性质

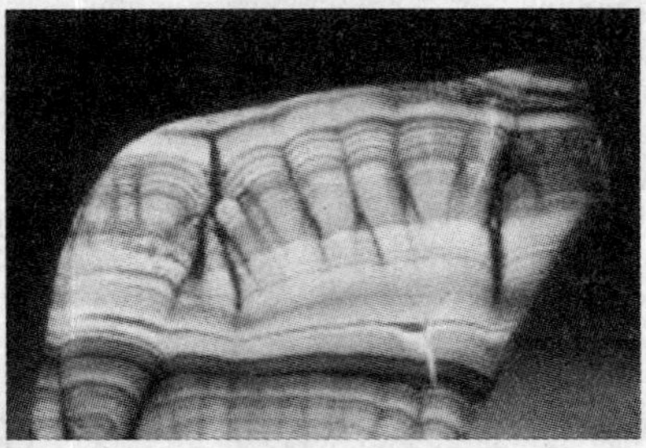

图 4-2 碱式碳酸铜矿

目前已知的含铜矿物超过240种，可是到目前为止，能作为工业开采的铜矿仅有十多种。铜矿主要分为自然铜（见图4-3）、硫化铜矿（见图4-4）和氧化铜矿（见图4-5）三大类。铜的主要化合物有如下几种。

（1）硫化铜（CuS）。天然硫化铜为绿色或棕黑色无定形不稳定化合物铜蓝，密度4.6~4.7g/cm^3，在中性或还原性气氛中加热即分解为Cu_2S和S_2。CuS不溶于水、稀硫酸或苛性钠中，但能溶于氰化钾和热硝酸中。

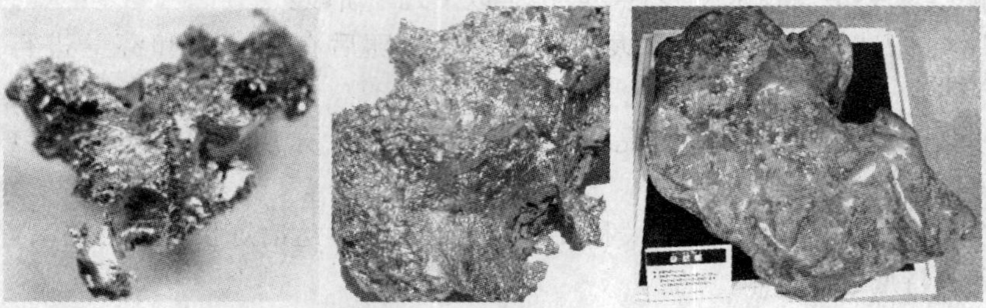

图 4-3 自然铜（Cu100%，密度8.9g/cm^3）

(a) (b) (c) (d) (e) (f)

图 4-4 铜的主要硫化矿及其性质

（a）硫砷铜矿（Cu_3AsS_4），Cu49%，灰黑色，密度4.45g/cm^3；（b）黄铜矿（$CuFeS_2$），Cu34.6%，黄色，密度4.1~4.3g/cm^3；（c）斑铜矿（Cu_4FeS_4），Cu63.5%，红蓝色，密度5.06g/cm^3；（d）辉铜矿（Cu_2S），Cu79.8%，灰黑色，密度5.5~5.8g/cm^3；（e）黝铜矿（$(Cu, Fe)_{12}Sb_4S_{13}$），Cu25%，灰黑色，密度4.6~5.1g/cm^3；（f）铜蓝（CuS），66.7%Cu，红蓝色，密度4.6~4.7g/cm^3

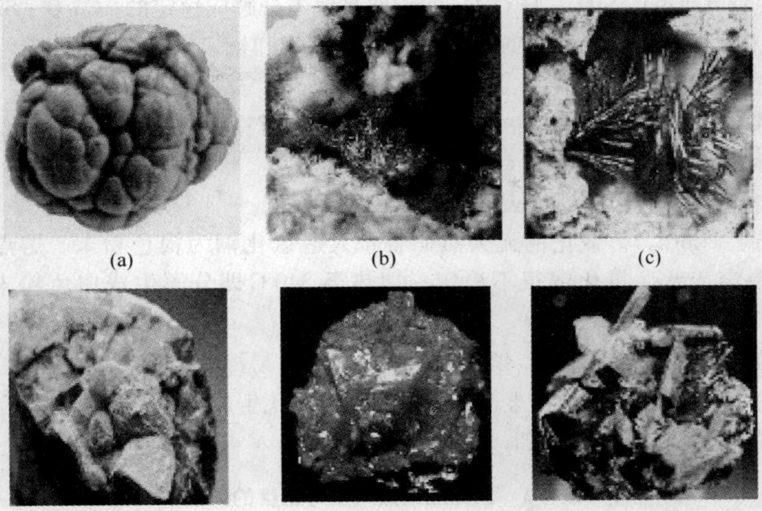

(a) (b) (c) (d) (e) (f)

图 4-5 铜的主要氧化矿及其性质

(a) 孔雀石 ($CuCO_3 \cdot Cu(OH)_2$), Cu57.5%, 亮绿色, 密度 4.05g/cm^3; (b) 毛赤铜矿 (Cu_2O), Cu88.8%, 红色, 密度 7.14g/cm^3; (c) 黑铜矿 (CuO), Cu79.9%, 灰黑色, 密度 5.8~6.1g/cm^3; (d) 硅孔雀石 ($CuSiO_3 \cdot 2H_2O$), Cu36.2%, 蓝绿色, 密度 2.0~2.2g/cm^3; (e) 胆矾 ($CuSO_4 \cdot 5H_2O$), Cu25.5%, 蓝色, 密度 2.29g/cm^3; (f) 蓝铜矿 ($2CuCO_3 \cdot Cu(OH)_2$), Cu68.2%, 亮蓝色, 密度 3.77g/cm^3

(2) 硫化亚铜 (Cu_2S)。天然硫化亚铜为辉铜矿，蓝黑色无定形或结晶形，密度 5.5~5.8g/cm^3，熔点 1135℃。它在高温下稳定或氧化成金属铜，常温下不被空气氧化，430~680℃下则被氧化放出 SO_2。赤热的 Cu_2S 可逐渐被 CO_2 氧化并能完全地被 H_2 缓慢分解。CO 不能氧化 Cu_2S。

以 Cu_2S 和 FeS 为主的共熔体称为冰铜。由于铜对硫的亲和力大，故在冰铜吹炼时 FeS 先氧化造渣，剩下的 Cu_2S（称为白铍）被吹炼成粗铜。

Cu_2S 不溶于水且几乎不溶于稀硫酸，与浓硫酸作用生成 $CuSO_4$、CuS 和 SO_2，溶解于浓盐酸中时放出 H_2S。Cu_2S 可溶于 $NH_3 \cdot H_2O$、HNO_3、$Fe_2(SO_4)_3$、$FeCl_3$、$CuCl_2$ 中。

(3) 氧化铜 (CuO)。天然氧化铜为黑色无光泽的黑铜矿，密度 6.3~6.4g/cm^3。它不稳定，遇热即分解。CuO 易被 H_2、C、CO、C_xH_y 和较负电性的 Zn、Fe、Ni 等还原。它不溶于水，但可溶于 $FeCl_2$、$FeCl_3$、$NH_3 \cdot H_2O$、$Fe_2(SO_4)_3$、$(NH_4)_2CO_3$ 及各种稀酸中。

(4) 氧化亚铜 (Cu_2O)。天然氧化亚铜称为赤铜矿，密度 6.11g/cm^3，熔点 1235℃。它在高温下稳定，在 2200℃以上才完全分解，在 1060℃以下时则部分或全部变为 CuO。Cu_2O 也易被 H_2、C、CO、C_xH_y 和 Zn、Fe 或其他对氧亲和力强的元素还原。高温时进行的反应 $2Cu_2O + Cu_2S = 6Cu + SO_2$ 是冰铜吹炼成粗铜的理论基础。该反应在 450℃开始至 1100℃完成。吹炼时，由于铜对硫的亲和力大于铁，而铁对氧的亲和力大于铜，使反应 $Cu_2O + FeS = Cu_2S + FeO$ 向右进行到底。因此在冰铜中的 FeS 未完全氧化造渣以前，理论上 Cu_2S 是不会被氧化的。

Cu_2O 不溶于水，但溶于 HCl、H_2SO_4、$FeCl_2$、$FeCl_3$、$NH_3 \cdot H_2O$、$Fe_2(SO_4)_3$ 等溶剂中，这些反应为湿法冶金所应用。

(5) 硅酸铜 ($xCu_nO \cdot ySiO_2 \cdot zH_2O$)。自然界中的硅酸铜有硅孔雀石 ($CuO \cdot SiO_2 \cdot$

$2H_2O$）和透视石（$CuO \cdot SiO_2 \cdot H_2O$）。它们在高温下分解成稳定的$2Cu_2O \cdot SiO_2$，后者易被C、CO、$H_2$等还原，也易被FeO、CaO等强碱性氧化物和铜、铁硫化物分解，并能溶于浓硝酸、稀醋酸、盐酸和硫酸中。

（6）硫酸铜（$CuSO_4$）。自然界的硫酸铜为天蓝色三斜晶系结晶的胆矾。无水硫酸铜为白色粉末，加热时分解成CuO和SO_3（SO_2+O_2）。

硫酸铜易溶于水，铁、锌等可从硫酸铜溶液中置换铜。

（7）氯化铜（$CuCl_2$）。氯化铜无天然矿物，人造氯化铜为褐色粉末。熔点498℃，沸点低，易挥发也易溶于水。氯化铜很不稳定，加热至340℃即分解生成白色粉末的氯化亚铜：$2CuCl_2 = Cu_2Cl_2 + Cl_2$。

氯化亚铜的密度为3.53g/cm^3，熔点为420~440℃，易挥发，见表4-1，这在氯化冶金中得到了应用。离析法就是利用食盐将难选低品位氧化铜氯化生成气态Cu_2Cl_2，然后在碳表面还原而与铁及其他杂质分离，即：$2Cu_2Cl_2 + C + 2H_2O = 4Cu + 4HCl + CO_2$。

表4-1 氯化亚铜蒸气压与温度的关系

温度/℃	878	907	1045	1115	1335	1367
蒸气压/Pa	8200	10079	23838	34397	90111	101325

熔融Cu_2Cl_2是电的良导体。Cu_2Cl_2几乎不溶于水，但溶于盐酸和金属氯化物（如食盐）溶液中。Cu_2Cl_2的食盐溶液可使Pb、Zn、Cd、Fe、Co、Bi、Sn等金属硫化物分解，并形成相应的金属氯化物和CuS。Cu_2Cl_2中的铜可用铁沉淀或电积析出。

三、铜的用途

由于铜具有较高的导电性、传热性、延展性、抗拉性和耐蚀性，因此在国防工业、电气工业、机械制造工业以及其他部门的应用都很广[87]，特别在电气工业得到更为广泛的应用。

四、铜的提取方法

从铜矿石或精矿提炼铜的方法较多，总结起来分为火法和湿法两大类[88]。

火法炼铜是将铜矿（或焙砂、烧结块等）和熔剂一起在高温下熔化，或直接炼成粗铜，或先炼成冰铜（铜、铁、硫为主的熔体）后再炼成粗铜。目前世界上80%以上的铜由火法炼得，我国也多用火法。火法除部分预备作业及电解精炼作业外，均在高温下进行，其一般流程如图4-6所示。

火法流程最大的优点是适应性广，能处理各种不同的铜矿，特别是对一般硫化矿和富氧化矿很适用。

湿法炼铜是在常温、常压或高压下用溶剂使铜从矿石中浸出，然后从浸出液中除去各种杂质，再将铜从浸出液中沉淀出来。当前世界上铜产量约有15%由湿法制得。对于氧化铜矿和自然铜矿，大多数可用溶剂直接浸出；而硫化铜矿则一般先经焙烧，然后溶浸。

火法炼铜与湿法炼铜的根本差别在于湿法浸出时，只有铜和少数其他成分溶解，绝大多数的脉石成分和杂质仍留在浸出渣中。湿法过程可在常温下进行，不需要更多的燃料；不造渣；产品输送方便；劳动条件较好；无烟害。从今后铜资源的变化情况看，铜矿日益贫化，将会遇到低品位难选复合矿处理的问题更多，这会促使湿法冶金向前发展。然而，湿法炼铜发展至今，尚有其不足之处，诸如适用范围还不如火法广，一般硫化物廉价溶剂浸出还有困难，溶剂

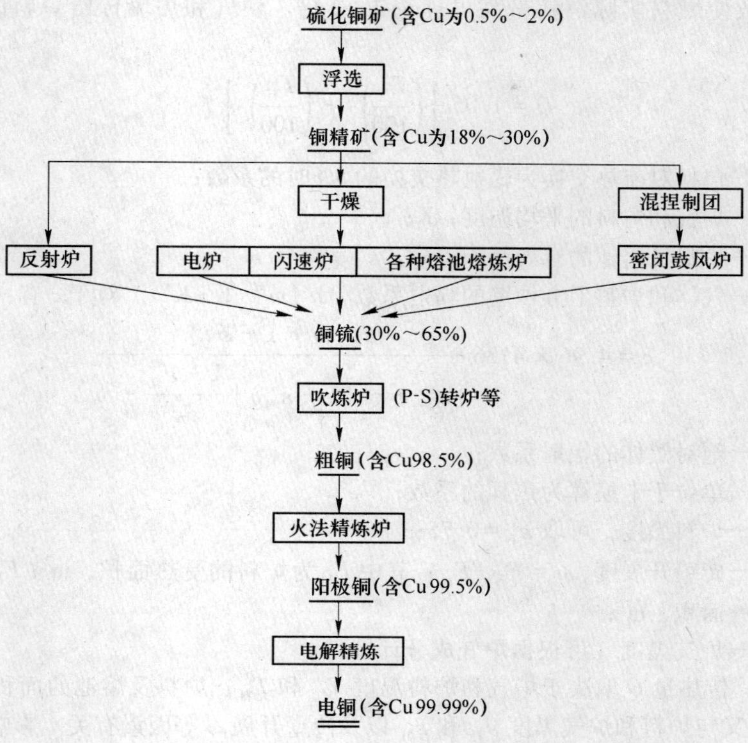

图 4-6 硫化铜矿火法冶炼原则流程

对设备有腐蚀，固液分离困难等，这些问题还需研究解决。

总之，火法和湿法炼铜都各有利弊，选用哪一种方法，应根据矿物的特点、当地的经济情况、交通运输情况、地理条件、气候条件，特别是应根据矿物特点（化学成分、物相组成、含铜量、脉石组成等）和当地经济条件（燃料、水、电、耐火材料等）而定。

第二节 反射炉炼铜

反射炉的最大特点是能处理细粒物料，所以随着铜精矿浮选技术的发展，反射炉也得到了广泛的应用。世界上第一座反射炉炼铜始于 1879 年。到目前为止，反射炉熔炼仍然是火法炼铜的主要方法，它的生产能力占世界产铜的一半以上。我国从 1960 年起采用反射炉炼铜。反射炉是一种火焰加热熔化精矿的炉子。它是一个用优质耐火材料作衬里的长方形熔炼室。炉内熔池分熔炼区和澄清区两部分。均匀混合的粉状炉料从炉顶两侧加料孔加到炉内形成料坡，在 1500～1550℃高温下熔化形成冰铜和炉渣。因为两者比重不同，故可在澄清区澄清分层并分别放出。炉气进入废热回收和烟道系统。

一、反射炉炼铜的理论基础

（一）炉料的加热和熔化

燃料燃烧是反射炉熔炼的主要热源，它占熔炼所需总热量的 85%～90%，而炉料带入的物理热和化学反应热等只是小部分。上述这些热量又只有小部分消耗于炉料熔化，大部分由散热和炉气带走，致使燃料实际消耗量高出理论 1~2 倍。炉气和炉墙传给炉料的总热量 Q(J/h) 为[89]：

$$Q = 1.05c\left[\left(\frac{T_{气}}{100}\right)^4 - \left(\frac{T_{料}}{100}\right)^4\right]F$$

式中 1.05——包括对流热交换为辐射热交换的 5%时的系数；

$T_{气}$，$T_{料}$——炉气和炉料的平均温度，K；

F——炉料及熔池的有效面积，m^2；

c——气体和炉料上方炉壁的辐射系数，$J/(m^2 \cdot h \cdot K^4)$。对于 c 有：

$$c = 4.96 \times 4186 \frac{\varepsilon_{料}(\omega + 1 - \varepsilon_{气})}{[\varepsilon_{料} + \varepsilon_{气}(1 - \varepsilon_{料})]\frac{1 - \varepsilon_{气}}{\varepsilon_{气}} + \omega}$$

式中 4.96——绝对黑体的辐射系数；

4186——单位千卡换算为焦耳的系数；

$\varepsilon_{料}$——炉料黑度，可取 $\varepsilon_{料}=0.75$；

ω——砖壁开展度，$\omega = F_{砖}/F_{料}$；其中 $F_{料}$ 为炉料的受热面积，m^2；$F_{砖}$ 为砖壁热辐射面积，m^2；

$\varepsilon_{气}$——炉气黑度（可根据炉气成分计算）。

由此可见，传热量 Q 取决于炉气和炉料温度 $T_{气}$ 和 $T_{料}$、炉料及熔池的面积 F 和辐射系数 c，而辐射系数又与炉料和炉气黑度 $\varepsilon_{料}$ 和 $\varepsilon_{气}$ 以及砖壁开展 ω 等因素有关。影响反射炉内传热的因素虽然很多，但决定炉子生产率最主要的因素是燃料燃烧的温度。它又取决于燃料的发热量和过剩系数 α，一般选用 $\alpha=1.1\sim1.2$。

图 4-7 为沿反射炉长度的炉温和熔炼量的变化曲线。由图 4-7 可见，炉内温度越高，熔炼率也越高。炉料熔炼主要在炉子前半部，后半部主要用于炉渣和冰铜的澄清分离。

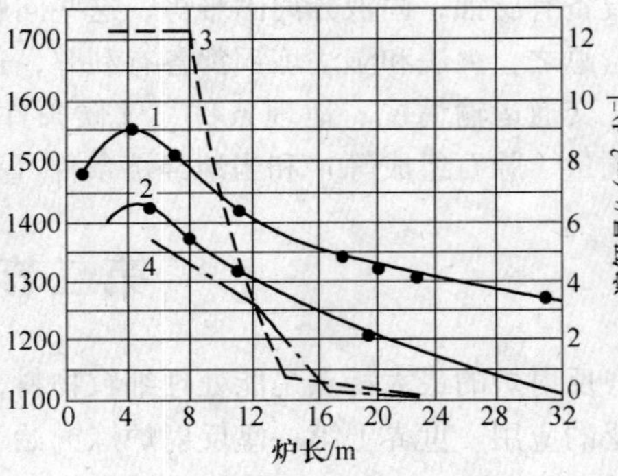

图 4-7 沿反射炉长的炉温和熔炼量

1—强化熔炼时；2—一般熔炼时；
3—焙砂的单位熔炼量；4—生精矿的熔炼量

（二）炉料的物理化学变化

在反射炉高温炉气作用下，炉料受热并脱水、分解、熔化、溶解，同时在料坡上进行各种化学反应和形成初期的冰铜，分解出来的硫被氧化成 SO_2[2]：

$$FeS_2 = FeS + 0.5S_2$$

$$2CuFeS_2 = Cu_2S + 2FeS + 0.5S_2$$

$$2CuS = Cu_2S + 0.5S_2$$

$$S_2 + O_2 = 2SO_2$$

$$2CuO = Cu_2O + 0.5O_2$$

$$Ca(Mg)CO_3 = CaO(MgO) + CO_2$$

$$MeSO_4 = MeO + SO_2 + 0.5O_2$$

生成的 MeO 再参与造渣和造冰铜反应。炉料中各组分的高温行为如下[38]：

(1) 铁的化合物。炉料和转炉渣以及反应生成的磁性氧化铁，因其熔点高（1597℃）且密度大（$5.1g/cm^3$），使熔渣黏度和密度增大，冰铜与炉渣分离困难，渣含铜升高。溶于冰铜

的 Fe_3O_4在反射炉炉底温度较低的情况下析出，形成磁性炉结。所以，Fe_3O_4是熔炼中的有害成分。

目前还没有一种消除 Fe_3O_4的有效方法。部分 Fe_3O_4在高温下被还原造渣：

$$3Fe_3O_4 + FeS + 5SiO_2 = 5(2FeO \cdot SiO_2) + SO_2$$

磁性炉结中的 Fe_3O_4可用铁球处理并使其与 SiO_2造渣：

$$Fe_3O_4 + Fe = 4FeO, \quad \Delta G^{\ominus} = 23320 - 27.54T$$

由此可见，铁在反射炉熔炼时的最终产物是与 Cu_2S 形成冰铜的 FeS，与 SiO_2造渣的 FeO，分配于冰铜和炉渣之间的 Fe_3O_4，部分 Fe_3O_4可能沉入炉底形成炉结。

（2）铜的化合物。各种铜的硫化物在熔炼时都转变成 Cu_2S。由于大量的 FeS 存在，即使存在有 Cu_2O 也都完全被硫化成 Cu_2S：

$$Cu_2O + FeS = Cu_2S + FeO, \quad \lg K = \frac{25900}{4.575T} - 0.000074T$$

熔炼时可能生成的金属铜也被 FeS 硫化：

$$2Cu + FeS = Cu_2S + Fe$$

生成的金属铁旋即被 SO_2或 Fe_3O_4氧化为 FeO 造渣。这样，铜的绝大部分以 Cu_2S 形式与 FeS 等构成冰铜，以 Cu_2S 和 Cu_2O 形式入渣的极少。

（3）锌的化合物。锌若以 ZnO、$ZnO \cdot Fe_2O_3$、$ZnO \cdot SiO_2$ 形式存在，则进入渣中；若以 ZnS 存在，因其熔点高（1650℃），密度又介于冰铜和炉渣之间，所以当炉料含 ZnS 较高时（如大于 6%～7%），ZnS 除在冰铜和炉渣之间分配使熔体变黏外，还可能在炉渣和冰铜之间形成难熔而黏稠的横隔膜层，破坏它们的澄清分离，并在温度变化时形成炉结并堵塞放出口。所以，硫化锌是极有害的物质。

氧化锌也是难熔化合物，但危害比硫化锌小。当其达到饱和极限后，以固态形式从熔渣中析出，使渣黏度升高。

（4）铅的化合物。熔炼时，PbS 大部分进入冰铜，PbO 则进入炉渣与其他氧化物形成低熔点化合物，故铅的挥发不大，仅占总铅 20%。

由此可见，由于反射炉熔炼炉内气氛为中性或弱氧化性，炉气又只从料面掠过，所以脱硫主要靠炉料各组分之间的相互作用，与炉气作用的脱硫程度极低。焙砂和生矿反射炉熔炼脱硫率分别为 20%～30%和 30%～50%。

（三）转炉渣在反射炉内的脱铜

转炉渣通常返回反射炉内处理以回收其中的铜。转炉渣以 1150～1170℃的温度注入反射炉后过热 100～200℃，给澄清分离、Fe_3O_4被 FeS 还原并造渣以及 Cu_2O 硫化进入冰铜都创造了良好条件，使其中 75%～85%的铜可在反射炉中回收。

二、炼铜反射炉的构造及操作实践

图 4-8 为现代反射炉的一般构造图，炉长 30～36m，宽 7.5～10m，高 3～4m。石子、水泥或炉渣筑成的炉基上砌筑炉墙和炉底，炉墙用硅砖砌筑，厚 500～565mm。渣线以下衬以防护炉渣侵蚀的镁砖或镁铬砖，其高约 1.5m。炉底下层为耐火砖，砌砖前在炉基上铺一层厚 50～150mm 的石英砂，于其上砌成倒拱形炉底以防熔体将砌砖浮起，多数反射炉都用镁砂烧结或镁铁烧结的整块炉底。为延长其寿命炉顶有拱形和悬挂式两种。前者用硅砖，后者用镁砖或铬镁砖，厚 500mm。

反射炉用粉煤、重油或天然气加热，图 4-9 为山达克冶炼厂工艺流程。粉煤价廉，但热值

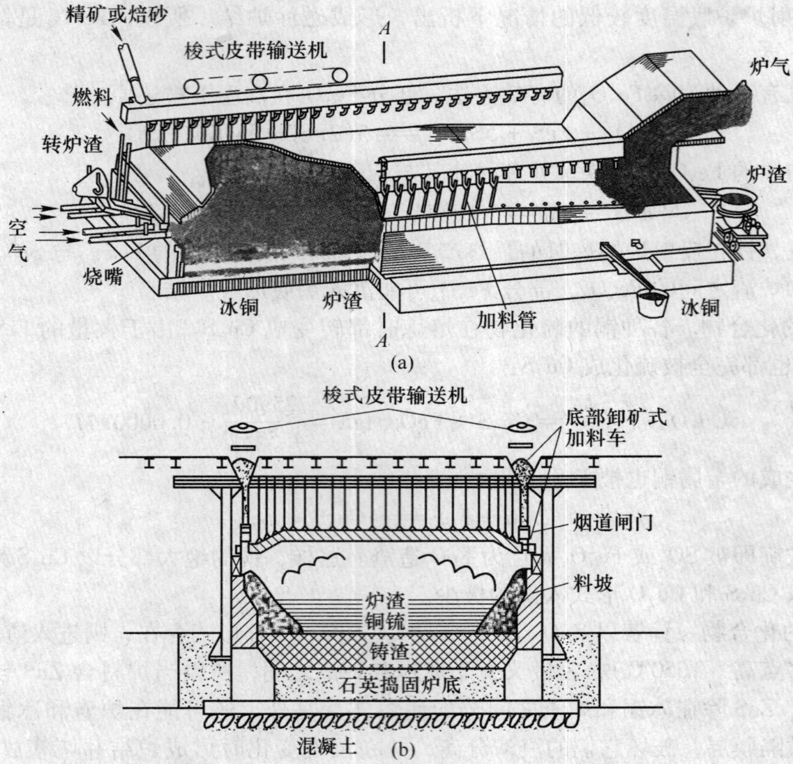

图 4-8 炼铜反射炉示意图

(a) 侧断面图；(b) *A*—*A* 断面图

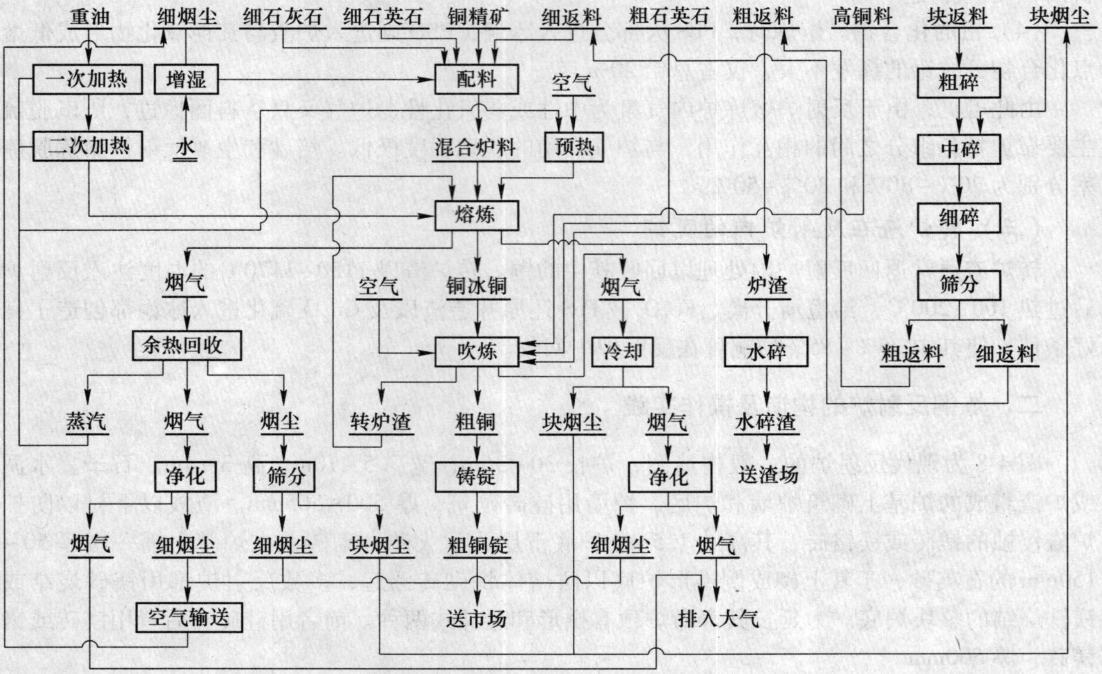

图 4-9 山达克冶炼厂工艺流程

低而灰分较高。烧嘴或燃烧器装在反射炉的前墙，一般为4~6个。燃烧使离炉子前端3~8m的区域达最高温度（1550~1600℃），炉中间处降至1300~1350℃，炉尾为1200~1250℃。因出炉炉气温度很高，故热效率很低（25%），燃料消耗很高；而且产出大量SO_2浓度较低（1%~2%）的烟气，难以经济地回收，造成了环境的严重污染[90]；炉体大、建设费用高、存在Fe_3O_4问题和渣含铜问题等。用废热锅炉回收余热可使热利用率达55%~70%。

三、反射炉熔炼的产物

反射炉熔炼的产物[91,92]有冰铜、炉渣、烟尘和炉气。

（一）冰铜

冰铜主要由Cu_2S和FeS组成，并含有Fe_3O_4、Au、Ag、Sb、As、Bi、Se、Te以及ZnS、PbS、Ni_3S_2等物质。由于冰铜中铜、铁、硫的总和常在90%~95%范围内，因此可把冰铜视为Cu_2S-FeS体系去研究。

还原熔炼产出的冰铜可用Cu_2S-FeS-Fe-Cu体系去研究。氧化熔炼产出的冰铜不含游离的铜和铁，所以用Cu_2S-FeS假二元系来研究是符合实际的（见图4-10）。图4-10表明在液相线以上Cu_2S与FeS完全互溶成为均匀的单一液相，这为熔渣与冰铜澄清分离创造了更有利的条件。

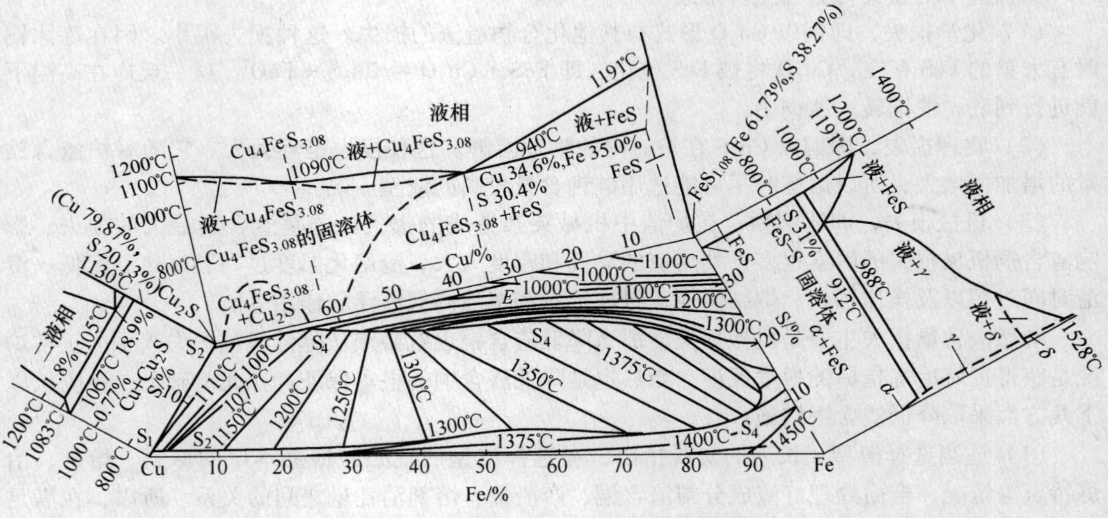

图4-10 Cu-Cu_2S-$FeO_{1.08}$-Fe系状态图

冰铜理论成分可由纯Cu_2S变到纯FeS，相当于含铜量由79.8%变到0，含硫量由20%变到36.4%。反射炉产出的冰铜一般含铜20%~40%，故含硫常为25%左右。

冰铜中常含有氧，为2%~4%。氧在冰铜中主要以Fe_3O_4形式存在，且品位越低则含氧越高，这是因为Cu_2S不溶解Fe_3O_4。由于Fe_3O_4在冰铜中溶解，致使实际冰铜的含硫量比Cu-Fe-S系状态图中表示的理论值略低。

影响冰铜含氧量的因素，除了冰铜品位外，还与炉渣SiO_2、CaO、Al_2O_3含量以及温度等因素有关。随着渣SiO_2含量的减少和CaO、Al_2O_3含量的增加，冰铜含氧量则增大。温度对冰铜含氧量的影响不大。

Fe_3O_4在冰铜中大量溶解，容易在反射炉底温度较低的情况下析出，形成磁铁炉结。

冰铜是金银等贵金属的良好捕集剂。工厂冰铜熔点为950~1050℃，比重约为5.0，黏度很低，在熔炼温度下都小于0.1Pa·s。

（二）炉渣

炉渣似乎是冶炼的废料，但是只有炼好炉渣才有可能获得良好的冶炼技术经济指标。对炼铜来说，由于炉料的铜品位不高（精矿品位为15%~30%Cu，矿石品位0.4%~2%Cu），熔炼产出的冰铜率（冰铜占炉料质量的百分数）不大，而渣率（炉渣占炉料质量的百分数）却很高，通常为50%~100%或更高。所以，炉渣构成了熔炼产物的基体，炉渣的性质决定着熔炼过程的特征。

炉渣的理论在有色冶金原理课程中讨论过。有色炉渣的大多数是属于$FeO\text{-}CaO\text{-}SiO_2$体系，三者之和占渣量的75%~85%，另外还含有少量的金属和非金属氧化物。所以，有色炉渣是氧化物的熔体或合金。炼铜炉渣主要组成一般为：$SiO_2$35%~42%、FeO30%~45%、CaO4%~20%、MgO1%~5%、$Al_2O_3$2%~13%、Cu0.2%~0.6%。

对冶金过程影响最大的炉渣性质是熔化温度、黏度和密度。铜渣熔化温度一般为1050~1150℃，它在很大程度上决定着炉温的高低，也决定着炉料的熔化速度和燃料消耗。渣黏度对冶金反应速度以及冰铜与炉渣的澄清分离有重大的影响。对冰铜与炉渣澄清分离来说，要求炉渣的密度越小越好。另外，炉渣的热含量越低，燃料消耗也越小。

铜在渣中的损失可分为三种形态[93]：

（1）化学损失，即铜以Cu_2O形式与其他化合物造渣的损失。这种损失很小。因在炼冰铜时有大量的FeS存在，Cu_2O将被FeS硫化，即$FeS + Cu_2O = Cu_2S + FeO$，这一反应在高温下能进行到底，使铜转入冰铜中。

（2）物理损失，即铜以Cu_2S在炉渣中的物理溶解。这种损失也不太大。它随着炉渣含铁量的增加而增大，所以熔炼时尽可能选用硅钙含量较高的渣型。

（3）机械损失，即冰铜颗粒在炉渣中机械夹杂造成的损失。这是渣含铜最大的损失。影响渣含铜机械损失的因素很多，如熔渣的黏度和密度太大、渣熔化温度过高、过热温度低、澄清时间过短以及操作不当、炉结生成、料坡倒塌和熔池内气泡浮起作用等。

既然渣含铜损失主要是机械损失，那么降低渣含铜也就必须从降低机械损失入手。正常炉况是获得良好冶炼指标的根本保证，当然也是降低渣含铜的根本保证。在此基础上，还应从以下几方面采取降低渣含铜措施：

（1）适当选择渣型。长期的实践指出，在选择渣型时，必须根据本厂的原料、熔剂、冶炼特点等情况，全面处理好渣成分与渣含铜、产渣量、熔剂消耗量之间的关系。所以，在满足冶炼要求的基础上，应尽量降低熔剂消耗来减少产渣量，并尽量选用来源广、价格低的熔剂。

渣含铜随渣含铁的增加而升高，而随渣中二氧化硅和氧化钙含量的增加而降低，这是因为SiO_2能降低炉渣的熔化温度和密度，并能破坏Fe_3O_4。但是，SiO_2过高时，渣的熔化温度又重新上升，黏度也增大，渣的性质反而恶化。至于CaO的影响，当它在渣中含量适宜时，可以降低熔渣的黏度和密度，有时还可降低炉渣的熔化温度。

炉渣中SiO_2、FeO、CaO的含量，工厂常用SiO_2/Fe和SiO_2/CaO比来表示，它们分别为1.2~1.3和2.4~3.4，此时可得较好的渣含铜效果。

（2）适当选择冰铜品位。在其他条件相同的情况下，渣含铜随冰铜品位的升高而增大。因为铜在渣中损失主要是机械损失，所以夹杂在渣中的冰铜小珠含铜越高，渣含铜也越高。工厂的$[Cu\%]_{冰铜}/[Cu\%]_{炉渣} \leqslant 100$。

（3）横隔膜的形成。由于反射炉熔池表面高温与炉底低温之间形成温度梯度，所以难熔物质可能析出，并在冰铜层与炉渣层之间形成一种熔点高、黏度大、密度介于冰铜与炉渣之间的横隔膜。横隔膜主要是由熔点相当高的闪锌矿、磁铁矿、钙镁橄榄石、硅灰石等所组成。这一黏稠夹层，恶化了冰铜与炉渣分离，增大渣含铜。所以，在选渣配料应该特别注意。

另外，提高炉温、控制适当的渣面和冰铜面、稳定料坡，都会给降低渣含铜带来有利的影响。

（三）烟尘和炉气

反射炉烟尘率一般为1.3%~3.5%，烟尘可返回反射炉处理。炉气的主要组成除N_2外便是CO_2，而SO_2浓度较低（约1%）。炉气以1200℃左右的温度进入废热锅炉，回收余热后放空。

第三节　密闭鼓风炉炼铜

鼓风炉是一种具有垂直作业空间的冶金设备，如图4-11所示[94]。炉料和燃料从炉子上部分批加入，在炉内形成料柱；空气或富氧空气从炉子下部的两侧风口鼓入，使炉内的燃料和硫化物强烈氧化，放出大量的热，形成一个温度集中的高温区（焦点区）。在高温的作用下，炉料与炉气在炉内完成全部冶金反应，并熔化、过热进入本床（炉缸）。熔体由本床流至炉外的前床进行澄清分离，而炉气则通过料柱的空隙上升，导出炉外，经收尘后送往制酸。

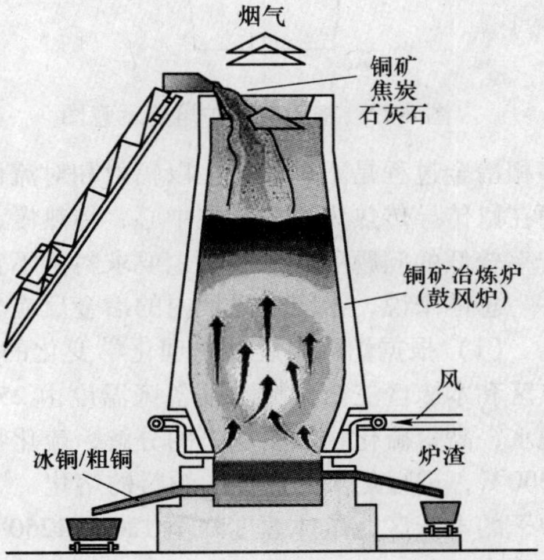

图4-11　铜鼓风炉示意图

由此可见，鼓风炉内炉料与炉气是逆流运动的，热交换好，热利用率高达70%以上；强烈的氧化放热反应集中在风口上方的焦点区，使焦点区温度达1450℃以上；由于鼓风炉是一个垂直的井形炉子，炉料熔化并过热到一定程度后，因重力的作用自动流入本床并从炉内流出，所以焦点区的温度主要取决于炉渣的熔点。强化过程只能增加炉料的熔炼量。另外，硫化物氧化反应、燃料燃烧反应和造渣反应等放热反应主要集中在炉子下部进行，而水分蒸发、分解反应等吸热反应则在炉子上部进行，这就更促使炉内高温区的集中。

过去，鼓风炉的炉顶是敞开的，而且只能处理块状物料，产出烟气中二氧化硫浓度低，不能回收并造成烟害。而密闭鼓风炉的炉顶则是密闭式的，在炉顶沿炉长中心线设有加料斗，硫化铜精矿经加水混捏直接从加料斗加到炉内，并在加料斗形成严密的料封。炉气则从炉子上部两侧顶盖下的排烟口排出，经净化除尘后送往制酸。

密闭鼓风炉炼铜只在我国和日本采用。它的建设费低，热效率和床能率高，适应性和通用性大，目前还是一种值得研究的冶炼方法。

一、基本原理

铜精矿密闭鼓风炉熔炼属于半自热氧化熔炼，过程所需的热量由硫化物氧化和燃料燃烧供给。炉内的炉料和炉气分布状态如图4-12所示。加入炉内的混捏铜精矿（粉料）与块料（焦炭、熔剂、返回转炉渣等）的容积比例约各占一半。由于熔炼速度的不平衡，使得炉料下降速度相应有快有慢。靠近水套两侧下料快，而靠近炉子中心因透气不良而下料慢，这就使炉料

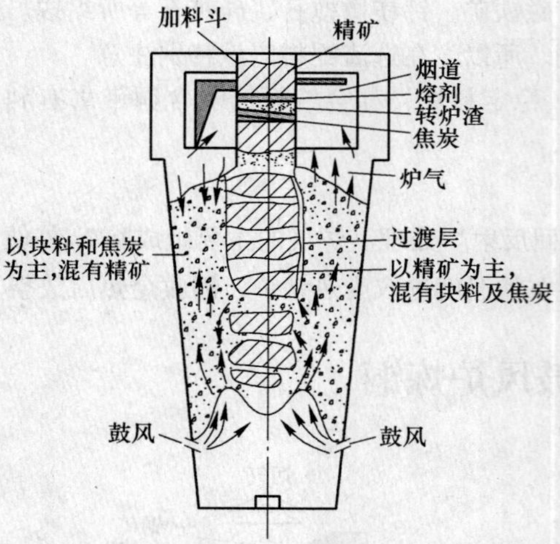

图 4-12　密闭鼓风炉熔炼示意图

从中心往两侧填充。其中块重且大的料比轻和细的料移动得快，滚得远，形成炉子两侧以块料和焦炭多夹有部分精矿、炉子中心混捏精矿多夹有块料的偏析现象，但是它们之间并没有明显的界限。

由于块料偏析在炉子的侧边，所以炉气也比较集中地从炉子侧边上升。在炉气的高温作用下，混捏铜精矿发生固结和烧结。两侧的温度比炉中心高，尤其在炉子上部这种温差更大，在靠近风口水平面，这种温差将逐渐减小。高温的焦点区也稍微分散于两侧并有所拉长。

以上这种情况，为本来只能处理块状物料的鼓风炉以后能够直接处理粉状的铜精矿创造了条件。但是由于炉料和炉气分布不均，对完成多相冶金过程是不利的。在以辐射和对流传热为主的中心料柱外围，传热和氧化脱硫都很快；而在以传导传热为主的料柱中心，传热慢，氧化脱硫也不宜进行。这是密闭鼓风炉脱硫率和生产率较低的问题所在。同时也要求料柱不宜过高，一般约为 3m。

总体来说，密闭鼓风炉内的冶金反应与反射炉相似，但也有特点：

（1）根据炉内温度和物理化学变化的不同，从鼓风炉上部至下部大致可分为预备区、焦点区和本床区三个区域。预备区温度由 250~600℃ 至 1000~1100℃，进行炉料的预热、干燥、脱水，高价硫化物和石灰石的分解，硫化物的氧化以及精矿的固结和烧结。焦点区温度 1250~1300℃，进行焦炭的燃烧、炉料的熔化、熔融硫化物的氧化以及完成造渣和造冰铜过程。进入炉子的本床区，熔体温度降至 1200~1250℃，在此，炉渣与冰铜成分相互调整，少量的 Cu_2O 被再次硫化。

（2）炉顶温度较高（500~650℃），使分解出来的单体硫氧化成 SO_2。

（3）炉气穿过料层和炉料不断下移，使传热传质都比反射炉好，热利用率和脱硫率高。对相同精矿，冰铜品位高于反射炉熔炼。

（4）铁的硫化物氧化是鼓风炉熔炼的主要氧化反应。由于炉内过剩空气较小，氧化结果主要是生成 FeO 造渣，而 Fe_3O_4 形成较少。

（5）鼓风炉的焦炭燃料完全作为加热剂，其燃烧热约占全部热收入的 60%。

二、密闭鼓风炉构造及操作实践

密闭鼓风炉为横断面呈矩形的炉子，有的两端为半圆形的所谓椭圆形鼓风炉。炉子有效高 4.0~4.4m，风口区宽 1.1~1.2m，炉长则由产量决定，一般为 2~9m，过长不便于照应，其构造如图 4-13 所示。炉子建在坚实混凝土上面的铸钢立柱或千斤顶上。风口中心水平线以下至床底称为本床。床底砌厚 410~455mm 并向咽喉口方向略带倾斜的耐火砖，深 540~720mm。炉壁由锅炉钢板焊接的水套构成。端壁水套垂直安放，而两侧水套倾斜 5°~8°安放，使炉子垂直截面成梯形，横截面则成矩形。每个侧面水套都有 3 个 ϕ100mm~ϕ110mm 的风口。风口向下倾斜 12°~18°，在水套内壁风口上方焊有一个长 100mm 的帽舌。

风口断面积总和与炉子风口区水平截面积之比称为风口比，其值一般为 3.9%~6.3%。

密闭鼓风炉处理的精矿一般含 Cu 12%~16%、S 20%~31%，混捏精矿含 H_2O 14%~17%，

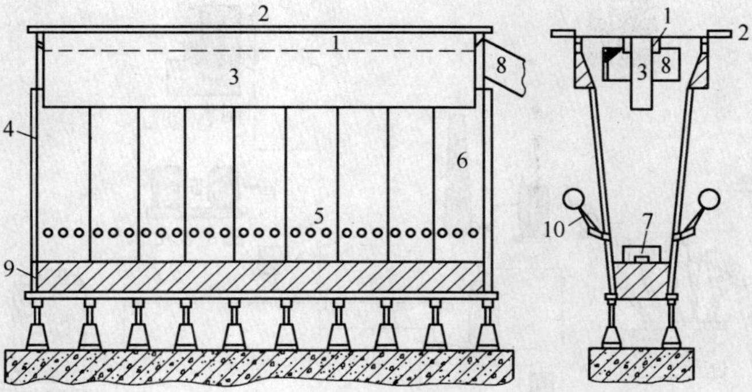

图 4-13　密闭鼓风炉的构造

1—水套梁；2—顶水套；3—加料斗；4—端水套；5—风口；
6—侧水套；7—山型；8—烟道；9—咽喉；10—风管

入炉炉料块率 35%~50%，单位风口水平截面的鼓风量（标况）为 1800~2300m^3/h，鼓风压力 6000~9000Pa。排烟口温度 500~600℃，床能率为 45~55$t/(m^2 \cdot d)$，脱硫率 45%~55%，焦率 7.5%~9.5%，富集率 1.5~2.5 倍。冰铜品位 25%~35% Cu，渣含铜 0.17%~0.29%，$Cu_{渣}/Cu_{冰}$ 0.56%~0.95%。渣率 45%~52%，烟尘率 2%~7%。铜的熔炼直收率达 95%~97%。

第四节　闪 速 炼 铜

硫化铜精矿熔炼的速度取决于炉料与炉气间的传质和传热过程，而传质和传热过程又随两相接触表面积的增大而增高。为此，要使反应迅速而完全地进行，可将炉料磨细并充分使它飘悬在反应的炉气中。闪速熔炼便是基于上述原理，将预热空气或富氧空气和干燥的精矿以一定的比例加入反应塔顶部的喷嘴中，在喷嘴内气体与精矿强烈混合，并以很大的速度呈悬浮状态垂直喷入反应塔内，遍布整个反应塔截面，并发生强烈的氧化放热反应。闪速熔炼把强化扩散和强化热交换紧密结合起来，使精矿的焙烧、熔炼和部分吹炼在一个设备中进行，从而大大地强化了熔炼过程，显著提高了炉子生产能力，降低了燃料消耗。在反应塔熔化和过热的熔体（冰铜和炉渣）落入沉淀池澄清分离，然后分别由冰铜放出口和炉渣放出口放出。SO_2 含量较高的高温炉气通过直升烟道进入换热器和收尘系统后送往制酸，其流程如图 4-14 所示[95]。

一、炉料干燥

闪速熔炼要求在反应塔内以极短的时间（2~3s）完成全部冶金过程，因此炉料必须事先干燥使其含水小于 0.3%。干燥时不应使硫化物氧化或颗粒黏结。

干燥可采用回转窑干燥、气流干燥或闪速干燥。目前许多工厂都用气流干燥法，其设备组成如图 4-15 所示。气流经配好的湿炉料由回转窑的窑头加入，通过图 4-15 所示的系统，在沉降室、旋涡收尘器和袋式除尘器收集，并落在闪速炉的中间料仓中，然后送至精矿喷嘴喷入反应塔。

以往干燥系统最后一段收尘为电收尘，但因其维修管理复杂、安全条件高、设备投资大和占地多等缘故，现改为布袋收尘器，效果较好。

三段脱水的干燥率分配为回转窑 20%~30%、鼠笼 50%~60%、气流干燥管 20%~30%，而各段收尘效率是沉尘室 7%、一段旋涡 86%、二段旋涡 5%，其余在袋式除尘器中捕收。

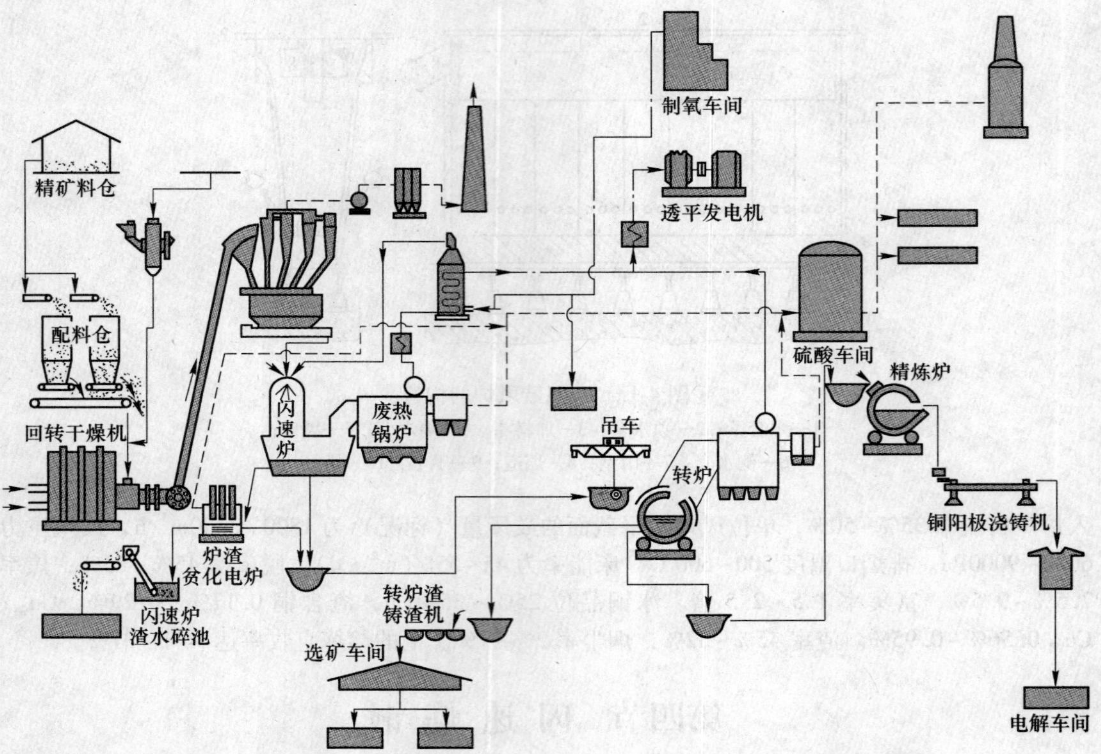

图 4-14 贵溪冶炼厂闪速炼铜工艺流程

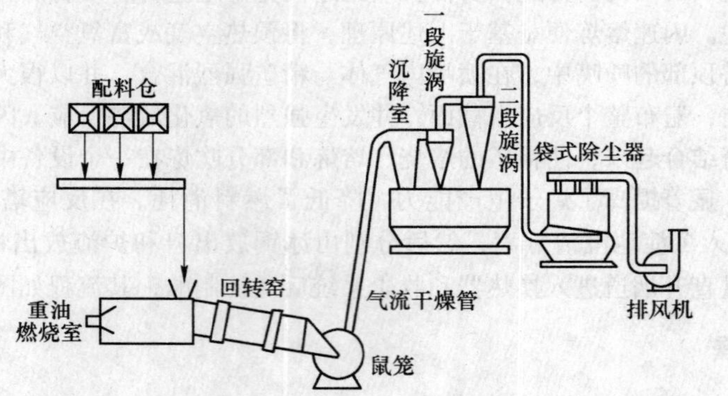

图 4-15 气流干燥配置示意图

二、闪速熔炼的基本原理

从冶金过程的化学反应来看，闪速熔炼与反射炉熔炼和鼓风炉熔炼一样，没有实质的区别，而在设备和工艺上则大大地改善了硫化物固体和熔体与氧化性气体之间的反应动力学条件。即闪速熔炼大大地增大了硫化物凝聚相的反应表面积并提高气相中的氧浓度，强化硫化物反应。其结果是降低了燃料消耗，提高了烟气中 SO_2 浓度，达到节能、综合利用和改善环保条件的目的。

在闪速炉反应塔空间内，铁的硫化物氧化占主要地位。氧化形成的 FeO 与炉料中其他组分一起造渣，而形成的 Fe_3O_4 进入熔体内，未氧化的 FeS 与 Cu_2S 构成冰铜。

Cu_2S 实际上没有被氧化而进入冰铜内，因为有足够的 FeS 存在时，Cu_2O 被硫化成 Cu_2S。

被氧化的部分镍和钴进入渣中，未氧化的部分硫化物进入冰铜。锌主要以 ZnO 入渣，仅有少量进入烟尘；铅主要挥发进入烟尘；镉的入尘率比铅更高；大部分的硒、碲、铼也挥发进入烟尘；而金银等贵重金属则转入冰铜中。

由于硫化物的迅速氧化，在距喷嘴出口 0.7m 以外气相中的 SO_2 浓度显著增加，80%~85% 的 SO_2 在此生成。烟气离开反应塔时，氧分压已接近于 0。闪速熔炼可在较宽的范围内改变风料比例来调整冰铜品位和脱硫率。

闪速熔炼技术具有可靠性强、热强度高、单炉处理量大、耐用性强、环保效果好等优点[96]。

三、闪速炉的构造及操作实践

闪速炉主要由反应塔和沉淀池两部分组成（见图 4-16）。反应塔是完成氧化反应、造冰铜和造渣等冶金过程的设备，而沉淀池则主要起着使烟气与熔体、冰铜与炉渣分离的作用。

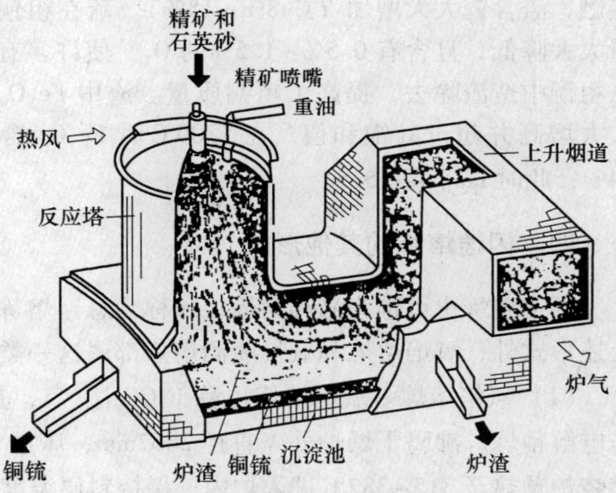

图 4-16　奥托昆普炼铜闪速炉

反应塔为圆筒形，除塔顶外均用钢板围起，内衬铬镁砖，在塔顶以下 1.5~2m 开始衬以电铸铬镁砖，并在塔外壁实行强化冷却，同时每隔 750~800mm 设置一圈铜水套，以减轻炉衬磨损和腐蚀；闪速炉最易损坏的地方是反应塔及直升烟道与沉淀池相联结处，由于这两个部分都是垂直相交，所以受高温烟尘和烟气强烈冲刷和腐蚀严重。为了加强其结构，可用带翅片的水冷铜管并在管间及周围填充耐热混凝土，实行强制冷却。

近年来，炼铜闪速炉在向大型化发展，反应塔直径达 6~8m 以上，高超过 11m，喷嘴由 1 个增加到 3~4 个，生产能力超过 1500t/d。沉淀池除炉顶以外也用钢板围起，大型炉子在直升烟道一端设有 2~3 个放渣口，侧墙设 4~5 个放冰铜口，并在端墙和侧墙设有数个重油喷嘴，以补偿沉淀池的热损失。沉淀池的最下层用绝热砖铺设、上层用铬镁砖砌成反拱形，渣线水平砌电铸铬镁砖，并在砖体外设冷却铜水套，其余炉墙砌铬镁砖。水冷循环系统安装有自动水压报警和水量、水温等信号装置。

不同工厂闪速炉的精矿喷嘴结构各不相同。图 4-17 为东予冶炼厂分配式富氧精矿喷嘴[97]。在精矿溜管内，除重油喷嘴外，还有呈同心圆排列设置的氧气吹入管。在氧气吹入管出口部，通过一衬套调节其开口面积和氧气吹出速度。为了克服因鼓风量减少而发生流速降低问题，在喷嘴锥入口处设置了一个风速调节装置。风速调节装置由固定在喷嘴本体上的吊杆吊起，改变吊杆在喷嘴内的长度，可使风速调节锥沿精矿溜管上下移动调节喷嘴喉部的有效断面，以达到调节风速的目的。生产实践表明：这种精矿喷嘴性能良好，突出的特点是对反应塔的侵蚀更小，烟尘发生率可降至 5%以下，减少了闪速炉后面废热锅炉的烟尘黏结。

炉子供风有中温（400～500℃）、高温（大于 800℃）和低温富氧（200℃，30%～40% O_2）三种形式。闪速炉除了可产出高品位冰铜外，还可直接产出粗铜。直接炼粗铜有两种制度：

（1）在沉淀池内炉渣、冰铜、粗铜同时共存。由于在炉渣与粗铜之间存在白铍层，Cu_2S 控制着 Cu_2O 的入渣量，使渣含铜5%～10%。粗铜含硫达熔池温度下的平衡值（S 0.5%～1.6%）。渣含磁性氧化铁高，接近甚至超过 Fe_3O_4的饱和值，致使渣黏度急剧增大，炉渣与冰铜分离困难。此时，粗铜稳定存在的热力学条件是：1300℃，p_{SO_2} =10132.5Pa（0.1atm），$\lg p_{O_2}$ =－6.3，$\lg p_{S_2}$ =－5.8。

（2）在沉淀池内炉渣、粗铜共存。由于炉渣与粗铜接触，渣含铜大大增加（Cu8%～15%）。硫在粗铜中的含量大大降低，且含有 0.5%～1.5%的 O_2，使许多有害杂质从粗铜中造渣除去，提高了粗铜质量。渣中 Fe_3O_4 含量也大大增高并超过其饱和值，在 1300℃时 Fe_3O_4 含量高达 44%，此时 $\lg p_{O_2}$ =－5.5。

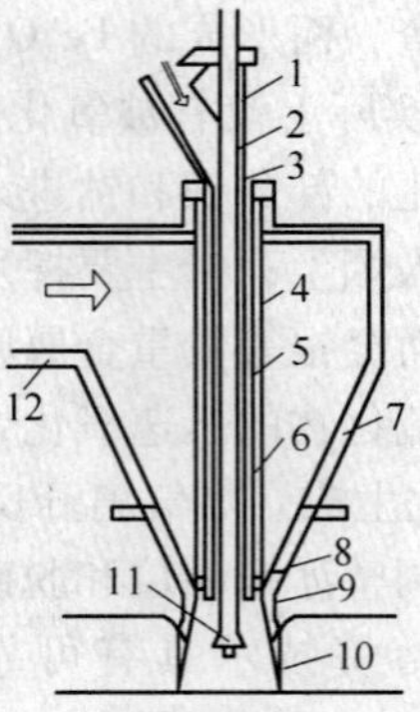

图 4-17　东予冶炼厂分配式富氧精矿喷嘴

1—重油喷嘴；2—氧气管；3—固定件；4—吊杆；5—精矿溜管；6—调节衬套；7—精矿喷嘴本体；8—风速调节装置；9—文丘里状收缩部；10—精矿喷嘴；11—精矿分散锥；12—送风管

四、闪速熔炼的其他形式

闪速熔炼也可称为悬浮熔炼，或称为悬浮熔炼的一种形式，它的特点是“空间反应”。除上述形式外，氧焰熔炼和氧气喷洒熔炼都属这一类型。

（1）氧焰熔炼。氧焰熔炼也称 INCO 法[98]，其流程为沸腾干燥—纯氧闪速炉熔炼—吹炼—电解精炼。沸腾干燥炉外壳直径 2667mm，床层直径 1524mm，自由空间高 2896mm。空气经燃烧炉预热至 315～382℃进入炉内，保持料层温度为 120℃。铜精矿/石英砂比值为 6.5/1 的炉料从炉顶的进料口加至炉内，干燥后的炉料与炉气一起以 107℃的温度从炉顶的排料口排出，经袋式除尘器进贮料仓，炉料含水 0.3%。

熔炼炉如图 4-18 所示。炉子的两端各安装两个精矿喷嘴，喷嘴由不锈钢制成，用 0.12MPa 工业纯氧（98%O_2）将炉料喷入炉内。炉料在空间剧烈氧化，产出含Cu 0.6%～0.7%的炉渣，可作为弃渣处理。床能力比上述反射炉熔炼高出 30%，为 11.2t/(m^2·d)。烟气的 SO_2浓度高于 80%，而且烟量和尘量都较小，总能耗只有上述闪速炉熔炼的 50%。

（2）氧气喷洒熔炼。闪速熔炼法[99]是在反射炉炉顶上安装若干个不锈钢喷嘴，每个喷嘴的中心管给以 0.2MPa 压强的工业纯氧（95%O_2），炉料在氧气管侧边给入，经喷嘴混合喷入反射炉内。喷嘴在炉顶排列，每列为三个。20%～25%的炉料从两侧的喷嘴以一定的倾角喷入，其余的炉料从中间喷嘴垂直喷入。每个喷嘴进料为 30t/d，炉子处理能力约为 700t/d。据报道，在炉膛高度 2.7m 以下便完成了熔炼过程的反应。烟气中 SO_2含量为 34%。

氧气喷洒熔炼法充分利用了原有的反射炉设备，只增设氧气站和干燥炉料设施，使产量比反射炉提高一倍，产出可制酸的烟气，硫的回收率大于 90%，节能 50%，并能用料坡保护炉墙。但烟尘率由反射炉的 3%～4%增至 8%～10%，渣含铜 0.8%；且不能再用粉煤，而需用天然气补充热。

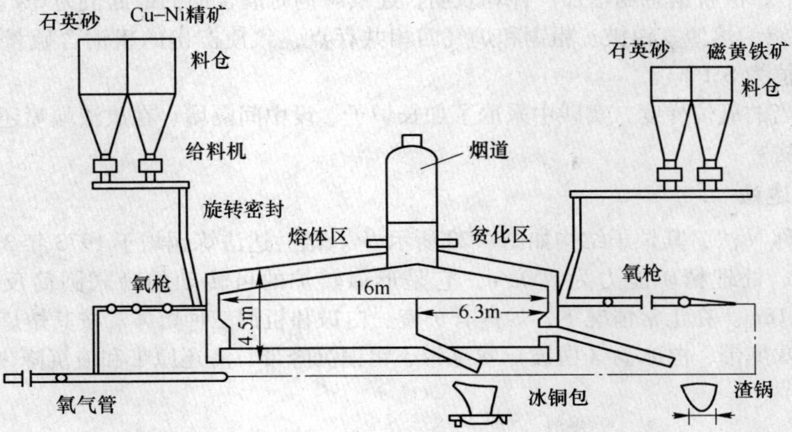

图 4-18　INCO 法氧焰熔炼炉示意图

第五节　炼铜新技术

一、池式熔炼

池式熔炼实际上是将炼铜的焙烧、熔炼甚至吹炼过程合并在一个或几个功能上连续的设备中进行的冶金过程[36]。其铜产品可以是冰铜，也可以是粗铜。从热力学的观点看，它与常规炼铜法没有原则上的差别，只是在设备和工艺上改善了硫化物与氧之间的固-液-气反应的动力学条件，以此强化反应过程并产出相应产品。

图 4-19 为火法炼铜的 $\lg p_{O_2}-\lg p_{SO_2}$ 图。图中 *pqrst* 为粗铜冶炼过程中炉渣、冰铜和炉气的平衡区。*tp* 线为 p_{SO_2} = 1atm（101325Pa）的等温线，它是粗铜冶炼炉内 SO_2分压的最大极限值，*rq* 则是炉内 SO_2分压的最小极限值，$p_{SO_2}\approx 10^{-4.5}$atm 。当用空气熔炼时，$p_{SO_2}$ = 0.1atm ，铜精矿氧化过程可视为沿 *ABC* 方向变化。随着体系氧位增大和硫位减小，冰铜品位由 0 提高至 70%（由 *A* 点至 *B* 点），然而此时的氧位和硫位变化都是比较小的。而当吹炼至出现粗铜时（由 *B* 点至 *C* 点），体系中氧位和硫位发生急剧的变化。这说明：

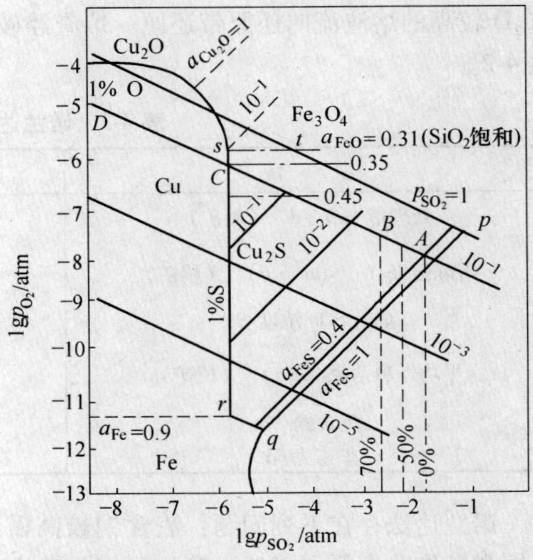

图 4-19　火法炼铜 $\lg p_{O_2}$-$\lg p_{SO_2}$ 图（1300℃）

（1）池式熔炼获得冰铜，甚至是高品位冰铜，在工艺上是比较容易实现的。如果要产出粗铜，则必须大幅度地提高氧位和降低硫位，即在过程中形成不同的氧位和硫位梯度。

（2）由于从 *B* 点至 *C* 点的氧位急剧增大，熔渣中 Fe_3O_4和 Cu_2O 活度也急剧增大，从图 4-9 可知，$a_{Fe_3O_4}$ 将由 0.1~0.35 增至 1，即达 Fe_3O_4的饱和值，大大地恶化了炉渣的性质；而 a_{Cu_2O} 由

小于 10^{-3} 增至 10^{-1}，渣含铜急剧增加。计算表明，连续炼铜时渣含铜的最低值为 8%。

（3）图中 C 点为熔渣、白铍、粗铜和炉气四相共存点，致使产出的粗铜含硫量高（图中表示的理论最低值为 S 1%）。

为了维持适当的氧位梯度，实践中采取了加长炉子、设中间隔墙、在放渣端喷还原焰以及双室、复炉等方法。

（一）诺兰达法

诺兰达法简称 N 法，其炉子结构如图 4-20 所示[29]。诺兰达法炼铜炉于 1973 年 3 月建于加拿大何恩冶炼厂，处理精矿能力为 800t/d。它是形似转炉的可转动的卧式圆筒反应器，长 21. 33m，外径 5. 18m。在正常情况下，炉内有炉渣、白铍和粗铜三种熔体。按其熔炼特点分为精矿熔炼和冰铜吹炼带、白冰铜（白铍）吹炼带、粗铜沉降带、渣还原带和渣沉降带。

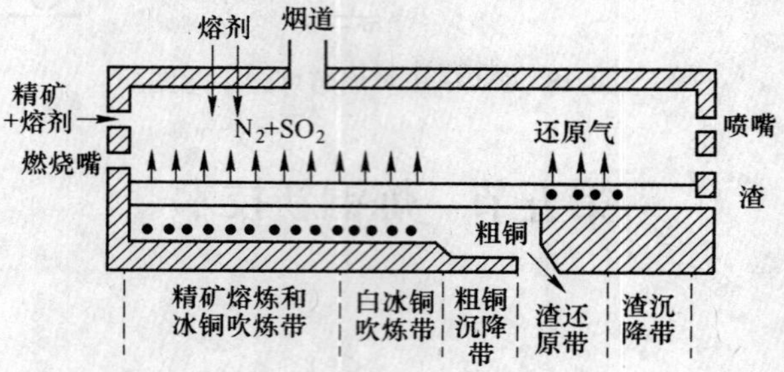

图 4-20 诺兰达法炼铜炉

制粒铜精矿和熔剂从端墙的加料口连续送入熔池表面，与从风口鼓入的空气强烈反应进行自热的熔炼和吹炼，形成冰铜和炉渣。至熔炼和吹炼带的末端，FeS 基本全部氧化，并与石英熔剂造渣。剩下几乎全部是 Cu_2S 的熔体进入白冰铜吹炼区吹炼，最终产出粗铜。含 Fe_3O_4 和 Cu_2O 较高的熔渣流向还原带还原。炉渣经破碎磨细后送去浮选。熔炼的主要技术经济指标见表 4-2。

表 4-2 诺兰达法主要技术经济指标

项 目	冰铜（70%Cu）	粗 铜
处理能力/$t \cdot d^{-1}$（精矿）	1425	727
熔炼强度/$t \cdot (m^3 \cdot d)^{-1}$（精矿）	4. 9	2. 49
烟气 SO_2 浓度/%	13. 2	14~20
平均燃料消耗/$GJ \cdot t^{-1}$（精矿）	5. 567	—
渣含铜/%	4. 8	12
炉寿命/d	120	72

诺兰达法存在下列问题：渣含铜较高需经浮选处理，铜直收率低（50%~60%），炉子寿命短和日作业率低（75%）等。目前，诺兰达法已改为生产冰铜。

（二）三菱法

日本三菱法简称 MI 法，其设备结构如图 4-21 所示[35,100,101]，它是由两个圆形和一个椭圆形炉子组成的连续炼铜炉，包括：熔炼炉（S 炉，ϕ10. 3m）、炉渣贫化电炉（SC 炉，7m×4m）和吹炼炉（C 炉，ϕ8. 16m）。精矿、熔剂和空气由双套型垂直喷枪吹入熔炼炉的熔体内，以产出高品位冰铜（约 65%Cu）。为了保证熔炼炉内硫化物高温氧化反应的顺利进行，炉内渣层仅有 20mm 左右的厚度。熔炼炉产出的冰铜与熔渣一起依靠高位差自动流入炉渣贫化电炉，进行炉渣贫化和澄清分离。贫化后的炉渣由电炉连续排出并进行水淬，冰铜则从电炉的炉底通过虹吸道注入吹炼炉。在吹炼炉中，通过喷枪将吹炼所需的空气和熔剂喷入熔体内，使其中的铁和硫氧化，最终产出含 Cu99%的粗铜，经虹吸道放出。吹炼炉的炉渣含铜量较高，经水淬和干燥后返回熔炼炉处理。

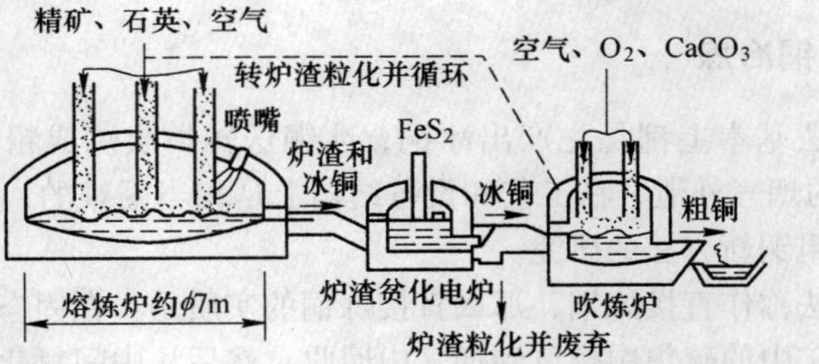

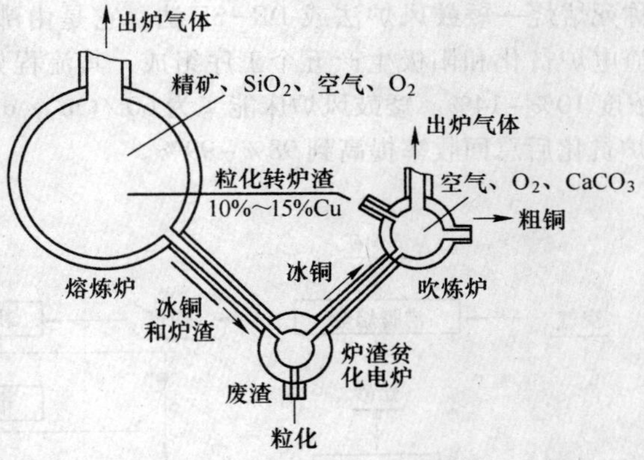

图 4-21　MI 法炉子配置图

吹炼炉采用了 Cu_2O-CaO-Fe_2O_3系的渣型。根据相图分析，若与常用的 Cu_2O -Fe_2O_3-SiO_2系渣型相比，Cu_2O-CaO-Fe_2O_3系渣型具有一个更宽广的低熔点区域，因此，该炉渣的流动性能良好。

熔炼炉采用 32%O_2的富氧，吹炼炉富氧为 26%O_2。产出含 14%~15%SO_2的烟气，烟气回收原料中 98%~99%的硫。

（三）熔池熔炼法

苏联采用熔池熔炼法在诺里尔斯克铜厂进行了十年的半工业试验，已于 1982 年 1 月投入生产[102]。据报道，该法的各个重要技术经济指标在世界上都处于领先地位，优于现有的各种熔炼方法。

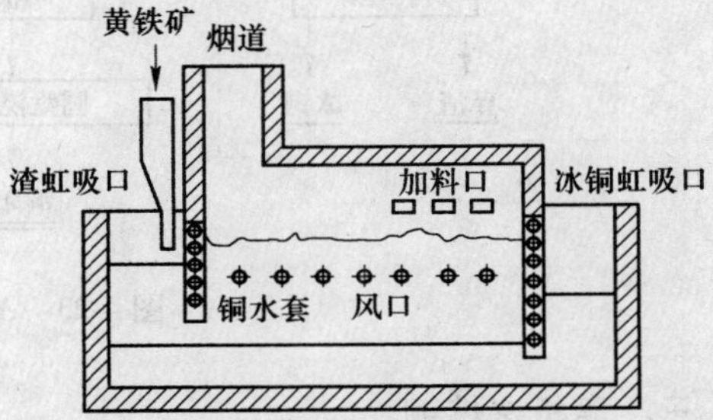

图 4-22　熔池熔炼炉

图 4-22 为熔池熔炼炉的结构，其形状与烟化炉相似。风口区截面积为 2m×10m，炉墙由水套构成，两侧各设有 14 个铜制水冷风口，风

口位于熔池液面以下400~500mm，每侧都设有加料口。

炉料直接加入到熔池表面。通过风口送入60%~75%O_2的富氧。过程可自热进行，熔炼产出约含50%Cu的冰铜和0.5%~0.6%Cu的炉渣。炉渣在前床澄清分离后间断地放入渣罐。

由于鼓风搅动，在风口的上方形成乳浊状的泡沫区，而在风口下方则是平静的澄清分离区域，加上在渣放出口加入黄铁矿作为熔渣的贫化剂，使渣含铜降低到废弃的程度。

熔池熔炼的单位床生产能力超过60t/(m^2·d)，铜的直收率达98.5%。烟气SO_2浓度20%~40%，烟尘率仅有1.0%~1.5%。

二、不经冰铜的粗铜冶炼

目前的各种炼铜方法基本上都是先产出冰铜，冰铜送转炉吹炼成粗铜。在冰铜吹炼过程中，要彻底消除含SO_2的烟气外泄，在工艺和设备结构上是相当困难的，因此产生了对取消转炉吹炼过程，直接产出粗铜新方法的研究。

如果将这种冶炼方法称作直接炼铜，那么直接炼铜的实质是：在固态下将铜精矿中的硫化物转变成氧化物，使精矿中的硫集中排放到烟气中回收。然后从中间氧化产物制取粗铜。

AMAX法[2,36]，也称死焙烧—矮鼓风炉法或DR-SF法，它是由沸腾炉死焙烧、热压团、矮鼓风炉还原熔炼、炉渣电炉贫化和阳极生产五个工序组成，其流程如图4-23所示。焙烧脱硫96%以上，烟气SO_2浓度10%~14%。矮鼓风炉床能率为60t/(m^2·d)，可获得高品位粗铜，熔炼回收率96%。经电炉贫化后总回收率提高到98%~99%。

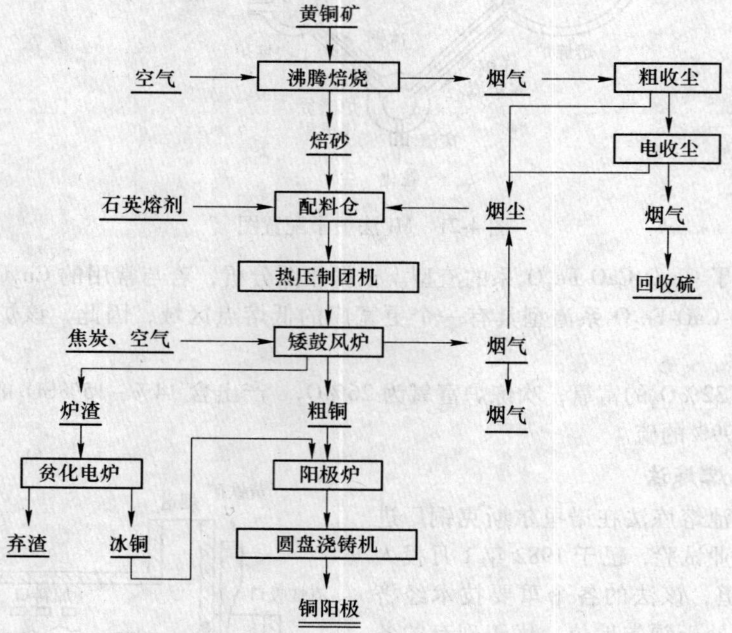

图4-23 AMAX炼铜法流程

三、离析法炼铜

离析法炼铜可以用来处理低品位难选的复合氧化铜矿，也可以用来处理硫化矿。

（一）离析过程及机理

1. 离析过程

离析过程是在液-固-气三相中进行的，它包含水解、氧化、氯化、还原及硫化等化学反应和物理变化，这些是极其复杂的过程。添加剂和有价矿物的作用机理大致是：氯化剂（如 NaCl、$CaCl_2$和 KCl 等）在高温下水解成气态 HCl，金属及其氧化物与气态氯相反应生成可挥发性的金属氯化物，在还原剂焦炭的作用下，挥发性的金属氯化物被还原离析在炭粒表面。同时上述金属氯化物也与金属氧化物及来源于黄铁矿或硫酸盐中的气态硫化物作用生成新的硫化物包裹体和集合体。

从以上离析作用机理中看出，铜的离析反应包括以下 3 个阶段。

（1）氯化气体的产生，其反应式为：$2NaCl + SiO_2 + H_2O$（气）$= Na_2SiO_3 + 2HCl$（气）。

（2）氯化亚铜的生成，其反应式为：$2CuO + 2HCl = 2/3Cu_3Cl_3 + H_2O + 1/2O_2$。

（3）氯化亚铜的还原，其反应式为：$Cu_3Cl_3 + 3/2H_2 = 3Cu + 3HCl$。

2. 铜矿物在离析过程中的行为变化

铜矿物在离析过程中的行为变化为：氧化铜矿物，如孔雀石、硅孔雀石等经高温热处理先脱去水分成为黑铜矿，再与气态氯相反应生成氯化亚铜挥发，然后一部分还原成金属离析在焦炭表面上或者与其他金属熔成合金；另一部分与气态硫化物作用生成新的硫化铜矿物。自然铜和原矿中的黑铜矿也有和上述相近的反应，一部分不受离析的黑铜矿被还原成赤铜矿。硫化铜矿物不发生变化。

离析后铜主要形成硫化物或 Cu_2S-PbS-Cu_5FeS_4的集合体，其次是形成 Au-Ag-Cu、Cu-Ag、Au-Cu 合金，也有少量铜的包裹体。离析—浮选过程中铜矿物的行为见表 4-3。

表 4-3 离析—浮选过程中铜矿物的行为

矿物名称	原 矿	焙烧产品	离析产品	浮选精矿
孔雀石	$Cu(OH)_2CO_3$	CuO	Cu、Cu_2O	Cu、Cu_2O
硅孔雀石	$CuSiO_3 \cdot 2H_2O$	CuO	CuO、Cu_2O	$CuFeS_2$、Cu_2S
黑铜矿	CuO	CuO	Cu	Cu
赤铜矿	Cu_2O	CuO	Cu_2O	Cu_2O
黄铜矿	$CuFeS_2$	$CuFeS_2$	$CuFeS_2$	$CuFeS_2$
辉铜矿	Cu_2S	Cu_2S	Cu_2S	Cu_2S
自然铜	Cu	CuO	Cu、Cu_2O	Cu
含铜硅铁石	Cu-Fe-Si-(OH)	Cu-Fe-Si-(OH)	Cu-Fe-Si-(OH)	Cu_2O

（二）离析工艺过程

离析过程要保持弱还原性气氛或中性气氛，否则铜会在矿石中“就地还原”，从而降低铜的提取率。根据加热方式和离析工艺过程的不同，在工业上离析法分为两种。

（1）两段离析法的设备由加热炉和离析反应器组成[103]。图 4-24 为两段离析法的一种装置。经细磨的含铜氧化矿在沸腾焙烧炉内加热至 800℃，然后溢流进入离析反应器（也称离析反应室或离析反应带），同时加入 2%的煤和 0.5%的食盐，进行离析反应。物料借重力作用不断向下移动，并通过离析室底部的阀门控制，将离析后的物料放出，经水骤冷送浮选提铜。两段离析法（如矿石流态化床加热—竖炉离析法）优点是：矿石加热采用流态化床，传质传热好，不易产生局部高温和炉料结块现象；氯化剂和还原剂用量少；密封移动床离析气氛易于控制；铜回收率较高。其缺点是：离析反应的最佳温度不易达到；热效率低；反应室物料易发生短路；排料装置复杂。

（2）一段离析法[104]（如直接加热一段回转窑离析法）优点是：矿石加热和离析在同一设备中完成，工艺过程简单；炉料混合比较好；热效率较高，易于达到离析反应的最佳温度；烟尘可直接返回或制粒返回处理；铜的总回收率可达 83% 以上；可用粒度较粗的原矿（0～4mm），备料系统简化。其缺点是：还原剂和氯化剂用量大；采用重油作为燃料时，离析的气氛条件难以保证，使燃烧系统复杂化。其工艺流程如图 4-25 所示。

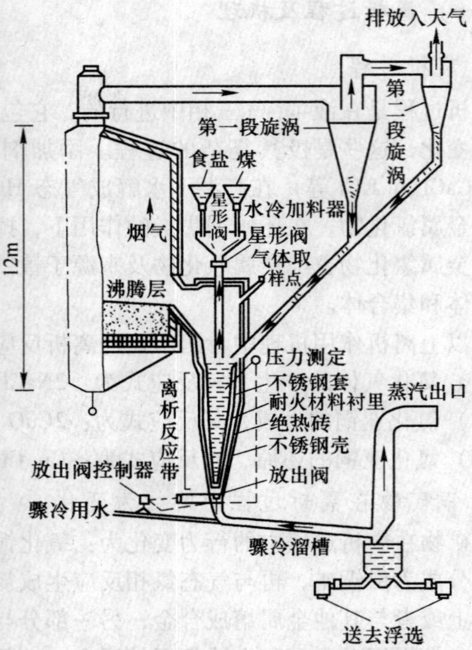

图 4-24　有移动床的离析室

（1）第二段旋涡后温度 700～750℃，返尘量 60%，无废热利用；
（2）第二段旋涡温度 510～530℃，返尘量 60%，废热利用 25%；
（3）利用废热干燥细砂滤饼

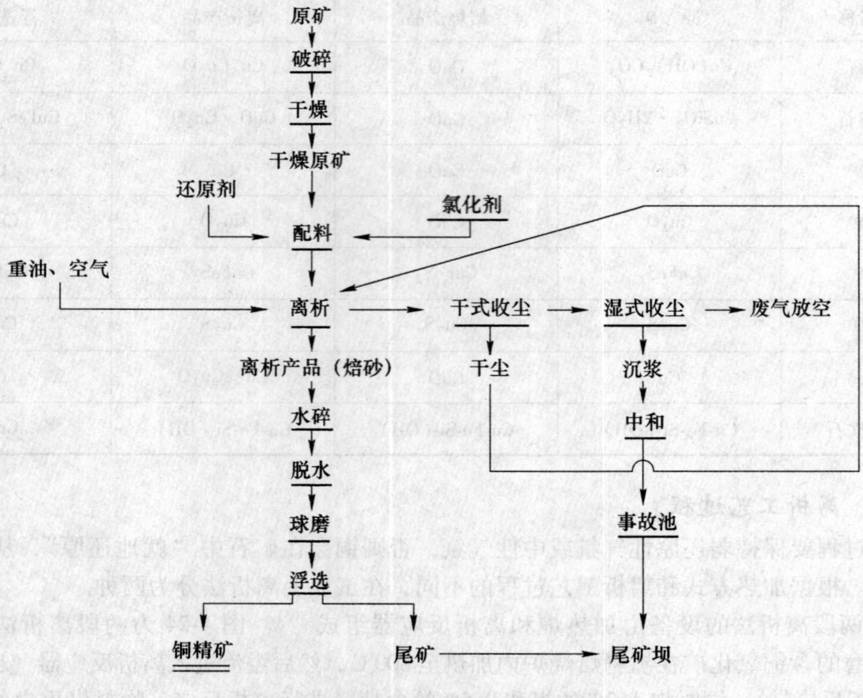

图 4-25　一段离析法工艺流程

第六节　冰铜吹炼的原理及设备

上述各种铜精矿熔炼方法，绝大多数都是产出冰铜。吹炼的目的便是将冰铜转变为粗铜。因为冰铜为Cu-Fe-S体系，所以吹炼是氧化除去冰铜中的铁和硫以及其中的一部分杂质。在氧化过程中产生大量的热，足以维持过程中所需的温度，有时还需加入冷料调节炉温。

吹炼是周期性作业，每个周期又分两个阶段，即造渣期和造粗铜期。全周期都是通过风口鼓风去完成的。造渣期为冰铜中的硫化亚铁氧化生成氧化亚铁和二氧化硫，氧化亚铁与加入的石英熔剂造渣除去，直至获得含铜量75%以上和含铁量千分之几的白冰铜为止。所谓白冰铜即是成分接近Cu_2S的熔体。造粗铜期为将Cu_2S在不加熔剂的情况下继续吹炼成粗铜。

一、冰铜吹炼的理论基础

冰铜为金属硫化物的熔体，主要成分是Cu_2S和FeS，此外还有PbS、Ni_3S_2、ZnS等以及少量的金属氧化物Fe_3O_4。硫化物氧化反应为：

$$MeS + 2O_2 = MeSO_4$$
$$MeS + 1.5O_2 = MeO + SO_2$$
$$MeS + O_2 = Me + SO_2$$

在冰铜吹炼的温度（1150~1300℃）下，所有硫酸盐都是不稳定的，即只可能吹炼成MeO或Me从热力学得知，当金属对氧亲和力小于硫对氧亲和力时，硫化物氧化得金属，反之得金属氧化物。金属对氧亲和力小意味着其离解压力大。吹炼有关的主要金属氧化物离解压与温度的关系如图4-26所示[105]。由图4-26可见，在冰铜吹炼温度下，$p_{O_2(SO_2)} < p_{O_2(Cu_2O)}$、$p_{O_2(SO_2)} > p_{O_2(FeO)}$、$p_{O_2(NiO)}$、$p_{O_2(PbO)}$，也就是说，$SO_2$不能将金属铜氧化。在吹炼时，首先被氧化的是铁，其次是镍，再其次是铅。而且，只要有硫和铜共存，吹炼鼓入的空气首先是满足硫氧化成SO_2的需要，直至硫全部氧化除去后，才开始铜氧化成Cu_2O的反应。在铜硫共存的体系中，一旦有Cu_2O形成，它也会作为硫的氧化剂，而本身被还原成金属铜，或与硫结合成硫化亚铜。由于金属铜能在SO_2气氛下稳定存在，所以使冰铜吹炼可以直接得到粗铜。

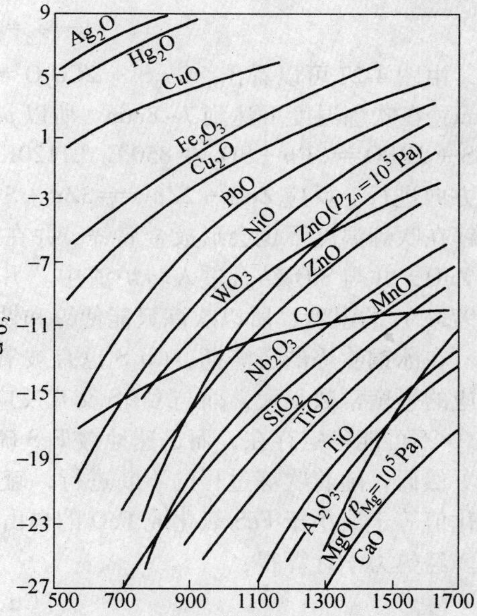

图4-26　金属氧化物的$\lg p_{O_2}$与温度的关系

图4-26的曲线没有考虑到硫化物本身的离解压，所以只是近似的结果。其中二氧化硫曲线与金属氧化物曲线相交的温度，作为硫化物氧化形成金属或金属氧化物的临界温度是不够精确的。例如，PbS氧化成金属，图4-26中所示要高于吹炼的温度时才有可能。实际上，在吹炼温度下PbS是可以直接氧化成金属铅的。

有色冶金中，有些金属硫化物是可以直接氧化成金属的。铜冰铜吹炼便是其中重要一例，汞、铅也可作为例子。研究表明，金属硫化物氧化成金属的反应是分两步进行的：

第一步　　　$MeS + 0.5O_2 \longequal MeO + SO_2$

第二步　　　$2MeO + MeS \longequal 3Me + SO_2$

所以，金属硫化物氧化能否得到金属，关键在于 MeS 与 MeO 交互反应能否向右进行。图 4-27 为 MeS 与 MeO 交互反应在各个温度下的平衡 p_{SO_2} 的对数值曲线[36]。不同 MeS 与 MeO 反应的 $\lg p_{SO_2}$-T 曲线与直线 1 的交点相当于 p_{SO_2} = 1atm（101325Pa）时的临界温度。实际转炉内的 p'_{SO_2} 均为 0.14atm（14185.5Pa），相当于直线 2。当 $p_{SO_2} > p'_{SO_2}$，即 $p_{SO_2} > 14185.5$Pa 时，交互反应向右进行，形成金属；相反，当 $p_{SO_2} < 14185.5$Pa 时，反应向左进行，金属被 SO_2 氧化；当 $p_{SO_2} = 14185.5$Pa 时，反应达到平衡。由此可见，凡 $\lg p_{SO_2}$-T 曲线在直线 2 上方的交互反应都能向右进行而得到金属。

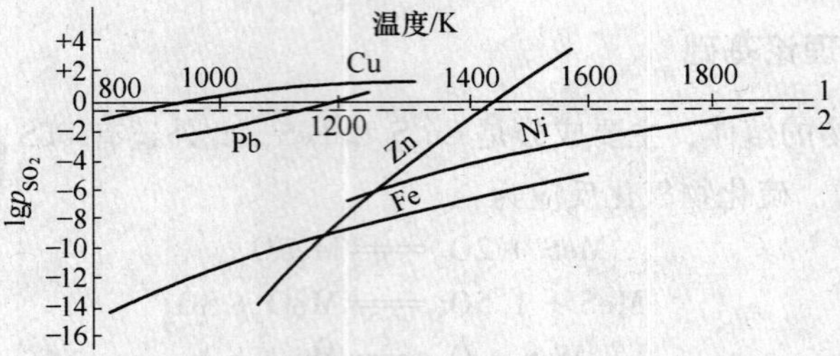

图 4-27　$MeS+2MeO = 3Me+SO_2$ 的 $\lg p_{SO_2}$ 与温度的关系

1—p_{SO_2} = 1atm；2—p_{SO_2} = 0.14atm

由图 4-27 可以看出，$Cu_2S + 2Cu_2O = 6Cu + SO_2$ 在 730℃（1000K）时的平衡压力达到 1atm，在吹炼温度下达到 7～8atm。所以 $p_{SO_2} \gg p'_{SO_2}$，反应剧烈地向形成金属的方向进行。反应 $PbS + 2PbO = 3Pb + SO_2$ 在 850℃（1120K）时的 p_{SO_2} 达 1atm，故在吹炼温度下也是向形成金属的方向进行。反应 $ZnS + 2ZnO = 3Zn + SO_2$ 在 1180℃（1453K）左右时的 p_{SO_2} 达 1atm，因此硫化锌在吹炼温度下也会形成金属锌，并在此温度下以气态进入灰尘。如若温度降低，则氧化形成 ZnO，并与 SiO_2 结合进入转炉渣中。另外，镍和铁交互反应生成金属镍和铁要高于 1700℃（1973K）的温度，所以吹炼只能使镍和铁氧化成 NiO 和 FeO 进入转炉渣中。

在冰铜吹炼的造渣期，Cu_2S 也有被氧化成 Cu_2O 的可能。但在高温下，Cu_2O 与 FeS 交互反应的平衡常数很大，而与 Cu_2S 交互反应的平衡常数则小得多。所以在有 FeS 存在的造渣期，Cu_2O 不可能稳定存在，而迅速地被 FeS 硫化为 Cu_2S，却不可能与 Cu_2S 作用生成金属铜。

然而，随着吹炼过程的不断进行，硫化亚铁不断在减少，直至 Cu_2S 氧化成 Cu_2O 的自由能变化值等于或小于 FeS 氧化成 FeO 的自由能变化值时，Cu_2S 才与 FeS 同时氧化或 Cu_2S 优先氧化。经热力学计算得：

$$\lg \frac{[Cu_2S]}{[FeS]} = 1.72 + \frac{3416}{T}$$

从而可计算不同温度下的 Cu_2S/FeS 值为：

温度/℃	1000	1100	1200	1300
Cu_2S/FeS	$2.5\times10^4/1$	$1.62\times10^4/1$	$1.1\times10^4/1$	$7.8\times10^3/1$

所以，只有当冰铜熔体中 Cu_2S 浓度等于或超过 FeS 浓度 10000～16000 倍时，Cu_2S 才能优先氧化或与 FeS 同时氧化。

按照离解压计算，氧化先后顺序应为 FeS、Ni_3S_2、PbS，最后为 Cu_2S。

冰铜吹炼时的各组分变化如下所述[106]。其中，铁氧化物及硫化物诸反应的自由焓的变化见表4-4。

表4-4 吹炼过程中铁化合物的 $\Delta G^{\ominus}$

化学反应	反应的自由焓/kJ·mol^{-1}			
	1000℃	1200℃	1400℃	1600℃
$\frac{2}{3}$FeS(液) + O_2 ═ $\frac{2}{3}$FeO(液) + $\frac{2}{3}SO_2$ $\Delta G^{\ominus} = -303557 + 52.71T$	−236.5	−225.9	−215.4	−204.8
0.6FeS(液) + O_2 ═ 0.2Fe_3O_4(液) + 0.6SO_2 $\Delta G^{\ominus} = -362510 + 86.07T$	−252.9	−235.7	−218.6	−201.3
6FeO(液) + O_2 ═ 2Fe_3O_4(固) $\Delta G^{\ominus} = -809891 + 342.8T$	−373.5	−304.9	−236.4	−167.8
0.6FeS(液) + 1.8Fe_3O_4(固) ═ 6FeO(液) + 1.8SO_2 $\Delta G^{\ominus} = 530577 - 300.24T$	148.4	88.3	28.3	−31.8
2FeO(液) + SiO_2(固) ═ 2FeO·SiO_2(液) $\Delta G^{\ominus} = -99064 - 24.79T$	−130.6	−135.6	−140.5	−145.5
3Fe_3O_4 + FeS(液) + 5SiO_2(固) ═ 5(2FeO·SiO_2)(液) + SO_2 $\Delta G^{\ominus} = 519397 - 352.13T$	71.1	0.71	−69.7	−140.1

（1）FeS。吹炼时FeS首先氧化造渣并放出大量的热：

$$2FeS + 3O_2 \xlongequal{} 2FeO + 2SO_2 + 936800J$$

$$2FeO + SiO_2 \xlongequal{} 2FeO \cdot SiO_2 + 92930J$$

这是造渣期的基本反应。但因前一反应比后一反应进行得快，且后者是液固反应，接触不良且时间短促，致使部分未结合的FeO继续氧化：

$$6FeO + O_2 \xlongequal{} 2Fe_3O_4 + 636300J$$

反应的热效应比生成FeO反应的热效应大一倍，所以在实践中经常是加入第一批冰铜后，不加石英空吹一段时间提温，再加石英吹炼。

随着温度的升高，Fe_3O_4发生以下反应被破坏：

$$3Fe_3O_4 + FeS + 5SiO_2 \xlongequal{} 5(2FeO \cdot SiO_2) + SO_2 - 19480J$$

然而，三个反应物同时接触的机会是有限的，致使Fe_3O_4不能完全被还原，炉温不够高时更是如此，所以实际转炉渣常含12%~25%Fe_3O_4，给炉渣性质带来坏的影响（见图4-28）。由图4-28可见，低温和p_{SO_2}升高都会使Fe_3O_4生成量增大，所以提高吹炼温度和保持渣中SiO_2含量的上限（约28%SiO_2），对减少Fe_3O_4生成是有利的。

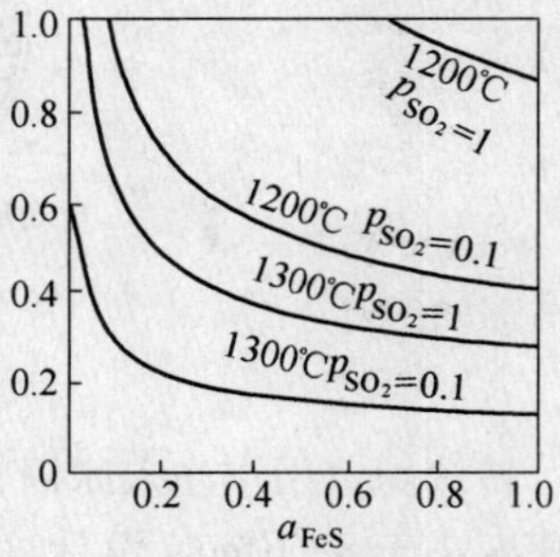

图4-28 a_{FeO} = 0.4时冰铜中 a_{FeS} 与炉渣中的 $a_{Fe_3O_4}$ 之间的关系

（2）Cu_2S。上面已经谈过，造渣期的Cu_2S状态不变，至造粗铜期，反应$Cu_2S + 2Cu_2O$ ═ $6Cu + SO_2$才剧烈向右进行，直至全部的硫烧尽为止。

由图4-29可见，造粗铜期开始出现的金属铜被Cu_2S溶解[107]，直至b点熔体才开始分层。继续吹炼时，下层金属铜量不断增加，上层硫化亚铜量不断减少。直至 c 点，上层熔体消失，只留下溶有少量硫化亚铜的金属铜相。继续吹炼时，溶在金属铜中的硫化亚铜被氧化，至全部生成金属铜为止，造粗铜期即告结束。此时粗铜含硫可降至 0.003%。若继续吹风，则金属铜氧化成氧化亚铜，即所谓过吹。

另外，在吹炼时，冰铜中的 Ni_3S_2 氧化成 NiO 入渣，粗铜残镍为 0.5%～0.7%。CoS 也氧化成 CoO 进入渣中，因 CoS 在第一周期末才大量氧化，此时转炉渣含钴达 0.4%～0.5%，是提钴原料。锌大部分氧化造渣，只有 20%～30%的锌进入炉气。大约一半的铅以 PbO 形态造渣，其余的铅进入炉气，溶入粗铜的铅极少。95%的铋进入烟尘，极少量残留于粗铜中。砷、锑的绝大部分挥发至烟尘中，也有少量造渣或留在粗铜中。至于金和银，在吹炼时主要进入粗铜；而硒和碲则部分挥发，部分留在粗铜内。

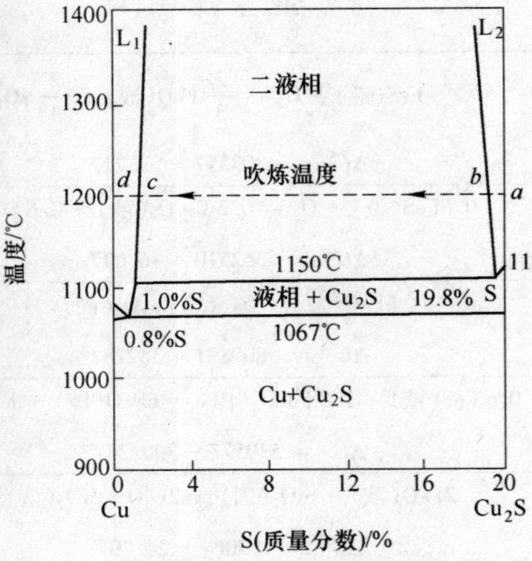

图 4-29 $Cu-Cu_2S$ 系状态图

二、转炉构造及操作实践

冰铜吹炼采用的卧式碱性转炉构造如图 4-30 所示。它由厚 20～25mm 的锅炉钢板制成，内衬镁砖或铬镁砖。转炉中间有一长方形炉口，一侧的下部有一排风口。在转炉外壳的两端有大圈将转炉支承在小托轮上。在一端的大圈外有大齿轮，通过传动装置可使转炉绕水平轴旋转。

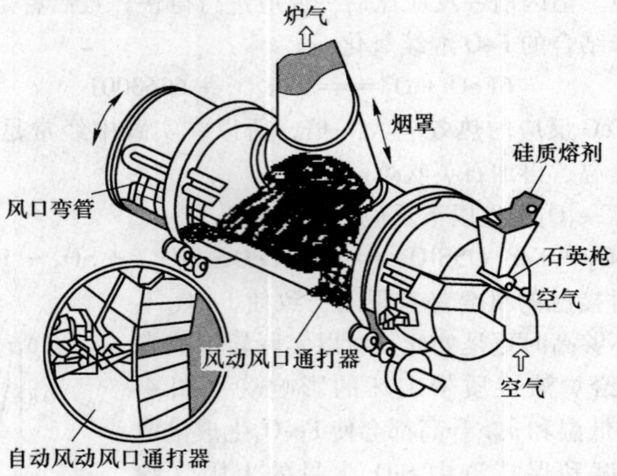

图 4-30 卧式转炉

转炉炉口用作注入冰铜、倒出炉渣和排出炉气，其面积按转炉熔池面积的 20%～35%或炉气速度小于 8～10m/s 设计。正常操作时转炉炉口向炉后倾斜 18°～30°。炉口周围安有裙板，以免喷溅物黏结在炉壳、U 形风管和风盒上，也有利于烟罩的密封。烟罩为密封式或双重密封式。转炉的每个风口用弯管与 U 形风管相连，风口直径 38～50mm，向下倾角 5°～7.5°，浸入熔体的深度为200~500mm。

石英熔剂可由炉口溜槽加入，或由炉端墙上的石英枪加入。

转炉由电动机和变速箱等组成的传动机构带动炉壳上的大齿轮可使其作正反方向转动。

转炉吹炼为周期性作业。吹炼的第一阶段（造渣期）在于获得足够数量的白冰铜。但白冰铜不是一次吹成，而是按“加入冰铜—吹风—加入熔剂—加入冷料（根据炉温而定）—放渣”过程反复进行，直到炉内聚满了与转炉容量相适应的富冰铜为止。最后把残留在冰铜中的FeS除去，即所谓筛炉。

转炉正常操作时的风压为0.8~1.2atm（81060~121590Pa），风量为每平方厘米风口面积0.9~1m^3/min，温度为1150~1300℃。温度过高容易损坏炉衬，此时可加入冷料降温。

筛炉时间是指加入最后一包冰铜后从开始鼓风至倒完最后一次渣的时间。筛炉期间加入的熔剂量必须十分准确，使FeS除净，并使炉温提高，以便转入吹炼第二阶段（造粗铜期）。

按鼓入炉内的氧量计算，1kg氧在造渣期放热9711520J，而在造粗铜期放热6781320J，比造渣期低了30%。所以吹炼第二阶段的热量供应比较紧张。实践表明，整个造粗铜期的熔体温度要从1260~1270℃降到1160~1170℃。

从吹炼反应可见，造渣期3体积的氧只生成2体积的SO_2，而造粗铜期则生成3体积的SO_2。生产实践中，由于鼓风中的氧不能全部利用和炉口吸收空气等原因，第一阶段炉气的SO_2浓度一般为5%~6%，第二阶段为8%~9%。

第七节 铜火法精炼过程

粗铜含有各种杂质和金、银等贵金属，其总量可达0.5%~2%[108]。它们不仅影响铜的物理化学性质和用途，而且有必要把其中某些有价金属提取出来，以达到综合回收的目的。粗铜铸成的阳极，从化学成分和物理规格上都不符合电解精炼的要求。为此，把电解精炼和火法精炼作为粗铜精制过程统一考虑，在火法精炼中除去粗铜的部分杂质，并为电解精炼提供优质的铜阳极是合理的。

粗铜火法精炼为周期性作业，过程多在反射炉内进行，按过程物理化学变化特点和操作程序，每周期基本包括熔化、氧化、还原和浇铸四个阶段。其中以氧化期和还原期为主要阶段。在精炼液态粗铜时，则可免去熔化期。

一、氧化过程

粗铜火法精炼主要由鼓风氧化和重油还原组成[109]。铜中有害杂质除去的程度主要取决于氧化过程，而铜中氧的排除程度则取决于还原过程。氧化精炼的基本原理在于铜中多数杂质对氧的亲和力都大于铜对氧的亲和力，且杂质氧化物在铜中的溶解度很小。当空气通入铜熔体时，杂质便优先氧化被除去。但铜是粗铜的主体，杂质浓度较低。根据质量作用定律，首先氧化的是铜：

$$4Cu + O_2 = 2Cu_2O$$

生成的Cu_2O立即溶于铜液中，在与杂质接触的情况下氧化杂质：

$$[Cu_2O] + [Me'] = 2[Cu] + (Me'O)$$

式中Me′表示金属杂质。由于铜液中铜的浓度很大，故可认为$a_{Cu} = 1$，则上式平衡常数为：

$$K = \frac{a_{(Me'O)}}{a_{[Cu_2O]} \cdot a_{[Me']}}$$

因 $a_{[Me']} = \gamma_{[Me']} \cdot N_{[Me']}$，则杂质在铜液中的极限浓度为：

$$N_{[Me']} = \frac{a_{(Me'O)}}{K \cdot \gamma_{[Me']} \cdot a_{(Cu_2O)}}$$

由此可见，铜中残留杂质的浓度与铜液中 Cu_2O 的活度、该杂质的活度系数以及平衡常数成反比，这就要求 Cu_2O 在铜中始终保持饱和状态和大的 K 值。由于杂质氧化为放热反应，温度升高时 K 值变小，所以氧化精炼时温度不宜太高，见图 4-31 和表 4-5。1150℃时，由图 4-31 和表 4-5 可知，此时 Cu_2O 在铜液中的饱和度为 8.3%[110]。

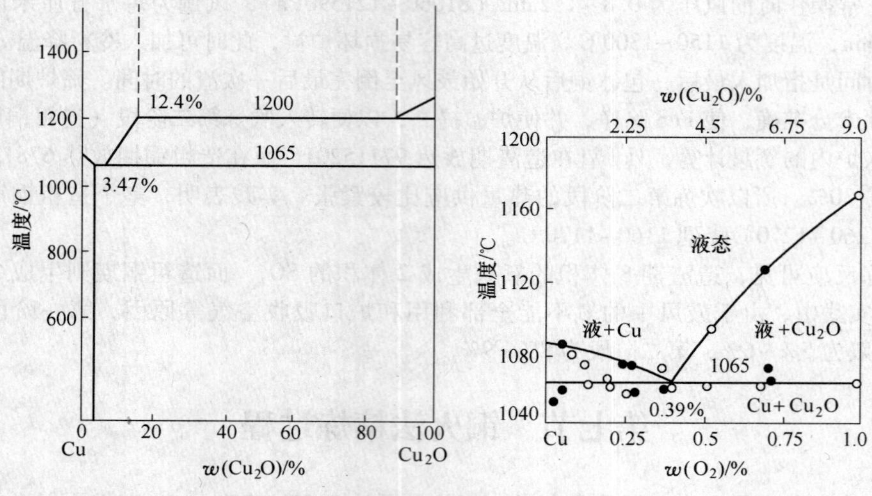

图 4-31 Cu-O 系状态图 $[Cu_2S] + 2[Cu_2O] = 6[Cu] + SO_2$

表 4-5 Cu_2O 在铜中溶解度与温度的关系

温度/℃	1100	1150	1200	1250
溶解度/%	5	8.3	12.4	13.1

铜中残留杂质的浓度还与渣中该杂质氧化物活度成正比，为此需选择适当的熔剂和及时扒渣，以降低渣相中杂质氧化物的活度。

氧化过程还与炉气分压，杂质及其氧化物的挥发性、比重、造渣性能及熔池搅动情况等因素有关。Cu_2O 在氧化精炼中起着氧化剂或氧的传递者作用。

按氧化除去难易可将杂质分为三类[106]：

（1）铁、钴、锌、锡、铅、硫是易氧化除去的杂质。铁对氧亲和力大且造渣性能好，精炼时可降至万分之一的程度。钴与铁相似，它将形成硅酸盐和铁酸盐被除去。锌则大部分以金属锌形态挥发，其余的锌被氧化成 ZnO 并形成硅酸锌和铁酸锌入渣。锡在精炼时氧化成 SnO 和 SnO_2，前者呈碱性易与 SiO_2 造渣，后者则需加入碱性的苏打或石灰等才能形成 $Na_2O \cdot SnO_2$ 或 $CaO \cdot SnO_2$ 等锡酸盐造渣除去。铅可以氧化成 PbO 与炉底或吹入的 SiO 造渣，而更有效的是采用磷酸盐和硼酸盐两种造渣形式除铅，这时因渣中所含硼氧和磷氧配阴离子对于降低 PbO 活度的作用很大，因此生成极稳定的磷酸盐和硼酸盐。硫在粗铜中主要以 Cu_2S 形式存在，它在精炼初期氧化得较缓慢，但在氧化期将结束时，便开始按反应剧烈地放出 SO_2，使铜水沸腾，有小铜液滴喷溅射出，形成所谓“铜雨”。在温度和 SO_2 分压一定的条件下，铜液中硫和氧之间的平衡关系如图 4-32 所示[38]。由图 4-32 可见，要使硫降至 0.008% 以下，只需在

1200℃时使铜水中含 O_2 达到0.1%即可。然而为了加速反应，实践中常将氧的浓度提到0.9%~1.0%，保持熔体中 Cu_2O 为饱和状态。同时采用低硫（S<2%）的重油供热。炉气中 SO_2 浓度应低于0.1%，温度为1200℃，并使炉内为中性或微氧化性气氛。

（2）镍、砷、锑是难以除去的杂质。镍在熔化期和氧化期只能缓慢氧化。氧化生成的 NiO 分布在炉渣和铜水中。渣中 NiO 生成 $NiO \cdot Fe_2O_3$ 造渣除去，使铜水中的镍降至0.2%~0.4%。因铜中常有少量的砷、锑，它们与镍生成镍云母 $6Cu_2O \cdot NiO \cdot 2As_2O_5$ 和 $6Cu_2O \cdot 8NiO \cdot 2Sb_2O_5$，这便是镍难除去的主要原因。为了除镍，除了加入 Fe_2O_3 使之造渣以外，还可以加入 Na_2CO_3 去分解和破坏镍云母，以减少这些化合物在铜水中的溶解。我国的实践表明，阳极中 Ni<0.6%时，不会影响电解质精炼的进行。为此采用了保镍的措施。图4-33表示铜中含镍与含氧的关系。由图4-33可见，铜中含氧减少，则含镍增加。而且当铜水含镍降至0.4%以下时，曲线发生转折，因镍量极微时对氧在铜中的溶解度影响很小。在工厂实践中，将含镍不同的铜料进行搭配，使铜液含镍在0.5%左右，并在还原期将脱氧限度由一般的0.1%降至0.05%左右。这样绝大部分镍便会以金属状态留在阳极铜中。

砷和锑与铜能形成一系列化合物和镍云母溶入铜中，这便是砷、锑难除的主要原因。可用反复氧化还原的方法除去砷、锑，即将砷、锑氧化为 As_2O_3 和 Sb_2O_3 挥发。但此时有一部分砷、锑会形成 As_2O_5、Sb_2O_5 以及砷酸盐和锑酸盐，所以必须进行还原，使砷、锑由高价状态还原为低价氧化物再挥发除去。也可用苏打或石灰等碱性熔剂使砷锑形成不溶于铜中的砷酸盐和锑酸盐造渣除去。还可用石灰和萤石混合熔剂使砷、锑造渣。

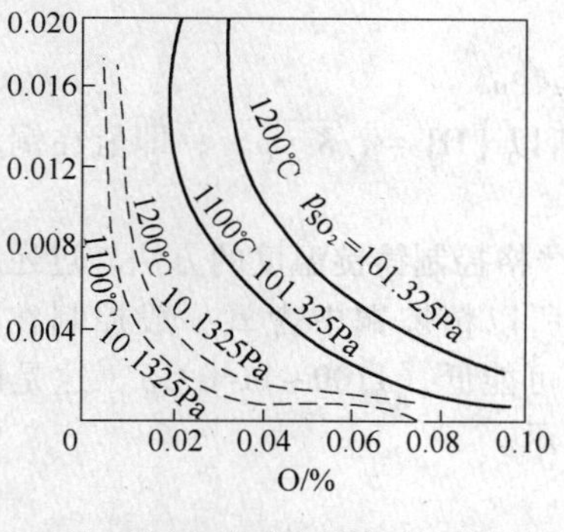

图4-32　溶于铜水中的硫和氧的平衡关系

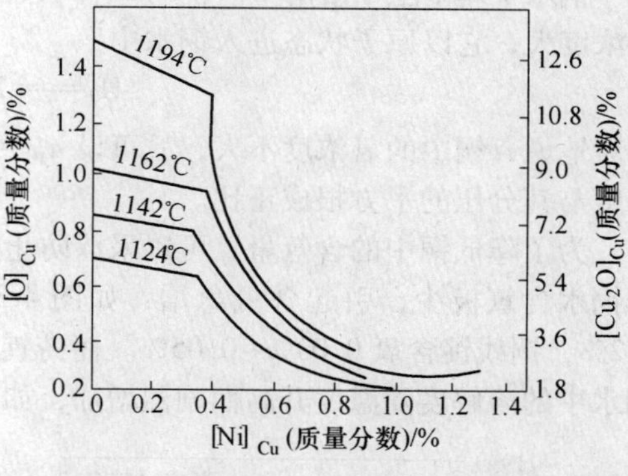

图4-33　Cu-Ni-O系中铜中氧和镍含量的关系

（3）金、银、硒、碲、铋等是不能或很少除去的杂质。金、银等贵金属在氧化精炼时不会氧化，只有极少部分被挥发性化合物带入烟尘。硒、碲除少量氧化成 SeO_2 和 TeO_2 随炉气带走外，大部分仍留在铜中。铋在氧化精炼时除去得极少，因铋对氧的亲和力与铜相差不大。

二、还原过程

铜火法精炼的还原在我国都采用重油，也有采用天然气、氨、液化石油气、丙烷以及用插木法进行还原的。

重油的主要成分为各种碳氢化合物，高温下分解为氢和碳，而碳燃烧为CO。所以重油还原实际上是氢气和一氧化碳对氧化亚铜还原：

$$Cu_2O + H_2 = 2Cu + H_2O$$
$$Cu_2O + CO = 2Cu + CO_2$$

其中氢气还原始于 248℃，在精炼温度下进行得极剧烈。在 Cu_2O 饱和的铜液中可视 $a_{Cu_2O}=1$，得：

$$K_p = p_{H_2}/p_{H_2O} = 10^{-4.1}\ (1050℃)$$

可见，混合气体中只要有极少的氢气，还原即可进行。而一氧化碳还原反应的平衡常数可写为：

$$p_{CO}/p_{CO_2} = K[Cu]^2/[Cu_2O]$$

1100℃下的理论计算值见表 4-6。可见 Cu_2O 也是很容易被一氧化碳还原的。

表 4-6　CO 还原反应的 CO 浓度值

铜液中的 Cu_2O 浓度		$\lg \frac{p_{CO}}{p_{CO_2}}$	$CO+CO_2$ 总和中的 CO/%	p_{CO}/Pa
质量分数/%	摩尔分数/%			
3.31	1.50	−4.64	0.002	2.0
0.23	0.10	−3.46	0.035	34.66
0.01	0.004	−2.18	0.855	813.25

铜中含氧过多会使铜变脆，其延展性和导电性都变坏。铜中含氢过多，在铸成的阳极内会有气孔，对电解精炼非常不利；若制成铜线锭，则在加热时铜中的氢与 Cu_2O 作用产生水蒸气，使铜变脆，发生龟裂（氢病），使其机械性能变坏。

铜水中基本上不溶解 CO_2、H_2O、N_2，但对 O_2、SO_2 和 H_2 的溶解能力较强。重油还原时的氢浓度大，它以原子状态进入铜水中：

$$H_2 \xlongequal{\quad} 2H,\ K = a_H^2/p_{H_2}$$

相对地说，铜中的氢浓度不大，故可设 $a_H=[H]$，所以 $[H]=\sqrt{K\cdot p_{H_2}}$，即氢在铜水中的溶解度与其分压的平方根成正比。

为了降低铜中的含氢量，可以采取防止过还原和严格控制铸锭温度的方法。过还原时，由于铜水含氧极少，引起含氢急增，如图 4-34 所示。所以精炼铜中含氧一般控制在 0.05%～0.2%，铜线锭含氧 0.03%～0.05%。而铸锭温度应尽可能低（1100～1140℃），这是因为氢在铜水中的溶解度随温度升高而剧烈增加，如图 4-35 所示。

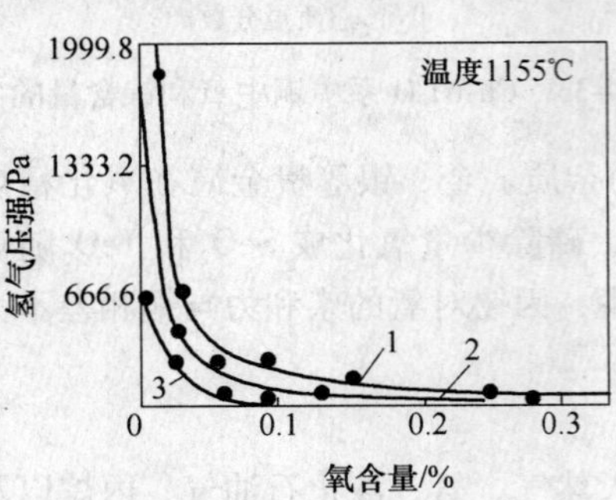

图 4-34　铜液中的氢氧与平衡气相中水蒸气压力的关系

1—p_{H_2O} = 47329.4Pa；2—p_{H_2O} = 31197.4Pa；3—p_{H_2O} = 12332.3Pa

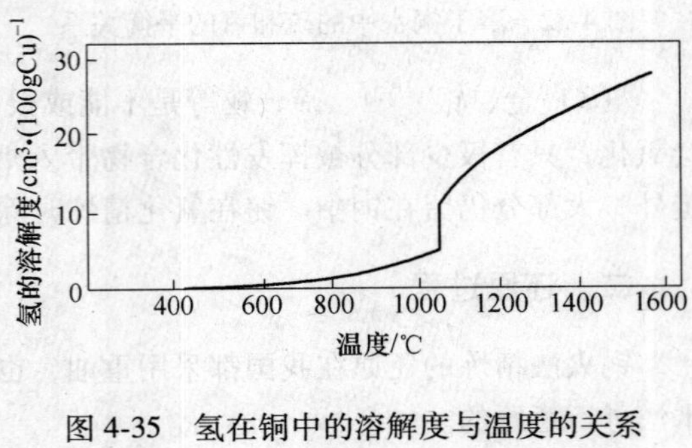

图 4-35　氢在铜中的溶解度与温度的关系

第八节 铜电解精炼工艺及设备

火法精炼产出的精铜品位一般为99.2%~99.7%，其中还含有0.3%~0.8%杂质。为了提高铜的性能，使其达到各种应用的要求，同时回收其中的有价金属，特别是贵金属、铂族金属盒稀散金属，必须进行电解精炼。

铜的电解精炼是以火法精炼产出的精铜为阳极，以电解产出的薄铜（始极片）为阴极，以硫酸铜和硫酸的水溶液作为电解液。在直流电的作用下，阳极铜进行电化学溶解，纯铜在阴极上沉积，杂质则进入阳极泥和电解液中，从而实现了铜与杂质的分离。铜精炼流程如图4-36所示。

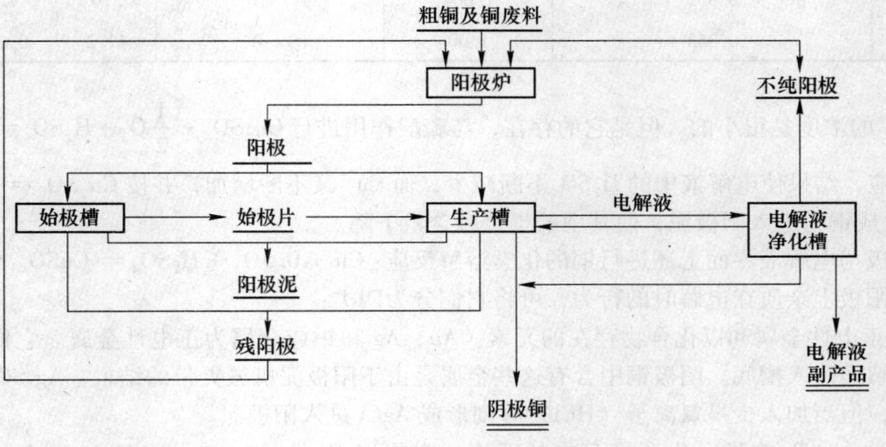

图4-36 铜精炼流程

一、铜电解精炼的理论基础

铜电解精炼，在阳极上进行氧化反应[111]：

$$Cu - 2e = Cu^{2+} \qquad E^{\ominus}_{Cu/Cu^{2+}} = 0.34V$$

$$Me' - 2e = Me'^{2+} \qquad E^{\ominus}_{Me'/Me'^{2+}} < 0.34V$$

$$H_2O - 2e = 2H^+ + 0.5O_2 \qquad E^{\ominus}_{H_2O/O_2} = 1.229V$$

$$SO_4^{2-} - 2e = SO_3 + 0.5O_2 \qquad E^{\ominus}_{SO_4^{2-}/O_2} = 2.42V$$

式中，Me′只指Fe、Ni、Pb、As、Sb等比Cu更负电性的金属。因其浓度很低，其电极电位将进一步降低，从而它们将优先溶解进入电解液。由于阳极的主要组成是铜，所以阳极的主要反应将是铜溶解形成Cu^{2+}的反应。至于H_2O和SO_4^{2-}失去电子的氧化反应，由于其电极电位比铜正得多，故在阳极上是不可能进行的。另外，如Ag、Au、Pt等电位更正的贵金属、铂族金属和稀散金属，更是不能溶解，而落到电解槽底部。

在阴极上进行还原反应：

$$Cu^{2+} + 2e = Cu \qquad E^{\ominus}_{Cu/Cu^{2+}} = 0.34V$$

$$2H^+ + 2e = H_2 \qquad E^{\ominus}_{H_2/H^+} = 0V$$

$$Me'^{2+} + 2e = Me' \qquad E^{\ominus}_{Me'/Me'^{2+}} < 0.34V$$

氢的标准电位比铜负，且在铜阳极上的超电压使氢的电极电位更负，所以在正常电解精炼条件下，阴极不会析出氢，而只有铜的析出。同样，标准电位比铜低而浓度又小的负电性金属 Me′，不会在阴极析出。

电解过程中还形成一价铜离子 Cu^+ 并建立下列平衡：

$$2Cu^+ \xlongequal{} Cu^{2+} + Cu \qquad K = C_{Cu^{2+}}/C_{Cu^+}^2$$

上式在不同温度下的平衡数据见表 4-7。

表 4-7 $2Cu^+$ ═ Cu^{2+}+Cu 的平衡数据

温度/℃	$E_K(Cu/(0.5molCuSO_4))/V$	$C_{Cu^{2+}}/g \cdot L^{-1}$	C_{Cu^+}/L^{-1}	$\frac{C_{Cu^{2+}}}{C_{Cu^+}}$	K
25	0.316	1.037	3×10^{-3}	342	25×10^4
55	0.335	1.004	3.7×10^{-3}	270	7.3×10^4
100	0.353	1.00	89×10^{-3}	11.2	0.012×10^4

可见，Cu^+ 的浓度是很小的。但是它的存在，与硫酸作用进行 $Cu_2SO_4 + \frac{1}{2}O_2 + H_2SO_4 = 2CuSO_4 + H_2O$ 反应，结果使电解液中的 H_2SO_4 不断减少，而 Cu^{2+} 又不断增加，并按 $Cu_2SO_4 = CuSO_4 + Cu$ 反应生成铜粉进入阳极泥，使其中的贵金属含量下降。

在电极与电解液界面上还进行铜的化学溶解反应：$Cu + 0.5O_2 + H_2SO_4 = CuSO_4 + H_2O$。

根据阳极上杂质在电解时的行为，可将它们分为四类：

（1）正电性金属和以化合物存在的元素。Au、Ag 和铂族金属为正电性金属。它们不进行电化学溶解而落入槽底。阴极铜中含有这些金属是由于阳极泥机械夹带的结果。Ag_2SO_4 可溶于电解液中，但当加入少量氯离子（HCl）时则形成 AgCl 进入阳极泥。

O、S、Se、Te 为稳定化合物存在的元素。它们以 Cu_2S、Cu_2O、Cu_2Te、Cu_2Se、Ag_2Se、Ag_2Te 等形式存在于阳极板内，电解时也进入阳极泥中。

（2）在电解液中形成不溶化合物的 Pb 和 Sn。电解时，Pb 以 $PbSO_4$ 沉淀。Sn 以 Sn^{2+} 进入电解液后氧化成 Sn^{4+}，即 $SnSO_4 + \frac{1}{2}O_2 + H_2SO_4 = Sn(SO_4)_2 + H_2O$，并按反应 $Sn(SO_4)_2 + 2H_2O = Sn(OH)_2SO_4\downarrow + H_2SO_4$ 水解沉淀进入阳极泥中。

（3）负电性的 Ni、Fe、Zn。阳极中的 Fe 和 Zn 含量极微，电解时它们与金属镍一道溶入电解液中。一些不溶性化合物如氧化亚镍和镍云母会在阳极表面形成不溶薄膜，使槽电压升高或引起阳极钝化。

（4）电位与铜相近的 As、Sb、Bi。电解时，它们可能在阴极上析出。它们还能生成极细的絮状 $SbAsO_4$ 和 $BiAsO_4$ 砷酸盐，漂浮在电解液中，机械地黏附在阴极上，其黏附量相当于 As、Sb 放电析出量的两倍，而且 Sb 进入阴极的数量比 As 大，因此 Sb 的危害更为突出。

电解液需要净化，以除去它在电解过程中积累的杂质。

二、铜电解精炼设备及操作实践

铜电解精炼的主要设备是电解槽，如图 4-37 所示。它是长 3.0~5.0m、宽 0.85~1.2m、高 1.0~1.5m 的钢筋混凝土的长方形无盖槽子，内衬铅皮或聚氯乙烯塑料板。电解槽放在钢筋混凝土立柱架起的横梁上，槽底四角垫有电绝缘的瓷砖或橡胶板。槽侧壁的槽沿上敷有瓷砖或塑料板，在其上再放槽间导电铜板，阴极和阳极的耳朵搭在该导电板上。相邻槽间留有 20~

40mm 的槽间绝缘空隙。输电电路用复联法，即槽内极间电路并联、槽间电路串联。

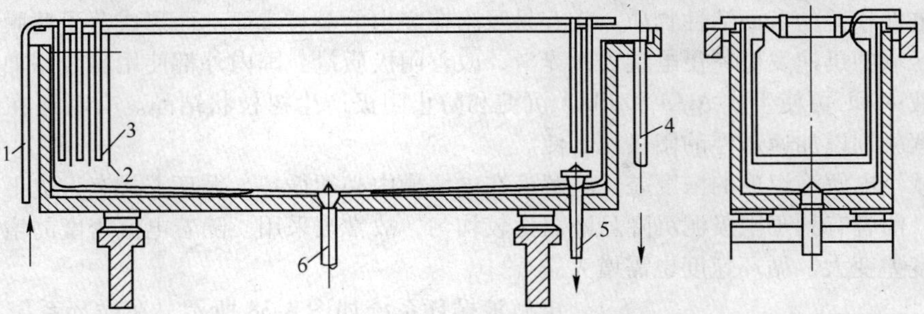

图 4-37 铜电解槽

1—进液管；2—阴极；3—阳极；4—出液管；5—放液孔；6—放阳极泥孔

阳极宽 650~1000mm，长 700~1000mm，厚 35~50mm。上方的两耳分别搭在导电板和槽沿的瓷砖上。阳极表面要平整无毛刺，厚度要均匀，对会引起阳极钝化和严重影响阴极质量的铅、氧、砷、锑等杂质的含量要严格控制。

阴极是在始极槽（即种板槽）内电解制成，称始极片，厚 0.4~0.7mm。其尺寸比阳极稍大，结晶致密且平整光洁。始极槽用的母板为厚 3~4mm 的紫铜板或钛板。用钛板时不用涂板，这是因为它的传热率和热膨胀系数与铜板相差很大。放入 0~20℃ 的水中时，始极片即从钛板上脱落。

槽内阳极片数为 32~36 块，阴极片数比阳极多一块，阳极寿命 20~30d，阴极寿命为阳极的 1/3~1/2。电极边缘离电解槽壁 50~70mm，离槽底 200~300mm，同极中心距 70~100mm。阴、阳极和电解液的组成见表 4-8。

表 4-8 阴阳极及电解液的组成

元素	阴极/%	阳极/%	电解液/$g \cdot L^{-1}$	元素	阴极/%	阳极/%	电解液/$g \cdot L^{-1}$
Cu	99.95~99.99	99.2~99.8	40~60	Bi	0~0.002	0~0.01	0.05~0.5
S	0.0004~0.005	0.001~0.015	—	Se	0~0.0001	0~0.025	—
O	0~0.02	0.04~0.3	—	Te	0~0.0001	0~0.001	—
Ni	0~0.002	0~0.5	2~20	Ag	0.0005~0.001	0~0.1	—
Fe	0.0002~0.005	0.001~0.03	1~3	Au	0~0.00001	0~0.007	—
Pb	0.0005~0.005	0~0.1		Cl	—	—	0.06~0.7
As	0.0001~0.002	0~0.3	0.5~4	H_2SO_4	—	—	160~210
Sb	0.0002~0.002	0~0.3	0.2~0.7				

电解液中 Cu^{2+} 过低时可能有其他杂质析出[112]；Cu^{2+} 过高时又会增大电解液电阻，并且可能在阳极表面出现 $CuSO_4 \cdot 5H_2O$ 结晶。电解液还加入添加剂以改善阴极质量。每吨电铜耗添加剂动物胶 25~50g、硫脲 20~50g、干酪素 15~40g。

H_2SO_4 可提高电解液的导电性，但硫酸浓度的升高，会使电解液中 $CuSO_4$ 的溶解度降低。

镍、砷、锑、铁等杂质的含量增高时，会增加电解液的电阻、降低 $CuSO_4$ 的溶解度和影响阴极质量，故对其含量需严格控制。

电解液的温度一般为 55~60℃。适当提高温度对 Cu^{2+} 扩散和均匀电解液成分有利，但温度过高反而增大化学溶解和电解液蒸发。

添加剂的作用是抑制阴极表面突出部分的晶粒继续长大，从而促使其电积物均匀致密。添加剂是导电性较差的表面活性物质，它容易吸附在突出的晶粒表面上而形成分子薄膜，抑制阴极上活性区域的迅速发展，使电铜表面光滑，改善阴极质量。国内外都使用联合添加剂。

电解液中 Cl^-可使生成 AgCl 和 $PbCl_2$沉淀和防止阴极产生树枝状结晶。有时还在电解液中加入少量絮凝剂以加速悬浮的阳极泥沉淀。

为了减小电解液组成的浓度差，电解液在电解槽内必须循环。循环方式有上进下出和下进上出两种，前者有利于阳极泥沉降且液温比较均匀，故常被采用。随着电流密度的增大，电解液 Cu^{2+}浓度差变大，循环速度也需增大。

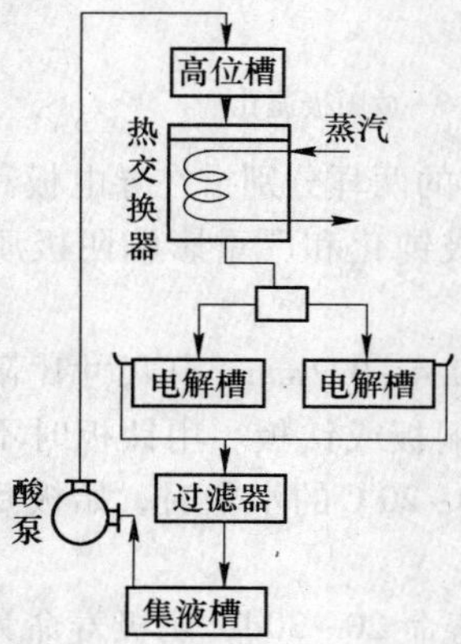

图 4-38 电解液循环系统

电解液循环系统如图 4-38 所示。在循环系统中还设有加热和过滤设备。输液用铅管或聚氯乙烯管。过去用蛇形铅管加热电解液，现已改用传热效率高和蒸气消耗少的浮头列管式石墨列管热交换器。

电解精炼重要的技术参数是电流密度。它与生产率、电耗和生产成本紧密相连。电流密度 D_K是指每平方米阴极表面上通过的电流强度，即 A/m^2。提高电流密度可增大铜产量，但同时也会增大槽电压和电能消耗，导致增大循环速度和金、银损失。其中将有一个在允许电流密度范围内经济上最合理的电流密度，经长期实践认为该值为 220~230A/m^2。

在高电流密度作用下，阴、阳极间的 Cu^{2+}浓度差更加悬殊。这样就有可能在阳极上由于 Cu^{2+}过饱和而沉淀 $CuSO_4 \cdot 5H_2O$，以及 NiO 和 Cu_2O 等来不及脱落而使阳极钝化；而在阴极上由于 Cu^{2+}贫化而出现粗糙结晶，甚至沉积铜粉。

槽电压也是电解的重要技术参数，它直接影响到电能消耗。电能消耗即生产 1t 铜消耗的电量，单位 kW · h/t(铜)。电能消耗正比于槽电压而反比于电流效率，且电流密度增大时槽电压也相应增大。正常的槽电压为 0.25~0.30V，其中主要是消耗在电解液的电阻上。

另一个重要的技术参数是电流效率（%），它是实际沉积铜量与理论沉积铜量之比。电流效率直接影响电耗，一般电流效率为 92%~98%，电耗为 200~250kW · h/t(铜)。

在铜和铅的电解精炼中，已经成功地应用了周期反向电流电解技术。它使通过电解槽的直流电周期性地短时间反向，从而消除或减轻阴阳极附近 Cu^{2+}浓度差，可大大地提高电流密度和生产率。周期反向电流电解的正反向通电时间为 20 : 1，电流密度可提到 280~330A/m^2。

三、电解液的净化

从上面的讨论得知[113]，随着电解过程的进行，电解液内的铜和负电性元素逐渐增加，硫酸逐渐减少，添加剂逐渐积累。为此，需每天抽出一定量的电解液进行净化处理，同时补充等量新液，以保持电解液原有的组成范围。净化的目的在于回收其中的铜、钴、镍，除去有害的砷和锑，以及使硫酸能返回使用。净化过程的顺序如下所述。

（1）中和结晶。它是用铜粉中和电解液中的硫酸以产出硫酸铜：

$$Cu + H_2SO_4 + 0.5O_2 \xlongequal{} CuSO_4 + H_2O$$

中和设备为间断的中和槽或连续的鼓泡塔。将中和液蒸发浓缩为高温（80~90℃）饱和硫酸铜溶液，冷却即析出胆矾结晶（见图 4-39）。结晶设备有带式水冷连续结晶机和水冷机械搅拌间歇结晶机。用电积法可直接产出硫酸和铜。

（2）脱铜和砷、锑。结晶后的母液用不溶阳极电解回收铜和除砷、锑：

$$CuSO_4 + H_2O = H_2SO_4 + Cu + 0.5O_2$$

同时也再生了硫酸。至电解后期，Cu^{2+}浓度低至8g/L，砷、锑、铋与铜一起放电得含砷黑铜，并有大量氢放出。黑铜需返回至火法精炼中处理。除砷、锑也可用萃取法或化学法。

（3）生产粗硫酸镍。脱铜和脱砷、锑后的母液含有40~50g/L Ni和约300g/L H_2SO_4，再经蒸发浓缩使$NiSO_4$达到饱和，然后冷却结晶分离。结晶后液含7~10g/L Ni和约400g/L H_2SO_4，若杂质含量低时，可将其加温和过滤，然后返回电解车间使用；若砷、锑等杂质含量高，则需将其再蒸发浓缩，使其以无水硫酸盐形式析出。分离后溶液返回电解车间使用。

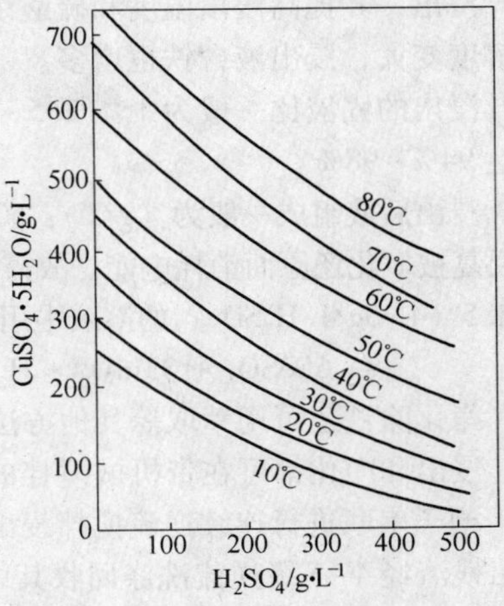

图4-39　硫酸溶液中硫酸铜溶解度等温线

第九节　湿 法 炼 铜

湿法提铜约占世界产铜量的15%。它是先经溶剂浸出，然后用电积、置换或氢还原等将铜提取出来。湿法提铜可归纳为以下几种。

一、焙烧—浸出—电积法

该法为硫化铜精矿处理的成熟方法[114]，其流程如图4-40所示。

（一）焙烧

炉料准备采用硫酸化焙烧，目的是使绝大部分的铜转变成可溶于稀硫酸的$CuSO_4$和$CuO \cdot CuSO_4$，而铁全部转变为不溶氧化物。根据热力学分析，要使铜形成$CuSO_4$而铁形成Fe_2O_3，最佳温度为677℃。生产中焙烧温度为675~680℃。此时也生成少量的$CuO \cdot CuSO_4$和CuO，但在稀硫酸浸出时，它们也被浸出转入溶液。

（二）浸出和净化

焙砂中的铜主要以$CuSO_4$、$CuO \cdot CuSO_4$、CuO、Cu_2O形式存在，铁主要是Fe_2O_3，还有少量$FeSO_4$、$CuO \cdot Fe_2O_3$和未反应的Cu_2S。用稀硫酸浸出时，铜进入溶液，少量$FeSO_4$也溶解。因此，浸出液必须净化除铁。

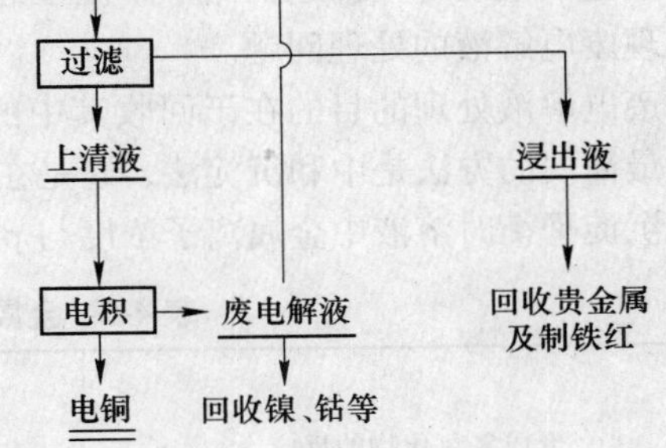

图4-40　焙烧—浸出—电积法流程

影响浸出反应速度的因素是温度、溶剂浓度和焙砂粒度。通常浸出温度为80~90℃，硫酸浓度大于15g/L，焙砂粒度-0.147mm。此时反应速度很快，而扩散过程则较慢。为此采用了搅拌浸出，并提高浸出温度和硫酸浓度（最高达60g/L）。但是，温度过高，Fe_2O_3和Fe_3O_4的溶解度变大，浸出液含铁也增多。

浸出的固液比一般为1∶（1.5~2.5），浸出时间2~3h，每吨料酸耗60~80kg。铜的总回收率达94%~98%。

浸出后液组成一般为（g/L）：50~110Cu，2~18H_2SO_4，2~4Fe^{2+}，1~4Fe^{3+}。这部分铁在电积时反复被氧化还原而消耗电能，故需净化除去。常用的除铁方法是氧化水解法。它是在pH值为1~1.5（4~5g/L H_2SO_4）的溶液中用MnO_2将Fe^{2+}氧化为Fe^{3+}，然后水解沉淀除去，其反应为：

$$6FeSO_4 + 3MnO_2 + H_2SO_4 = 3Fe_2O_3 \cdot 4SO_3 \downarrow + 3MnSO_4 + H_2O$$

净化除铁还可用萃取等其他方法。

浸出和净化都可在带机械搅拌的耐酸（如不锈钢等）槽内进行，也可将若干个（如3~4个）槽子串联进行连续逆流搅拌浸出，浸出时可加絮凝剂加速沉淀。浸出上清液送电积车间，浸出残渣经4~5级逆流洗涤回收其中的铜后，送去提取贵金属和生产铁红。

浸出残渣除含有铁的氧化物以外，还含有铜、铅、铋和全部贵金属。残渣贵金属含量低时，可送铅冶炼系统处理；贵金属含量高时，可经重选富集后用氰化法处理。氰化法详见第五章。

（三）电积

铜的电积也称不溶阳极电解。它是以铜的始极片作阴极，以铅锑合金作阳极，上述的净化除铁后的净化液作电解液。电解时，阴极过程与电解精炼一样，在始极片上析出铜。在阳极的反应则不是金属溶解，而是水的分解析出氧，这与锌的湿法冶金电积的阳极过程相同。这样，铜电积的总反应可写为：

$$Cu^{2+} + H_2O = Cu + 0.5O_2 + 2H^+$$

电积的实际槽电压为1.8~2.5V，电流效率仅有77%~92%。电解液中的铜离子浓度越低，铁含量越高；温度越高和阴极周期越长，则化学溶解量也越大，电流效率也就越低。槽电压高和电流效率低的结果，使电耗比铜电解精炼高10倍。

由于电积时电解液中的铜含量不断降低和硫酸浓度不断升高，因而要求选定与其相应的电流密度和电解液循环速度。一般入槽电解液含70~90g/L Cu及20~30g/L H_2SO_4；出槽电解液含10~12g/L Cu及120~140g/L H_2SO_4。电解槽按多级排列，使电解液顺次流经若干个电解槽之后，铜含量降至槽要求的水平。电积的电解液温度为35~45℃，阴极周期可取7d，电流密度150~180A/m^2，同极距离80~100mm。所得电铜质量为99.5%~99.95%Cu。

废电解液最好全部返回用于本流程的焙砂浸出。然而这种平衡在生产上是很难办到的。所以出现废电解液的处理问题。

废电解液处理的目的在于回收其中的有价金属和硫酸，或将硫酸中和以免酸对环境的危害。最简便的方法是中和沉淀法，它是在逐步降低溶液酸度的情况下，使金属依次沉淀回收，中和沉淀平衡时溶液中金属离子浓度与pH值的关系见表4-9。

表4-9 金属离子浓度与pH值的关系

形成氢氧化物的反应	溶度积 K	浓度/g（离子）·L^{-1}			
		1	10^{-1}	10^{-3}	10^{-5}
		pH值			
$Co^{3+}+3H_2O = Co(OH)_3+3H^+$	3×10^{-41}	0.5	0.83	1.5	2.2

续表 4-9

形成氢氧化物的反应	溶度积 K	浓度/g（离子）$\cdot L^{-1}$			
		1	10^{-1}	10^{-3}	10^{-5}
		pH 值			
$Fe^{3+}+3H_2O = Fe(OH)_3+3H^+$	4×10^{-38}	1.5	1.83	2.5	3.2
$Cu^{2+}+2H_2O = Cu(OH)_2+2H^+$	5.6×10^{-20}	4.4	4.9	5.9	6.9
$Zn^{2+}+2H_2O = Zn(OH)_2+2H^+$	4.5×10^{-17}	5.8	6.3	7.3	8.3
$Co^{2+}+2H_2O = Co(OH)_2+2H^+$	2×10^{-16}	6.1	6.6	7.6	8.6
$Ni^{2+}+2H_2O = Ni(OH)_2+2H^+$	1×10^{-15}	6.5	7	8	9
$Fe^{2+}+2H_2O = Fe(OH)_2+2H^+$	1.6×10^{-15}	6.6	7.1	8.1	9.1

根据这一原理，可首先加入石灰乳中和废电解液中的过多硫酸：

$$H_2SO_4 + Ca(OH)_2 = CaSO_4 + 2H_2O$$

其后加 MnO_2 使 Fe^{2+} 氧化成 Fe^{3+}，在 pH 值为 1~2 及 85~90℃下沉铁：

$$6FeSO_4 + 3MnO_2 + H_2SO_4 = 3Fe_2O_3 \cdot 4SO_3\downarrow + 3MnSO_4 + H_2O$$

过滤得除铁后液和含 0.3~0.5%Cu 的钙铁渣，除铁后液在加入 Na_2CO_3 后，使 pH 值为 5.5~6，温度为 60~70℃时沉铜：

$$Na_2CO_3 + H_2SO_4 = Na_2SO_4 + CO_2 + H_2O$$

$$2CuSO_4 + 3Na_2CO_3 + 2H_2O = Cu(OH)_2 \cdot CuCO_3 + 2Na_2SO_4 + 2NaHCO_3$$

过滤得除铜后液和含约 25%Cu 的铜渣。除铜后液再加 Na_2CO_3 使溶液 pH 值为 8~9，在 70~80℃下使 $CoSO_4$ 全部水解沉淀（$2CoSO_4 + 3Na_2CO_3 + 2H_2O = Co(OH)_2 \cdot CoCO_3 + 2Na_2SO_4 + 2NaHCO_3$），过滤得含 5%~10%Co 的钴渣，作为提钴原料。

中和法简单，但中和硫酸的碱耗大，且硫酸不能回收。此外还有用电解脱铜，阴离子交换膜透析分离硫酸，真空蒸发和冷凝结晶分别提取 $CuSO_4$、$CoSO_4$ 和 H_2SO_4 等方法，但都不够完善。

二、高压氨浸法

采用高压氨浸法处理硫化铜精矿时[115]，是在高温度、高氧压和高氨压下以配合物形态将铜、镍、钴等有价金属进行浸出，铁则以氢氧化物入渣：

$$2CuFeS_2 + \frac{17}{2}O_2 + 12NH_3 + (n+2)H_2O = 2Cu(NH_3)_4SO_4 + 2(NH_4)_2SO_4 + Fe_2O_3 \cdot nH_2O$$

$$2Cu_2S + \frac{5}{2}O_2 + (NH_4)_2SO_4 + 6NH_3 = 2Cu(NH_3)_4SO_4 + H_2O$$

$$CuS + 2O_2 + 4NH_3 = Cu(NH_3)_4SO_4$$

$$2FeS_2 + \frac{15}{2}O_2 + 8NH_3 + (m+4)H_2O = 4(NH_4)_2SO_4 + Fe_2O_3 \cdot mH_2O$$

配离子的不稳定常数是衡量配离子稳定性大小的标志，也称之为配离子离解的平衡常数，该常数用 k_n 表示。温度升高时，配离子进行分步离解：

$$Me(NH_3)_n^{2+} = Me(NH_3)_{n-1}^{2+} + NH_3$$

$$k_n = \frac{[Me(NH_3)_{n-1}^{2+}] \cdot [NH_3]}{[Me(NH_3)_n^{2+}]}$$

至最后一步，配离子离解为配合物 $Me(H_2O)_p^{2+}$ 和 NH_3，而 $Me(H_2O)_p^{2+}$ 很容易分解为氢氧化物而沉淀。

由此可见，在浸出时希望金属形成配合物而溶入溶液中，不稳定常数 k_n 越小，配离子在溶液中越稳定。而当金属转入氨液之后，在蒸氨提铜工艺中，为了使它们从溶液中沉淀分离出来，又希望不稳定常数 k_n 增大。几种配离子的分步不稳定常数 k_n 及总不稳定常数 K_n 值见表 4-10。表中 $K_n = \dfrac{[Me^{2+}]\cdot[NH_3]^n}{[Me(NH_3)_n^{2+}]}$，$K_n = k_1k_2k_3\cdots k_n$。

表 4-10　几种配离子的分步不稳定常数及总不稳定常数

NH_3配位数	Cu^{2+}		Ni^{2+}		Co^{2+}		Co^{3+}		Zn^{2+}		Fe^{2+}	
	$-\lg k_n$	$-\lg K_n$	$-\lg k_n$	$-\lg K_n$	$-\lg k_n$	$-\lg K_n$	$-\lg k_n$	$-\lg K_n$	$-\lg k_n$	$-\lg K_n$	$-\lg k_n$	$-\lg K_n$
1	4.15	4.15	2.79	2.79	2.11	2.11	7.3	7.3	2.37	2.37	1.4	1.4
2	3.5	7.65	2.24	5.03	1.63	3.74	6.7	14	2.44	4.81	0.8	2.2
3	2.89	10.54	1.69	6.72	1.05	4.79	6.1	20.1	2.5	7.31	—	—
4	2.14	12.68	1.25	7.97	0.76	5.55	5.6	25.7	2.15	9.46	—	—
5	—	—	0.74	8.71	0.18	5.73	5.05	30.8	—	—	—	—
6	—	—	0.03	8.74	-0.62	5.11	4.45	35.2	—	—	—	—

由表 4-10 可见，配离子的稳定顺序为：$Co(NH_3)_n^{3+} > Cu(NH_3)_n^{2+} > Zn(NH_3)_n^{2+} > Ni(NH_3)_n^{2+} > Co(NH_3)_n^{2+} > Fe(NH_3)_n^{2+}$。有色重金属氨配离子的稳定性较大，都能进入溶液中。因铁配离子不稳定，故离解沉淀。

影响浸出反应速度的因素有氧和氨的浓度、矿粒粒度、溶液温度、搅拌条件等。很明显，温度升高、搅拌强烈和矿粒细小能强化浸出过程。而从上述反应得知，提高溶液中 O_2 和 NH_3 浓度，则是加速浸出反应的先决条件。在常压下提高溶液中 O_2 和 NH_3 浓度是困难的，所以采用了高压浸出的方法。在一般情况下，高压氨浸的条件为：分子比 $NH_3/Cu \geqslant 6.5$，氨和空气总压为 10atm（1.01325MPa），温度 80~95℃，精矿粒度 100~200 目（0.147~0.074mm），矿浆浓度 20%固体，浸出时间约 12h。

从浸出液中提取铜可选用氢还原法，氢还原可以获得纯铜粉，控制溶液的酸度即可实现几种金属的选择还原。该过程也是在高压下进行，对铜的还原来说，氢压力需 15~20atm（1.5199~2.0265MPa）；对镍钴则需 20~35atm（2.0265~3.5464MPa）。温度 160~200℃，还需加入晶种和催化剂，同时进行强烈的搅拌。

三、细菌浸出法

硫化矿用稀硫酸浸出的速度是缓慢的，但有细菌存在时可显著加速浸出反应[101,116]。重要的湿法冶金细菌是氧化铁硫杆菌和氧化硫杆菌。这两种杆菌可以在多种金属离子存在和 pH 值为 1.5~3.5 的酸性环境中生存和繁殖。

氧化铁硫杆菌在其生命活动中产生一种酶素，这种酶素是 Fe^{2+} 和 S 氧化的催化剂，而氧化过程又给杆菌提供了生活和繁殖的条件，细菌的活动使反应进行。浸出过程包括以下三步。

（1）细菌活动使铁和铜的硫化物被氧氧化，Fe^{2+} 进入溶液：

$$CuFeS_2 + 4O_2 \xlongequal{\text{细菌}} CuSO_4 + FeSO_4$$

$$2FeS_2 + 7O_2 + 2H_2O \xlongequal{细菌} 2H_2SO_4 + 2FeSO_4$$

（2）细菌使 Fe^{2+} 氧化成 Fe^{3+}：

$$2FeSO_4 + 1.5O_2 + 2H_2SO_4 \xlongequal{细菌} 2Fe_2(SO_4)_3 + H_2O$$

（3）Fe^{3+} 作为溶剂对硫化矿和氧化矿浸出：

$$Cu_2S + Fe_2(SO_4)_3 + 2O_2 \xlongequal{} 2CuSO_4 + 2FeSO_4$$

$$CuFeS_2 + 2Fe_2(SO_4)_3 + 3O_2 + 2H_2O \xlongequal{} CuSO_4 + 5FeSO_4 + 2H_2SO_4$$

$$Cu_2O + Fe_2(SO_4)_3 + H_2SO_4 \xlongequal{} 2CuSO_4 + 2FeSO_4 + H_2O$$

氧化硫杆菌可促使硫化物和硫氧化：

$$S_2O_3^{2-} + 2.5O_2 \xlongequal{细菌} 2SO_4^{2-}$$

$$S + 0.5O_2 + H_2O \xlongequal{细菌} H_2SO_4$$

生成的 H_2SO_4 参与 Fe^{2+} 的氧化反应。

由此可见，细菌浸出必须维持细菌有一个生存和繁殖的优良环境，这种环境是 pH 值为 1.5~3.5，温度 25~40℃（细菌活力最大的温度为 35℃），充足的氧和避光。细菌浸出主要是处理低品位的难选复合矿或废矿，故用就地浸出或堆浸的方法，浸出周期为数个月以至数年。浸出液含铜 1~7g/L，用废铁置换沉淀或用萃取—电积法提取其中的铜。

当前最广泛采用的还是硫酸浸出法、细菌浸出法、焙烧—浸出—电解法、三氯化铁浸出法和氨浸出法等。湿法炼铜的主要问题在于金、银回收比较复杂，设备庞大，能耗较高，故迄今炼铜仍以火法为主。

习　题

1. 铜矿的矿物类型有哪些？
2. 冰铜吹炼的理论基础是什么？
3. 离析法炼铜包括哪三个过程？

第五章 金银冶金

第一节 概 述

一、金银的性质

金、银和铂族金属（铂、铑、铱、钯、锇、钌）统称贵金属。纯金有瑰丽的金黄光泽，故称黄金。黄金的延展性非常好，导电性仅次于银和铜，而导热系数仅次于银。常温时金的密度为19.32g/cm^3，熔点1063℃，沸点2208℃，蒸气压力很小，莫氏硬度2.5。

金的化学稳定性很好，它不被氧化也不被硝酸、盐酸和硫酸溶解，但能溶于王水、氯水（H_2O+Cl_2）、溴水（H_2O+Br_2）、溴化氢（HBr）、碘化钾的碘溶液（$KI+I_2$）、盐酸的氯化铁溶液（$HCl+FeCl_3$）、酒精的碘溶液（$C_2H_5OH+I_2$）、有氧或氧化剂存在时的氰化物（KCN和NaCN）溶液、高于420K温度时的氯（Cl_2）、硫脲（SCN_2H_4）、753K温度时的乙炔（C_2H_2）及溴加乙醚（$Br+(C_2H_5)_2O$）中。金有Au^+和Au^{3+}两种价态，其中$AuCl_3$容易挥发。用铁盐和SO_2等还原剂可从氯金酸$HAuCl_4$中沉淀金，与王水作用生成的氯金酸是金电解精炼的电解液主要成分。

银有银白色金属光泽，故称白银。银的导电性和导热性都最高。常温是银的密度为10.49g/cm^3，熔点961.93℃，沸点2210℃，也是不易挥发的金属，莫氏硬度2.7。银的延展性仅次于金。银有很强的吸氧性，在973℃时每10g银可溶解21.35cm^3 O_2，相当于银体积的20倍。

银不与水作用，常温下也不氧化，加热时则氧化成氧化银，但到400℃时又明显分解。银不溶于盐酸和醋酸中；难溶于浓硝酸和稀硫酸中，但易溶于稀硝酸、浓热硫酸、氰化钾、氰化钠和有氧化剂存在的硫脲中；而有少量硫酸铁存在的浓硫酸也能溶解银。

Ag_2O是银的主要氧化物，新制备的Ag_2O可溶于酸及氨水且稍溶于水中；过氧化银（Ag_2O_2）不溶于水，但能溶于$NH_3 \cdot H_2O$、HNO_3或H_2SO_4中；Ag_4S不溶于水而易溶于温热的稀硝酸、浓硫酸和浓氰化钾中；Ag_2S（辉银矿）不溶于水但能溶于热硝酸中。Ag_2S在热浓盐酸中分解为AgCl和H_2S，在浓硫酸中生成Ag_2SO_4和SO_2，加热时Ag_2S成为金属银。

硫酸银溶于稀硝酸和浓硫酸，且稍溶于水；硝酸银易溶于水；氰化银溶于氰化钾和硫代硫酸钠等溶液而不溶于水和稀酸中；氯化银溶于浓盐酸、碱金属硝酸盐、硫代硫酸钠和氰化钾等溶液而不溶于水和稀硝酸中；碳酸银在热水中即分解成Ag_2O；溴化银稍溶于浓氢溴酸和盐酸而不溶于水中。

二、金银的用途

金、银主要是用在美术工艺、首饰、货币、科学技术、工业和医疗等方面。它们在工业中的用途在逐年增加，如用作电接触材料、电阻材料、测温材料、焊接材料、氢净化材料、厚膜浆料、催化剂原料、电镀和宇航工业等。在医疗上用在镶牙和检查、理疗疾病等。银还是重要的感光材料，用于电影制片和摄影等方面。

三、金银原料

最主要的金矿是自然金和银金矿。铜镍铅锌矿都常含有金，它们是生产黄金的重要原料。其他金矿还有碲金矿（$AuTe_2$）、针碲金矿［（Au，Ag）Te_2］、叶锑矿（$Au_2Sb_2Pb_{10}Te_6S_{15}$）、碲金银矿［（Ag，Au）Te］等。

主要的银矿是硫化矿，大部分伴生在铅锌铜锑等硫化矿物中，其中如辉银矿（Ag_2S）、角银矿（AgCl）、脆银矿［（Ag_2S）·（Sb_2S_3）］、浓红眼矿［3（Ag_2S）·（Sb_2S_3）］、淡红眼矿（$3Ag_2S_3$）、条面矿［9（Ag_2,Cu）S·（Sb，As）$_2S_3$］等。另外还有银金矿和自然银。

四、金银提炼方法

提炼金银的方法可分为两类，即从矿石中直接提取和从有色金属生产中综合回收金银[117]。从矿石中提取金、银用混汞法和氰化法。粗砂金矿可用重选富集然后提炼金、银。

混汞法是把金矿石和汞及水一起细磨，使粒金与汞形成金汞膏。加热金汞膏使汞蒸发，即可得金。氰化法是用弱的氰化钾或氰化钠在有氧的情况下溶解金，再用锌使金从溶液中置换沉淀析出。

银矿很少用混汞法而多用氰化法处理。又因矿石中的银矿石是各式各样的，直接用氰化法提取很不利。所以，银矿先经氯化焙烧后氰化，这样，可提高银的回收率。

金银矿的湿法冶金中，还有硫脲法、水溶液氯化法、多硫化物法等，但主要还是氰化法。

铜、铅等重有色金属精矿中都含有一定数量的金、银，它们在冶炼的中间产品中得到富集，最后进入铜和铅电解精炼的阳极泥中，所以，阳极泥是提取金银的重要原料，从阳极泥提取金银的传统方法是酸化焙烧—熔炼—电解法，近来也有采用酸浸—浮选—电解的所谓全湿法流程。浸出渣和烧渣回收金、银一般用氰化法。从银锌壳中回收金、银则用蒸馏脱锌的方法。

第二节 混汞法提取金银

混汞法是一种古老的提金方法。由于汞对金粒有良好的润湿性，所以在它们接触时，首先形成固溶体，其后形成 Au_3Hg、Au_2Hg、$AuHg_2$ 等化合物，即所谓汞膏。汞膏的组成由不均匀至均匀直至接近 Au_2Hg 成分的过程称为汞齐化[118]。汞齐化过程如图 5-1 所示。

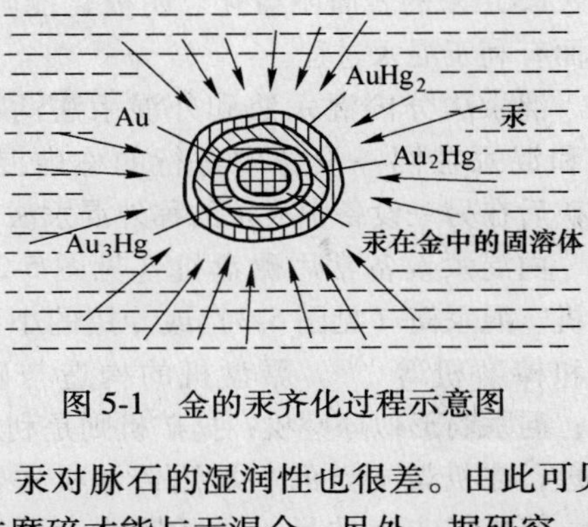

图 5-1 金的汞齐化过程示意图

游离状态的银可以直接汞齐化；化合物的银则需加入还原剂使银还原后才能混汞形成汞膏。

汞对金银的润湿能力良好；汞对其他贱金属，由于它们多以硫化物或氧化物形式存在，故难以润湿；汞对脉石的湿润性也很差。由此可见，汞齐化首先要求金粒暴露出新鲜的表面，也即矿石应先磨碎才能与汞混合。另外，据研究，汞中溶解有金、银、铜、铅，都能提高汞对金的湿润性。升高温度可降低汞的表面张力，有利于汞对金的湿润。

汞对银的湿润性略低于金，加上矿石中的游离银很少，致使混汞法提银几乎被氰化法所代替。银多以辉银矿和角银矿形式存在。辉银矿混汞时，必须加入胆矾和食盐，此时生成氯化铜，然后将银还原：

$$CuSO_4 + 2NaCl = Na_2SO_4 + CuCl_2$$
$$Fe + CuCl_2 = Cu + FeCl_2$$
$$Cu + CuCl_2 = 2CuCl$$
$$Ag_2S + 2CuCl = 2Ag + CuS + CuCl_2$$

而角银矿混汞是由于汞或铁（磨矿机的铁件带入）与氯化银作用而生成银：

$$2AgCl + 2Hg = 2Ag + Hg_2Cl_2$$
$$2AgCl + Fe = 2Ag + FeCl_2$$

由于铂粒表面易钝化，使混汞提铂变难。加入锌汞膏并在酸性介质或氯水中进行混汞，可以溶去铂粒表面的氧化膜；另外，锌与酸作用产生的氢气能还原氧化膜，使铂粒表面净化，易于湿润。

影响混汞效果的因素如下：

(1) 汞液的组成。少量金、银和贱金属（铜、铅、锌在汞中不超过0.1%）可降低汞的表面张力，改善湿润效果。但贱金属过量时，由于它们在汞珠表面形成氧化物薄膜。在酸性介质中该氧化物薄膜被溶解，故对润湿效果影响不大；在碱性介质中则会破坏汞对金的湿润[1119]。

(2) 接触面的清洁度。金、银微粒表面和汞珠表面的清洁度都影响汞对金、银的湿润。银和贱金属氧化膜、硅酸盐膜、磨矿时压入金粒表面的铁屑和石英微粒、机油、矿浆的浮泥、水中的杂质等，都不利于汞对金粒的湿润，甚至完全不能湿润。汞珠表面若有贱金属氧化膜、机油、矿浆浮泥、硫化物等附着物时，也影响它对金粒的湿润；同时会使汞珠过于分散，不易凝聚成粗粒（称为汞病），也不利于混汞。

(3) 矿浆性质。矿浆适量含酸或氰化物可防止氧化膜的生成，但酸不利于矿泥凝聚而污染金粒。磨矿用的水若含有铜离子，它会被磨矿设备的铁置换并与汞形成铜汞合金，使汞膏变硬变脆，不便收集和处理。矿石磨得过细会污染接触面，还会引起汞病，使混汞变坏。

(4) 温度。混汞的适宜温度为27~30℃。稍高的温度有利于湿润和扩散。但温度太高时，贱金属盐类易溶入汞液和介质中，且增加汞的挥发。温度过低时，汞齐易硬化，不易凝聚，并导致汞病。

(5) 汞的表面阴极化。阴极化能降低汞的表面张力。汞阴极能放出氢使金粒表面活化，从而有利于混汞过程。

混汞法分内混汞法和外混汞法两种。细磨和混汞在同一设备中进行的称内混汞法；磨矿后在另一设备中混汞的称外混汞法。

内混汞设备常用碾盘机（见图5-2）、捣矿机、混汞筒（见图5-3）或专用的小型球磨机和棒磨机等[120]。碾盘机的构造与碾子相同；混汞筒形似球磨机；捣矿机则是利用杠杆原理，在机架支点的一端用传动机构带动凸轮，使机架支点的另一端的锤头上下往复运动而不断锤击矿石的设备。内混汞法的主要缺点是汞的粉末化程度太大。

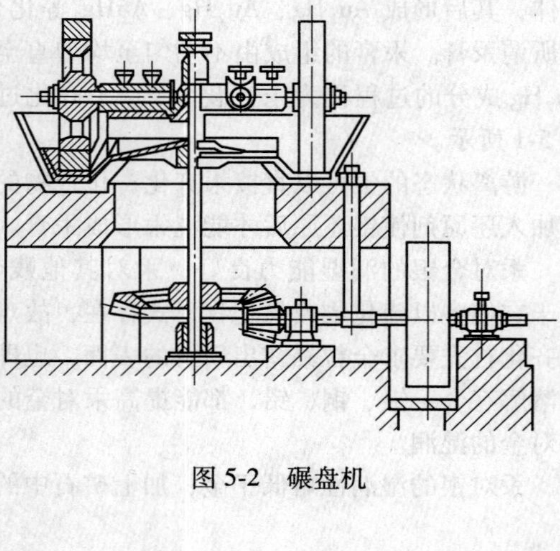

图5-2　碾盘机

外混汞法常设在内混汞法后面或氰化法

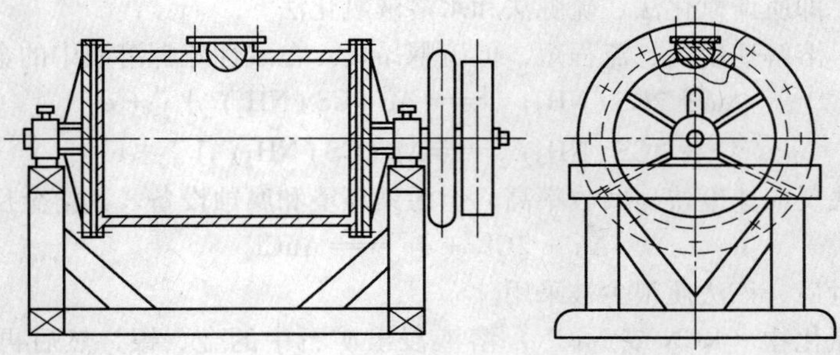

图 5-3　混汞筒

前面。其磨矿是用选矿厂的常用设备，混汞是用固定式、振动式或其他形式的混汞板。图 5-4 为混汞板的一种形式，它是带有中间捕集沟的固定混汞板，木制的倾斜板面上铺有铜板并设有沟槽，尾端横装一木槽接捕金器[121]。铜板清洁后用氯化铵、二氧化硅和汞擦洗，使其表面形成铜汞膏并黏附一层汞，以便捕获矿浆中的金粒进行混汞。细金粒和汞在捕金器中回收，汞膏和大金粒则聚集在混汞板上的捕集沟中。混汞板上的金汞膏用橡皮刮子刮下，并在混汞板上重新刷上一层薄汞，以便继续进行混汞。

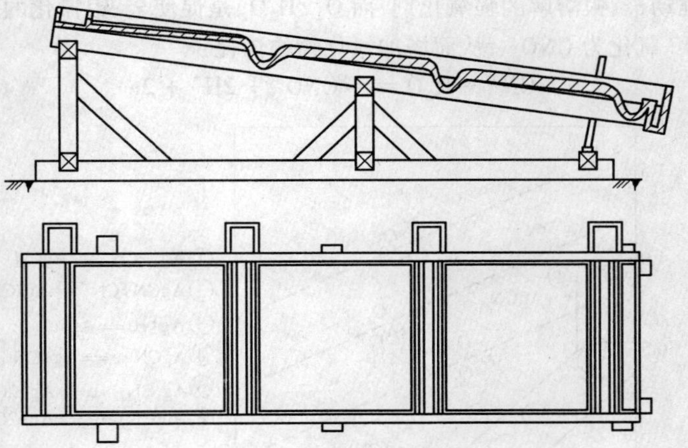

图 5-4　固定混汞板

内混汞和外混汞得到的汞膏经调稀后，用热水把其中的矿粒和杂质反复洗掉，并用磁选法除去铁质，直至汞膏表面像镜子一样光亮为止，然后用布袋压滤出其中多余的汞液。压滤后的汞膏在密闭式蒸馏罐中加热至汞的沸点以上，使汞气化并在冷凝器冷凝为液体汞收集之。留在蒸馏罐中的金取出后，配以苏打、硼砂、硝石进行熔炼，杂质进入浮渣被除去，然后铸成金锭送去精炼。回收的汞若杂质含量太多，可先过滤除去渣子，然后用硝酸溶去杂质，再返回使用。

混汞法提银与提金相同。

第三节　氰化法提取金银

金在水中不起任何反应，也不溶于强酸或强碱中。因此，要使金成为易溶而又稳定的金离子，必须使它转化为配合物离子。在氧存在浸出金时，配合能力最强的配合剂是氰化物，其次是硫脲和氯离子，即所谓氰化法、硫脲法和水溶液氯化法。

硫脲法无毒、溶解速度高、流程短，但硫脲昂贵。在酸性硫脲溶液中的金银溶解反应为：

$$Au + 2CS(NH_2)_2 = Au[CS(NH_2)_2]_2^+ + e$$

$$Ag + 3CS(NH_2)_2 = Ag[CS(NH_2)_2]_3^+ + e$$

水溶液氯化法反应速度快、回收率高，但污染环境和腐蚀设备。其溶金反应为：

$$Au + 2Cl_2 + 4e = AuCl_4^-$$

自氰化法问世后，该法便很少被采用。

氰化法是用氰化物（KCN 或 NaCN）溶液浸出矿石中的金、银，然后再从浸出液中提取金、银的方法。它是当前广泛应用的方法。氰化法的金、银回收率高，对矿石的适应性强。但氰化物有剧毒，且提取速度慢，又易被其他金属离子干扰。

在氧存在的情况下，氰化物对金、银的溶解反应为[122]：

$$2Au + 4KCN + H_2O + 0.5O_2 = 2KAu(CN)_2 + 2KOH$$

$$2Ag + 4KCN + H_2O + 0.5O_2 = 2KAg(CN)_2 + 2KOH$$

由 Au(Ag)-CN^--H_2O 系 ε-pH 值图（见图 5-5）可见[123]，金、银氰配合物的还原电极电位都很低，且反应曲线几乎都落在水的稳定区域内，说明氰化物是金、银的良好溶剂和配合剂，而形成的 $Au(CN)_2^-$、$Ag(CN)_2^-$ 在水溶液中是稳定的。由图 5-5 还可以看出，氰化溶金比溶银容易，O_2/H_2O 电对是推动金、银溶解的强氧化剂，而 O_2/H_2O_2 是促使金、银氰化的氧化剂。但 H_2O_2 作为氧化剂会使 CN^- 氧化为 CNO^-，从而增加氰化物的消耗：

$$CN^- + H_2O = CNO^- + 2H^+ + 2e$$

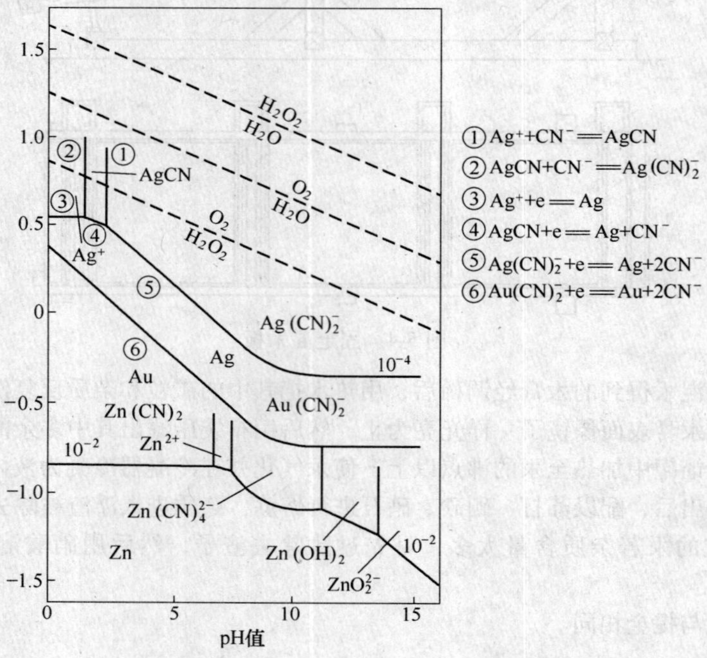

图 5-5 氰化过程 ε - pH 值图

(t = 25℃, $p_{O_2} = p_{H_2}$ = 101.325kPa, $[CN^-]_{总} = 10^{-1}$mol/L,

$a_{Ag(CN)_2^-} = 10^{-4}$mol/L, $a_{Au(CN)_2^-} = 10^{-5} \sim 10^{-4}$mol/L, $a_{Zn(CN)_4^{2-}} = 10^{-2}$mol/L)

工业溶金的最佳理论 pH 值为 9.4，此时 O_2/H_2O 与 $Au/Au(CN)_2^-$ 和 $Ag/Ag(CN)_2^-$ 组成的溶解金、银的原电池电动势最大。图 5-5 下部锌的 ε - pH 值部分，对锌粉从氰化液中沉淀金很有意义。

工业上用作溶解金、银的氰化物有氰化钠、氰化钾、氰化铵和氰化钙。它们的相对溶金能力是 $NH_4CN > Ca(CN)_2 > NaCN > KCN$。然而，考虑到它们的价格和稳定性，工业氰化液多用 NaCN。其浓度选用 0.03%~0.15%，在 80℃温度的碱性体系中搅拌进行氰化。

金矿中的其他成分对氰化过程都有影响。铜矿物可形成可溶性络盐，所以铜矿物多时，常用较弱的氰化物溶液；以降低铜矿物的溶解速度，或预先焙烧使铜变成在氰化溶液中溶解度很小的铁酸铜。铁、汞和硫化锌都不与氰化物作用，但铁的化合物会与氰离子生成氰铁化钠或其他化合物，硫化亚铁氧化消耗氧会降低氰化速度，所以含有黄铁矿的矿石须先经焙烧或氰化时鼓入空气；而 HgO 会消耗氰化剂：

$$HgO + 4NaCN + H_2O = Na_2Hg(CN)_4 + 2NaOH$$

氧化锌和碳酸锌也能与氰化物反应，故含锌金矿不能预先焙烧：

$$ZnO + 4NaCN + H_2O = Na_2Zn(CN)_4 + 2NaOH$$

含砷、锑较多的金矿应先焙烧使其挥发除去，以减少其对氰化过程的影响。硫化铅与氰化物作用很弱，但时间长时会生成 NaSCN 和 Na_2PbO_2。

氰化溶金可用渗滤法或矿浆搅拌法。氰化物的消耗比理论值多 20~100 倍。浸出后的矿浆经浓缩、过滤和洗涤后，含金、银的氰化溶液送去加锌沉淀金银：

$$2NaAu(CN)_2 + Zn = 2Au + Na_2Zn(CN)_4$$

$$2NaAg(CN)_2 + Zn = 2Ag + Na_2Zn(CN)_4$$

沉金要在足够量的氰化物和游离碱的溶液中进行。此时放出氢气，并可防止可溶性锌酸钠水解沉淀和锌的络盐分解：

$$Zn + 2NaOH = Na_2ZnO_2 + H_2\uparrow$$

$$Na_2ZnO_2 + 2H_2O = Zn(OH)_2\downarrow + 2NaOH$$

$$Na_2Zn(CN)_4 = Zn(CN)_2\downarrow + 2NaCN$$

由于氧对沉金是不利的，上述反应产生的氢起到了脱氧作用，减少了沉金的反溶。沉金前的氰化液要预先抽真空脱氧。脱氧可防止反应 $Zn + 0.5O_2 + H_2O = Zn(OH)_2$ 的发生，降低锌的消耗和避免锌粉表面形成妨碍置换的 $Zn(OH)_2$ 薄膜。

从浸出液中沉淀金银还有炭浆法、离子交换法和电解沉积法等[124]。

金银沉淀可用锌丝或锌粉。锌丝沉淀的设备是木制的多格长方形槽子，叫沉金器。溶液和锌丝在沉金器内逆向运动，锌丝由沉金器后面的格子向前面的格子迁移，在后面的格子中补充新鲜锌丝。通过格子下方的栅网沉到沉金器底部的黑色金粉末称为金泥，它含金量很少超过 20%，其余成分主要是锌。锌粉沉淀是将锌粉加到溶液中进行搅拌，然后用压滤机分离出沉淀的金、银。

从金泥中提金一般包括酸溶、焙烧和熔炼三个工序。酸溶是将金泥在 10%~15% H_2SO_4 溶液中溶解，把其中的锌和其他可溶物质溶出。如金泥中含有砷，溶出时会产生砷化氢和氢氰酸有毒气体，因此酸溶槽必须密封并安装烟罩将气体抽走。酸溶的硫酸用量为锌质量的 15 倍或金泥质量的 1~1.75 倍，酸溶和澄清时间各为 3h。酸溶后的金泥用热水洗涤 2~3 次。沉金过程如发现有白色沉淀物，可用热硫酸溶解。酸溶后液的一部分返回使用，一部分从中提锌。

经洗涤后的含金沉淀物品位明显提高（大于 50% Au），而锌含量则明显下降（小于 5% Zn），经压滤和烘干后进行焙烧。

焙烧可在隔焰炉或电炉中进行，也可用铁锅焙烧。焙烧温度600℃左右，既使碳酸盐、硫酸盐、氰化物等能分解，又不使炉料熔化。焙烧时不要搅动炉料，以免金的飞扬损失。

焙烧后的金泥加入碳酸钠、二氧化硅、硼酸等熔剂，在坩埚炉、小反射炉或小转炉中熔炼。此时金泥中的杂质氧化物与熔剂造渣，金银组成合金。该合金在硼砂保护下再熔化铸锭，送往精炼工序。

第四节　从银锌壳中提取银

火法炼铅时，铅精矿中的贵金属几乎全部进入粗铅。粗铅如果采用电解精炼，则贵金属进入阳极泥，然后从阳极泥中回收这些贵金属；如果采用火法精炼，则是用加锌提银法，此时把金属锌加到含银的粗铅中，银与锌结合成银锌合金而与铅水分离。这种银锌合金称为银锌壳[106]，其成分见表5-1。

表5-1　银锌壳的化学组成　（%）

工　厂	Au	Ag	Pb	Zn	Cu
Ⅰ	—	10.69	76.54	10.70	3.30
Ⅱ	—	3.4	75.5	22.0	—
Ⅲ	0.0015	4.0	54.0	40.0	2.0
Ⅳ	—	2.6	60.0	20.0	—

从表5-1中可见，银锌壳的主要组成是铅，其次是锌。因此，要从银锌壳中提取金、银，首先是脱铅。

脱铅采用熔析法，它在熔析锅内进行，可用电加热，使锅的上部温度为550℃，下部为350℃。因铅与银锌合金互不溶解而分层，下层为铅液，上层为银锌合金。为了除去在熔化过程中形成的一些氧化物，加入一些光卤石（$MgCl_2 \cdot 2KCl$）作为熔剂，使氧化物造渣并浮至熔体的最上层，它能防止锌的氧化和挥发。熔析后的铅液用虹吸法放出。银锌壳在锅内聚集到一定程度后取出。熔析脱铅后的银锌壳含15%~20%Ag、65%Zn、15%Pb，送往蒸馏脱锌。

银锌壳蒸馏的目的是分离锌以产出Ag-Pb合金，工业上称该合金为贵铅。

蒸馏是基于贵铅主要成分铅、锌、银的沸点各不相同，其中锌的沸点980℃，铅为1525℃，银为1950℃。所以，如果把贵铅在还原气氛下加热到1000~1100℃，则其中的ZnO和PbO都会还原成金属状态，同时银锌壳中的锌成为蒸气进入冷凝器，铅和贵金属的合金则残留在蒸馏炉中。

蒸馏作业可在外加热的石墨坩埚中进行，但较理想的是真空蒸馏炉，如图5-6所示[125]，它的主要部分为熔化炉和冷凝器，内设两根石墨电极加热。银锌壳在熔化炉内受热熔化，其中的锌挥发至冷凝器中冷凝。炉内保持还原性气氛。

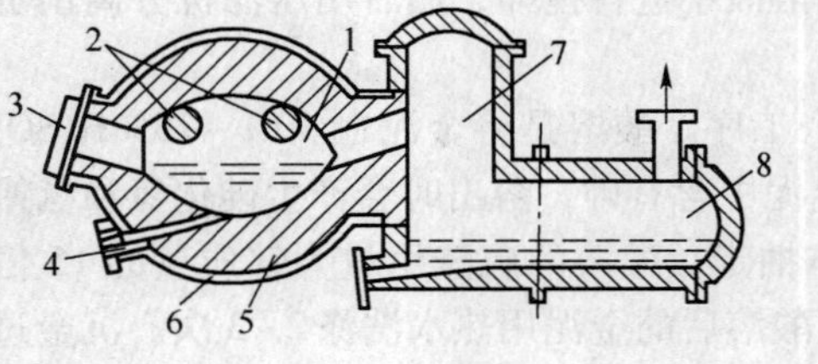

图5-6　真空蒸馏炉
1—熔化炉膛；2—加热体；3—装料口；4—出银口；5—耐火砖衬；6—出锌口；7—竖井；8—冷凝器

经蒸馏脱锌的贵铅，其组成主要是铅和银。其下一步处理是灰吹，灰吹的目的是除去贵铅中的铅，同时产出以金、银为主的贵金属合金。

所谓灰吹便是将贵铅进行氧化熔炼。当往熔融的贵铅中吹风时，由于铅对氧的亲和力比贵金属对氧的亲和力大，所以铅被氧化为氧化铅，而贵金属不被氧化。灰吹炉的炉底一般用骨灰或炭灰筑成，它能吸收氧化铅熔体，所以称这种方法为灰吹法。灰吹炉是一个炉床可移动的烧重油的小反射炉，如图5-7所示[126]。操作时将贵铅锭在炉床上熔化，提温（900~1000℃）并向熔体鼓风，放出覆盖在熔体表面的熔融氧化铅后再加入贵铅，直至液面出现银的闪光为止。此时加入少量硝石以加速铅和杂质的氧化。至接近终点时，投入木炭脱氧，然后撇去浮渣，放银并铸锭。银锭含银约99%，送去分离金、银。灰吹时，贵铅按反应式 $Pb(Au + Ag) + 0.5O_2 = PbO + (Au + Ag)$ 进行氧化；铜氧化为 Cu_2O 并与 PbO 形成低熔（689℃）共晶被除去；砷、锑、锌则部分进入烟尘，部分造渣；金、银则几乎全部进入金、银合金中。

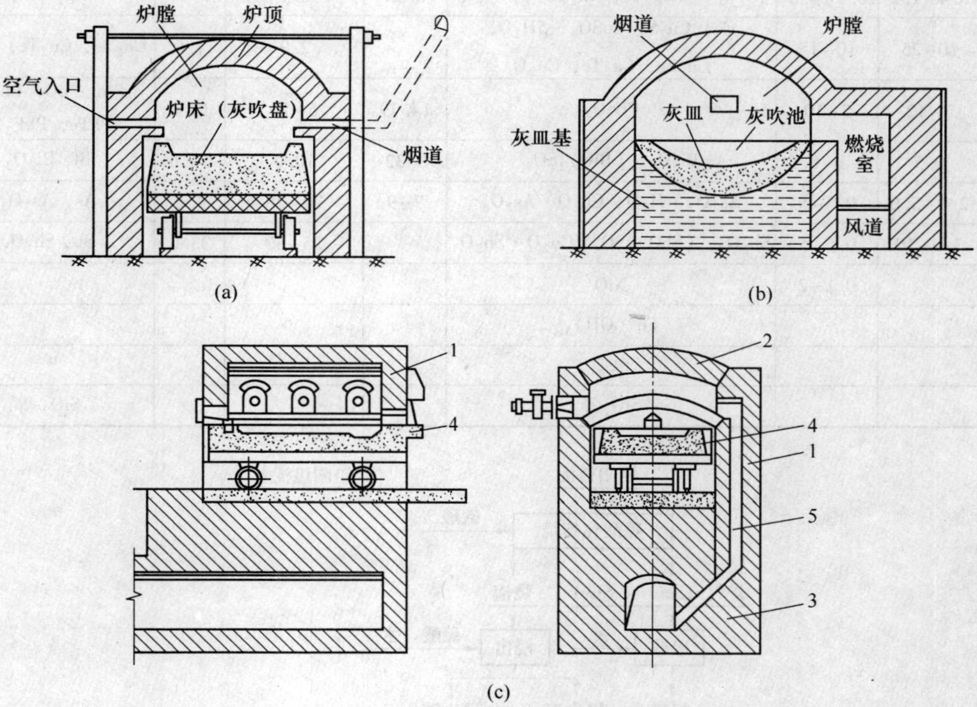

图5-7　灰吹炉示意图

（a）英式灰吹炉；（b）国内灰吹炉；（c）大型灰吹炉

1—炉壁；2—炉顶；3—烟道；4—炉床；5—炉基

第五节　从阳极泥中提取金银

在通常情况下，铜矿含金较多，铅矿含银较多，而镍矿含铂族元素较多。在电解精炼时，这些贵金属都分别进入相应的阳极泥中，铜和铅阳极泥组成见表5-2[127]。阳极泥的处理流程如图5-8所示。

表5-2　阳极泥成分及物相组成

元素	铜阳极泥			铅阳极泥			
	含量/%		物相组成	含量/%			物相组成
	Ⅰ	Ⅱ		Ⅰ	Ⅱ	Ⅲ	
Au	0.4~4.5	0.2~2	Au	0.043	0.02~0.045	0.01	Au

续表 5-2

元素	铜阳极泥			铅阳极泥			
	含量/%		物相组成	含量/%			物相组成
	Ⅰ	Ⅱ		Ⅰ	Ⅱ	Ⅲ	
Ag	8~24	3~8.5	Ag，Ag_2Se，Ag_2Te	12.15	8~10	9.5	Ag，Ag_2Se，Ag_2Te
Se	2.0~6.0	8~15	Ag_2Se，Cu_2Se		0.015	0.07	Ag_2Se 等
Te	0.4~1.2	0.5~0.8	Ag_2Te，Cu_2Te	0.30	0.1	0.74	Ag_2Te 等
Cu	10~25	10~15	Cu，Cu_2S，$CuSO_4 \cdot 5H_2O$，Cu_2Se，Cu_2Te，Cu_2O		2.0	1.6	Cu_2Se，Cu_2Te，Cu_2O
Pb	7~12	5~10	$PbSO_4$	14.79	6~10	15.6	Pb，PbO，PbSe，PbTe，PbF_2等
Bi	0.5	0.1~0.5	Bi_2O_3，$(BiO)_2SO_4$	9.32	10.0	20.6	Bi，Bi_2O_3
As	2.0~5.0	0.5~5	$As_2O_3 \cdot H_2O$，$Cu_2O \cdot As_2O_3$	7~9	20~25	4.6	As，As_2O_3
Sb	3.0~10	0.5~5	Sb_2O_3，$(SbO)_2SO_4$，$Cu_2O \cdot Sb_2O_3$		25~30	33.0	Sb，Sb_2O_3
Ni		0.1~2	NiO				
Fe			Fe（OH）$_3$				
Pt-M			单质				
其他			SiO_2等				SiO_2 等

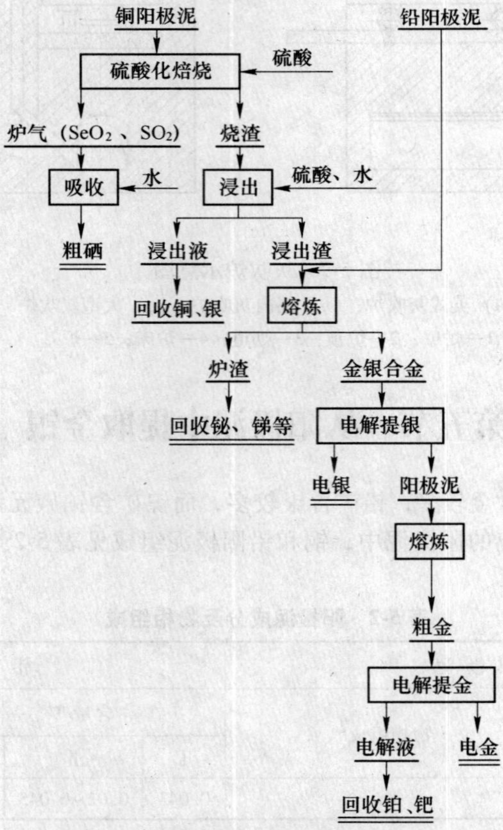

图 5-8 铜铅阳极泥处理流程

一、阳极泥脱铜脱硒

铜阳极泥一般先经筛分和分级等方法除去其中的较粗铜粒和铜屑后，才送化学处理。化学脱铜脱硒常用硫酸化焙烧—浸出法，即将阳极泥先与浓硫酸混合（酸料比1：（0.75~1）），在外加热的小型回转窑中进行硫酸化焙烧，然后再用稀硫酸浸出[2,36]。焙烧的反应为：

$$Cu + 2H_2SO_4 = CuSO_4 + 2H_2O + SO_2$$

$$Cu_2S + 6H_2SO_4 = 2CuSO_4 + 6H_2O + 5SO_2$$

硒在低温（240~300℃）时的反应为：

$$Ag_2Se + 3H_2SO_4 = Ag_2SeO_3 + 3SO_2 + 3H_2O$$

$$Cu_2Se + 2H_2SO_4 = CuSe + CuSO_4 + SO_2 + 2H_2O$$

高温时（500~700℃）的反应为：

$$CuSe + 3H_2SO_4 = CuSeO_3 + 3SO_2 + 3H_2O$$

$$CuSe + CuSO_4 + O_2 = CuSeO_3 + CuO + SO_2$$

$$CuSeO_3 = SeO_2 + CuO$$

$$Ag_2SeO_3 = SeO_2 + 2Ag + \frac{1}{2}O_2$$

可见，硒化物在焙烧时是先形成硒酸盐，然后分解为易于升华的SeO_2（升华温度315℃）。温度越高，对SeO_2升华越有利，但不能高于$CuSO_4$的分解温度（650℃），不然$CuSO_4$会变成不溶于水的氧化铜，影响浸出脱铜。所以一般控制窑头温度为300℃，窑中约为550℃，窑尾为650℃。

焙烧能使98%以上的硒以SeO_2进入炉气，它在吸收塔中用水吸收并形成硒酸：

$$SeO_2 + H_2O = H_2SeO_3$$

硒酸与前述反应生成的SO_2作用还原成粗硒：

$$H_2SeO_3 + 2SO_2 + H_2O = Se\downarrow + 2H_2SO_4$$

粗硒经过滤和洗涤后，蒸馏得纯硒。

含硒很少（0.03%~0.05%Se）的窑渣即可送空气或机械搅拌的铅衬浸出槽中浸出脱铜。浸出用稀硫酸，固液比1：（1.5~2.5），温度80~90℃，搅拌2~3h。此时窑渣中的硫酸铜、氧化铜以及少量的硫酸银被溶解。浸出渣送往熔炼。浸出液打入蒸气加热的搅拌置换罐中，用纯铜片置换沉淀得粗银送电解精炼：

$$Ag_2SO_4 + Cu = CuSO_4 + 2Ag\downarrow$$

过滤后液送铜电解车间作为电解液使用。

判断银是否置换彻底，可在溶液中滴入盐酸或食盐水，如无AgCl白色沉淀即达终点。

二、熔炼

熔炼是将铅阳极泥和脱铜、硒后的铜阳极泥先还原为贵金属品位30%~50%的贵铅，然后将贵铅氧化精炼为贵金属品位高于95%的金银合金[128]。

（1）熔炼成贵铅。在还原气氛下熔炼时，PbO被还原成适量金属铅，同时捕集贵金属形成Pb-Au-Ag的贵铅。熔炼时，砷、锑、硅等酸性氧化物与钠、钙、铅等碱性氧化物进行造渣反应，所以熔炼时配入部分苏打、石英、石灰、萤石等熔剂，如图5-8所示[129]。加入铁屑和焦粉的目的是使PbO、$PbSO_4$、PbS及Ag_2S转变成金属。由于贵铅还含有As、Sb、Cu、Bi等杂质，所以放渣后还需鼓风氧化，使它们挥发或造渣。硫化物、硫酸盐和硒、碲存在所形成的冰铜，会带走金、银造成损失。

熔炼多用回转炉。炉子用重油加热，从炉口插入铁管鼓风氧化造渣。造渣完毕，静置约2h放渣并将贵铅铸锭，铅锭送氧化精炼。

（2）贵铅的氧化精炼。贵铅氧化精炼也采用灰吹法。至灰吹后期也加入硝石，使铜、硒、碲等彻底氧化：

$$2Cu + 2KNO_3 \xlongequal{} Cu_2O + K_2O + 2NO_2$$

$$Ag_2Te + 6KNO_3 \xlongequal{} Ag_2O + 3K_2O + 6NO_2 + TeO_2$$

加入苏打时，TeO_2形成亚碲酸钠渣，它是提碲的原料：

$$TeO_2 + Na_2CO_3 \xlongequal{} Na_2TeO_3 + CO_2$$

贵铅氧化精炼可以用与熔炼在同一炉子内进行，或用比熔炼炉更小的分银炉。当炉料熔化后，往熔池表面鼓风造渣，先形成砷、锑渣，后形成铅、铋渣；后加入苏打得碲渣；最后加硝石在1200℃下造铜渣。获得的金银合金经铸锭后送电解精炼。

第六节 金银的电解精炼

金银合金电解精炼分离金银实际上是两步电解法，第一步是以金银合金为阳极进行电解，在阴极得到电银，金则富集于阳极泥中；第二步将电银产出的阳极泥熔铸为阳极进行电解，在阴极析出电金，电金的阳极泥熔铸再电解或单独处理回收其中的铂族金属。

一、银电解精炼

银电解精炼时，以金银合金为阳极，以纯银片、不锈钢或钛板作为阴极，以硝酸银和硝酸的水溶液作为电解液。电解过程的电化系统为[130]：Ag(纯) | $AgNO_3$， HNO_3， H_2O | Ag(粗)；阳极溶解反应为：$Ag - e = Ag^+$；阴极析出反应为：$Ag^+ + e = Ag$。

当电解的电流密度过低时，在阳极上会产生半价银离子 $2Ag + e = Ag_2^+$，这种银离子会自行分解，即 $Ag_2^+ = Ag + Ag^+$，生成银的一价离子和金属银，金属银混入阳极泥中使银的电解回收率降低，并使阳极泥含银。为此，银的电解精炼都在较高的电流密度下进行。但此时在阴极上析出银的速度增快，电积物显得疏松，形成粒状、片状、针状及树枝状结晶。

电解时各种杂质的行为可由它们的标准电极电位（见表5-3）大致了解。由表5-3可见，比银更负电性的元素如铅、砷、铋、铜、锑等都可能电化溶解进入电解液中，污染电解液，并消耗硝酸，降低电解液的导电性。还有一部分铅氧化为PbO_2，附在阳极上使阳极钝化，或进入阳极泥降低其质量。砷在阳极中的含量极小，对电解液质量没有什么影响。铜、铋、锑的电极电位接近银，在电解液中达到一定浓度后，可能与银一起析出，对阴极质量的影响较大。其中铋还可能以碱式盐沉淀到阳极泥中，或附在阴极银上。铜是阳极中含量较高且对电解过程最有害的杂质，它电溶到电解液中并积累到一定浓度后，在阴极析出而降低电银质量；或生成一价铜离子，消耗电能，并生成铜粉污染阳极泥：

$$2Cu^+ \xlongequal{} Cu^{2+} + Cu$$

表5-3 一些元素的标准电极电位 （V）

元素	Pb	H	As	Bi	Cu	Sb	Ag	Pt	Au
电位	-0.13	0.00	0.29	0.3	0.34	0.47	0.79	1.20	1.42

由于铜在阳极溶解，使银的电溶解与电沉积失去了平衡，电解液中的银离子逐渐贫化。

比银更正电性的元素如金和铂族元素在电解时不发生电化溶解而进入阳极泥中。此外，还有一些化合物如 Ag_2Te、Ag_2Se、Cu_2Te、Cu_2Se 等不溶于硝酸，也进入阳极泥中。

银电极精炼电解液组成为：Ag 100~150g/L，HNO_3 2~8g/L，Cu<60g/L。硝酸能改善电解液的导电性，但其浓度过高时反而会使阴极银化学溶解。因此，改善导电性不宜采用过分提高硝酸浓度的方法，而是在电解液中添加适量的硝酸钠、硝酸钾。电解液温度一般为 30~50℃，循环速度为每槽 4~6h，并且设有搅拌电解液的装置。

电解液含铜超过 60g/L 时，需要净液，即抽出部分电解液进行脱铜。其方法是将电解液在蒸发罐内加热蒸干，得 $AgNO_3$、$Cu(NO_3)_2$结晶，再继续加热使温度超过 $Cu(NO_3)_2$的分解温度（177℃），但低于 $AgNO_3$的分解温度（440℃），$Cu(NO_3)_2$即分解为氧化铜，这一温度一般控制在 300℃左右。此时硝酸铜和硝酸银都已熔化，需勤搅动以防熔体局部过热和过冷。加热分解过程中不时取出少许熔体滴入清水中，如无蓝绿色，表示硝酸铜已全部分解。趁热缓慢加水使 $AgNO_3$溶解，该溶液返回作为电解液；残渣即 CuO，送回铜系统。

电解精炼用的电解槽多为外加固的立式塑料槽。槽内设有隔板把长槽分成若干小槽，但槽底是连通的，连通处设有涤纶织品制成的运输带，以便捞出析出的电银。槽内还有进出液管和搅拌装置。阳极套在隔膜袋内。为了防止析出的银结晶过长引起短路并使电解液组成均匀，常开动搅拌装置使两极间的玻璃棒来回运动，刮下结晶。

从运输带运出的析出银粉，用无氯离子水和热水冲洗至无残酸后，烘干，熔化，铸成电银。阳极袋中的阳极泥金含量高，色黑，称为黑金粉，送下一步处理。残极经刷去黏附的阳极泥后，重熔为阳极返回精炼。

银电解精炼的电流密度为 250~400A/m²，槽电压 1.5~3.5V，电解周期 36~48h，同极距离 150~180mm，电流效率为 96%~98%。

二、金电解精炼

银电解精炼产出的阳极泥（黑金粉）含有 50%~70%Au 和 30%~40%Ag，不能作为电金阳极的原料，需进一步分离金、银[131]。分离的方法有硝酸（浓硫酸）法和二次电解法。硝酸分离法是用硝酸溶解阳极泥中的银，不溶部分为品位达 90%Au 的金粉，金粉铸成阳极送往精炼。该法消耗硝酸多，且从溶液中回收银、钯等的流程比较复杂，故多数工厂采用二次电解法。二次电解法是将阳极泥再铸成阳极，按银电解精炼方法再电解产出电银，阳极泥（二次黑金粉）含金高于 90%，铸成阳极送金电解精炼。精炼时以粗金片作为阳极，纯金片作为阴极，氯化金的盐酸水溶液作为电解液（250~350g/L Au，200~300g/L HCl），电解液温度 30~70℃，槽电压 0.3~0.6V，电流密度 400~500A/m²。电解的电化系统为[127]：Au(纯) | $HAuCl_4$，HCl，H_2O | Au(粗)；电解时，阳极发生金的电化溶解，即 $Au - 3e = Au^{3+}$；而阴极则发生金的电化沉积，即 $Au^{3+} + 3e = Au$。

电流密度过低时也会产生 Au^+（$Au - e = Au^+$）。Au^+按反应式 $3Au^+ = Au^{3+} + 2Au\downarrow$ 反应生成金粉悬浮于电解液或沉降到阳极泥中，从而降低了金电解的电流密度和金的直收率。

比金更负电性的银、铜、铅、铂、钯等元素在电解时进入电解液，但因其浓度不高，一般不易在阴极析出，故要求阳极含铜应低于 2%。电解液中的铂、钯积累到一定浓度需进行处理。铅形成难溶的 $PbCl_2$沉到阳极泥中，不至于造成危害。铂族金属中的锇、铱、铑、钌不溶解而进入阳极泥。阳极中的银形成难溶的 AgCl，是有害成分，AgCl 量少时可进入阳极泥，量多时则易在阳极表面形成薄膜，使阳极钝化。

阴极片用轧制法或银片种板电积法制取。配制电解液的氯化金用王水溶金法或隔膜电解法制取。王水溶金要加热煮沸，并要去掉过剩的硝酸。隔膜电解法则是将套有素烧瓷隔膜的阴极和粗金阳极在稀盐酸溶液（阳极液和阴极液的 HCl：H_2O 比分别为 2：1 和 1：1）中用脉冲电流电解，最后使阳极液富集至 250~300g/L Au^{3+} 和 250~300g/L HCl 的水溶液。

金电解精炼时，阳极套在隔膜布袋内以回收阳极泥。它的主要成分仍是金、银，所以常与黑金粉一起再铸成阳极。待铂族金属在阳极泥中富集到一定程度后才作为提炼铂族金属的原料。电金阴极经水洗后，加入火硝，在 1300~1400℃下熔化铸锭，残极重熔再铸成阳极。电解液含铂、钯达 50~60g/L 时即可回收其中的铂、钯。回收铂、钯前，电解液先加锌置换或用 $FeSO_4$、$FeCl_2$、SO_2还原回收其中的金。

金电解时的极间距离取 80~120mm，电流效率达 95~98%，阴极金品位 99.95%~99.99%，残极率为 15%~20%。

习　题

1. 什么是汞齐化？
2. 什么是熔析法？

第六章　铂族金属冶金

第一节　概　　述

一、铂族金属的性质及用途

铂族金属的主要物理性质见表6-1[132]。在铂族金属中，加工性能最好的是铂和钯，它们可拉成0.001mm的丝或锤成0.127μm的箔；但其强度较差，故铂常加入铑、铱，钯常加入银、铜，以提高其强度和改善其抗蠕变性。铂族金属均能溶于铅、锌、锡熔体中。高温下，铂和钯可溶解碳，降温时又把碳部分析出，使铂、钯变脆，称为中毒。

表6-1　铂族金属的物理性质

物理性质		铂	钯	铑	铱	锇	钌
颜色	致密状	银白	银白	银白	银白	银白	银白
	粉状	灰	灰	灰	灰	灰	灰
密度（20℃）/$g \cdot cm^{-3}$		21.45	12.02	12.41	22.65	22.61	12.45
熔点/℃		1769	1552	1966	2443	3000±100	2250
沸点/℃		3827±100	2927	2727±100	4527±100	~5000	3900
比热（0~100℃）/$J \cdot (g \cdot ℃)^{-1}$		0.1314	0.2463	0.2466	0.1285	0.1293	0.2306
电阻温度系数（0~100℃）/$℃^{-1}$		0.0039	0.0038	0.0046	0.0043	0.0042	0.0042
线膨胀系数（20~100℃）/$℃^{-1}$		9.1×10^{-6}	11.1×10^{-6}	8.3×10^{-6}	6.8×10^{-6}	6.1×10^{-6}	9.1×10^{-6}
硬度（退火）（维氏）		40~42	40~42	100~102	200~240	300~670	200~350

由于铂族金属具有高度的催化活性、良好的高温抗氧化抗腐蚀性[133]，以及高熔化点、低蒸气压、延展性好、热电稳定性高、易回收等优良性质，故使它们在国民经济各部门有着广泛的用途。如在石油和石油化工方面用作铂以及钯、铱、铑、钌催化剂；在化学工业方面铂族金属用作防腐涂层、人造纤维生产的铂金喷丝头、超纯氢生产的钯管、燃料电池、铂族金属电镀、印刷电路；在电子工业方面用作测温材料、精密接点触点材料、精密电阻材料、磁电材料。

二、铂族金属原料

铂族金属的主要化合物见参考文献［2，36］，它是冶金过程中分离和提取各种铂族金属的主要依据。

地壳中的铂族金属含量极少，且极分散，常以微量组分存在于基性火成岩中，有时也在花岗岩中发现。目前提取铂族金属原料以铜镍硫化矿为主。在各种铜矿、钼矿、金矿、锡矿、铀矿、黑色页岩矿、超变质岩和古砾石内，也发现了铂族金属矿物。在铜镍硫化矿床中，铂、钯多以重金属和硫的化合物形式存在，如锑铂矿 $PtSb_2$、砷铂矿 $PtAs_2$、硫砷铂矿 $Pt(AsS)_2$、硫镍铂钯矿（Pt，Pd，Ni)S 以及含铂钯的磁黄铁矿、黄铜矿、硫镍矿等。在铬铁矿型铂矿中，铂族金属多以自然元素、金属互化物、硫化物、砷化物等形式出现，如粗铂矿、铱铂矿、锇铂矿等。砂矿中的铂族金属则多为自然状态。

从铜镍硫化矿冶炼中间产品中提取铂族金属，已经成为目前生产铂族金属的主要途径。在这些原料中，铂族金属的含量仍是很低，必须经过富集成为较高品位的贵金属精矿后，才能进行分离提取和精制提纯各种铂族金属。

第二节 铂族金属的富集方法

根据原料来源及其性质的不同，提取铂族金属原料的处理方法也各异。下面是几种富集铂族金属的方法[36]。

一、从砂铂矿中富集

若砂矿中的铂族金属矿物密度大且粒度为 0.074mm（200 目），则单体分离较好，可用淘汰盘、混汞或其他重选方法获得粗铂或锇铱矿的精矿，粗粒脉矿可先破碎磨细，所得精矿或粗铂还可以根据其中铂族金属各自的含量选用分离富集流程。

二、在铜镍硫化矿冶炼过程中富集

铜镍硫化矿冶炼过程中富集是当前生产铂族金属的主要途径[106]。

铜镍硫化矿的处理常用焙烧电炉熔炼的工艺，原矿中的金、银和铂族金属基本上富集在高冰镍中。当高冰镍采用羰基法处理时，它们则留在羰化残渣中。残渣经焙烧和硫酸浸出其中的铜、镍后，可得到含上述金属20%左右的浸出渣。当高冰镍采用分层熔炼法处理时，铂族金属和大量的金进入 Ni_3S_2底层。用镍电解处理底层生产电镍时，它们便进入镍阳极泥中；用铜电解处理顶层生产电铜时，银和其余贵金属则进入铜阳极泥。当高冰镍采用缓冷结晶浮选分离处理方案时，最终可获得富集有贵金属的镍阳极泥和铜阳极泥。如用湿法冶金处理高冰镍，贵金属则进入浸出残渣中。

由于低冰镍吹炼为高冰镍时产出的高冰镍含有少量 Cu-Ni 合金，而 Cu-Ni 合金又最能富集贵金属。这样，就可以利用 Cu-Ni 合金有磁性、密度大和不易磨碎等特点，用磁选法使 Cu-Ni 合金与 Ni_3S_2及 Cu_2S 分开。然后进一步富集处理 Cu-Ni 合金，即可获得富集程度更高的提取贵金属的原料。

三、从镍阳极泥中再次富集

硫化镍阳极直接电解产出的阳极泥含90% S，60~70g/t Pt，25~35g/t Pd，50~70g/t Au 和 Ni、Cu、Fe、SiO_2等杂质[134]。因其贵金属含量低，故需进一步富集才能回收其中的贵金属。其富集流程如图 6-1 所示。

（一）热滤脱硫

镍阳极泥经洗涤除去其中的残酸和可溶物后，可采用焙烧、蒸馏、浮选、加压浸出、溶剂萃取和热过滤等方法脱硫。其中最常用的是热滤脱硫法，即是将阳极泥用蒸气加热至 135~145℃使硫熔化变稀之后，趁热用过滤盘真空抽滤将硫与不熔残渣分开。热滤可得贵金属富集了 4~5 倍的热滤渣和含硫量为 99%的成品硫，脱硫率最高达 87%；但热滤渣仍含 50%以上的

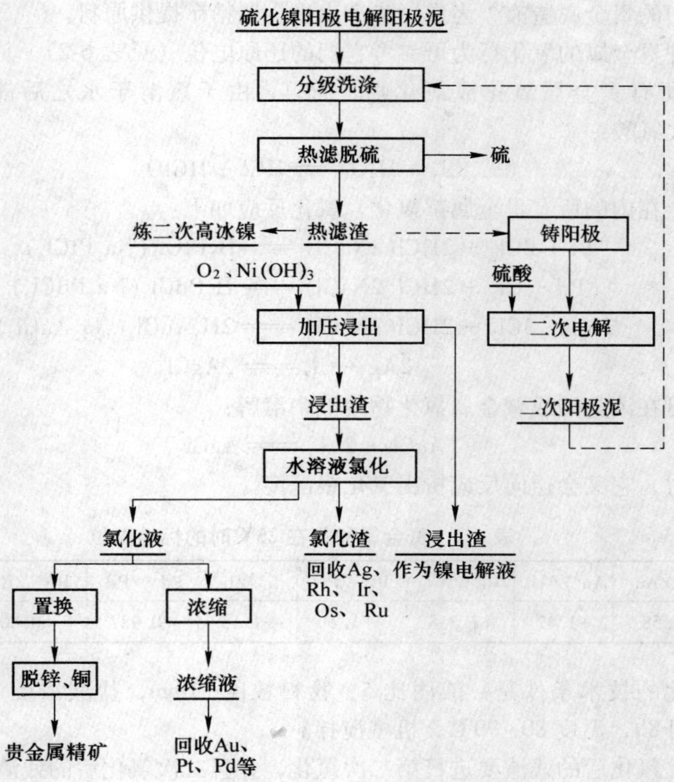

图 6-1　从阳极泥中富集贵金属流程

硫，故需进一步用二次电解、加压浸出、与一次合金返回吹炼成二次合金等方法处理。

（二）二次电解

二次电解的目的是将热滤渣进一步处理，以富集贵金属和脱硫。此时，将热滤渣熔化铸成阳极，不锈钢板作为阴极，进行隔膜电解。阳极上的镍、铜、铁、钠等以硫酸盐形态溶入电解液中，Cu^{2+}呈海绵铜在阴极析出，贵金属进入二次阳极泥。该阳极泥还需返回热滤脱硫过程处理。

（三）加压浸出—水溶液氯化

加压浸出的目的与二次电解相同，但加压浸出的流程简单，生产周期和试剂消耗都小，综合回收率高，金、钯的直收率达 92%，铂达到 88%。

热滤渣中含 50%~60%的硫，而其中的镍、铜、铁基本上以硫化物形态存在，另外还有单质硫。当温度为 150℃、氧压 0.7MPa 和液固比为 8~10 时，它们都形成可溶的硫酸盐，硫氧化成硫酸，贵金属则留在浸出渣中。但是，热滤渣含硫很高，所以硫氧化生成硫酸的速度便成了浸出过程反应速度的决定因素。为了加速硫的氧化反应，必须消耗掉硫氧化生成的硫酸。在工业上常加入 75%的 $Ni(OH)_2$使硫酸转变成高浓度硫酸镍溶液返回到镍电解工序，此时硫的氧化率达 99%。但是酸度低时又对除铁、铜、镍不利。为此生产上采用了两段浸出的方法，即先用高酸（100g/L）浸出，其后加入 $Ni(OH)_2$进行低酸浸出。

高压浸出渣还不是生产贵金属的精矿，仍需进行水溶液氯化浸出处理，利用氯气的强氧化作用将浸出渣中的贵金属造液，为进一步产出贵金属精矿提供原料。

氯气对各种贵金属的氧化行为可参考它们的还原电位（见表 6-2）。从表 6-2 得知，除金以外，氯气可将所有贵金属氧化成氯化物。而且，由于氯溶于水之后能生成还原电位更正（+1.63V）的次氯酸：

$$Cl_2 + H_2O = HCl + HClO$$

所以能使包括金在内的所有贵金属都氯化。氯化反应如下：

$$Pt + 2Cl_2 + 2HCl(2NaCl) = H_2PtCl_6(Na_2PtCl_6)$$

$$Pd + Cl_2 + 2HCl(2NaCl) = H_2PdCl_4(Na_2PdCl_4)$$

$$2Au + 3Cl_2 + 2HCl(2NaCl) = 2H_2AuCl_4(Na_2AuCl_4)$$

$$2Ag + Cl_2 = 2AgCl$$

生成的氯化银可在浓盐酸或碱金属氯化物溶液中溶解：

$$AgCl + 2Cl^- = AgCl_3^{2-}$$

但当溶液稀释时，它又会逆向反应析出氯化银沉淀。

表 6-2　贵金属和氯在 25℃时的标准电位　（V）

电极	Au^+/Au	Au^{3+}/Au	$2Cl^-/Cl_2$	Pt^{2+}/Pt	Ir^{3+}/Ir	Pd^{2+}/Pd	Rh^{3+}/Rh	Ag^+/Ag	Ru^{3+}/Ru
标准电位	+1.58	+1.42	+1.358	+1.2	+1.15	+0.987	+0.80	+0.7994	+0.49

水溶液氯化的技术条件是：液固比 5，物料粒度 -1mm，盐酸浓度 3mol/L，氯化钠浓度 10%，通氯时间 8h，温度 80~90℃，机械搅拌。

通常第一次氯化后的残渣要进行第二次氯化，并且二次氯化后的残渣仍需集中处理，以回收其中的贵金属。

氯化浸出液含贵金属仅有 2%左右，不能直接用来提取贵金属。它或经浓缩送去提取，或加锌粉置换出金、铂、钯等贵金属。但因铂的置换完全要在铜的置换完全之后，致使置换产物中含有不少的铜。因此，置换产物需经盐酸脱锌和硫酸高铁脱铜后才得贵金属精矿。

（四）从二次铜镍合金生产贵金属精矿

图 6-1 已经指出热滤渣可以送去炼二次高冰镍。二次高冰镍是与一次合金一起的吹炼产物，用它来提取二次合金，并将贵金属富集于其中，最后产出贵金属精矿。这是一种有效的富集方法，其流程如图 6-2 所示[106,127]。从图 6-2 可见，该流程主要包括盐酸和硫酸浸出溶解脱除铜、镍、铁等普通金属，以及有机溶剂溶解脱除硫两个阶段。前段选用盐酸和热浓硫酸。盐酸浸出时液固比为 6，温度 80℃，时间 12h，机械搅拌。

电控盐酸浸出是在通入氯气的情况下，控制料液电位为 450~500mV，适当降低酸度并增加液固比至 9，使具有较低电位的铜、铁、镍迅速进行氯化溶解。加氯速度或加料速度可控制浆料液的氧化还原电位，用以分离硫化矿、冰铜和镍电解阳极泥中的镍、铜和贵金属。当全部镍接近溶解时，有 CuS 形成并沉淀，而具有较高电位的贵金属不溶解，并转入浸出渣中。用浓硫酸再进一步浸出铜和镍时，要将温度提到 180℃，浸出的滤液主要含有普通金属的氯化物和硫酸盐，它被返回镍电解工段以回收其中的铜和镍。

脱除铜、镍、铁后的浸出渣含硫 80%左右，它被送去用四氯乙烯（$CCl_2 \cdot CCl_2$）萃取溶硫，萃取温度 90~100℃，液固比 5，萃硫率达 98%。萃取溶入有机相的硫在滤液冷却后析出，

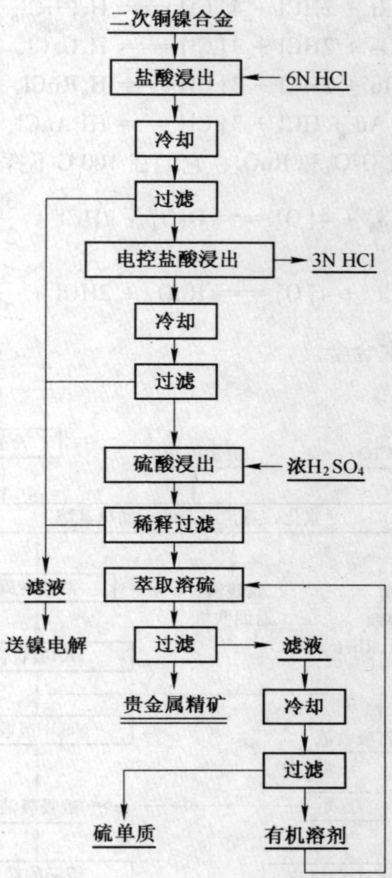

图 6-2　二次合金生产贵金属精矿流程

脱硫后的滤液便是再生的四氯乙烯。最后产生贵金属精矿。

第三节　铂族金属的分离工艺

一、蒸馏分离锇、钌

从贵金属精矿中提取金属的首要任务便是分离锇、钌。分离锇、钌的流程如图 6-3 所示[135]。它是利用锇和钌的高价氧化物 OsO_4 和 RuO_4 具有极大的挥发性能的特点，用蒸馏方法使锇、钌与其他金属分开的[2,40]。锇、钌的氧化是采用了初生态氯和氧强氧化剂。在加热至沸腾并用稀硫酸浆化和加入氯酸钠造液的情况下，发生如下反应：

$$3NaClO_3 + H_2SO_4 = Na_2SO_4 + NaCl + 2HCl + 9[O]$$

$$2HCl + [O] = 2H_2O + 2[Cl]$$

在初生态氯的强氧化作用下，精矿中的贵金属被溶解：

$$Pt + 2HCl + 4[Cl] = H_2PtCl_6$$

$$Pd + 2HCl + 2[Cl] = H_2PdCl_4$$

$$Rh + 2HCl + 4[Cl] \xlongequal{} H_2RhCl_6$$

$$Ir + 2HCl + 4[Cl] \xlongequal{} H_2PIrCl_6$$

$$Os + 2HCl + 3[Cl] \xlongequal{} H_2OsCl_5$$

$$Ru + 2HCl + 3[Cl] \xlongequal{} H_2RuCl_5$$

$$Au + HCl + 3[Cl] \xlongequal{} HPAuCl_4$$

H_2OsCl_5 和 H_2RuCl_5 容易氧化成 OsO_4 和 RuO_4，它们在 100℃下挥发进入气相：

$$H_2OsCl_5 + 4[O] \xlongequal{} OsO_4 + 2HCl + \frac{3}{2}Cl_2$$

$$H_2RuCl_5 + 4[O] \xlongequal{} RuO_4 + 2HCl + \frac{3}{2}Cl_2$$

造液的未溶残渣送回吹炼成二次合金。

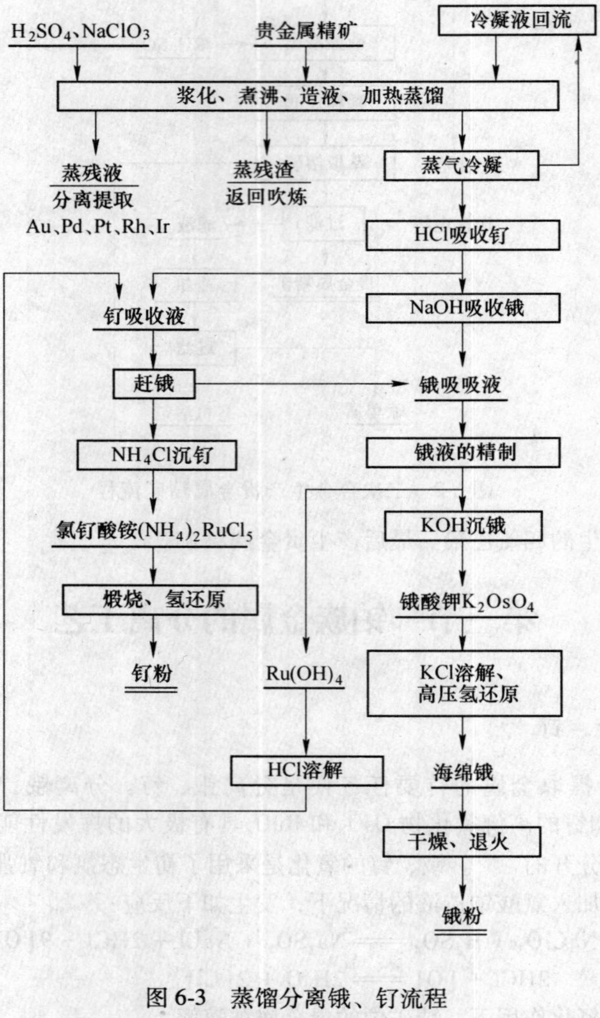

图 6-3 蒸馏分离锇、钌流程

OsO_4 和 RuO_4 都有毒，所以要求设备有严格密封且保持车间通风良好。蒸馏过程的锇、钌蒸出率达 99%以上。蒸出的气体先经冷却，使高沸点的物质和水蒸气冷凝并回流至蒸馏设备内，其余的气体则导入吸收装置中。利用 RuO_4 能溶于盐酸而 OsO_4 不溶的特点，在吸收装置的前段用 25~35℃的 4mol/L 盐酸吸收钌，后段用 20%NaOH 吸收锇。其反应为：

$$2RuO_4 + 20HCl = 2H_2RuCl_5 + 8H_2O + 5Cl_2$$

$$2OsO_4 + 4NaOH = 2Na_2OsO_4 + 2H_2O + O_2$$

加入适量酒精时，吸收液对锇、钌的溶解效果更好。在吸收装置上放一浸有硫脲的棉球，可以检查出锇、钌是否吸收完全，因为在吸收废液中有极微量的钌都能使棉球变成蓝色，极微量的锇都能使棉球变成红色，因此棉球不变颜色说明吸收已进行完全。该作业锇的吸收率大于 97%，钌约 100%。

钌吸收液经浓缩至 30g/L Ru 后，加 NH_4Cl 使钌沉淀：

$$H_2RuCl_5 + 2NH_4Cl = (NH_4)_2RuCl_5\downarrow + 2HCl$$

将黑红色的 $(NH_4)_2RuCl_5$ 用酒精洗至无色后烘干和煅烧（430℃），然后在 850℃下用氢还原，即得钌粉。

锇吸收液可加氢氧化钾或氯化铵沉锇：

$$2Na_2OsO_4 + 4KOH = 2K_2OsO_4\downarrow + 4NaOH$$

$$Na_2OsO_4 + 4NH_4Cl = [OsO_2(NH_3)_4]Cl_2\downarrow + 2NaCl + 2H_2O$$

用盐酸溶解锇酸钾（K_2OsO_4），在 125℃温度和 2.5MPa 压力下用氢还原 2h，按反应式 $K_2OsO_4 + 2HCl + 3H_2 = Os\downarrow + 2KCl + 4H_2O$ 反应得海绵锇，再经干燥和高温氢保护退火得锇粉。$[OsO_2(NH_3)_4]Cl_2$ 则经干燥和在 700~800℃下煅烧，再用氢还原并在氮中冷却得锇粉。锇粉品位高于 99%Os。

二、选择沉淀金、钯

选择沉淀金、钯的流程如图 6-4 所示[36,106]。蒸馏分离锇、钌的残液在加温和搅拌的情况下加入盐酸至无黄烟产生为止，使残存的氯酸钠分解：

$$NaClO_3 + 6HCl = NaCl + 3H_2O + 3Cl_2$$

然后加入 10%的 Na_2S 使贵金属和普通金属以硫化物形态沉淀：

$$Na_2PtCl_6 + 2Na_2S = PtS_2\downarrow + 6NaCl$$

其他金属盐类也按与上式相似的反应，生成 Au_2S_3、PdS、Rh_2S_3、Ir_2S_3 等和铜镍硫化物的棕黑色沉淀。作业用 Na_2S 调整 pH 值至 7~9，煮沸 1h 后用盐酸调 pH 值至 0.5，保温搅拌 1h 后沉淀，贵金属硫化物沉淀率达 100%。沉淀物经吸滤洗涤后加 6mol/L 的盐酸浸煮，使铜、镍、铁等普通金属硫化物生成氯化物溶解，并与贵金属分离，这种方法称为硫化沉淀法。

除此之外，还可用置换法沉淀贵金属。此时在 pH 值为 1~2 下加入粉状金属锌、镁、铝等还原剂，使贵金属置换沉淀，例如：

$$Na_2PtCl_6 + 2Zn = Pt\downarrow + 2NaCl + 2ZnCl_2$$

然后用盐酸将过量的还原剂溶解出来。沉淀物的贵金属品位高于 90%。

上述的沉淀物包含有硫化物沉淀和贵金属粉末沉淀。下一步作业便是造液然后使它们互相分离。造液可用前述的电控盐酸浸出法或氯化钠氯化造液法，也可用王水溶解法和盐酸氯化造液法。

王水溶解贵金属的造液反应为：

$$18HCl + 4HNO_3 + 3Pt = 3H_2PtCl_6 + 8H_2O + 4NO$$

铑、铱很难被王水溶解，王水只溶解铂、钯、金而相应形成 H_2PtCl_6、H_2PdCl_6、$HAuCl_4$。造液所得溶液需赶硝，即将溶液加热浓缩的同时加入大量浓盐酸，使硝酸分解成 NO_2 和 NO 气体，

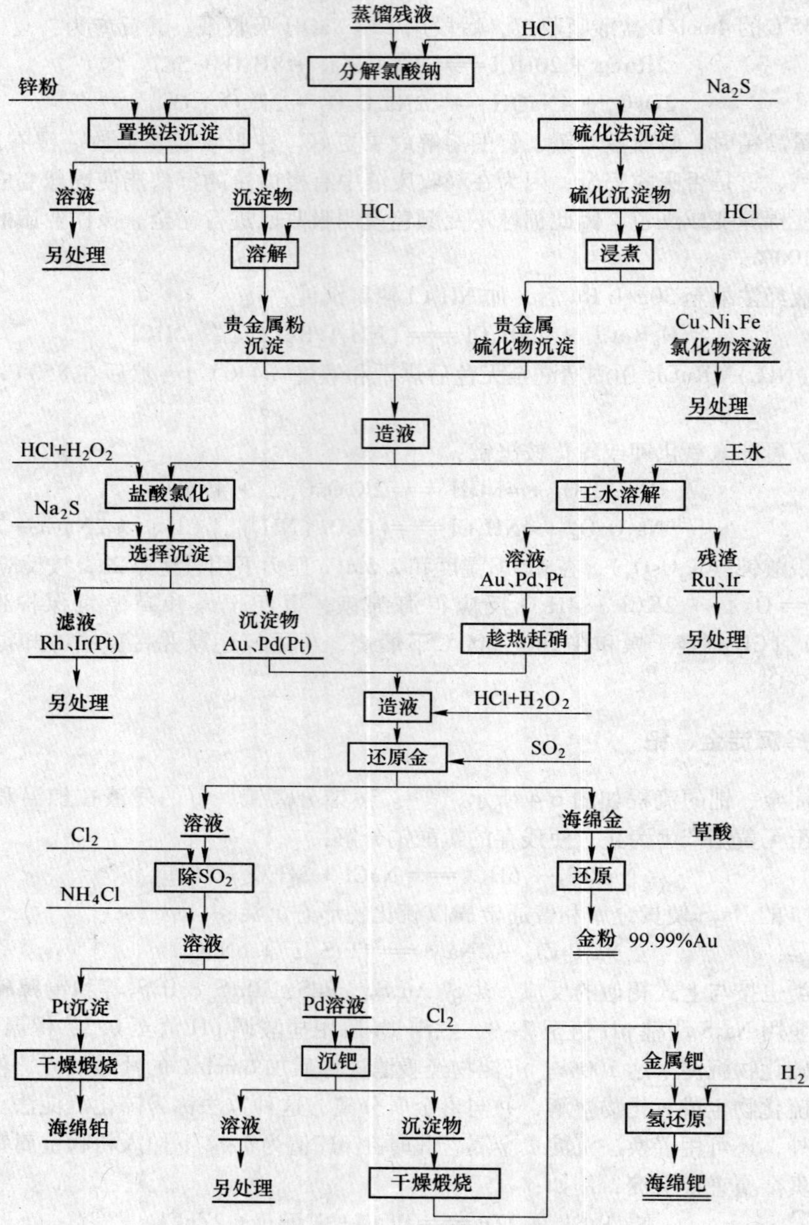

图 6-4　选择沉淀金、钯流程

与液体分离。

盐酸氯化造液法是在加入盐酸和过氧化氢的情况下进行下列反应：

$$Pt + 6HCl + 2H_2O_2 = H_2PtCl_6 + 4H_2O$$

$$PtS_2 + 6HCl + 2H_2O_2 = H_2PtCl_6 + 4H_2O + 2S$$

然后，加入 Na_2S 便可使贵金属氯络酸溶液中的金和钯选择沉淀出来。因硫化钠与贵金属氯络酸作用生成硫化物的难易顺序是 Ir^{3+}、Rh^{3+}、Pt^{4+}、Cu^{2+}、Pb^{2+}、Au^{3+}，所以当用 NaOH 调整 pH 值为 0.5~1 并将 10%Na_2S 浓度的溶液加入时，金、钯和部分铂被硫化沉淀：

$$2HAuCl_4 + 3Na_2S = Au_2S_3\downarrow + 6NaCl + 2HCl$$

$$H_2PdCl_4 + Na_2S = PdS\downarrow + 2NaCl + 2HCl$$

$$H_2PtCl_6 + 2Na_2S = PtS_2\downarrow + 4NaCl + 2HCl$$

选择沉淀金、钯的沉淀率达99%~100%，同时还有20%~30%的铂进入其中。沉淀被送去分离金、钯和铂，沉淀后的滤液则送去分离铂、铑和铱。

金与铂、钯分离也用HCl和H_2O_2（或Cl_2）造液，使它们以$HAuCl_4$、H_2PdCl_4和H_2PtCl_6形式进入溶液，然后在80~90℃下用二氧化硫还原金：

$$2HAuCl_4 + 3SO_2 + 6H_2O = 2Au\downarrow + 3H_2SO_4 + 8HCl$$

所得海绵金用萃取法或电解法、最好用草酸还原法提纯得99.99%Au金粉。

沉金后的溶液用煮沸或通氯法赶掉SO_2后，加氯化铵分离铂、钯：

$$H_2PtCl_6(Na_2PtCl_6) + 2NH_4Cl = (NH_4)_2PtCl_6 + 2HCl(2NaCl)$$

$$H_2PdCl_4(Na_2PdCl_4) + 2NH_4Cl = (NH_4)_2PdCl_4 + 2HCl(2NaCl)$$

此时生成$(NH_4)_2PtCl_6$淡黄色沉淀，$(NH_4)_2PdCl_4$则溶解留在溶液中。经吸滤和氨水洗涤后，将含铂的沉淀物干燥并在750℃下煅烧得海绵铂：

$$3(NH_4)_2PtCl_6 = 3Pt + 16HCl + 2NH_4Cl + 2N_2$$

含钯滤液经浓缩至40g/L后，通氯沉钯：

$$(NH_4)_2PdCl_4 + Cl_2 = (NH_4)_2PdCl_6\downarrow$$

含钯沉淀物或经干燥和煅烧，或用水合肼直接还原得金属钯：

$$3(NH_4)_2PdCl_6 = 3Pd + 16HCl + 2NH_4Cl + 2N_2$$

$$(NH_4)_2PdCl_6 + 4[(NH_2)_2 \cdot H_2O] = Pd + 4H_2O + 6NH_4Cl + 2N_2$$

三、铂与铑、铱分离

选择沉淀金、钯的滤液含有铑、铱和大部分铂。铂与铑、铱分离采用水解法，其流程如图6-5所示[36,105]。各种铂族金属氯配离子水解反应和pH$^{\ominus}$值以及其平衡pH值见文献［2，40］。由文献［2，40］可知，当向酸性的铂族金属氯配离子溶液中加碱时，首先水解生成氢氧化物沉淀的应该是高价氯配离子。但实际上即使当pH值为8~9时，四价铂离子也不会生成$Pt(OH)_4$沉淀，这是因为$Pt(OH)_4$易与水结合生成$Pt(OH)_4\cdot 2H_2O$［或$H_2Pt(OH)_6$］，它易溶于稀酸或碱液中。它与碱作用生成可溶性的$Na_2Pt(OH)_6$。由于铂族金属的其他元素水解的最佳pH值为：锇1.5~6，铱4~8，钌6，钯、铑6~8。所以，当控制pH值为8~9时，铑、铱便以氢氧化物形式沉淀，铂则留在溶液中，使铂得以分离，但要以铂族金属氯配离子必须氧化成高价状态为前提。

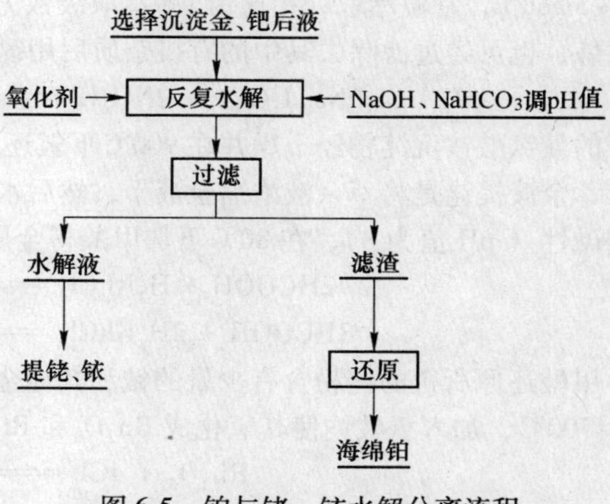

图6-5 铂与铑、铱水解分离流程

氧化常用氯气或溴酸钠，pH值则用碳酸氢钠调整，铑、铱的水解反应见文献［2，40］。当pH值达8~9后，停留约15min即将溶液快速冷却至室温，以防止高价铂氯配离子分解还原成低价而沉淀，也防止水解沉淀物反溶。将该溶液放置澄清、过滤、洗涤。所得沉淀物用盐酸溶解，送去分离提取铑、铱。含铂的滤液和洗液用盐酸调至 pH 值为 0.5，加热至沸腾以赶溴，而后直接用于提铂。

氯化铵沉淀—煅烧法提铂已在金、钯分离一节中叙述过。用水合肼还原是提取铂的最简单方法，当 pH 值为 3~4 时，还原获得 99%Pt 的海绵铂：

$$Na_2PtCl_6 + 4[(NH_2)_2 \cdot H_2O] = Pt\downarrow + 4H_2O + 4NH_4Cl + 2N_2 + 2NaCl$$

四、铑、铱分离

由于铑、铱的化学特性相近，使得铑、铱的彻底分离最为困难。工业上已经实现用烷基氧化膦（R_3PO，简称 TAPO）萃取分离铑、铱，但在萃取前必须预先除去铑铱富集液中微量的锇、钌、金、钯、铂和铜、镍、铁等。

铜、镍、铁可用 H 型-732 阳离子树脂在 pH 值为 1~1.5 时交换除去：

$$2(R-SO_3^-H^+) + Cu^{2+}(Fe^{2+},\ Ni^+) = (R-SO_3)_2Cu(Fe,\ Ni) + 2H^+$$

除钯是在 2mol/L HCl 和二甲苯为稀释剂时用 P204 萃取，使钯进入有机相，铑、铱进入水相。除铂常用上述的水解法，若铂的含量低时，用 TAPO 萃取除铂则更为彻底。在用 P204 萃取除钯时，P204 已将高价铑、铱还原为低价（三价）。所以当用 TAPO 为萃取剂、苯或磺化煤油作为稀释剂进行萃取时，TAPO 能溶解铂离子而进入有机相，而低价铑、铱不被 TAPO 溶解而进入萃余液水箱。该法一级萃取的铂萃取率都高于 99%。

最后是水解除去还原性杂质 $S_2O_3^{2-}$ 和 $S_2O_7^{2-}$，这类杂质严重妨碍 TAPO 对铱的萃取。当 pH 值为 8 时，铑、铱水解进入沉淀中。铑、铱沉淀物用盐酸溶解后，即可进入 TAPO 萃取分离铑铱流程，如图 6-6 所示[106,134,136]。

萃取剂的体积百分比为 TAPO：磺化煤油：仲辛醇=3：5：2。萃取前，溶液中的铱必须用氯气或氯酸钠氧化成高价（四价）。送萃取的料液中铑、铱的离子浓度均应小于 2g/L，盐酸浓度 3~5mol/L，常温萃取，相比为 1，萃取级数为 1~3，反萃剂为稀氢氧化钠。反萃液可直接送铱精炼，也可经过滤除去其中的有机杂质后用氯化铵沉淀铱：

$$H_2IrCl_6(Na_2IrCl_6) + 2NH_4Cl = (NH_4)_2IrCl_6\downarrow + 2HCl(2NaCl)$$

所得的氯铱酸铵沉淀物经干燥并在 900℃下氢还原得 99%Ir 的海绵铱。

萃余液提铑是将萃余液浓缩至液干，然后水溶并过滤除去有机物杂质，用 NaOH 将溶液调至弱碱性（pH 值为 8），在 80℃下加甲酸得金属铑：

$$2HCOOH + H_2RhCl_6 = Rh\downarrow + 2CO_2 + 6HCl$$

$$3HCOOH + 2H_2RhCl_5 = 2Rh\downarrow + 3CO_2 + 10HCl$$

甲酸还原所得的铑粉含有少量的铱和其他金属杂质，称为粗铑。粗铑除铱是先将它加热至 600~700℃，加入氯酸钠使其氧化成 Rh_2O_3 和 RhO_2，然后通入氯气：

$$Rh_2O_3 + 4Cl_2 = 2RhCl_2 + 1.5O_2$$

$$RhO_2 + 2Cl_2 = RhCl_4 + O_2$$

所得的氯化产物冷却后，用 5mol/L HCl 溶解得氯铑酸溶液：

$$2HCl + RhCl_4 = H_2RhCl_6$$

该溶液经二级 TAPO 萃取除铱，送去铑的精炼，或浓缩过滤除去有机物杂质后用甲酸还原得铑黑。铑黑经高温氢还原得含 99%Rh 以上的铑粉；或用氯化铵沉淀得氯铑酸铵后，烘干、焙烧和氢还原，产出海绵铑。

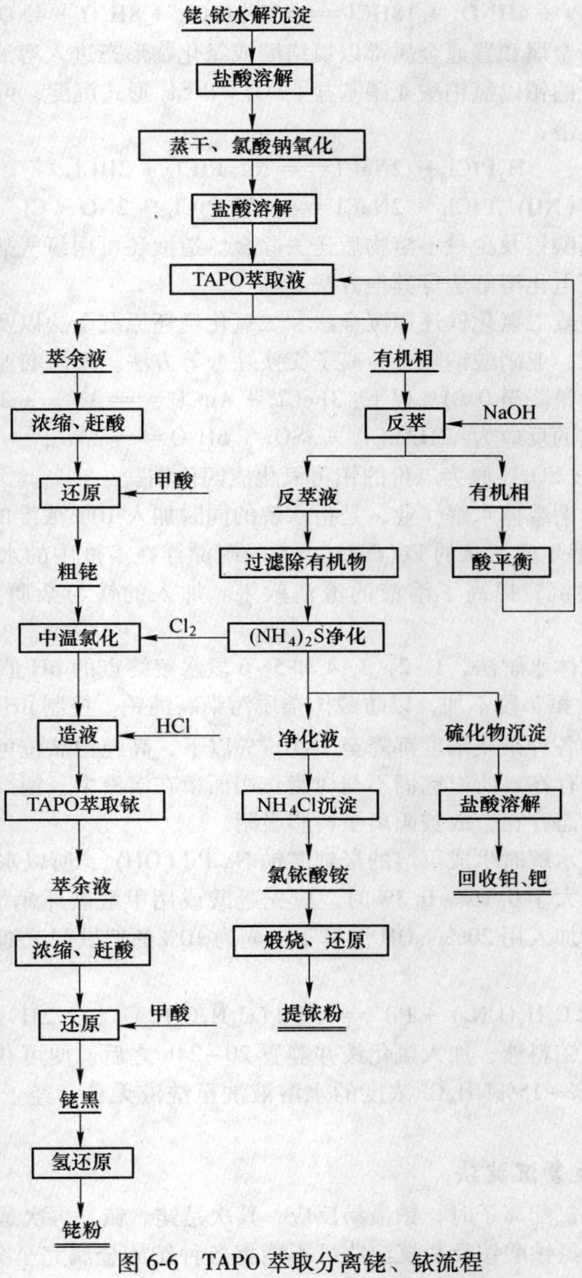

图 6-6　TAPO 萃取分离铑、铱流程

第四节　铂族金属的精炼

一、铂的精炼

（一）载体水解法

首先用王水将铂料造液，其反应为[129,137]：

$$3Pt + 4HNO_3 + 18HCl \longrightarrow 3H_2PtCl_6 + 8H_2O + 4NO$$

铂料经反复溶解后，贵金属和普通金属都以氯络酸或氯化物形态进入溶液中，只有银以氯化银形式沉淀。但也有部分的铂以氯铂酸亚硝基盐 $(NO)_2PtCl_2$ 形式沉淀，可是经赶硝和将氯铂酸转变为钠盐后，它又复溶：

$$H_2PtCl_6 + 2NaCl \longrightarrow Na_2PtCl_6 + 2HCl$$

$$(NO)_2PtCl_6 + 2NaCl \longrightarrow Na_2PtCl_6 + 2NO + Cl_2$$

溶液经过滤除去硝酸银及少量不溶物后送去除金。造液还可用氯气盐酸溶解法、过氧化氢盐酸溶解法、盐酸溶液电化溶解法等其他方法。

除金可用硫酸亚铁或二氯化铁还原沉金法、二氧化硫还原沉金法以及用乙醚或醋酸乙酯萃取、草酸或草酸钠还原、亚硝酸钠除金、离子交换除金等方法。用硫酸亚铁或二氯化铁还原除金可使产品铂中的金含量降至0.01%以下：$3FeCl_2 + AuCl_3 \longrightarrow Au\downarrow + 3FeCl_3$

二氧化硫还原沉金的反应为：$2HAuCl_4 + 3SO_2 + 6H_2O \longrightarrow 2Au\downarrow + 3H_2SO_4 + 8HCl$

沉金后加入 H_2O_2，使被 SO_2 还原为二价的铂再氧化成四价铂盐。

生产高纯铂时的所谓载体水解作业，是指水解的同时加入10%浓度的三氯化铁。当pH值调至8~9时，$FeCl_3$ 水解生成絮状的 $Fe(OH)_3$，它吸附漂浮在溶液中的水解沉淀颗粒和难于沉淀的胶体沉淀物一起共沉，提高了溶液的澄清效果。加入的铁与杂质共沉，因而不会污染料液。

生产中常用七段载体水解法，1~2，3~4和5~6段水解终点的pH值分别为4~5、5~6和7~8。1~6段加 $FeCl_3$，第7段不加，以防载体杂质污染高纯铂。控制pH值为1~1.5下用阳离子树脂交换，可使铂中各种杂质浓度都降至 1×10^{-4}%以下，高纯铂品位可达99.999%Pt。因各种贵金属都以阴配离子存在，所以它们不与树脂作用而留在溶液中；铜、铅、锌、镍、钴、铁等呈阳离子的氯化物状态存在，故被阳离子树脂吸附。

应该指出，因钯在水解时生成可溶的羟钯酸钠 $Na_2Pd(OH)_6$，所以水解除钯的效果并不太好。因此，当料液含钯大于0.1%~0.3%时，应先赶酸或用甲酸破坏硝酸，然后在pH值为2的常温下，搅拌并缓慢加入用20%NaOH溶解丁二酮为10%的钯试剂沉钯，至无亮黄色的沉淀产生为止，其反应为：

$$2(C_4H_8O_2N_2) + Pd^+ \longrightarrow Pd(C_4H_7O_2N_2)_2\downarrow + 2H^+$$

经上述处理过的含铂料液，加入氯化铵并静置20~24h之后，便可获得 $(NH_4)_2PtCl_6$ 的黄色沉淀。该沉淀物用5%~15% NH_4Cl 浓度的水溶液洗至洗液无色，经干燥和分解焙烧，得灰白色的高纯海绵铂。

（二）氯铂酸铵反复沉淀法

在用氯化铵沉淀铂氯配离子时，铂最易反应，其次是铑、铱，再次是钯，而普通金属氯化物则不能沉淀。这样，氯铂酸铵反复沉淀法虽不能将各种铂族金属完全分开，但能使部分铑、铱和大部分钯与铂分离。尤其是当铂为高价（四价），铑、铱、钯为低价时，其分离效果更好。为此料液首先要通氯或加双氧水氧化[127]。

精炼时，氯铂酸铵的黄色沉淀加水浆化至浓度为5%~8%后，用王水溶解或通二氧化硫使其还原溶解；溶液经过滤后通氯气使氯亚铂酸铵氧化再生成氯铂酸铵的黄色沉淀，其反应为：

$$(NH_4)_2PtCl_6 + SO_2 + H_2O \longrightarrow (NH_4)_2PtCl_4 + H_2SO_4 + 2HCl$$

$$(NH_4)_2PtCl_4 + Cl_2 \longrightarrow (NH_4)_2PtCl_6\downarrow$$

如此沉淀、还原、沉淀反复多次（如三次），最后产出的氯铂酸铵沉淀物经干燥和煅烧，即得99.99%Pt的海绵铂，其直收率约99%。

（三）电解精炼法

用粗铂作为阳极，200～300g/L HCl 和 50～100g/L H_2PtCl_6溶液做电解液，在温度 60℃、槽电压 1～1.5V 和电流密度 200～300A/m^{2}的条件下进行脉冲电流电解，可得 99.98%Pt 的阴极铂。但是，由于金的标准还原电位大于铂，所以用这个方法除金的效果不良。

二、钯的精炼

（一）氯钯酸铵反复沉淀法

氯钯酸铵反复沉淀法与氯铂酸铵反复沉淀法相似，它是从钯中除去普通金属杂质的有效方法，但铂族金属杂质则难除净[138]。

沉淀前的造液可用硝酸法、王水法、氯化法、电化法等。硝酸法是利用钯能溶于硝酸中而其他贵金属杂质不溶的特性，但需赶硝：

$$3Pd + 8HNO_3 \longrightarrow 3Pd(NO_3)_2 + 2NO\uparrow + 4H_2O$$

钯料中的银、铱等不溶于王水，而钯能溶解。其反应为：

$$3Pd + 4HNO_3 + 18HCl \longrightarrow 3H_2PdCl_6 + 4NO\uparrow + 8H_2O$$

经煮沸后，H_2PdCl_6 自行转化为稳定的 H_2PdCl_4。王水造液也需赶硝。

前述的盐酸-氯、盐酸-过氧化氢、盐酸-氯酸钠溶解贵金属的方法都属氯化法。若采用控制电极电位进行选择氯化溶解，可取消赶硝作业。

电化法造液是将钯原料装在布袋中作为阳极，阴极套在阴离子隔膜上。电解时，钯阳离子在电解液中不断积累，阴极只放出氢。电解液用硝酸而不用盐酸，以防生成氯化银沉淀使阳极溶解发生困难或金与钯一道溶解污染含钯电解液。硝酸电解液需赶硝和氯化分银。

硝酸电解液电解法电解时不用阴离子隔膜。由于阳极的电化溶解和阴极的电化析出，故形成具有极大表面化学活性的新鲜表面，在稀硝酸电解液和温度的作用下，发生如下溶解反应：

$$Pd + 2HNO_3 \longrightarrow Pd(NO_3)_2 + H_2\uparrow$$

电解液温度为 60℃，电流密度 200A/m^2，槽电压 2V。

用上述各种造液方法获得的钯液使其含钯量约为 100g/L 后，在氧化剂（氯气）和缓慢加温的情况下，每升料液加入 200～250g 固体氯化铵，便生成氯钯酸铵的红色沉淀：

$$H_2PdCl_4 + Cl_2 + 2NH_4Cl \longrightarrow (NH_4)_2PdCl_6\downarrow + 2HCl$$

$$Na_2PdCl_4 + Cl_2 + 2NH_4Cl \longrightarrow (NH_4)_2PdCl_6\downarrow + 2NaCl$$

反应生成四价钯的氯钯酸铵很不稳定，在长时间加热或还原剂作用下，它会分解或还原成氯亚钯酸铵的暗红色溶液。这样，就可以利用还原剂和氧化剂反复处理，实现进一步除去其中杂质的目的。

（二）二氯二氨络亚钯沉淀法

二氯二氨络亚钯沉淀法的造液与氯钯酸铵反复沉淀法相同[139]。若溶液中有硝酸根，则应先赶硝，才进行氨水配合：

$$2H_2PdCl_4 + 4NH_4OH \longrightarrow Pd(NH_4)_4\cdot PdCl_4\downarrow + 4HCl + 4H_2O$$

$$2Na_2PdCl_4 + 4NH_4OH \longrightarrow Pd(NH_4)_4\cdot PdCl_4\downarrow + 4NaCl + 4H_2O$$

其他的多数金属离子也生成相应的氢氧化物或碱式盐沉淀。但当继续加入氨水至 pH 值为 8～9 并加热至 80℃时，$Pd(NH_4)_4\cdot PdCl_4$ 再与氨水反应，并反溶进入溶液，即生成淡色的二氯四氨络亚钯溶液：

$$Pd(NH_4)_4\cdot PdCl_4 + 4NH_4OH \longrightarrow 2Pd(NH_4)_4Cl_2 + 4H_2O$$

经过滤和洗涤后，滤液与洗液合并，送往精炼。

精炼是用盐酸酸化，使二氯四氨络亚钯转化为二氯二氨络亚钯的黄色沉淀，其他杂质仍留在溶液中，从而使它们与钯进一步分离：

$$Pd(NH_4)_4Cl_2 + 2HCl = Pd(NH_4)_2Cl_2\downarrow + 2NH_4Cl$$

氨水配合和酸化沉淀反复几次后便可将杂质控制到限度以下。

酸化沉淀的溶液约含 80g/L Pd，1kgPd 耗 12mol/L HCl 约 1.5L，pH 值为 1~1.5。该酸度必须保证，不然会造成钯在酸化滤液中溶解增高。

二氯二氨络亚钯沉淀物经烘干和在 600℃下煅烧使其分解并氧化为氧化亚钯，氧化亚钯经洗涤并在高温下氢还原得海绵钯。

$$3Pd(NH_4)_2Cl_2 = 3Pd + 2HCl + 4NH_4Cl + N_2$$

$$2Pd + O_2 = 2PdO$$

也可将二氯二氨络亚钯沉淀物浆化，然后用水合肼将其直接还原为钯粉。

三、铑的精炼

铑的精炼方法也很多[2,36]，如前述的 TAPO 萃取分离铑、铱法，反复萃取除铱也能达到铑精炼的目的。

铑精炼前的造液比较复杂。它首先将铑锭与 4~5 倍质量的锌熔成合金，然后用盐酸溶去其中的锌，不溶物即铑粉。将铑粉拌入熔融的（500~550℃）硫酸氢钠熔体中，恒温 2~3h，使铑变成可溶于水的硫酸铑。如此进行数次，直至铑全部以硫酸铑形式溶解为止，残渣用于提铱、锇、钌。硫酸铑溶液用 NaOH 中和得 $Rh(OH)_3$沉淀，过滤并洗去其中的硫酸根后，用盐酸溶解得氯铑酸：

$$Rh(OH)_3 + 5HCl = H_2RhCl_5 + 3H_2O$$

$$Rh(OH)_4 + 6HCl = H_2RhCl_6 + 4H_2O$$

控制氯铑酸料液的浓度为 50g/L 左右，在 80~90℃和 pH 值为 1.5 的条件下，按 1kg Rh 拌入 6.3kg $NaNO_2$，使铑氯配离子配合：

$$H_2RhCl_5 + 5NaNO_2 = Na_2Rh(NO_2)_5 + 3NaCl + 2HCl$$

$$Na_2RhCl_5 + 5NaNO_2 = Na_2Rh(NO_2)_5 + 5NaCl$$

配合反应结束后，用碳酸钠碱液调整料液 pH 值至 7~8，煮沸 30~60min，使料液中的普通金属杂质呈氢氧化物沉淀而与铑分离。分离出来的含铑溶液用硫化氢或硫化钠硫化，选择沉淀其中的杂质[2,36]。

根据金属硫化物溶度积以及水解平衡时硫和氢氧根离子的平衡浓度，可以估计出硫化沉淀所能除去杂质的种类和极限量。例如室温硫化时，形成硫化物能力的大小顺序为：普通金属>金>钯>铜>铂>铑>铱；80℃以上时，铂、铱比铑易硫化，而普通金属反而较难硫化沉淀。所以，料液中含普通金属杂质多时，宜用低温硫化沉淀；含贵金属杂质多时则需采用高温硫化沉淀。为使料液中生成的细粒悬浮液硫化物沉淀下来，可用加入 $FeCl_3$的载体沉淀法，作业也可反复数次。

硫化沉淀后的铑液含有铱时，则需加亚硫酸铵使铑沉淀：

$$Na_2RhCl_5 + 3(NH_4)_2SO_3 = (NH_4)_3Rh(SO_3)_3\downarrow + 2NaCl + 3NH_4Cl$$

该沉淀物易溶于煮沸和过饱和的 $(NH_4)_2SO_3$ 中，也易溶于浓盐酸中。采用 $(NH_4)_2SO_3$ 沉淀法精制铑，对分离除金、钯的效果更好：$(NH_4)_3Rh(SO_3)_3 + 6HCl = (NH_4)_3RhCl_6 + 3SO_2 + 3H_2O$。

若硫化沉淀后的铑液不含铱，则可将料液冷却至18℃以下，用醋酸酸化至微酸性，加入氯化铵以产出亚硝基络铑酸钠铵白色沉淀：$Na_3Rh(NO_2)_6 + 2NH_4Cl = (NH_4)_2NaRh(NO_2)_6\downarrow + 2NaCl$。

用氯化铵沉淀后，有时还用阳离子树脂交换除去料液中的普通金属和银等杂质，或直接用甲酸或水合肼还原得金属铑黑：$2Na_3Rh(NO_2)_6 + 3HCOOH = 2Rh + 6HNO_2 + 3CO_2 + 6NaNO_2$。

用水洗去铑黑中的氯离子，烘干后用氢还原得铑粉，或将$(NH_4)_2NaRh(NO_2)_6$煅烧再用氢还原得铑粉。洗去铑粉中的钠离子，烘干制得成品铑。

习　题

铂族金属的精炼方法有哪些？

第七章 稀土冶金

第一节 稀土的基本性质

“稀土”一词是17种元素的总称，包括原子序数57~71的15种镧系元素和原子序数39的钇及序数21的钪。其中原子序数为61的钷属于放射性元素，其半衰期短，在自然界很难找到。

一、稀土的物理性质

稀土的某些物理性质见文献［2，40］。

大多数稀土是银白色金属，镨和钕为淡黄色。多数稀土的晶型结构呈六方密集晶格或面心立方晶格，钐、铕、镱和铥的沸点比其他稀土的沸点低得多。

钆、钐和铕的热中子俘获面很大，而铈和钇的热中子俘获面却很小。

稀土的导电性较低。α-镧在4.7K时和β-镧在5.85K时出现超导电性。所有稀土都具有顺磁性，而钆有铁磁性。在低温下，钆前边的元素及镝都表现出铁磁性。三价镧系元素离子的原子磁矩如图7-1所示。

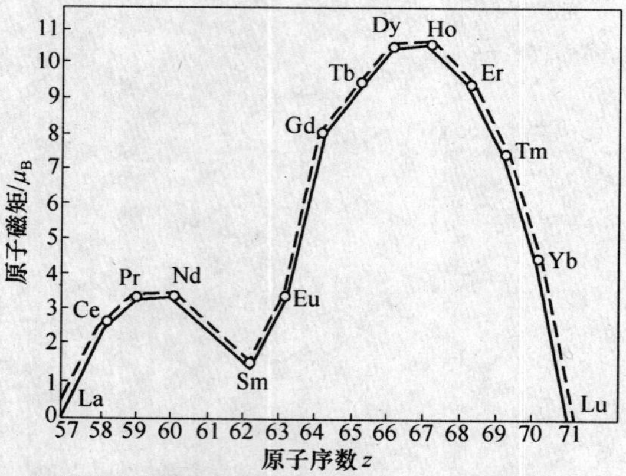

图7-1 三价镧系元素离子的原子磁矩（$1\mu_B = 0.927\times10^{-23}$ A·m^2）

稀土的机械性能与杂质的含量有关系，高纯度的稀土金属有良好的塑性。稀土的硬度为20~70（布氏硬度），一般随原子序数的增加而增大。

已知稀土元素同位素有200余种。但在天然的矿物中发现的只有56种（见表7-1），其余为人工核裂变产生的放射性同位素。

表7-1 天然的稀土元素同位素

原子序数	同位素	含量/%	半衰期 T	原子序数	同位素	含量/%	半衰期 T
57	La138①	0.089	1.1×10^{11}年	64	Gd158	24.87	
	La139	99.911			Gd160	21.90	

续表 7-1

原子序数	同位素	含量/%	半衰期 T	原子序数	同位素	含量/%	半衰期 T
	Ce136	0.193		65	Tb159	100	
58	Ce138	0.250			Dy156	0.052	
	Ce140	88.48			Dy158	0.090	
	Ce142	11.07			Dy160	2.29	
59	Pr141	100		66	Dy161	18.88	
	Nd142	27.09			Dy162	25.53	
	Nd143	12.14			Dy163	24.97	
	Nd144①	23.83	约 2×10^{15}年		Dy164	28.18	
60	Nd145	8.30		67	Ho165	100	
	Nd146	17.26			Er162	0.136	
	Nd148	5.74			Er164	1.56	
	Nd150①	5.63	$>10^{16}$年		Er166	33.41	
	Sm146	3.16		68	Er167	22.94	
	Sm147①	15.07	1.3×10^{11}年		Er168	27.07	
	Sm148	11.27			Er170	14.88	
62	Sm149	13.84		69	Tm169	100	
	Sm150	7.47			Yb168	0.14	
	Sm152	26.63			Yb170	3.03	
	Sm154	22.53			Yb171	14.34	
	Eu151	47.77		70	Yb172	21.82	
63	Eu152	52.23			Yb173	16.18	
	Gd152	0.20			Yb174	31.84	
	Gd154	2.15			Yb176	12.63	
64	Gd155	14.73			Lu175	97.40	
	Gd156	20.47		71	Lu176	2.60	
	Gd157	15.68		39	Y89①	100	2.2×10^{10}年

①标记者为放射性同位素。

二、稀土的化学性质

稀土具有较活泼的化学性质[2,36]，能与大多数元素起作用。可以生成稳定的氧化物、卤化物和硫化物，也能生成氢化物、碳化物和氮化物，可以使水分解，能溶于无机酸，并同多种金属生成金属间化合物。

（1）与氧作用。稀土金属在室温下能同空气中的氧发生作用，在金属表面发生氧化，产生一层氧化膜。继续氧化的程度视所生成的氧化物结构和性质有所不同，镧、铈、镨和钕在空气中腐蚀很快，其他稀土氧化较为缓慢，能在空气中较长时间保持金属光泽。铈的氧化最初生成立体结构的 Ce_2O_3，它很容易再继续氧化生成疏松的并有裂纹的 CeO_2。由于 CeO_2 比金属铈和 Ce_2O_3 的摩尔体积小，使铈无阻碍地继续发生氧化，这就是铈具有自燃性的原因。致密的金属铈在 320℃时燃烧，并放出足以使所生成的氧化物熔化的热量。

所有的稀土金属在空气中加热至 200℃以上时迅速氧化。此时，铈变成 CeO_2；镨变成 Pr_6O_{11}（即 $4PrO_2 \cdot Pr_2O_3$）；铽变成 Tb_4O_7（即 $2TbO_2 \cdot Tb_2O_3$）；其余稀土均生成 R_2O_3型的氧化物。

（2）与氢作用。稀土在室温下能吸收氢，升高温度时吸收氢的速度加快，在 250℃以上时激烈地吸收氢，生成组成为 RH_x（$x=2$，3，…）的氢化物。在真空下加热至 1000℃以上时，可以完全排除氢。

（3）与碳、氮作用。稀土碳化物（RC_2）和氮化物（RN）都是在高温下生成的。碳化物与湿空气发生水解，生成乙炔等碳氢化合物。

（4）与硫作用。稀土与硫蒸气作用生成组成为 R_2S_3及 RS_2型的硫化物。稀土硫化物很稳定，并有很高的熔点（1900~2500℃）和耐火性。

（5）与卤素作用。在高于 200℃下，稀土与卤素剧烈反应生成卤化物。与氟作用最强烈，其次是氯，碘最弱。稀土卤化物吸湿性强，易水解产生 ROX 型氧卤化物（X 表示卤素离子）。

（6）与其他金属元素作用。稀土能同大多数金属元素作用，生成各种组成的金属间化合物。但镧与铁只生成低共熔体，因而 La-Fe 合金的延展性好。

由于稀土的原子体积较大，因而它一般不能与其他金属形成固溶体。

稀土与碱金属及钙等均为不互溶体系；稀土在锆、铪、铌、钽等金属中溶解度很小，通常只生成低共熔体；稀土与铬、钼、钨等也不能生成化合物。

第二节　稀土的应用领域

稀土在钢铁工业、有色金属合金工业、石油工业、玻璃及陶瓷工业、原子能工业、电子及电器工业、化学工业、农业、医学以及现代新技术等方面有多种用途[140]。从近年几个主要资本主义国家的稀土消费情况统计，每年稀土总消耗量约 3 万吨。其中约 40%用于冶金工业；约 35%用于石油工业；约 20%用于玻璃和陶瓷工业；约 3%用于现代新技术。其主要应用领域如下：

（1）在钢铁方面。稀土及其化合物用作合金钢的添加剂、脱氧剂、脱硫剂和变体剂。混合稀土有强烈的脱硫作用，在电炉炼钢中可将硫的含量降到 0.008%。炼合金钢时，加入万分之一到千分之一的混合稀土金属或其化合物，不仅能除去硫和钢中气体杂质，还能改善钢水的流动性和钢锭的加工性能。例如，镍、铬含量高的奥氏体不锈钢的延展性不好，在加工中易断裂，损失率很高，如果加入万分之二的铈或镧就能消除其热脆性，改善钢水的流动性和钢锭结构，并使其具有良好的塑性，几乎完全消除了加工中的断裂损失。加入约 0.15%的铈可以制造超高强度的球墨铸铁。含铈和锰的合金钢的膨胀系数小，可用作制造活塞式发动机材料。

（2）在有色金属合金方面。将稀土加入各种铝合金、铜合金及镁合金中，可以改善合金的组织，细化晶粒，除去晶界间微量杂质的影响和缺陷，提高合金的物理机械性能，可用于制造轮船的引擎叶轮、飞机及汽车的发动机以及导弹的部件。在铝合金中添加稀土用于制造电缆，可以提高电缆的抗拉强度和耐磨性，而不降低其导电性。

（3）在石油工业中。稀土及其氧化物用作石油的催化剂，在脱氢、氧化、脱水、重整、聚合等反应中起催化作用，可用于裂解石油的稀土分子筛裂化催化剂，比硅铝酸盐 Y 型分子筛催化剂的活性大，使用寿命高两倍，原油转化率由 40%提高到 80%，汽油转化率提高 10%，出油率增加约 50%。

（4）在玻璃、陶瓷工业中。大量使用氧化铈作为光学玻璃的抛光粉。某些稀土氧化物是制作各种光学玻璃的成分。例如，氧化镧是制造照相机镜头、潜望镜、彩色电视显像管、光谱仪和X射线管等所需无硅玻璃的成分。在玻璃中加稀土可使玻璃具有吸收紫外线和红外线的能力，用于制造宇宙飞船、飞机和汽车驾驶室的窗玻璃以及焊接用防护眼镜。

某些稀土氧化物用来使玻璃脱色和着色。例如，在玻璃中加入少量的氧化铈可使玻璃无色；加氧化铈达1%时使玻璃成黄色；加入量更多时呈褐色。氧化钕使玻璃染成粉红色；氧化镨染成绿色；两者的混合物则使玻璃呈蓝色。

稀土氧化物可使瓷器、瓷釉、珐琅做成各种鲜艳的颜色，烧成后不变色。

稀土硫化物和硼化物是耐火的惰性物质，可用作冶炼金属的坩埚材料，也用于喷气式飞机和火箭上。

（5）在原子能方面。热中子俘获面很大的钆、钐和铕用于原子反应堆中作为控制反应材料和陶瓷保护层的成分，吸收热中子。特别是用在核动力潜艇和飞机上，效率高，体积小，质量轻。金属钇用作铀合金燃料的包套，在1000℃下不受腐蚀。含铈玻璃在射线照射下不变暗，用于反应堆窥视核反应过程。

（6）在电子技术和电器方面。稀土硼化物是优良的电子仪器的阴极材料。它具有很小的电子逸出功和很高的热电子发射密度。例如，制造同步稳相加速器、回旋加速器、控制式扩大器等用硼化镧作为阴极，比用金属阴极和氧化阴极的使用寿命长得多。并能在高压电场和较低真空度下工作。稀土硼化物还广泛用于磁控管、质谱仪、电子显微镜、电子轰击炉的电子枪。铕钇化合物是彩色电视显像管的红色磷光体。

镝和钬用于制造小型电磁体和磁透镜的极靴，其体积小且能产生高磁场，可用于高压电子显微镜。虽然含稀土的小型磁透镜质量只有2kg，但它同重500kg的普通磁铁的透镜的性能相等。

钐钴合金是可达30MG（兆高斯）的永磁体。而现今最强的永磁体是钕铁硼合金，它是高达42MG的永磁材料。可用于制作行波管，陀螺仪、原子钟、离子泵、微型电动机和电子表等。钼酸钆晶体用作电子计算机的记忆装置。

（7）在现代新技术上。激光技术方面用钕玻璃或渗钕的钇铝石榴石单晶制作莱赛玻璃。La-Ni_5合金在氢能中用做储氢材料。钇铁石榴石是微波的磁性材料，用于雷达技术。稀土的各种磷光体可使微波放大，能使红外线转变成可见光，用于夜间侦察。T^{170} m用于制造医疗透视机，其体积小，质量轻，不需要电源和辅助设备，在交通不便的地方或战争的条件下使用具有特殊的意义。

第三节　稀土元素的电子层结构及稀土元素化合物

一、稀土元素的电子层结构特点

从表7-2中可以看到[141]，镧系元素的电子层结构，其最外层均在6s副层有两个电子。从一个元素向另一个元素过渡，随着核正电荷的逐次增加，其最外两电子层（o层及p层）的结构不变，电子填充在4f副层上，称为“内迁移”现象，在4f层上填满时为14个电子。除镧、钆、镥及铈以外，在5d层上没有电子，但4f同5d两层的能级接近，由4f层转移一个电子至5d层的能量消耗很小，这些元素离子化时，发生f电子跃迁，因此由$5d^1+6s^2$电子参与价键而引起的所有镧系元素均以正三价为特征。由于它们具有相同的化合价，它们彼此的化学行为具有相似的特点，因而从它们的天然混合物中分离出单一元素比较困难。

表 7-2　稀土元素原子的外部电子层结构

原子序数	元素	M			N				O			P
		3s	3p	3d	4s	4p	4d	4f	5s	5p	5d	6s
21	Sc	2	6	1	2							
39	Y	2	6	10	2	6	1	—	2			
57	La	2	6	10	2	6	10	—	2	6	1	2
58	Ce	2	6	10	2	6	10	1	2	6	1	2
59	Pr	2	6	10	2	6	10	3	2	6		2
60	Nd	2	6	10	2	6	10	4	2	6		2
61	Pm	2	6	10	2	6	10	5	2	6		2
62	Sm	2	6	10	2	6	10	6	2	6		2
63	Eu	2	6	10	2	6	10	7	2	6		2
64	Gd	2	6	10	2	6	10	7	2	6	1	2
65	Tb	2	6	10	2	6	10	9	2	6		2
66	Dy	2	6	10	2	6	10	10	2	6		2
67	Ho	2	6	10	2	6	10	11	2	6		2
68	Er	2	6	10	2	6	10	12	2	6		2
69	Tm	2	6	10	2	6	10	13	2	6		2
70	Yb	2	6	10	2	6	10	14	2	6		2
71	Lu	2	6	10	2	6	10	14	2	6	1	2

然而某些稀土除正三价外，还表现出正四价和正二价价态。其中正四价态最具有特征的是铈，而镨和铽次之；正二价态则以钐、铕和镱为特征。从电子层结构来讲，电子层上电子数目填满或半填满时最稳定。铈和镨在4f层上f电子是最初填充的，结合力较弱，而铽失去一个电子趋于形成稳定的钆结构，因而它们能出现四价态。对于二价态来说，Eu^{2+} 是4f电子呈半完满状态，Yb^{2+} 是4f电子填满14个呈稳定状态，而 Sm^{2+} 的4f电子接近半填满，也处于相对稳定状态，此时参与价键的只 $6s^2$ 电子。

由于内迁移元素的特性，所填充的4f电子对核正电荷的屏蔽作用较弱，不是一对一的，因而随着核正电荷的增加，对外电子层电子的静电引力逐步增强，引起电子壳的缩变，三价镧系元素的离子半径随原子序数的增加而变小，称为"镧系收缩"现象。

正三价稀土离子半径值见表7-3。从表中可以看出，由镧到镥的离子半径值仅在0.0848~0.1061nm之间变化，两相邻元素之间只差0.001~0.0027nm。它们的离子半径大小相接近，这是它们处于三价时彼此的化学性质相近似的原因之一。它们在天然矿物晶格中彼此可以互相取代，常呈类质同晶共存。

表 7-3　稀土元素的三价离子半径值

原子序数	元素	三价离子半径/nm	原子序数	元素	三价离子半径/nm
7	La	0.1061	66	Dy	0.0908
58	Ce	0.1034	67	Ho	0.0894
59	Pr	0.1013	68	Er	0.0881
60	Nd	0.0995	69	Tm	0.0869
61	Pm	0.0979	70	Yb	0.0859
62	Sm	0.0964	71	Lu	0.0848
63	Eu	0.0950	39	Y	0.088
64	Gd	0.0938	21	Sc	0.068
65	Tb	0.0923			

钇的离子半径为0.088nm，介于铒和铥之间。可以看出，钇属于稀土元素，在很大程度上是由于离子半径大小相接近的缘故，实际上钇常与镧系元素共存于矿物中。而钪则相差较远（0.068nm），通常不与其他稀土伴生于矿物中。本章中不包括钪的冶炼。

离子半径变化的规律，可用来解释化合物的某些性质。例如，镧系元素的碱性差异很小，并且随离子半径的增加而增强。因为稀土离子半径越小，它们与 OH^- 结合得越牢固。

通常，将稀土分成铈组（钆前边的元素）和钇组（钆以后元素和钇），前者又称为“轻稀土”，后者又称为“重稀土”；也有划分为轻、中（Sm~Tb）、重三组的。

由于稀土元素的化学性质相似，即它们有显著的共同特点，因而在化学中给17种稀土元素以一个共同的符号，在国际上常用R表示，并用Ln表示镧系元素。除此之外，德国用RE；法国用TR；前苏联用P.3.；我国规定用RE。在本书中为了书写分子式更简便起见，用R表示。

二、稀土化合物

（一）稀土氧化物

稀土氧化物的熔点很高，难溶于水，但能与水分子结合成水合物[142]。其能溶于无机酸，制取时煅烧温度越低越易溶解。Ce_2O_3很容易继续氧化成 CeO_2。经过煅烧的 CeO_2难溶于盐酸和硝酸，但能溶于浓硫酸。稀土氧化物的外观颜色见表7-4[143]。

表7-4　稀土氧化物的外观颜色

氧化物	颜色	氧化物	颜色
La_2O_3	白色	Ho_2O_3	黄白
Ce_2O_3	白色	CeO_2	黄白
Gd_2O_3	白色	Tm_2O_3	白微带绿
Tb_2O_3	白色	Pr_2O_3	黄绿
Dy_2O_3	白色	Eu_2O_3	浅红
Yb_2O_3	白色	Er_2O_3	浅红
Lu_2O_3	白色	Nd_2O_3	浅紫
Y_2O_3	白色	Pr_2O_3	黑褐
Sm_2O_3	黄白	Tb_2O_3	黑褐

（二）稀土氢氧化物

三价稀土氢氧化物难溶于水和碱液，能溶于无机酸。$Ce(OH)_3$ 在空气中易氧化成 $Ce(OH)_4$。当在稀土盐溶液中加碱时，析出稀土氢氧化物沉淀。稀土氢氧化物沉淀pH值见表7-5。表中所列沉淀pH值是对于稀溶液而言，当稀土浓度增加时，沉淀pH值则向酸性范围移动，如图7-2所示。

表7-5　稀土盐类溶液碱沉淀pH值

元素	沉淀pH值			$R(OH)_3$在25℃时的溶度积	R^{3+}半径/nm
	硝酸盐	氧化物	硫酸盐		
La	7.82	8.03	7.41	1.0×10^{-19}	0.1061
Ce（Ⅲ）	7.60	7.41	7.35	1.5×10^{-20}	0.1031
Ce（Ⅳ）	0.7~1.0	—	—	—	—
Pr	7.35	7.05	7.17	2.7×10^{-20}	0.1013
Nd	7.31	7.02	6.95	1.9×10^{-21}	0.0995

续表 7-5

元素	沉淀 pH 值			$R(OH)_3$在 25℃时的溶度积	R^{3+}半径/nm
	硝酸盐	氯化物	硫酸盐		
Sm	6.92	6.83	6.70	6.8×10^{-22}	0.0964
Eu	6.82	—	6.68	3.4×10^{-22}	0.0950
Gd	6.83	—	6.75	2.1×10^{-22}	0.0938
Tb	—	—	—	—	0.0923
Dy	—	—	—	—	0.0908
Ho	—	—	—	—	0.0894
Er	6.75	—	6.50	1.3×10^{-23}	0.0891
Tm	6.40	—	6.21	3.3×10^{-24}	0.0869
Yb	6.30	—	6.18	2.9×10^{-24}	0.0858
Lu	6.30	—	6.18	2.5×10^{-24}	0.0848
Y	6.95	6.78	—	—	0.088

从前曾利用各元素间碱性的差异，进行分部沉淀法分离稀土。但从表 7-5 中可以看出，它们相互之间的差异很小，并在沉淀过程中难免发生类质同晶共沉淀现象，因此分离效果很差。

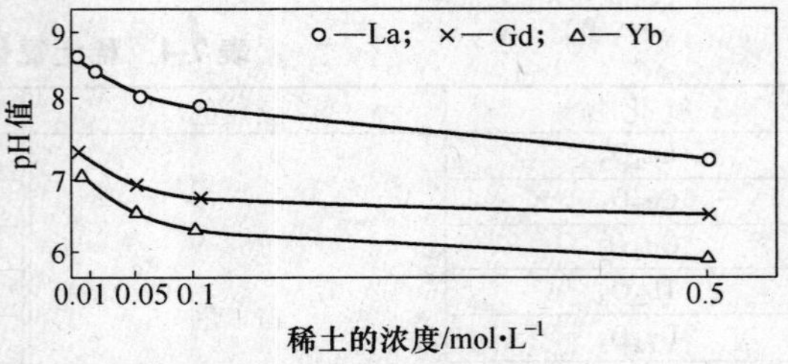

图 7-2 稀土的浓度对氢氧化物沉淀 pH 值的影响

（三）稀土盐

大多数稀土盐都带有结晶水。稀土的氯化物、硝酸盐和硫酸盐有强烈的吸湿性，易溶于水和稀酸；而氟化物和草酸盐则难溶于水和无机酸。此外，磷酸盐、碳酸盐和铁氰化物也难溶于水。

稀土的硝酸盐、硫酸盐和碳酸盐加热分解时，都通过生成碱式盐的形式最终变成氧化物。硝酸盐开始分解温度为 125℃，到 360℃时完全变成氧化物。硫酸盐在 500℃以下时稳定，超过 1000℃时变成氧化物。碳酸盐的热分解温度为：碳酸镧为 830℃；碳酸铈 670℃；碳酸镨为 650℃；碳酸钕为 575℃；碳酸钐为 570℃。

稀土草酸盐热分解是经过碳酸盐形态，最终变成氧化物。它们的分解温度见表 7-6。

表 7-6 水合稀土草酸盐热分解温度

草酸盐	脱水温度/℃	完全分解度/℃	草酸盐	脱水温度/℃	完全分解度/℃
La	55~380	800	Tb	45~140	725
Ce	50	360	Dy	45~140	475
Pr	40~420	790	Ho	40~200	735
Nd	50~445	735	Er	40~175	720
Sm	45~300	735	Tm	55~195	730
Eu	60~320	620	Yb	60~175	730
Gd	45~120	700	Lu	55~190	715

在工艺中较重要的稀土卤化物是氯化物和氟化物，它们从水溶液中析出的是含水结晶。当加热脱水时或在高温下无水盐与湿空气接触，易水解产生氧卤化物：

$$RX_3 + H_2O = ROX + 2HX(X = F^-, Cl^-, Br^-, I^-)$$

尤其是氧化物吸湿性强，更易产生氧氯化物。

稀土卤化物的熔点及沸点见文献［2，36，144］。

钐、铕和镱能生成二价的盐，但它们的稳定性较小。四价铈盐最稳定。镨和铽只有四价的氧化物，不能成四价盐。

（四）稀土复盐

稀土的简单盐能同碱金属、铵或镁的相应盐生成复盐[2,145]，如硝酸复盐、硫酸复盐和碳酸复盐等。

铈组元素同铵或镁生成硝酸复盐的组成是：$R(NO_3)_3 \cdot 2NH_4NO_3 \cdot 4H_2O$ 或 $2R(NO_3)_3 \cdot 3Mg(NO_3)_2 \cdot 24H_2O$。它们的溶解度由镧到钐依次递增，从前曾用以进行分部结晶作业来分离铈组元素。而钇组元素除铽外其余的难以生成硝酸复盐。

稀土硫酸复盐很早曾用于稀土分组工艺和用以除去非稀土杂质。当将碱金属盐或铵盐加入含稀土的硫酸溶液时，析出硫酸复盐沉淀，其组成为 $xR_2(SO_4)_3 \cdot yM_2SO_4 \cdot zH_2O$（$M = Na^+, K^+, NH_4^+$），复盐的组成依沉淀温度、稀土浓度、沉淀剂的浓度而有所不同。进入复盐组成的沉淀剂分子数（y）随溶液中沉淀剂浓度的增加而增加；而结晶水的分子数（z）随沉淀温度的升高而减少，温度高于 90℃ 时生成无水盐。

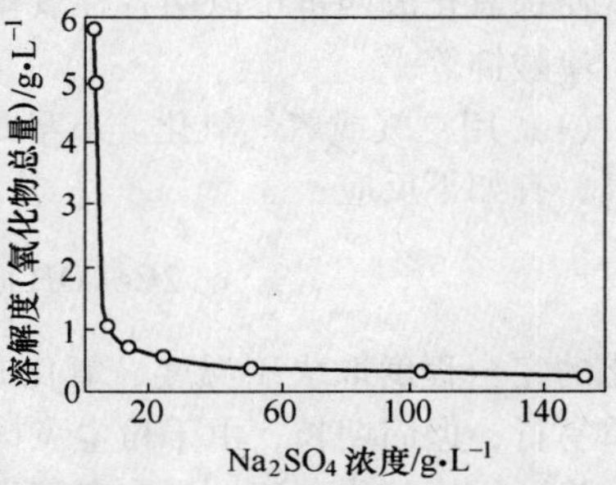

图 7-3　20℃时铈组元素与钠的硫酸复盐溶解度与 Na_2SO_4 浓度的关系

稀土硫酸复盐的溶解度随原子序数的增加而增大，随着沉淀剂的浓度的增加而降低。当加入的硫酸钠沉淀剂达到饱和时，铈组复盐几乎完全析出，如图 7-3 所示。

硫酸复盐的溶解度随温度的升高而降低。此外，依所用的沉淀剂不同，生成的复盐溶解度也不同，一般溶解度大小顺序为 $(NH_4)_2SO_4 > Na_2SO_4 > K_2SO_4$。

在分组工艺中，硫酸复盐沉淀作业首先是在常温下向稀土硫酸溶液中加入 Na_2SO_4（或 NaCl），直到取样在吸收光谱上检验钕谱线消失为止。此时析出的是由镧到钐的复盐。随后加热滤出液，获得 Eu-Gd-Tb-Dy 的复盐沉淀，残液为钬以后的元素及钇。复盐经碱煮转化为氢氧化物。

往稀土溶液中加入碱金属的或铵的碳酸盐时，生成稀土碳酸盐沉淀。冷时生成的组成为 $R_2(CO_3)_3 \cdot xH_2O$；热时生成的组成为 $R_2(CO_3)_3 \cdot xM_2CO_3 \cdot yH_2O$。三价稀土的碳酸盐在过量的沉淀剂存在下，生成难溶的碳酸复盐 $R_2(CO_3)_3 \cdot xM_2CO_3 \cdot yH_2O$；但四价铈的碳酸盐却生成可溶性络盐 $M_{2x}[Ce(CO_3)_{2+x}]$ 而溶入溶液中。

（五）四价铈

铈容易氧化成四价[135]。四价铈很稳定，它的性质同三价稀土有显著的差异，据此可进行分离。氧化法分离铈是沿用已久的较有成效的方法，直到现在仍然是分离铈的基本方法。

四价铈是强氧化剂，它在酸性介质中与过氧化氢作用：

$$2Ce(SO_4)_2 + H_2O_2 = Ce_2(SO_4)_3 + H_2SO_4 + O_2\uparrow$$

四价铈在酸性介质中容易取得电子变成三价。三价铈在碱性介质中容易失去电子变成四价。四价铈盐的碱性相当弱，在水中能发生水解。当大幅稀释四价铈盐溶液时，析出碱式盐沉淀。但四价铈的复盐却比较稳定。

四氯化铈仅作为从溶液中获得三氯化铈的中间产物而出现，呈赤褐色溶液，极不稳定。例如，当用盐酸溶解 $Ce(OH)_4$ 时，发生如下反应，最终放出氯气而变成三氯化铈：

$$Ce(OH)_4 + 4HCl \longrightarrow CeCl_4 + 4H_2O$$

$$2CeCl_4 \longrightarrow 2CeCl_3 + Cl_2\uparrow$$

铈氧化分离的依据是：

（1）$Ce(OH)_4$ 难溶于稀无机酸，而 $R(OH)_3$ 易溶。

（2）$Ce(OH)_4$ 沉淀的 pH 值为 0.7~1，而 $R(OH)_3$ 沉淀的 pH 值为 6.3~7.8。

（3）$Ce(NO_3)_4 \cdot 2NH_4NO_3$ 复盐难溶于硝酸，三价稀土硝酸复盐易溶。

（4）$Ce(C_2O_4)_2$ 与 $(NH_4)_2C_2O_4$ 生成 $(NH_4)_4 \cdot [Ce(C_2O_4)_2]$ 型配合物而溶解，$R_2(C_2O_4)_3$ 不能生成配合物或溶解。

（5）四价铈与三价稀土的萃取特性差异。

（六）铈的氧化分离方法

使铈氧化成四价可以用各种氧化剂如：空气、氧气、氯气、过氧化氢、过硫酸铵、高锰酸钾、溴酸钾等[145]。

（1）用空气或氧气氧化。最早是用半干的稀土氢氧化物放在料盘中在 120~130℃ 下通入空气，有如下反应：

$$2Ce(OH)_3 + \frac{1}{2}O_2 + H_2O \longrightarrow 2Ce(OH)_4$$

氧化的完全程度取决于温度、氧化时间和料的湿度，一般经 8~12h 可达 98% 的氧化率。该法简单易行，但周期长，由于粉尘飞扬，故机械损失大，劳动条件差。

为了加快氧化速度，采取在高压釜中以固液比为 1∶5 的水悬浮液加压通氧氧化。此法在 130℃ 下，水溶液 pH 值约为 10，氧压力为 506.625~1013.25kPa，经 30min 可达氧化完全。

氧化后用 5% HNO_3 溶液浸出，四价铈留在不溶部分中；或用浓硝酸全溶解后，再用萃取法分离四价铈。

（2）用氯气氧化。该法可在碱性、中性或弱酸性（pH 值为 4.5~6）介质中进行。当向稀土氢氧化物的水悬浮液中通氯气时，发生如下反应：

$$Ce(OH)_3 + \frac{1}{2}Cl_2 + H_2O \longrightarrow Ce(OH)_4 + HCl$$

随溶液酸度的增加，三价稀土氢氧化物溶入溶液中。此时必须控制溶液的 pH 值，以不小于 3 为限度。

（3）用过氧化氢氧化。该法也可以在碱性、中性或弱酸性介质中进行。此时，铈除生成四价氢氧化物外，还产生过氧化物：

$$2Ce(OH)_3 + H_2O_2 \longrightarrow 2Ce(OH)_4$$

$$2Ce(OH)_3 + 3H_2O_2 \longrightarrow 2Ce(OH)_3 \cdot O \cdot OH + 2H_2O$$

过氧化物加热即分解。

该法可在室温下往稀土硝酸盐弱酸性（pH 值为 5~6）溶液中加入过氧化氢，生成四价铈的硝酸盐并水解产生难溶的氢氧化铈（Ⅳ）和碱式硝酸盐：

$$2Ce(NO_3)_4 + H_2O_2 + 2HNO_3 \longrightarrow 2Ce(NO_3)_4 + 2H_2O$$

$$Ce(NO_3)_4 + xH_2O \longrightarrow Ce(OH)_x \cdot (NO_3)_{4-x} + xHNO_3 \quad (x = 1, 2 或 4)$$

由于水解产生酸，所以需小心地加氨水或固体碳酸镁以中和酸，以便始终保持溶液 pH 值在 5~6 的范围内，直到溶液中实际上已不含铈为止。检验氧化完全程度，可用试管取少许溶液，加入少量氨水和过氧化氢，如果沉淀不带黄色即表示铈已全部沉出。随后将带沉淀的溶液加热，使红褐色沉淀物全变成淡黄色为止。该法对任一浓度的稀土溶液均适用，1molCe^{3+}加过氧化氢 1mol 即可氧化完全。

（4）用过硫酸铵氧化。通常是在硝酸溶液中进行，有如下反应：

$$2Ce(NO_3)_3 + (NH_4)_2S_2O_8 + 2HNO_3 = 2Ce(NO_3)_4 + (NH_4)_2SO_4 + H_2SO_4$$

该反应是在搅拌下缓加固体的$(NH_4)_2S_2O_8$，在 90℃左右的弱酸性（pH 值为 2.5~3.5）溶液中进行，此时如果加少许的硝酸银作为催化剂可以加速反应。随后用氨水或氧化镁中和溶液至 pH 值为 0.8~0.9，使之呈 $Ce(OH)_4$ 沉淀。

（七）二价的钐、铕和镱

二价的钐、铕和镱同锶和钡的性质相似，它们的硫酸盐溶解度很小。二价铕的氢氧化物能溶于水。钐、铕和镱由三价还原成二价的还原电位见表 7-7。

表 7-7　某些元素的还原标准电位（25℃时）

反　应	$E^{\ominus}$/V	反　应	$E^{\ominus}$/V
$Li^++e \rightarrow Li$	−3.01	$Sm^{3+}+e \rightarrow Sm^{2+}$	−1.72
$K^++e \rightarrow K$	−2.91	$Yb^{3+}+e \rightarrow Yb^{2+}$	−1.15
$Na^++e \rightarrow Na$	−2.71	$Zn^{2+}+2e \rightarrow Zn$	−0.76
$La^{3+}+3e \rightarrow La$	−2.52	$Eu^{3+}+e \rightarrow Eu^{2+}$	−0.43
$Lu^{3+}+3e \rightarrow Lu$	−2.25	$H^++e \rightarrow \frac{1}{2}H_2$	±0.00

很早就利用钐、铕和镱能呈二价态的性质以达到分离的目的。为了从混合物中分离钐和铕，曾使用钠汞齐作为还原剂[146]，与稀土混合物的醋酸酸性溶液相接触，钐和铕被钠还原进入汞齐中。随后将生成的稀土汞齐用 15%的盐酸溶液分解，使钐和铕变成氯化物进入水溶液中。用同样的方法可从重稀土混合物中分离镱。

钐同铕的分离是在有硫酸存在条件下，用锌粉或锌汞齐选择地还原铕，使二价的铕生成难熔的$EuSO_4$沉淀。此时，可加入一部分 $BaCl_2$作为助沉剂（$EuSO_4$ 的溶解度介于 $SrSO_4$ 和 $BaSO_4$ 之间），使$EuSO_4$同 $BaSO_4$呈类质同晶共沉淀。

钐同铕的分离也可以将它们的二价硫酸盐混合物，用稀硝酸选择地氧化其中的钐，使其进入溶液而同铕分离。

还原分离钐、铕和镱的另一种方法是电解还原法。例如，使它们在汞阴极上还原生成稀土汞齐。这种电解是在含有柠檬酸钾的稀土醋酸溶液中（pH 值为 5~8）中进行的。

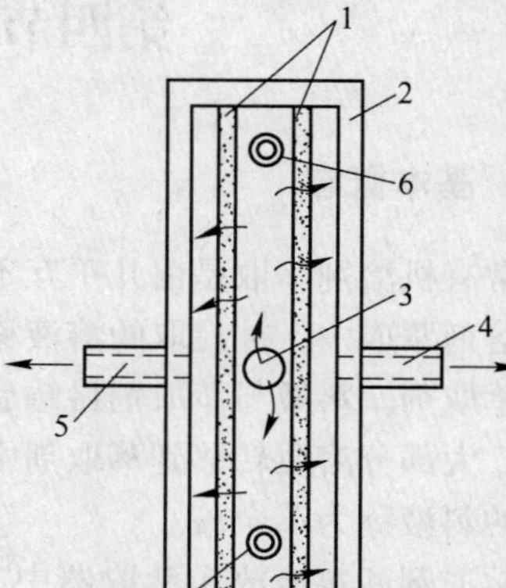

图 7-4　多孔碳电极还原铕设备

1—多孔碳极片；2—有机玻璃外壳；3—底部进液口；4，5—阴、阳极液出口；6—上部排气孔（2 个）

有采用多孔碳电极连续电解还原分离铕的方法，其装置如图 7-4 所示[147]。在密闭的并充有氮气的不大的有机玻璃槽中，设置两个平行的多孔碳质电极片（例如，使用T201-7-700型碳片，尺寸为0.2cm×5cm×10cm，平均孔径为7μm，最大孔径为10μm，孔隙率约10%），分别作为阴、阳两电极，极间距离为10mm左右，将槽内分隔成三室，混合稀土氯化物溶液连续从槽底部入口流入中间室。在原液中，以 $[Eu^{3+}]/[Br^-]=1/3$ 的比例加入一部分溴离子作为阳极去极化剂。在中间室溶液中的 Eu^{3+} 向阴极移动，在阴极上被还原成 Eu^{2+} 并通过极片孔隙进入阴极室内。溶液中的 Br^- 移向阳极，在阳极上被电解氧化成 Br_2 气体，从上部气孔逸出，从而构成了完全的电池反应。进入两极室的溶液分别从侧面出口流出。

使钐、铕和镱还原成二价后，还可以用萃取法分离。但在萃取过程中，必须使其始终处于还原性介质的条件下才有效。

（八）稀土离子的特征颜色

各种稀土离子所具有的特征颜色见表7-8[148]。了解每种稀土离子的特征颜色，对于辨识它们是有用的。

表7-8 三价镧系元素离子的颜色

原子序号	离 子	颜 色	原子序号	离 子	颜 色
57	La^{3+}	无色	64	Gd^{3+}	无色
58	Ce^{3+}	无色	65	Tb^{3+}	粉红
59	Pr^{3+}	绿	66	Dy^{3+}	浅黄绿
60	Nd^{3+}	粉红	67	Ho^{3+}	棕黄
61	Pm^{3+}	$PmCl_3$ 黄	68	Er^{3+}	红
		$Pm(NO_3)_3$ 浅红	69	Tm^{3+}	浅绿
62	Sm^{3+}	浅黄	70	Yb^{3+}	无色
63	Gd^{3+}	浅红	71	Lu^{3+}	无色

第四节 萃取法分离稀土元素

一、基本概念

通常有机溶剂萃取是由几乎互不溶的有机溶剂和水溶液所构成的两相体系来实现的[149]。

在溶剂萃取中，被提取的溶液称为料液，其中欲提取的物质称溶质，而用以进行萃取的溶剂称为萃取剂。料液与萃取剂接触后，料液中的溶质向萃取剂转移的过程称为萃取，达到萃取平衡后，大部分溶质转移到萃取剂中，这种含有溶质的萃取剂溶液称为萃取液，而被萃取出溶质以后的料液称为萃余液。

将萃取剂和料液放入萃取器中，经充分振荡混合，静置分层后形成两相，即萃余相和萃取相。

反萃取（stripping或back extraction）是将萃取液与反萃取剂（含无机酸或碱的水溶液，有时也可以是水）相接触，使某种被萃入有机相的溶质转入水相，可把这种过程看做是萃取的逆过程。反萃取后不含溶质的有机相被称为再生有机相，含有溶质的水溶液被称为反萃液[150]。

当将带粉红色的硝酸钕的浓硝酸溶液，与有机溶剂如以煤油稀释的50%磷酸三丁酯，各取若干毫升放入分液漏斗中，加塞摇动数分钟，静置分层后，可以看到水溶液相的粉红色变淡或消失。随后打开分液漏斗下部活塞，小心地将下层水溶液放入烧杯中。再往分液漏斗中注入等量的空白稀硝酸溶液，摇动和静置后，发现水溶液呈粉红色。以上现象表明，在前一次的两相混合中，有部分的硝酸钕进入有机相，即发生了“萃取”。而后一情况则是进入有机相的硝酸钕，又转移到溶液相中，叫做“反萃取”。所谓的反萃取实际上是相对于前者而言的一种萃取行为。

当将前一次萃取后的残余液加热，加入草酸饱和溶液，可发现有少量的粉红色的草酸钕沉淀出来。这说明在前一次萃取中，硝酸钕并没有完全进入有机相中，而是在该萃取条件下，硝酸钕在两相间有一定的平衡分配比。各种元素在两相间的平衡分配比有所不同，借此可以将它们分离开，即为有机溶剂萃取法。

二、有机溶剂萃取的实质

有机溶剂萃取是以物质在相互接触的两液相之间的分布为基础的。在由水溶液和有机溶剂所构成的两相体系中，最初存在于任一相中被溶解物质成分，通过相界面而发生转移。在相应的条件下，直到两相间以一定的浓度比而达到平衡为止[151]。

根据离子的性质，大部分金属盐是强电解质，它们在水中有较大的溶解度。这不仅是由于水是极性大的液体，能够使盐类离解成离子，而且水使金属离子溶剂化而促进溶解，使离子经受较小的静电引力而变得类似于溶剂。

然而大部分简单的金属盐，显著地不溶于有机溶剂中。因为有机溶剂多半是非极性化合物。只有当金属离子或其盐类与有机溶剂分子生成一种在有机溶剂中比在水中能更好溶解的化合物时才有可能。这主要是由于它们的分子结构与有机溶剂分子具有相似的特点，即所谓“同类溶解同类”规则。因此，当物质由水溶液相向有机溶剂相转移时，应该是在生成能够被萃取到有机溶剂中的化合物成为可能之前，配位于金属离子周围的水分子部分或全部地被除掉。这就是说，生成不带电荷形态的化合物是使金属离子萃取到有机溶剂中的先决条件。它们具有很低的介电常数。例如，一些不带电荷的螯合物，以及基于静电引力并通过电荷中和的离子缔合物，被广泛应用于萃取中。

然而溶解过程本身，包含有复杂的分子间的相互作用。因为当被溶解物质生成分子溶液时，应该是楔入溶剂分子之间。这些相互作用包括静电键、氢键和其他化学键等分子间力的作用性质。

三、分配定律

根据相律，相平衡有如下表达式：

$$P+f=C+n$$

式中，P 为相数；f 为自由度数；C 为独立成分数；n 为外界条件因素，通常是考虑温度和压力两因素，则 $n=2$。

假如在特定的条件下，溶剂萃取是与两种互不混溶的溶剂和一种分布于它们之间的被溶解物质有关，则 $P=2$，$C=3$。当温度和压力一定时，由相律可知，它是一个单变量系。这意味着在平衡条件下，如果我们给出水相中被溶解物质的浓度时，则另一相中被溶解物质的浓度将被确定下来。于是被溶解物质在两相中的浓度之间存在着确定的比例关系，这种比例关系表现为分配定律。

能斯特分配定律指出，在两种互不溶解的溶剂之间分布着的物质，如果在任一相中都以同等大小的质点存在时，则在平衡的条件下，被溶解物质在两相中的浓度比是不变的。也就是说，它不随总浓度的改变而变化。设被溶解物质 x 分布于溶剂 1 和溶剂 2 之间，其定量关系可用下式表示[152]：

$$x_1 \rightleftharpoons x_2$$

$$K_D = \frac{[x]_2}{[x]_1}$$

式中，K_D 为分配常数；$[x]$ 为物质 x 的浓度。

然而分配定律不是严格的热力学条件。也就是说，没有考虑存在于两相中被溶解物质的活度变化。其次，它是以在任一相中分配着的物质，都具有同等大小的质点为前提条件。实际上在两相中分布着的物质可能发生譬如离解、缔合等化学变化。这就不能直接用来表示萃取的定量关系。

研究在平衡条件下，存在于每一相中的热力学条件，对于了解分配定律的近似公式的实质是有用的。

在温度和压力不变的条件下达到平衡时，每一相中被溶解物质的化学位 μ 是相等的，即：

$$\mu_1 = \mu_2 \tag{7-1}$$

将 $\mu = \mu^0 + RT\ln N_1\gamma_1$ 代入式（7-1）得：

$$\mu_1^0 + RT\ln N_1\gamma_1 = \mu_2^0 + RT\ln N_2\gamma_2 \tag{7-2}$$

式中 μ^0 ——在理想的单分子溶液中被溶解物质的化学位；

N——被溶解物质的摩尔浓度；

γ——摩尔活度系数。

从式（7-2）可以得出摩尔分配常数 K_D：

$$K_D = \frac{N_2}{N_1} = \frac{\gamma_1}{\gamma_2} e^{-(\mu_2^0 - \mu_1^0)/RT} \tag{7-3}$$

假如被溶解物质的存在不影响两溶剂相互的溶解度，μ^0 是一常数。式（7-3）可简化为：

$$K_D = \frac{N_2}{N_1} = \frac{\gamma_1}{\gamma_2} K' \tag{7-4}$$

式中 K'——温度一定时系统的常数。

从式（7-4）可以看出，K_D 的变化是任一相中活度系数改变的结果。当被溶解物质的浓度很小时，活度系数比(γ_1/γ_2)近似等于 1，此时 K_D 才是常数。

四、分配比

从上述情况看到，分配过程有复杂的影响因素，因而一般不能直接将分配定律应用到实际萃取中去，考虑引入一个实际分配的定量关系，即分配比（D）[153]。当萃取在某一条件下达到平衡时：

$$D = \frac{\text{物质在有机相中的实际浓度}}{\text{物质在水相中的实际浓度}} = \frac{C_{\text{有}}}{C_{\text{水}}}$$

可想而知，如果是在理想的条件下，被溶解物质在任一相中不发生任何化学反应和变化，则 $D = K_D$。

应该指出，不能把物质在两相间的分配比同该物质在单独每一溶剂中的溶解度之比混为一谈。它们之间的不一致是由于有第二溶剂的存在，影响物质在第一溶剂中的溶解度。可以推测出，当物质在两溶剂中都达到饱和浓度时，分配比才同溶解度比相一致。

五、分离因数

上面讨论了单一物质在两相间的分配。对于多种物质成分来说，各物质在两相间分配的差别大小，决定着分离效果好坏。设有两种物质并且 $D_1>D_2$，则：

$$\text{分离效果}=\frac{C_{1有}/C_{2有}}{C_{1水}/C_{2水}}=\frac{C_{1有}/C_{1水}}{C_{2有}/C_{2水}}=\frac{D_1}{D_2}=\beta$$

β 即称为分离因数[154]。一般来说，β 值越大，说明分离效果越好。但应注意，分离因数并不能在所有的情况下都能确切地反映出分离效果。因为 β 值只取决于分配比，反映分配的浓度关系，而与两相体积比无关。有时虽然 β 值很大，但其中分配比较小者，其值也足够大时，分离效果并不好。

六、萃取百分率

萃取百分率（$E(\%)$）可用下式表示[155]：

$$E=\frac{C_{有}\cdot V_{有}}{C_{有}V_{有}+C_{水}V_{水}}=\frac{D}{D+\dfrac{V_{水}}{V_{有}}}\times 100\%$$

式中　$V_{有}$，$V_{水}$——有机相及水相的体积。

从上式可以看出，E 是 D 及 $V_{有}/V_{水}$ 的函数。一般 D 值变化范围很大，而 E 只在 0～100%之间变化。例如，D 从 500 到 1000 变化时，E 仅在 99.8%～99.9%之间变化。D-E 关系曲线如图 7-5 所示。

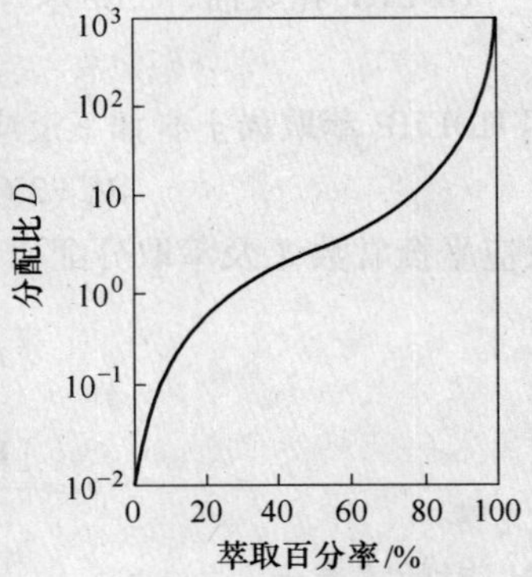

图 7-5　D-E 关系曲线

七、萃取剂

目前在稀土分离工艺中得到实际应用的有：膦酸酯类、胺类和羧酸类萃取剂。

（一）膦酸酯类

膦酸酯类有中性膦酸酯，例如，膦酸三丁酯（简称 TBP，分子式为$(C_4H_9O)_3PO$）、甲基膦酸二甲庚酯（简称 DMHMP，分子式为$(CH_3)(C_8H_{17}O)_3PO$）等；还有酸性膦酸酯，例如，二（2-乙基己基）膦酸酯（简称 HDEHP，分子式为$(C_8H_{17}O)_2PO(OH)$）、2-乙基己基膦酸单 2-乙基己基酯（简称 MEHEHP，分子式为$(C_8H_{17})(C_8H_{17}O)_2PO(OH)$）等。

已知的一些中性膦酸酯，通常只适用于从硝酸溶液中萃取，不适用于盐酸或硫酸。从所形成的萃取配合物来看，金属元素是以硝酸盐形态进入配合物组成中的，从而可以判断，中性膦酸酯的萃取，与阴离子的性质有关。而酸性膦酸酯，它们的萃取能力很少取决于阴离子的类型，它们对于硝酸、盐酸或硫酸均有同等的效果。它们萃取反应的特点是以本身的 H^+ 与稀土离子发生的交换反应，因此又称为液体阳离子交换剂。

1. 用 TBP 萃取

一般水相稀土浓度为 0.5～1.0mol（R_2O_3）/L，硝酸浓度不大于 12mol/L。有如下萃取反应[156]：

$$R^{3+}_{水} + 3NO^-_{3水} + 3TBP_{有} = R(NO_3)_3 \cdot 3TBP_{有}$$

反应的平衡常数 K 为：

$$K = \frac{[R(NO_3)_3 \cdot 3TBP]_{有}}{[R^{3+}]_{水}[NO_3^-]^3_{水}[TBP]^3_{有}}$$

分配比 D 为：

$$D = \frac{[R(NO_3)_3 \cdot 3TBP]_{有}}{[R^{3+}]_{水}} = K[NO_3^-]^3_{水}[TBP]^3_{有}$$

当硝酸浓度为 13~16mol/L 时，生成 $H_nR(NO_3)_{n+3} \cdot TBP$ 溶剂化物的配合酸。如果硝酸浓度低于 5mol/L 时，铕以后的序列元素分配比变化规律出现反向。

$TBP-HNO_3-R(NO_3)_3$ 系的 D-Z 曲线与 HNO_3浓度的关系如图 7-6 所示。

当用 12mol/LHNO_3萃取时，两相邻元素之间的 $\beta = D_{Z+1}/D_Z$，β 值平均为 1.6。若在有盐析剂（如 $Al(NO_3)_3$，$NaNO_3$，$Ca(NO_3)_2$等）存在下，可以从低酸度的硝酸溶液中萃取稀土。

用 TBP 萃取还可以使用硫氰酸-氯化物溶液。此时稀土存在于 $R(CNS)_3$和 $R(CNS)_2Cl$ 等配合物中，其稳定性按由镧到镥顺序增加。萃取中形成的溶剂化物组成是 $R(CNS)_3 \cdot n TBP$。工业上有用该法从钇组稀土中分离钇的，此时，钇的分配比最小，留在水相中。

2. 用 HDEHP 萃取

HDEHP 在煤油、二甲苯等稀释剂中常以二聚物形态存在，并呈单离子化离解：

$$(HDEHP)_2 \rightleftharpoons H^+ + H(DEHP)_2^-$$

用 HDEHP 萃取稀土有如下反应：

$$R^{3+}_{水} + 3(HDEHP)_{2有} = R\{H(DEHP)_2\}_{3有} + 3H^+_{水}$$

反应平衡常数 K 及萃取分配比 D 如下式：

$$K = \frac{[R\{H(DEHP)_2\}_3]_{有} \cdot [H^+]^3_{水}}{[R^{3+}]_{水} \cdot [(HDEHP)_2]^3_{有}}$$

$$D = \frac{[R\{H(DEHP)_2\}_3]_{有}}{[R^{3+}]_{水}} = K\frac{[(HDEHP)_2]^3_{有}}{[H^+]^3_{水}}$$

或以对数式表示：

$$\lg D = \lg K + 3\lg[(HDEHP)_2]_{有} - 3\lg[H^+]$$

HDEHP 萃取稀土的 D-Z 关系如图 7-7 所示。其分离因数 $\beta = D_{Z+1}/D_Z$ 的值平均为 2.5。其分配比的展开度 $\beta_{La-Lu} = 3.5\times10^5$，比 TBP 的大（TBP 萃取时 $\beta_{La-Lu} = 2.1\times10^3$）。其分配比与水相中 H^+浓度的立方成反比，因而水相的酸度显著地影响分配比。

将在不同的酸度下测得的各稀土元素的 D 值，以 $\lg[H^+]$ 对 $\lg D$ 作图，得斜率为−3 的一组直线，如图 7-8 所示[157]。从图中可以看出，当 $\lg[H^+]=0$（即酸度为 1N）时，$\lg D_{Dy}=0.2$（即 $D_{Dy}=1.58$）；$\lg D_{Tb}=-0.2$（即 $D_{Tb}=0.63$）。而镝以后的元素的 D 值越来越大；从铽往前的元素的 D 值越来越小。如果 $\lg[H^+]$ 值减小时，分离界线的位置将向原子序数较小的方向移动；相反，如果 $\lg[H^+]$ 值增加时，则分离界线的位置将向原子序数较大的方向移动。

曾用稀土对 HDEHP 进行饱和实验发现，当稀土与 HDEHP 以摩尔质量比达到 R^{3+}：HDEHP = 1：6 时，产生无定形固体物质沉淀，其组成是 $R[H(DEHP)_2]_3$。因此用 HDEHP 萃取时，稀土的浓度不宜太高，一般 HDEHP 浓度常使用 1.0mol/L 左右的浓度。相应地考虑稀土的浓度应低于溶剂出现饱和的浓度。

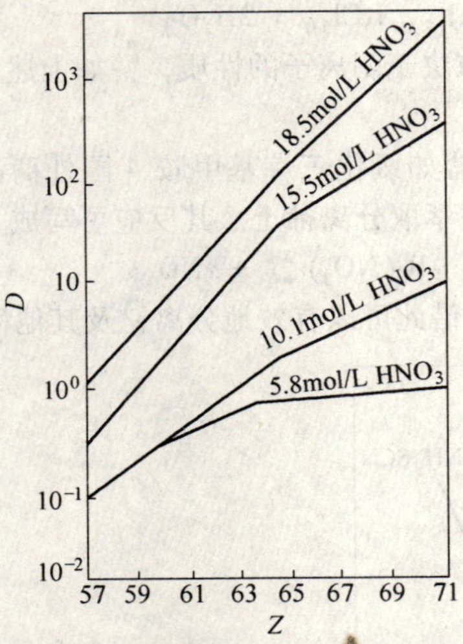

图 7-6　TBP-HNO_3-$R(NO_3)_3$ 系 D-Z 曲线与 HNO_3浓度的关系

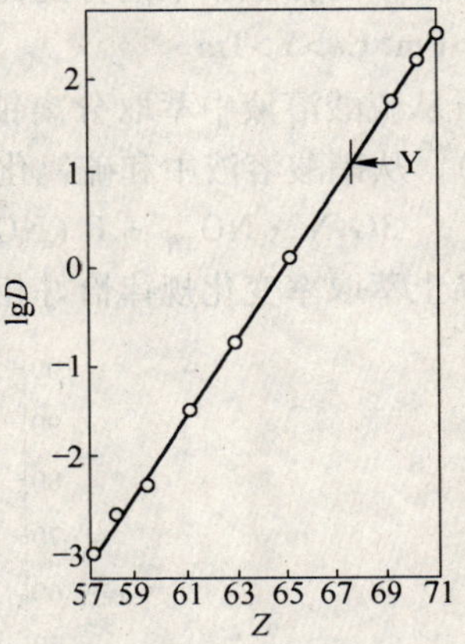

图 7-7　0.75mol/L HDEHP-苯-0.5mol/L HCl 和 lg$D$-Z 关系（$D_{Z+1}/D_Z=2.5$）

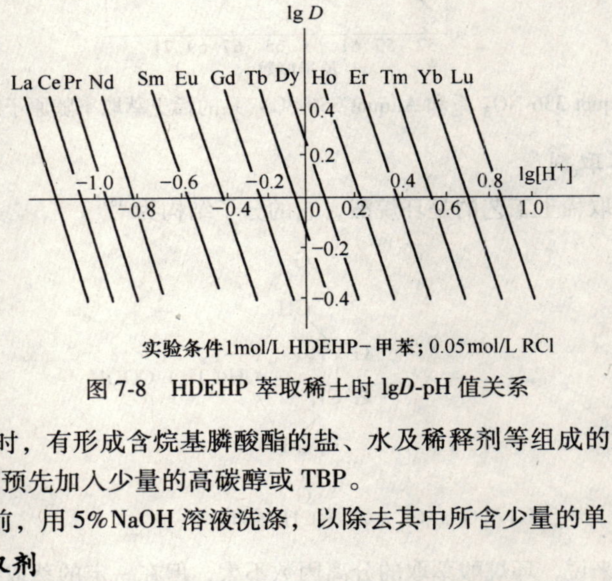

实验条件1mol/L HDEHP－甲苯；0.05mol/L RCl

图 7-8　HDEHP 萃取稀土时 lg$D$-pH 值关系

用 HDEHP 萃取时，有形成含烷基膦酸酯的盐、水及稀释剂等组成的第三相的倾向，为了防止产生第三相，可预先加入少量的高碳醇或 TBP。

HDEHP 在使用前，用 5%NaOH 溶液洗涤，以除去其中所含少量的单 2-乙基己基膦酸酯。

（二）胺类萃取剂

胺类有伯胺 GNH_2（G 代表烃基，下同）、仲胺 G_2NH、叔胺 G_3N。这些胺的分子中的氮原子有孤对电子，能同无机酸的 H^+形成稳定的配位键而生成胺盐。此外，还有季铵盐 G_4NX（X 代表阴离子）[168]。这些胺类的阴离子与水溶液中金属元素配阴离子发生置换反应而发生萃取。所以胺类萃取剂的萃取机理，类似阴离子交换过程。

稀土的一些无机盐溶液，当溶液中阴离子浓度较高时，有形成配阴离子的倾向，例如在稀土氯化物溶液中生成$(RCl_4)^-$、$(RCl_5)^{2-}$、$(RCl_6)^{3-}$等配阴离子，这往往是由加入盐析剂和适量的相应酸来实现的。其他如NO_3^-、SO_4^{2-}、SCN^-等无机阴离子，也同样与稀土离子能形成配阴离子。此时，稀土的萃取率随溶液中阴离子浓度的增加而增加。

当用叔胺从存在多量 LiCl 的低酸度的稀土盐溶液中萃取稀土时有如下反应：

$$2G_3N_{有} + 2H_3O^+_{水} + (RCl_5)^{2-}_{水} \rightleftharpoons (G_3NH)_2 \cdot RCl_{5有} + 2H_2O_{水}$$

胺类萃取剂对稀土萃取的分配比大小次序，首先是取决于阴离子的性质，譬如上述萃取的结果是 Eu>Pm>Ce>Y>Tm。

伯胺可从硫酸溶液中萃取分离铀、钍和稀土。季铵盐如氯化三烷基甲胺（国外商品名为 Aliquot336），从硝酸溶液中和硫氰化物溶液中均能有效地萃取分离稀土。其反应可写成下式：

$$3G_3N^+ \cdot NO^-_{3有} + R(NO_3)^{x-}_{3+x水} = (G_3N^+)_3 \cdot R(NO_3)^{3-}_{6有} + xNO^-_{3水}$$

但两者对稀土萃取率变化规律恰好相反，如图 7-9 所示。借此可以有效地分离钇及其他稀土。

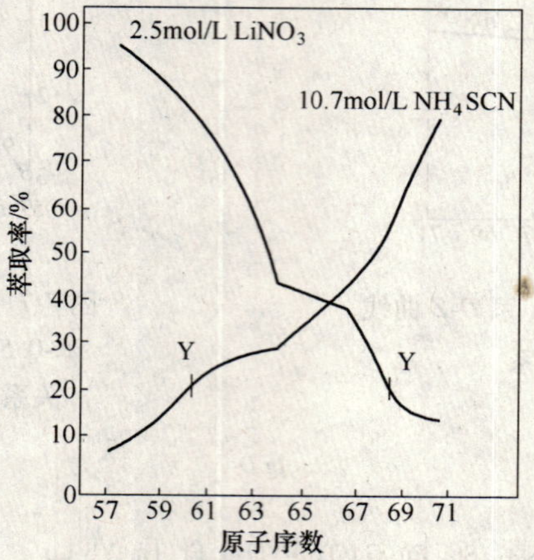

图 7-9 Aliquot 336-NO_3^- 系和 Aliquot 336-SCN^- 系的稀土萃取率随原子序数的变化

（三）羧酸类萃取剂

现已被应用于萃取稀土工艺的是环烷酸，它的分子结构为[158]：

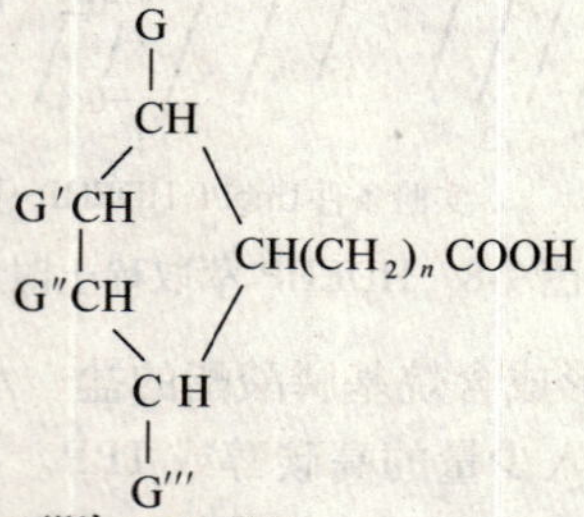

（G，G′，G″，G‴为 CH_3 或 H）

就一般分离稀土来说，环烷酸萃取的分离因数不大，但在一定的萃取条件下，它能从所有的稀土中简便地分离钇（在所有的稀土中钇的分配比最小，且 $\beta^R_r>2$），它又是石油工业中的副产品（在石油中含 0.2%~2%），因此价格低廉。

环烷酸是一元羧酸，微溶于水（pH 值为 4 时，在水中溶解度为 0.09g/L），它在一些有机溶剂中以二聚物 $(HA)_2$ 形态存在。其萃取反应可以看做是阳离子交换反应[140]：

$$R^{3+}_{水} + 3(HA)_{2+有} + nH_2O \rightleftharpoons RA_3 \cdot 3HA \cdot nH_2O_{有} + 3H^+_{水} \quad (n = 5 \sim 6)$$

从上面反应式可以看出，反应程度强烈地取决于水相中氢离子的浓度。因此通常是将环烷酸在使用前用氨水或碱液处理，使其皂化变成环烷酸盐。当一种阳离子比另一种阳离子更能在较低的 pH 值下发生萃取时，则在给定的 pH 值下，前者将从溶剂分子中置换后者。显然，环烷酸萃取的特性是在低酸度下萃取，而在高酸度下反萃取。

当 pH 值为 4.8 时，环烷酸从稀土氯化物溶液中萃取稀土有如下的顺序[159]：Sm>Nd>Pr>Dy>Yb>Lu>Tb>Ho>Tm>Er>Gd>La>Y。当 pH 值小于 4.5 时，La-Y 之间很难分离，甚至两者的萃取顺序可能颠倒过来。

环烷酸容易发生乳化现象，因此最好是用苯或二甲苯作为稀释剂。但从经济角度和毒性方面考虑，多用含 15%高碳醇的煤油作为稀释剂。

通常用NH_4^+或 Na^+皂化环烷酸，按计算总当量的 95%加入氨或 NaOH 量，用环烷酸-正乙醇-H_2SO_4系萃取稀土时发现，用NH_4^+ 皂化环烷酸，在 pH 值为 8 时，原子序数小的前几个元素的萃取的分配比随原子序数的增加而增加；原子序数大的后边一些元素的分配比几乎相等；当用 Na^+皂化时，分配比由镧到镥逐次减小。

盐析剂用 $LiNO_3$比用 NH_4NO_3的分配比大，并且萃取 pH 值向酸性范围移动。萃取钇的实践表明，当有机相中环烷酸的浓度增加时，萃取 pH 值向酸性方向移动。通常使用 20%环烷酸萃取，相当于 0.68mol/L HA。另外，随水相稀土浓度的增加，pH 值向碱性方向移动。稀土浓度一般在 0.5~1mol/L 为宜。

八、稀释剂

因大多数萃取剂的黏度和密度较大，所以常使用如煤油、二甲苯、己烷等加以稀释，以便在萃取中容易与水相混合和分开。所使用的稀释剂种类和性质对于萃取平衡有影响。这是因为稀释剂并不是惰性的溶剂，它对于萃取剂的热力学活度有影响，当一种稀释剂被另一种所代替时，参与有机相平衡的物质的热力学活度将发生改变，因而导致平衡常数改变。例如，对于胺类萃取剂，使用的稀释剂的介电常数越大，萃取率就越高。

九、盐析效应

为了提高萃取效率，加入某种电解质，可以增加可萃取配合物的浓度，全面提高分配比，这种电解质称为盐析剂[160]。这种盐析效应被看做是：

(1) 加入的盐类对于分配的物质活度有影响。

(2) 增加了阴离子浓度，符合质量作用定律，导致可萃取配合物浓度的增加。

(3) 电解质的阳离子强烈地联结水分子的能力，降低水相中自由水分子的浓度，即减少水分子的溶剂化作用。

此外，稀土盐与同类型碱金属盐、碱土金属盐和铵盐等在水溶液中有配合倾向。例如：

$$2NH_4NO_3 + R(NO_3)_3 \rightleftharpoons 2NH_4^+ + [R(NO_3)_5]^{2-}$$

虽然这种配合物的稳定性很弱，但其稳定性随稀土的原子序数的增加而减小，它的作用与 *D-Z* 关系曲线相辅相成，不是同等地增加分配比，而是显著地增大了分离因数，有助于提高分离效率，如图 7-10 所示[161]。

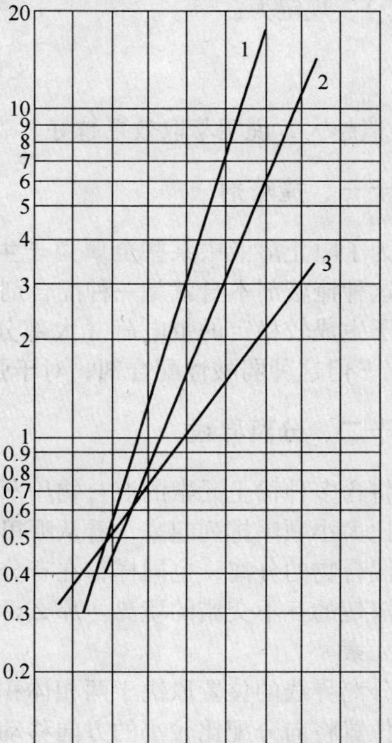

图 7-10　TBP 萃取铈组元素加盐析剂$LiNO_3$的浓度与分配系数的关系

1—8mol/L $LiNO_3$；2—5mol/L $LiNO_3$；3—无盐析剂

使用盐析剂，常加入大量的盐，甚至达到饱和的程度，通常使用如锂盐、铵盐、钠盐、铝盐等。显然，增加稀土浓度，同样会起到“自盐析”的效果，但有时稀土浓度过高会带来不利的影响。同时，提高原液中稀土的浓度有时并不一定是很容易办到的事。

十、协同效应

曾用0.2mol/L HTTA（即噻吩甲酰三氟丙酮）萃取分离镨、钕时，它们的分配比为：$D_{Pr}=0.22$；$D_{Nd}=0.30$。但当加入5%TBP时，它们的分配比分别提高到60和100，这种现象被称为“协同效应”。在萃取中使用两种或更多种的混合萃取剂进行萃取，如果金属离子的分配比（$D_{协}$）显著地大于在同样条件下单独使用每一萃取剂的分配比之和（$\sum D$），就是说这一萃取体系有协调效应（$D_{协}>\sum D$），这种萃取叫做“协同萃取”[162]。

用上面所举HTTA与TBP的二元萃取系，TBP称为协萃剂（S）。将一元萃取系和二元萃取系的萃取反应平衡写成通式则为：

$$M^{x+}_{水} + xHA_{有} \rightleftharpoons MA_{x有} + xH^{+}_{水}$$

$$M^{x+}_{水} + xHA_{有} + yS_{有} \rightleftharpoons MA_{x}S_{y有} + xH^{+}_{水}$$

虽然前一反应中金属离子（M^{x+}）与萃取剂（HA）生成了中性配合物（MA_x），但是金属离子的配位数尚未达到饱和。而后一反应是同时由协萃剂分子S配位上去，形成电性中和的且配位数完全饱和的萃取配合物，因而大大提高了分配比。而前一种情况，由于配位数未达到饱和，就不能完全排除配位的水分子，因而不利于萃取。由此可引入一个因数叫协萃系数（*S.C.*），规定为：

$$S.C.=\lg\frac{D_{协}}{\sum D}=\lg D_{协}-\lg\sum D$$

S.C. 值越大，说明萃取效果越好。

十一、掩蔽剂

为了阻止溶液中某些金属离子生成可萃取配合物，改善萃取过程的选择性，可使用掩蔽剂。这种掩蔽剂本身就是一种配合剂，例如乙二胺四乙酸等。它们的作用是与溶液中的某些金属离子生成较稳定的带电荷（大部分是带负电荷）的配离子，将金属离子掩蔽起来而不被萃取[163]。但这种弱酸性配合剂，对于强酸性溶液的萃取则不能起到功效。

十二、分离界线

将含多种稀土元素的混合物用萃取法分离成两个以上的不同元素的组分时，我们将它们按分配比大小顺序排列起来，看从哪里分开，就存在一个分离界线问题。即使是对于只含两种元素的混合物的分离，也同样存在有分离界线问题。因为每相邻两元素之间，并不存在一个界线十分清楚的互不交错的境界。那么，此时分离界线的位置靠近哪一方，则萃取的结果将获得较纯的元素。

分离界线的位置取决于两相体积比 $r=V_{有}/V_{水}$，$m_{有}/m_{水}=1/D$[2,36,144]。当 r 增加时，分离界线的位置将向分配比较小的方向移动。此时，如果其中某一元素恰好处在分离界线上，则该元素将大体上同等地分配于两相中。

在一定的条件下，对于混合物中任何一种元素的分配情况来说，有如下定量关系：

$$\frac{C_{有}}{C_{水}}=D(\text{在一定条件下为某一定值}) \tag{7-5}$$

而 $C=m/V$，则式（7-5）可写成：

$$\frac{m_{有}/V_{有}}{m_{水}/V_{水}}=D \tag{7-6}$$

式（7-6）整理后得：

$$r=\frac{V_{有}}{V_{水}}=\frac{m_{有}}{m_{水}}\frac{1}{D} \tag{7-7}$$

令 $m_{有}/m_{水}=\varepsilon$，则式（7-7）可写成：

$$r=\varepsilon\frac{1}{D} \tag{7-8}$$

假如是分离多种元素混合物，使其中某一元素恰好处在分离界线上，并且其量在两相中各占一半，则 $\varepsilon=1$。又以 $D_{分}$ 表示处于分离界线上元素的分配比，式（7-8）可写成：

$$r=\frac{1}{D_{分}} \tag{7-9}$$

式（7-9）表明，两相体积比等于处在分离界线上元素的分配比的倒数关系，也就是说，当增加两相体积比 r 时，$D_{分}$ 则向分配比 D 值较小的方向移动。

上述情况均是针对有机相中有机溶剂的浓度一定而言。如果增加有机溶剂的浓度时，同样是分离界线的位置向分配系数较小的方向移动。

如何选择分离界线的位置，应视原混合物中各元素的相对含量和分离要求而异。如果 $V_{水}$ 和 $D_{分}$ 为已知，则从式（7-9）即可求出 $V_{有}$ 和 r 值。由此又可判断该分离过程实现的可能性。

如果想从含有两种元素混合物中分离提取某一元素达到较高的纯度，或从含有更多种元素的混合物中分离提取一端的元素时，如果它与邻近元素之间的分类因数足够大的话，就可通过式（7-8）计算，估计出比较合适的 r 值。

十三、萃取方法和设备

萃取可分为单级萃取和多级萃取。单级萃取过程大致可分为以下三个步骤：

（1）萃取。将待分离混合物水溶液与有机溶剂接触，此时通过相界面发生物质转移，达到平衡后分开。

（2）洗涤。使有机萃出液与空白水溶液接触，再次平衡。

（3）反萃取。使被萃取物质从有机相转入水相中。

在上述每一步骤中，两相每次接触并建立起平衡，即称为一级。多级萃取是经过多次的逐级平衡的过程，可以使分离效率倍增。对于较难分离的元素混合物来说，都是采用多级萃取。多级萃取是在多级萃取器中连续逐级进行的，级数多少，视分离效率而定。多级萃取的方式有[164]：错流萃取、逆流萃取、半逆流萃取、分馏萃取、回流萃取等多种。几种基本的萃取流动方式如图 7-11 所示。图 7-11a 错流萃取的每一个单元并不一定限定为一级。

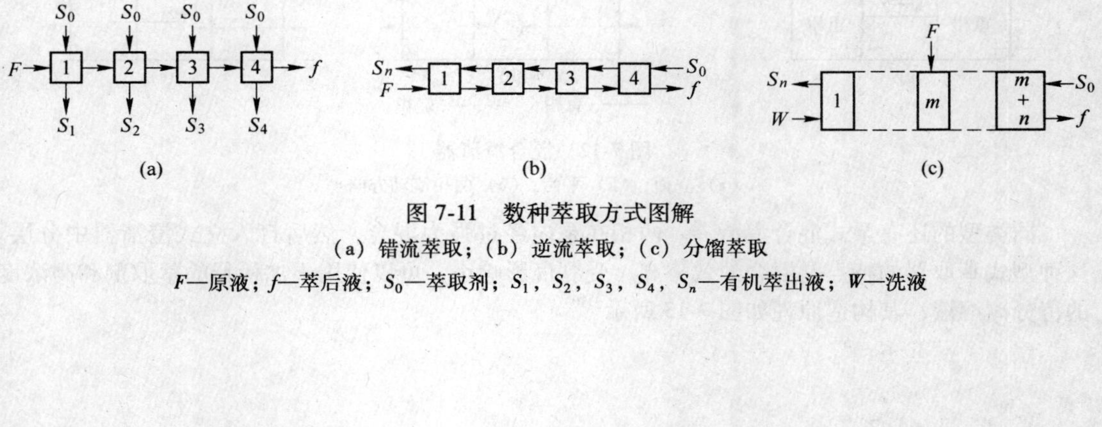

图 7-11　数种萃取方式图解

（a）错流萃取；（b）逆流萃取；（c）分馏萃取

F—原液；f—萃后液；S_0—萃取剂；S_1，S_2，S_3，S_4，S_n—有机萃出液；W—洗液

在实际中，分离稀土元素普遍应用分馏萃取方式进行。分馏萃取在一个萃取序列中，可以从两端（见图 7-11c）获得两种纯物质。但如果洗液从进料级的后一级（即（$m+1$）级）流出，又可获得第三种产物。例如，分离 Sm-Eu-Gd 混合物，选择适当的萃取条件，使其中两种易萃组分在萃取段均进入有机溶剂相中，随后当有机相流至洗涤段时，在与洗液接触中，使其中较难萃组分（D 值较小的）反萃到洗液中去，这样，除从两端获得的两种纯物质外，又可从（$m+1$）级流出溶解有第三种物质的洗液。

萃取器有多种结构形式，但就其基本类型来说，有塔式萃取器、混合澄清器和离心式萃取器等。

塔式萃取器有筒状高塔壳体，为了增加两相接触面，使它们分散开流动，其中设有多层规定孔径的筛板的叫筛板塔；也有填充有一定形状大小的磁质填料的，叫填料塔。这两种塔制造和操作简单，但效率低。工业上一般塔径不超过 1m。还有使用脉动液流的叫脉冲塔，它比前两种塔大大降低了塔板高度，但塔径不能太大，设备生产能力不超过 $10m^3/h$，这是因为塔径大，塔内液体的惯性力大，故脉动的动力消耗大。生产能力比较大的有转盘式塔，这种塔直径有达 3m 以上者，生产能力为 $200m^3/h$ 以上。此外，还有带搅拌桨的搅拌塔等。

为了提高萃取的选择性，在萃取塔中原混合物溶液从塔的中部流入，将塔身分为上、下两段，上段为洗涤段，下段为萃取段。进入塔内的原混合物溶液，借本身的重力向下流动，与从塔底流入而上升的有机溶剂接触，流过塔的下段，最后从塔底流出。有机相在上升中与水相接触而获得萃取物，上升至洗涤段，被由塔顶流下来的规定酸度的洗液所洗涤，以除去萃出的分配比较小的部分邻近元素后，从塔顶流出。洗液进入塔的下段与水相合在一起从塔底流出。在一个塔内就存在有多级的萃取过程。级数的多少依塔的高度而有所不同。

另一种型式的塔是将萃取和洗涤分开在两个塔中进行。这样，洗出液和萃余液可以分别处理，也可以串接，而且可以减少塔身的高度。

混合澄清器的构造是由混合室和澄清室两部分组成一级。多级就要有多个混合室和澄清室连接起来，其构造原理如图 7-12 所示，是用有机玻璃或聚氯乙烯塑料板焊成的槽体。其型式虽有多种，但都不外乎是借机械搅拌作用来实现两相的混合和由此而发生的传质过程，使两相迅速达到平衡。这种类型的萃取器工作稳定，每级萃取几乎可以达到 100%的理论级效率，并且容易排除故障，设备费用少，可以避免使用高塔设备；但其缺点是占地面积大。

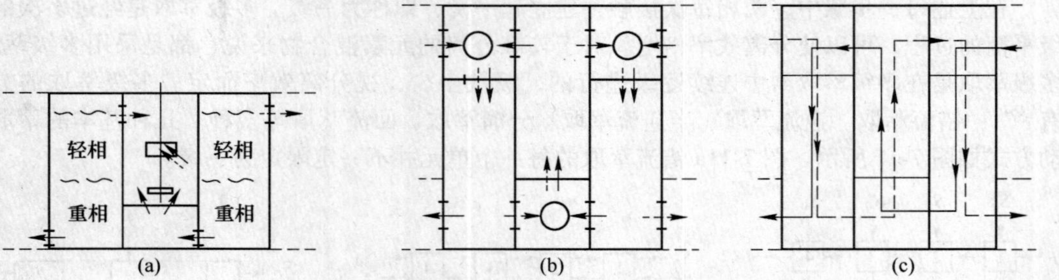

图 7-12 混合澄清器

（a）立面；（b）平面；（c）两相流动方向

同类型的还有泵式混合澄清器。两相在泵内经过强力混合，然后打入立式澄清器中分层。这种型式萃取器的特点是混合的效率高，受黏度影响小，可以使用不加稀释的萃取剂和高浓度的待分离溶液，其构造原理如图 7-13 所示[170]。

离心式萃取器大致有两种类型：一种是两相混合和分离均在同一离心器内进行；另一种是只有相分离在离心器内进行。前一种通常是将重相导入器内中心部位，受旋转的离心力作用而使其向周壁远心点甩去。同时，轻相则从远心处进入而向中心汇集。如此两相在器内作交互接触过程中发生萃取，随后分别流出。其构造原理如图 7-14 所示[140,166]。后一种则另设有混合器，从混合器流出来的混合相流入离心器内，借离心作用使两相迅速分开。

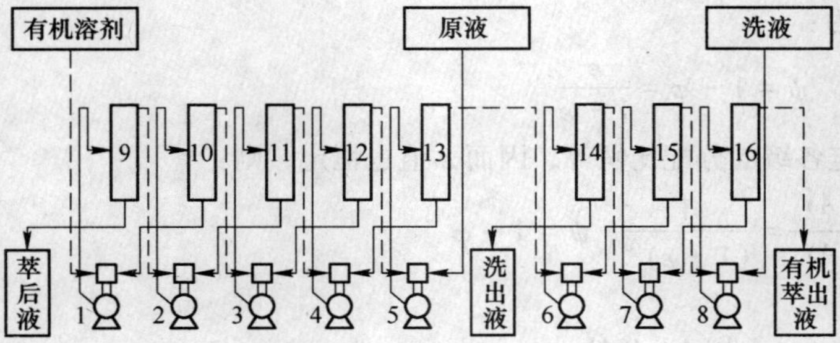

图 7-13　泵式混合澄清器

1~8—泵混合器；9~16—澄清器

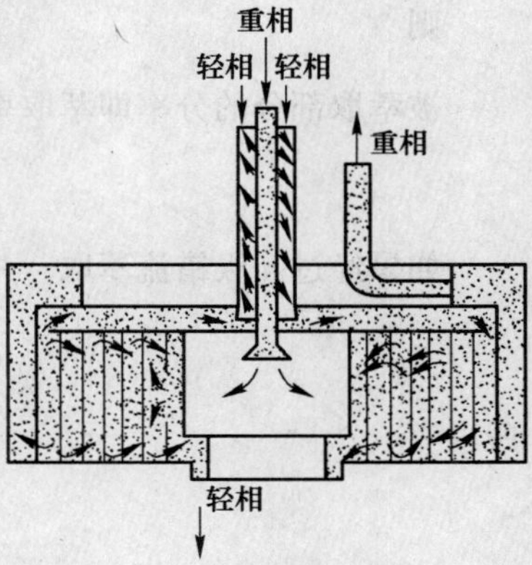

图 7-14　离心萃取器

目前，已知的这类萃取器直径不超过 1.2m，级数每台最多 2~3 级，转数在 5000~2000r/min 的范围内，多半是 4000~5000r/min；功率在 25kW 以下，生产能力不超过 $60m^3/h$。这类萃取器结构复杂，设备费用高，对液体堵塞现象敏感，排除故障不如其他型式萃取器简单易行，生产能力受限制；但其优点是萃取速度快。

十四、萃取工艺条件的确定

当用萃取法分离某些元素时，根据对萃取产品的要求纯度和收率，选择合适的萃取体系，如：萃取剂种类及其浓度；稀释剂；水相介质和酸度；待分离物质的浓度；盐析剂及其浓度；洗液及反萃液的组成；确定萃取方式和萃取器；平衡时间及流速等。还要解决下列各项变量：

(1) 萃余液的组成；
(2) 有机萃出液的组成；
(3) 相比；
(4) 级数；
(5) 进料级的位置。

很早以前在化工中就用图解法确定萃取级数。随着萃取技术的发展及由于萃取过程诸因素的错综复杂，故以前的图解法已不能满足现在萃取工艺的要求。曾采用模拟试验法可以得出比较实际的工艺条件。但其操作步骤繁多，花费时间很长。人们很早就期望能有一个定量描述萃取过程诸主要因素的关系式，以便通过简单计算，即可简捷地确定萃取的最佳工艺条件。国外曾进行过一些研究，如 Alders 理论等。国内从事串级理论研究也取得不少成就，如徐光宪的分馏萃取最优化方程；罗振华的数理方法确定最佳萃洗比等。

(一) 错流萃取

错流萃取如图 7-11a 所示，L. Alders 在计算中引出一个萃取因数或称萃取比 ε，即组分在两相间平衡量之比为：

$$\varepsilon = \frac{\text{组分在有机萃出液中的量}}{\text{组分在萃余水相中的量}} = \frac{E}{\gamma}$$

设组分残留在萃余相部分的分率即萃余率为 φ，即：

$$\varphi = \frac{\text{组分在萃余相中的浓度}}{\text{组分在原始溶液中的浓度}} = \frac{(A)}{(A)_F}$$

则

$$\varepsilon = \frac{1-\varphi}{\varphi} \quad \text{或} \quad \varphi = \frac{1}{1+\varepsilon}$$

被萃取部分的分率即萃取率 ψ 为：

$$\psi = 1 - \varphi = \frac{\varepsilon}{1+\varepsilon}$$

如果经过 n 级错流萃取，并假定各级的分配比恒等，因而 ε 值也恒定，则：

$$\varphi = \frac{(A)_n}{(A)_F} = \frac{1}{(1+\varepsilon)^n},\ \psi = 1 - \varphi$$

所以

$$n = \frac{\lg[(A)_F/(A)_n]}{\lg(1+\varepsilon)}$$

（二）逆流萃取——Kremser 方程式

逆流萃取流动方式如图 7-11b 所示。此种萃取方式只能得到一种纯组分，收率不太高。

设经过 n 级逆流萃取，各级的萃取比 ε 恒等，则：

$$\varepsilon = \frac{E}{\gamma},\ E = \varepsilon\gamma$$

又因 $\gamma_n = \varphi$，所以 $E_n = \varepsilon \cdot \gamma_n = \varepsilon \cdot \varphi$。

从 n 级开始，逐级进行物料恒算的结果得：

$$\varphi = \frac{\varepsilon - 1}{\varepsilon^{n+1} - 1}$$

这就是 Kremser 方程式。如果 ε 和 φ 已知就可以求出级数 n。

（三）分馏萃取最优化方程

分馏萃取是应用最广泛的萃取方式，其流动方式如图 7-11c 所示。它包括 n 级萃取段和 m 级洗涤段，是两者相贯通的逆流萃取过程。分馏萃取可以同时获得两种纯组分，并且有很高的收率。它的萃取过程的特点是：在萃取段主要是提高难萃组分的纯度和易萃组分的收率，而在洗涤段主要是提高易萃组分的纯度和难萃组分的收率。

对于易萃组分 A 和难萃组分 B 的萃取分离，引入纯化倍数 a 和 b 来表示两组分的分离效果：

$$a = \frac{\text{有机相出口产品中 A 与 B 的浓度比}}{\text{料液中 A 与 B 浓度比}} = \frac{(\overline{A})_{n+m+1}/(\overline{B})_{n+m+1}}{(A)_F/(B)_F}$$

$$b = \frac{\text{水相出口产品中 B 与 A 的浓度比}}{\text{料液中 B 与 A 的浓度比}} = \frac{(B)_w/(B)_w}{(B)_F/(A)_F}$$

分离效果最终表现在产品的纯度和收率上，它与料液组成有关。现以 f_A 及 f_B 分别表示料液中 A 及 B 的摩尔分数（或称质量分数），则纯化倍数 a 和 b 同萃余分数 φ_A、φ_B，产品纯度 $\overline{P}_A$、P_B，收率 Y_A、Y_B 等的关系为：

$$a = (1-\varphi_A)/(1-\varphi_B)$$

$$b = \varphi_B / \varphi_A$$

$$\overline{P}_A = \frac{(1-\varphi_A) f_A}{(1-\varphi_A) f_A + (1-\varphi_B) f_B} = \frac{1}{1 + \dfrac{f_B}{a(1-f_B)}} \approx 1 - \frac{f_B}{a(1-f_B)}$$

$$P_B = \frac{\varphi_B f_B}{\varphi_B f_B + \varphi_A f_A} = \frac{1}{1 + \dfrac{1-f_B}{bf_B}} \approx 1 - \frac{1-f_B}{bf_B}$$

$$Y_A = 1 - \varphi_A = \frac{a(b-1)}{ab-1}$$

$$Y_B = \varphi_B = \frac{b(a-1)}{ab-1}$$

徐光宪认为，分馏萃取最佳工艺的萃取级数和洗涤级数一般是不相等的。两者之间既有联系又有相对的独立性。因此，B 的纯化倍数 b 主要由萃取级数 n 和 A 的萃取比 ε_A 所决定，与洗涤段无关；而 A 的纯化倍数 a 主要由洗涤级数 m 及 B 的洗涤段萃取比 ε'_B 所决定，与萃取段无关。他将分馏萃取分解为相对独立的逆流萃取和逆流洗涤两部分，并假定从洗涤段进入萃取段的洗液相中两个组分的浓度比同料液中这两个组分的浓度比相等。由此得出纯化倍数和萃取比及级数的关系式：

$$b = \varepsilon_A^n$$

$$a = \left(\frac{1}{\varepsilon'_B}\right)^m$$

$$n = \lg b / \lg \varepsilon_A = \lg b / \lg \beta \varepsilon_B$$

$$m = \lg a / \lg \frac{1}{\varepsilon'_B} = \lg a / \lg(\beta' / \varepsilon'_A)$$

式中　ε'_A，ε'_B——洗涤段 A 及 B 的萃取比；

β，β'——萃取段及洗涤段的平均分离因数。

最优化串级萃取工艺表现在萃取器总容积（即每级容积乘以级数）和分离效果相同的情况下达到的最大产量。当萃取段总容积一定时，产量大小与 ε_B 有关，即 ε_B 越小，产量越大。但 ε_A 和 ε_B 的比值是一定的，它等于分离因数 β。因此，ε_B 越小，ε_A 也就越小。根据上式 $n=\lg b/\lg \varepsilon_A$，如 b 恒定，ε_A 越小，n 就越大。为了选择合适的 ε_B 值，徐光宪导出下面公式：

$$\lg \beta \varepsilon_B = \frac{1-\varepsilon_B}{\varepsilon_B} \frac{\varepsilon_B + D_B}{1 + D_B}$$

这就是萃取段最优化方程。若已知萃取段平均分离因数 β 和组分 B 的平均分配比 D_B，就可以求出最佳 ε_B 值。式中 D_B 值可由下式估算出来：

$$D_B \approx \frac{\text{有机相饱和浓度}}{\text{萃取段水相中最大浓度}}$$

当 $\beta < 2$ 时，根据下式可求出近似值：

$$\varepsilon_B = \frac{2}{1+\beta}$$

$$n \approx \lg b / \lg \frac{2\beta}{1+\beta}$$

则洗涤段最优化方程为：

$$\ln \frac{\beta'}{\varepsilon'_A} = \frac{\varepsilon'_A - 1}{\varepsilon'_A} \frac{D'_A + \varepsilon'_A}{D'_A + 1}$$

其近似计算式为：

$$\varepsilon'_A \approx \frac{1+\beta'}{2}$$

$$m \approx \lg a/\lg \frac{2\beta'}{1+\beta'}$$

（四）数理方法确定最优萃洗级比

罗振华提出，要达到最优工艺条件，应注意最优进料级位置[36]。也就是说，需要合理解决萃取段和洗涤段两者间级数的分配问题。他以下述规律作为出发点，即在萃取器有效总容积不变的条件下，产量与总级数（$n+m$）成反比关系。也就是说，要使产量最大，应该是在总级数的最小值的条件下才能达到（当然，这是以产品的纯度和收率得到满足为前提的）。由此，他建立有关函数关系式，用拉格朗日乘数法求极值。即由：

$$E_A = \frac{\varepsilon_A \varepsilon_A'^{\,m-1}(1-\varepsilon'_A)(\varepsilon_A^n - 1)}{(\varepsilon_A - 1)(1-\varepsilon_A'^{\,m})}$$

$$E_B = \frac{\varepsilon_B \varepsilon_B'^{\,m-1}(1-\varepsilon'_B)(\varepsilon_B^n - 1)}{(\varepsilon_B - 1)(1-\varepsilon_B'^{\,m})}$$

得出：

$$m = \frac{2}{1+\sqrt{E_A E_B}} \ln \frac{E_A}{E_B}\left(\ln \frac{\varepsilon_A}{\varepsilon_B}\right)^{-1}$$

$$n = \frac{2\sqrt{E_A E_B}}{1+\sqrt{E_A E_B}} \ln \frac{E_A}{E_B}\left(\ln \frac{\varepsilon_A}{\varepsilon_B}\right)^{-1}$$

式中 E_A，E_B——易萃组分 A 和难萃组分 B 的总萃取比；

ε_A，ε_B——萃取段易萃组分 A 和难萃组分 B 的萃取比；

ε'_A，ε'_B——洗涤段易萃组分 A 和难萃组分 B 的萃取比。

由以上两式可求出达到预定的 E_A 和 E_B 所需的最少级数为：

$$n + m = 2\ln \frac{E_A}{E_B}\left(\ln \frac{\varepsilon_A}{\varepsilon_B}\right)^{-1}$$

而 $E_A E_B$ 则决定着最优进料级位置，称为萃洗级比系数。因为 E_A、E_B 与收率 Y_A、Y_B 的关系为：

$$E_A = Y_A/(1-Y_A)$$

$$E_B = Y_B/(1-Y_B)$$

所以当 $E_A E_B=1$ 时，要求 $n=m$；当 $E_A E_B>1$ 时，要求 $n>m$；当 $E_A E_B<1$ 时，要求 $n<m$。其具体数值可由下式确定：

$$n/m = \sqrt{E_A E_B}$$

罗振华同时还得出结论：E_A/E_B 是检验萃取总分离效果的标准，称为“总分离因数”。

第五节 离子交换法分离稀土元素

一、离子交换树脂

在阳离子交换树脂中有酸性活性基。例如，磺酸基阳离子交换树脂的结构为：

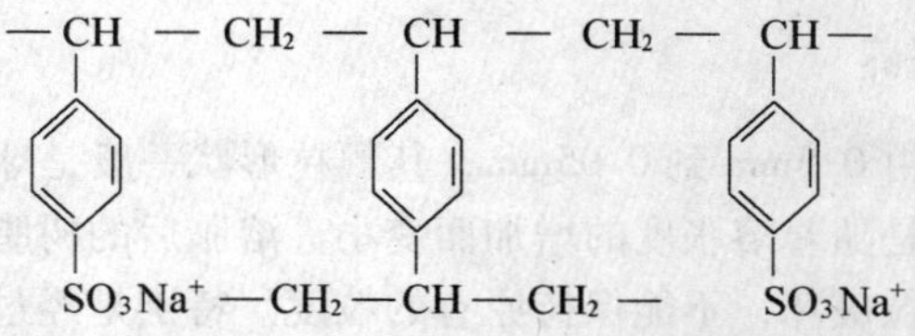

阳离子交换树脂常有磺酸基或膦酸基的为强酸性的；而带羧基或酚基的则为弱酸性的。

如上例中磺酸基阳离子交换树脂，只有当它带有活性基— SO_3H 时，才具有离子交换能力。活性基之所以具有交换能力，是因为它有固定在树脂体上的阴离子基和结合着能够游离的阳离子，可以同溶液中阳离子发生交换作用。活性基具有亲水性，干燥的树脂遇水则膨胀，此时活性基将产生特有的固定在树脂上的阴离子和游离的阳离子，即— $SO_3H\cdots H^+$。它们之间的键的作用减弱了，即离子化了，当溶胀的阳离子交换树脂与电解质溶液接触时，活性基继续离子化，并以游离出来的阳离子与溶液中的阳离子发生交换反应。

二、全交换容量与工作交换容量

全交换容量即树脂上吸附的离子达到饱和时的吸附量，一般是 3～5mgeq/g（干树脂）。但在实际应用中不能使其达到饱和程度，因此又有工作交换容量。当将待交换溶液连续地流过离子交换柱（见图 7-15）时[36]，原液中的交换离子被吸附在树脂上，初始时在流出液中不出现原液的交换离子，待流出液增加到某一定体积时，开始出现有原液的交换离子，即图 7-16 中的 a 点，称为穿透点。随流出液体积的继续增加，流出液中交换离子逐渐增多，直到等于原液中交换离子的浓度为止。如此，在图 7-16 中以流出体积 V 为横坐标，以流出液中交换离子的浓度 C 与原液离子浓度 C_0 之比为纵坐标，作出如图 7-16 中所示的曲线，称为流出曲线[140]。在流出曲线的左侧和 $C/C_0=1$ 的水平线内所包括的面积即相当于全交换容量。通过 a 点的垂直点线的左侧所包括的面积 S_1，相当于工作交换容量。也就是说，工作交换容量是在流出液开始出现有溶液离子以前，树脂上所吸附的量，它比全交换容量小。

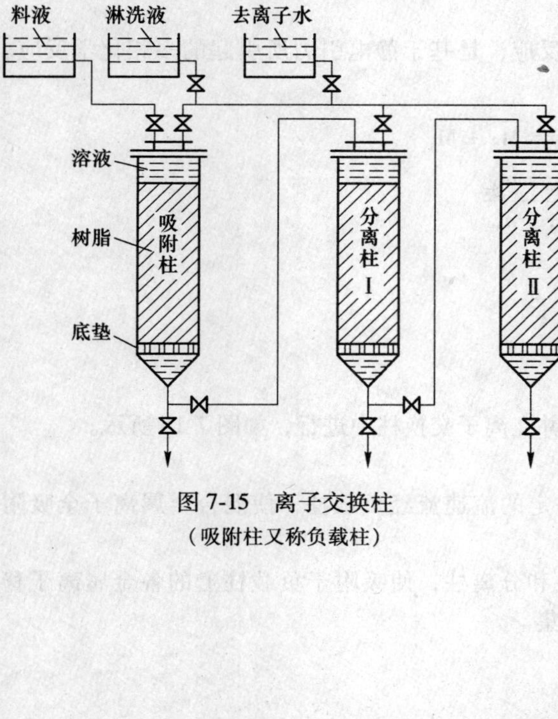

图 7-15　离子交换柱

（吸附柱又称负载柱）

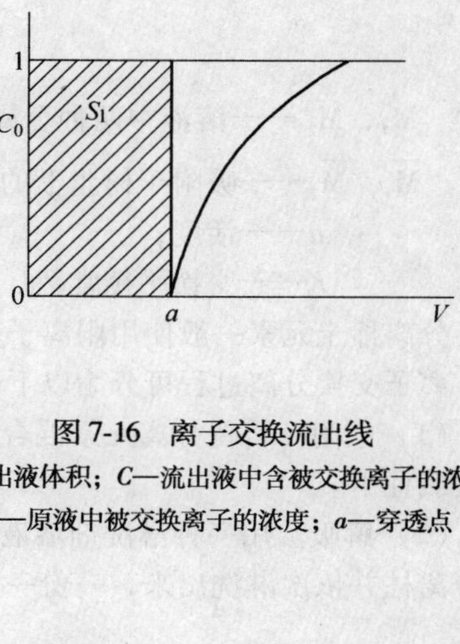

图 7-16　离子交换流出线

V—流出液体积；C—流出液中含被交换离子的浓度；C_0—原液中被交换离子的浓度；a—穿透点

三、树脂的使用与保养

离子交换树脂的粒度由0.5mm到0.05mm，其颗粒形状一般是球状的，在显微镜下可以看到[2]。树脂颗粒的牢固度是随着溶胀度的增加而变小。溶胀后的树脂经长时间循环操作所给予颗粒内部的压力而引起颗粒破坏，不能保持原有的粒度。特别是经过多次交替溶胀和干燥的树脂，更易使颗粒破碎。而且酸与碱对树脂分子也有破坏作用，分解而产生一些可溶性低分子化合物，降低了颗粒的牢固度。温度高时也会降低树脂抗氧化能力，使颗粒遭到破坏。由于颗粒的破裂，造成液流阻力增加。

树脂在使用前，应检查粒度，必要时进行筛析，尽量取粒度均匀的使用。溶胀后用水稀释装入交换柱中。装柱以后，要经常用水保护，以免变干和再度溶胀，会降低颗粒的牢固度，并且要防止树脂层内存有气泡和断层。

树脂在制造和包装中，容易吸附一些杂质离子，在使用前，需经洗涤净化处理。对于阳离子交换树脂，一般用5%HCl溶液洗涤，然后用无离子水洗至流出液呈中性为止。如果需用某一离子型树脂进行交换操作时，再进行转型。在市售商品树脂中，带有H^+的叫H^+型；带有Na^+、NH_4^+等的叫Na^+型、NH_4^+型，也统称“盐型”；而阴离子交换树脂除OH^-型外，也统称“盐型”。

四、离子交换过程

离子交换树脂与电解质溶液之间所发生的离子交换反应，取决于离子对树脂的化学亲和力和溶液的性质。各种阳离子对阳离子交换树脂的亲和力大小是随着离子所带电荷数的增加而增加；而电荷数相同的阳离子之间，随水合离子半径的减小而增加。某些阳离子与树脂的亲和力大小有以下次序[36]：

（1）$La^{3+}>Ce^{3+}>Pr^{3+}>Nd^{3+}>Sm^{3+}>Eu^{3+}>Gd^{3+}>Tb^{3+}>Dy^{3+}>Ho^{3+}>Er^{3+}>Tm^{3+}>Yb^{3+}>Lu^{3+}$；

（2）$Ba^{2+}>Sr^{2+}>Ca^{2+}>Mg^{2+}>Be^{2+}$；

（3）$NH_4^+>K^+>Na^+>H^+>Li^+$。

树脂与电解质溶液之间所发生的离子交换反应，是基于静电引力所引起的多相化学反应。它服从于质量作用定律，可用下式表示：

$$\overline{M}_1 + M_2 \rightleftharpoons \overline{M}_2 + M_1$$

$$K = \frac{a_{\overline{M}_2} \cdot a_{M_1}}{a_{\overline{M}_1} \cdot a_{M_2}}$$

式中 M_1，M_2——溶液中两种金属离子；

$\overline{M}_1$，$\overline{M}_2$——吸附于树脂上的两种金属离子；

a——活度；

K——交换平衡常数。

分离稀土元素一般使用阳离子交换树脂，并在离子交换柱中进行，如图7-15所示。

离子交换分离过程可分为以下两个步骤[124]：

（1）吸附。将待分离元素混合物溶液以一定的流速流经负载柱，使混合金属离子全吸附在负载柱中。

（2）解吸。用一种淋洗剂溶液通过负载柱和分离柱，使吸附于负载柱上的各金属离子移向分离柱并依次淋洗出来，一份一份地分别收集。

可以看出，使元素混合物得以分离，主要在于淋洗过程。在淋洗过程中，各种金属离子将以其对树脂的亲和力大小不同，从上部树脂层中被解吸出来的离子，随淋洗液向下流动，并置换下部树脂层上吸附着的亲和力较小的离子。这样，亲和力小的离子向下方移动，并置换下部树脂层上吸附着的亲和力较小的离子。这样，亲和力小的离子向下方移动较快，而亲和力大的离子移动较缓慢。随淋洗液的流动，吸附离子将逐渐向分离柱中伸展开来。在此期间，沿柱全长将发生无数次的吸附和解吸行为，而每次的行为中将有某些元素分离。经过多次反复淋洗，将导致沿柱纵向逐渐形成各自单独的吸附带而向下移动（如图 7-15 所示），最后从分离柱下端顺序地淋洗出来。

必须指出，如果在淋洗过程中沿柱全长的两相间能够建立起平衡，则各吸附带之间应该有明显的界限。但在实际反应的条件下，即使是使淋洗液极缓慢地流动，也难以建立起平衡。因而洗出曲线仍然会有若干程度的重叠现象发生。由于这个缘故，在达到一定程度以后，即使将柱加长若干倍，也只能是各吸附带以同等的速度向下移动，不能使重叠区减少或消失，此时即达到“稳定状态”。

五、淋洗过程

离子交换分离所用淋洗剂，多半是采用一些可溶性有机酸配合剂，例如得到广泛应用的乙二胺四乙酸（简称 EDTA）[36,144]。它能同金属离子形成比较稳定的配合物，而且配合物的稳定常数是随稀土离子半径的减小即原子序数的增加而增大。这与稀土离子对树脂的亲和力大小次序恰恰相反，即配合物稳定常数大的稀土离子，对树脂的亲和力小；而配合物稳定常数小的稀土离子，对树脂的亲和力大。两者相辅相成，导致分离效率倍增。下面就以 EDTA 作为淋洗剂来讨论淋洗过程。

EDTA 分子，即$(CH_2)_2N_2(CH_2COOH)_4$中带有 4 个羧基的 H^+，将它简写成 H_4Ch。它可以离解成 H_3Ch^-、H_2Ch^{2-}、HCh^{3-}、Ch^{4-}等阴离子。当与稀土离子作用时，生成螯合物：

$$R^{3+} + HCh^{3-} \rightleftharpoons HRCh$$

该化合物的稳定常数 K 可用下式计算：

$$K = \frac{[HRCh]}{[R^{3+}][HCh^{3-}]}$$

各稀土元素与 EDTA 形成的配合物的稳定常数值见表 7-9。

表 7-9　稀土离子与各种配合基以 1∶1 形成配合物的稳定常数（lg 值）

配合基	醋酸	NTA	EDTA	HEDTA	ME	DTPA
测定条件	20℃ $\mu=2$	20℃ $\mu=0.1$	20℃ $\mu=0.1$	25℃ $\mu=0.1$	25℃ $\mu=0.1$	25℃ $\mu=0.1$
La^{3+}	1.55	10.65	15.50	13.22	16.07	19.96
Ce^{3+}	1.68	10.88	15.98	14.08	16.83	—
Pr^{3+}	1.81	11.02	16.04	14.39	17.40	21.85
Nd^{3+}	1.99	11.17	16.61	14.71	17.66	22.24
Sm^{3+}	2.01	11.25	17.14	15.15	18.15	22.84
Eu^{3+}	—	11.33	17.35	15.21	18.28	22.91
Gd^{3+}	1.84	11.36	17.37	15.10	18.10	23.01

续表 7-9

配合基	醋酸	NTA	EDTA	HEDTA	ME	DTPA
Tb^{3+}	—	11.50	17.93	15.10	18.28	23.21
Dy^{3+}	1.67	11.62	18.30	15.08	18.17	23.46
Ho^{3+}	1.63	11.75	—	15.06	18.07	—
Er^{3+}	1.60	11.88	18.85	15.17	18.00	23.18
Tm^{3+}	—	12.05	19.32	15.38	17.84	22.91
Yb^{3+}	1.64	12.20	19.51	15.64	17.88	23.01
Lu^{3+}	—	12.32	19.83	15.79	17.75	—
Y^{3+}	1.53	11.30	18.00	14.49	17.54	22.40

该配合物K值，由$K_{La}=10^{15.5}$到$K_{Lu}=10^{19.83}$，其$K_{La}/K_{Lu}=10^{-4.33}$。可见，稀土离子随原子序数的增加有很大的展开度，如图7-17所示，两两相邻元素之间平均相差约2.3倍，因此具有较高的选择性。

EDTA是弱碱性配合剂，常以氨水中和至碱性范围（pH值为8~9）使用。所以在淋洗液中，EDTA实际上是以铵盐形态存在。

当淋洗一种吸附在树脂上的稀土离子时，存在如下反应平衡：

$$\overline{R^{3+}} + 3NH_4^+ \rightleftharpoons R^{3+} + 3\overline{NH_4^+} \tag{7-10}$$

$$R^{3+} + Ch^{4-} \rightleftharpoons RCh^- \tag{7-11}$$

式中 $\overline{R^{3+}}$，$3\,\overline{NH_4^+}$——吸附在树脂上的离子（以下同）。

将式（7-10）和式（7-11）合并得：

$$\overline{R^{3+}} + 3NH_4^+ + Ch^{4-} \rightleftharpoons RCh^- + 3\,\overline{NH_4^+} \tag{7-12}$$

反应的平衡常数K_R为：

$$K_R = \frac{a^3_{\overline{NH_4^+}} \cdot a_{RCh^-}}{a_{\overline{R^{3+}}} \cdot a^3_{NH_4^+} \cdot a_{Ch^{4-}}} \tag{7-13}$$

式中 a——活度。

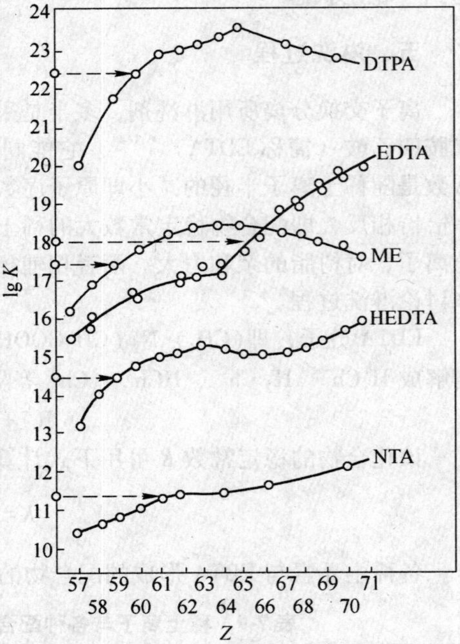

图7-17 几种氨基多乙酸与稀土离子以1∶1的比例形成配合物的lg$K$-Z关系曲线

在这种情况下，其能发生置换反应，是由于R-EDTA配合物的稳定常数大，因而平衡常数K_R值也大，NH_4^+就置换了树脂上的稀土离子。

可想而知，如果在分离柱中所填充的离子，与EDTA所形成的配合物的稳定性比R-EDTA的稳定性小的话，将会使R-EDTA无交换作用地流过分离柱。因此，在分离柱上所填充的离子，必须选择能与EDTA形成比R-EDTA的稳定性更高的配合物时才能起到功效，这种填充的离子被称为“延缓离子”。在分离工艺中常使用Cu^{2+}作为延缓离子（Cu-EDTA的lg$K$=18.86）。这样，在负载柱中被EDTA解吸出来并与其配合的稀土离子流至分离柱树脂层上部边缘时，就重新被置换于树脂上。只要有Cu^{2+}存在，就限制了稀土离子流过去。

如果是在上、下两界面的约束下，稀土离子在树脂上呈密集状态沿柱向下发展，直到上、下两交界处均以同等速度向下移动，且在该境界范围内的树脂层中有90%~95%的位置被稀土离子所占据时，即达到了“稳定状态”。

当有两种稀土离子R_1和R_2同时存在时，在淋洗中发生如下反应平衡：

$$\overline{R_1^{3+}} + R_2\,Ch^- \rightleftharpoons R_1\,Ch^- + \overline{R_2^{3+}} \tag{7-14}$$

反应的平衡常数$K_{R_2}^{R_1}$为：

$$K_{R_2}^{R_1} = \frac{K_{R_1}}{K_{R_2}} = \frac{a_{\overline{R_2^{3+}}} \cdot a_{R_1Ch^-}}{a_{\overline{R_1^{3+}}} \cdot a_{R_2Ch^-}} \tag{7-15}$$

而$a=\gamma \cdot m$（γ为活度系数；m为摩尔浓度），则式（7-15）可写成：

$$K_{R_2}^{R_1} = \frac{\gamma_{\overline{R_2^{3+}}} \cdot m_{\overline{R_2^{3+}}} \cdot \gamma_{R_1Ch^-} \cdot m_{R_1Ch^-}}{\gamma_{\overline{R_1^{3+}}} \cdot m_{\overline{R_1^{3+}}} \cdot \gamma_{R_2Ch^-} \cdot m_{R_2Ch^-}} \tag{7-16}$$

由于稀土元素的活度系数彼此间很近似，在此略去不计，因此可得：

$$K_{R_2}^{R_1} = \frac{m_{\overline{R_2^{3+}}} \cdot m_{R_1Ch^-}}{m_{\overline{R_1^{3+}}} \cdot m_{R_2Ch^-}} \tag{7-17}$$

从式（7-17）可以看出，$K_{R_2}^{R_1}$是溶液中R_1与R_2摩尔浓度之比与树脂中$\overline{R_1}$与$\overline{R_2}$之比两者的商值，也即分离因数。而树脂对于两相邻稀土元素离子的选择性是非常小的，可以看做是：

$$\frac{m_{\overline{R_2^{3+}}} \cdot m_{R_1Ch^-}}{m_{\overline{R_1^{3+}}} \cdot m_{R_2Ch^-}} = K_a \approx 1 \tag{7-18}$$

已测得稀土两两相邻元素之间$K_a<1.08$。那么，如果假定$K_a=1$时，其最大误差为8%。如果需要更精确的计算结果时，也可以测出K_a值。

当式（7-17）被式（7-18）所除时，则求出近似的分离因数值：

$$K_{R_2}^{R_1} \approx \frac{m_{R_2^{3+}} \cdot m_{R_1Ch^-}}{m_{R_1^{3+}} \cdot m_{R_2Ch^-}} \tag{7-19}$$

式（7-19）表明，分离因数仅取决于液相中物质的浓度。

而稀土与EDTA生成配合物的稳定常数为：

$$K'_{RCh^-} = \frac{m_{RCh^-}}{m_{R^{3+}} \cdot m_{Ch^{4-}}} \tag{7-20}$$

则有：

$$\frac{K'_{R_1Ch^-}}{K'_{R_2Ch^-}} = \frac{m_{R_2^{3+}} \cdot m_{R_1Ch^-}}{m_{R_1^{3+}} \cdot m_{R_2Ch^-}} \approx K_{R_2}^{R_1} \tag{7-21}$$

因此就有可能用R-EDTA的稳定常数来判断稀土的分离因数。在这里，$K_{R_2}^{R_1}$为近似的分离因素，与离子强度无关。

上面我们导出的结果是，分离效率首先表现为配合物稳定常数的差异，而且是把树脂对稀土离子的选择性略去不计。虽然如此，这并不意味着树脂对于分离所起的作用是微不足道的。我们说，在淋洗过程中，吸附和解吸构成了一对矛盾作用，它表现为树脂与淋洗剂之间对稀土离子相互争夺的过程。由于这一对矛盾作用的不断发生，因而就构成了稀土元素相互分离的结果。在此可以看做淋洗过程是在树脂相中，对稀土离子按亲和力由小到大的顺序依次沿柱纵向从下向上展开；同时在水溶液相中，按配合物的稳定性由弱到强的顺序沿柱纵向从上向下展开的逆流过程。

六、淋洗剂及其应用

一些淋洗剂与稀土生成配合物的稳定常数值见表7-9。它们的稳定常数随原子序数变化曲线如图7-17所示[36]。其中应用最广泛的是EDTA，我们从图7-17中可以看到，除钆附近的曲线形状出现有向下的曲折外，其余均有很大的展开。这说明它能够有效地分离所有这些元素。

其次是羟乙基乙二胺三乙酸，即$(HOOCH_2C)\cdot(HOCH_2CH_2)\cdot N\cdot(CH_2)_2\cdot N\cdot N(CH_2COOH)_2$（简称为HEDTA）。从图7-17中曲线形状看到，中间部分平坦，这部分所包括的元素配合物稳定常数值相近似，但用它来分离两侧的元素如La-Ce-Pr-Nd和Er-Tm-Yb-Lu等是适用的。虽然与EDTA相比，HEDTA分离稀土有局限性，但用EDTA淋洗必须使用延缓离子，而且在pH值低的条件下，EDTA的溶解度很小，如果使用HEDTA淋洗，则能够在H^+型树脂柱中进行；并且EDTA的回收再生复杂，回收率低，而HEDTA则能够很容易地全部回收。用HEDTA代替EDTA淋洗时，比用EDTA的理论板当量高度要小，分离速度快，特别是用于分离Er-Tm-Yb-Lu组元素更有意义。

用EDTA及HEDTA淋洗时，各相邻元素间的分离因数值见表7-10。

表7-10 EDTA与HEDTA对各类稀土的分离因数

R_1/R_2	$\lg K_{R_1Ch}/\lg K_{R_2Ch}$		β值	
	EDTA	HEDTA	EDTA	HEDTA
Lu/Yb	0.32	0.15	2.1	1.4
Yb/Tm	0.19	0.26	1.6	1.8
Tm/Er	0.47	0.21	2.9	1.6
Er/Ho	0.27	0.06	1.9	1.15
Ho/Dy	0.28	0.04	1.9	1.1
Dy/Tb	0.37	0.02	2.3	1.05
Tb/Gd	0.56	0.00	3.6	1.0
Gd/Eu	0.02	0.11	1.05	1.3
Eu/Sm	0.21	0.06	1.6	1.15
Sm/Nd	0.53	0.44	3.4	2.7
Nd/Pr	0.21	0.32	1.6	2.1
Pr/Ce	0.42	0.38	2.6	2.4
Ce/La	0.48	0.79	3.0	6.1
Dy/Y	0.21	—	1.6	—
Y/Tb	0.16	—	1.5	—
Nd/Y	—	0.22	—	1.7
Y/Pr	—	0.10	—	1.3

此外，其他氨基多乙酸，如：氨三乙酸$N\cdot(CH_2COOH)_3$（简称NTA）；二乙三胺五乙酸$(HOOC\cdot H_2C)_2\cdot N\cdot(CH_2)_2\cdot N\cdot(CH_2COOH)\cdot(CH_2)_2\cdot N\cdot(CH_2COOH)_2$（简称DTPA）；双氨乙醚四乙酸$(HOOC\cdot H_2C)_2\cdot N\cdot(CH_2)_2\cdot O\cdot(CH_2)_2\cdot N\cdot(CH_2COOH)_2$（简称ME）等。它们与稀土所生成的配合物的稳定常数见表7-10及图7-17，可供参考。

以下简要介绍用 EDTA 淋洗。

EDTA 难溶于酸，在酸中即结晶析出。因此在使用 EDTA 作为淋洗剂时，必须使用 pH 值较高的溶液[2,36]。通常是用氨水中和至 pH 值为 8~9，并加入少量醋酸铵作为缓冲剂，以控制 pH 值。EDTA 淋洗不能用 H^+ 型树脂。如果在淋洗中，溶液的 pH 值变小，就容易发生结晶析出，在树脂层或管路中发生阻塞。

EDTA 淋洗需在分离柱中填充延缓离子，多半是使用 Cu^{2+}，它与 EDTA 形成 $CuCh^{2-}$ 配离子，其 lg*K* 值为 18.86，见表 7-11[155]。可知它对较重的稀土离子如 Tm^{3+}、Yb^{3+}、Lu^{3+} 等不能起到延缓作用。使用 Cu^{2+} 作为延缓离子时，有时在树脂层或管路中出现有 $Cu(CuCh)\cdot 5H_2O$ 的深蓝色结晶物和 $(NH_4)_2(CuCh)\cdot 8H_2O$ 的浅蓝色结晶物。

表 7-11　某些元素与 EDTA 形成配合物的稳定常数

元　素	lg*K*	元　素	lg*K*
Fe（Ⅱ）	14.45	Pb	18.2
Co	16.10	Ni	18.45
Cd	16.48	Cu	18.86
Zn	16.58	Fe（Ⅲ）	25.1

用 Cu^{2+} 作为延缓离子，EDTA 淋洗液的浓度不应超过 0.015mol/L 浓度，溶液 pH 值控制在 8.5 左右，淋洗液流速一般为 0.5~2.0cm/min（线速度）。当洗出液中 Cu-EDTA（蓝色）将尽和 R-EDTA 刚出现时，更换承接容器，以后操作将各份纯净的和不纯的（带间重叠部分）分别承接。纯净的产品用草酸沉出稀土并过滤出去后，用无机酸酸化溶液，使 EDTA 结晶回收再使用。

从 Cu-EDTA 回收 EDTA 比较复杂，如果是其中尚有部分稀土，可用铝置换法。其方法是在 70~80℃下用盐酸调节 pH 值约为 2，加入铝片或铝粉以等当量过量约 20%进行置换除铜。然后用草酸沉淀出稀土，再调节溶液 pH 值小于 1，静置 8h，使 EDTA 结晶析出。

如果 Cu-EDTA 溶液中不含有稀土时，回收 EDTA 有三种方法：石灰法、H_2S 法及水合肼法。石灰法是使铜呈 $Cu(OH)_2$ 沉淀析出而除掉；H_2S 法是使铜呈 CuS 沉淀除去。以上两种方法，EDTA 的回收率约 70%。水合肼法是用 NaOH 使铜变成 $Cu(OH)_2$，然后又与水合肼（$N_2H_4\cdot H_2O$）作用：

$$2Cu(OH)_2 + N_2H_4\cdot H_2O = 2Cu + 5H_2O + N_2\uparrow$$

这样可以使反应进行到底，EDTA 的回收率可达 90%以上，同时铜也得到回收。

以前曾用过 Zn^{2+} 作为延缓离子。虽然 Zn^{2+} 与 EDTA 生成的配合物稳定常数比铜低，但对于分离稀土也获得较好的效果，并且最后回收 EDTA 比铜容易。

某些元素与 EDTA 形成配合物的稳定常数（lg*K* 值）见表 7-11。

以上离子交换法可以有效地分离所有稀土达到高纯度；但其缺点是生产率低，作业周期长。

第六节　稀土矿物原料及分解方法

含稀土的矿物种类繁多，已知有 200 余种矿物含有稀土，其中含稀土大于 5%的约有 60 多种。许多稀土矿物组成复杂，含有钍、铀、铌、钽、钛等多种有价值成分。就矿物的化学形态来说，有磷酸盐、氟碳酸盐、硅酸盐、硅钛酸盐、铌钽酸盐和钛铌钽酸盐等。已知可作为工业原料的矿物，属于磷酸盐的有独居石、磷钇矿、磷钙钍矿等；属于氟碳酸盐的有氟碳铈矿、氟碳钙铈矿等。一些复合矿物有钛铌钠铈矿、铈钙钛矿、褐钇铌矿、铌钇矿、烧绿矿、钛铌矿、黑稀金、硅铍钇矿、褐帘石等。此外，还有花岗岩风化壳离子吸附型稀土矿。

一些稀土矿物的大致组成和性质见表 7-12[136]。

表 7-12 某些稀土矿物的大致成分及性状

矿物名称	化学组成	大致成分	性状
独居石	RPO_4	R_2O_3约60%，富铈组元素，其中Ce_2O_3占稀土的 45%~55%，其次是 La、Nd 等；ThO_2 4%~12%，UO_2 0.1%~0.3%	红褐色、褐色、黄褐色或黄绿色，硬度5.0~5.5，密度4.6~5.4g/cm^3
磷钇石	YPO_4	R_2O_3约60%，富钇组元素，其中Y_2O_3占总稀土的 52%~62%，有时含有ThO_2、UO_2	黄褐色、红褐色、绿色、黄色或灰白色，硬度 4.5~5.0，密度 4.4~5.1g/cm^3
氟碳铈矿	$RFCO_3$	R_2O_3约74%，富铈组元素，其中Ce_2O_3占总稀土的 50%左右；ThO_2 0.13%~0.17%，Nb_2O_3 0.01%	蜡黄色或红褐色，硬度4.0~4.5，密度4.9~5.2g/cm^3
氟碳钙铈矿	$Ca(Ce、La)_2 \cdot (CO_3)_3F_2$	$R_2O_3$53%~62%，富铈组元素，其中Ce_2O_3占稀土的约50%；CaO 10%~12%	蜡黄色、黄褐色或褐色，硬度4.5，密度（4.36±0.03）g/cm^3
褐帘石	$(Ca、Ce)_2 \cdot (Al、Fe)_3 \cdot Si_3(O,OH)_{13}$	R_2O_3约20%，富铈组元素，其中Ce_2O_3占稀土的 55%；CaO10.6%；$Al_2O_3$17%；Fe_2O_3 18%，SiO_2 31%；ThO_2 0.25%	黑色、褐色或红褐色，硬度 5.5~6.0，密度3.5~4.2g/cm^3
黑稀金	$(Y,U,Th) \cdot (Ti,Nb,Ta)_2O$	R_2O_3 24.8%~33.2%，富钇组元素，$(\Sigma Y)_2O_3$占总稀土的60%~80%；ThO_2 2.4%；$UO_2$11.7%；$TiO_2$3%；$Nb_2O_5$26.7%；Ta_2O_5 3.7%	黑色或黄褐色，硬度5.5~6.5，密度4.9~5.9g/cm^3

氯化法适用于所含某些成分元素能够生成易升华的氯化物的矿石处理。氯化过程是在有碳存在下进行。钍的行为在不同温度有所不同。当氯化温度在700℃左右时，氯化钍不挥发（约750℃时开始升华），与稀土氯化物一起留在炉内；如果氯化是在950~1000℃下进行，氯化钍也随其他易挥发氯化物成分升华除去。

第七节 碱分解法处理独居石精矿

我国工业上处理独居石（见图 7-18）精矿主要是采用苛性钠溶液分解法。碱分解法是使精矿中稀土和钍等变成氢氧化物，使磷酸根生成可溶性的磷酸钠分离出去，随后用盐酸或硝酸溶解氢氧化物，使稀土和钍进入溶液中。分解过程主要有如下反应：

$$RPO_4 + 3NaOH = R(OH)_3 + Na_3PO_4$$

$$Th_3(PO_4)_4 + 12NaOH = 3Th(OH)_4 + 4Na_3PO_4$$

图 7-18　独居石实物图

独居石中尚含有微量的铀，此时与碱作用生成重铀酸钠（$Na_2U_2O_7$）。

苛性钠溶液分解独居石精矿生产氯化稀土的工艺流程如图 7-19 所示[36]。分解作业是将独

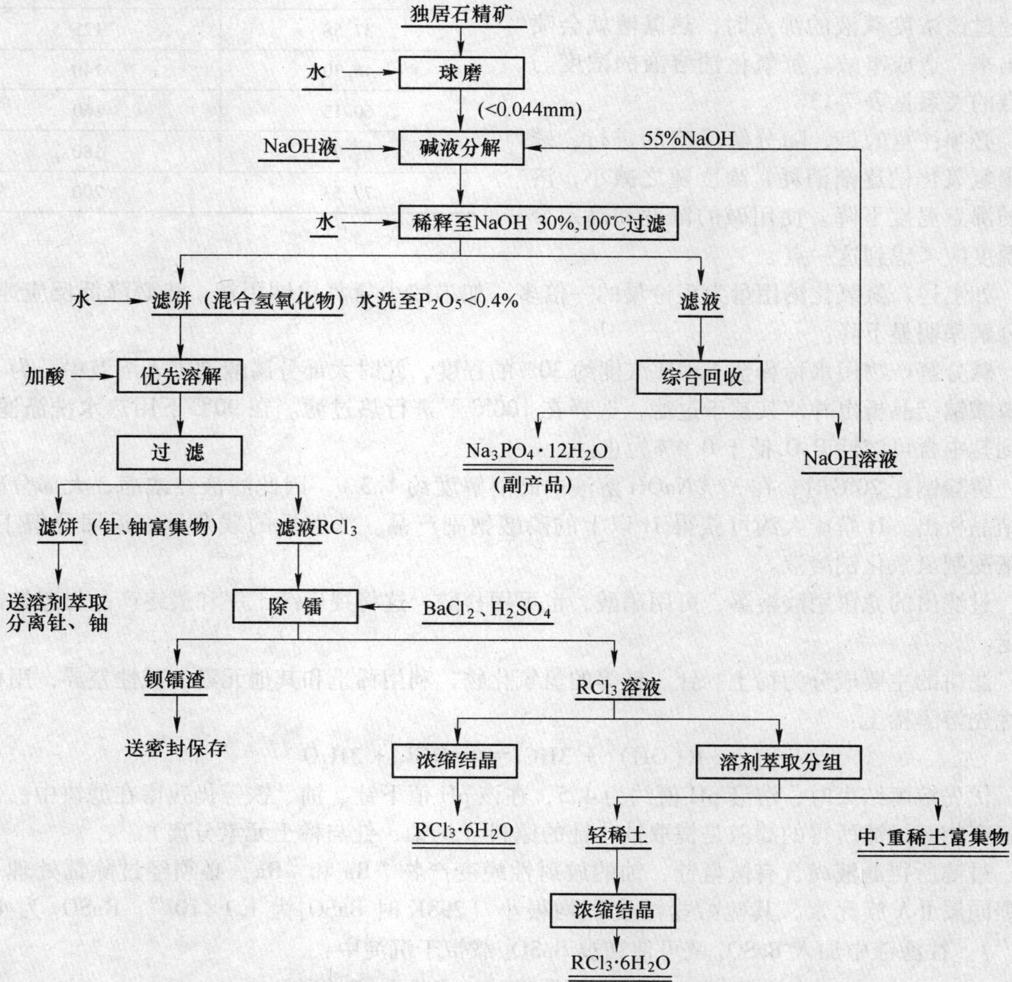

图 7-19　碱液分解独居石精矿生成氯化稀土工艺流程

居石精矿磨细至粒径小于0.044mm占约98%以上，在钢制反应槽中，用约55%NaOH溶液，在130~150℃下，经3~4h分解，可达98%的分解率。处理1t精矿大约需1.2t苛性钠，相当于理论计算量的一倍多。

碱法分解率在很大程度上取决于精矿磨细程度。这是因为分解时在精矿颗粒表面与碱作用生成固体的氢氧化物覆盖在颗粒表面上，阻碍碱液与颗粒内部发生反应。精矿颗粒越粗，反应越难以达到完全。据实验，当约90%的精矿粒度小于280μm时，分解率仅60%；颗粒直径小于74μm时，分解率平均为96%；仅在颗粒直径小于45μm时，才能达到98%的分解率。

为了使磨矿达到要求的磨细程度，势必使磨矿工序的生产周期延长，动力消耗增大。曾有建议采用较粗粒度的精矿先后进行两次分解。将第一次分解物用酸溶解，然后将未分解精矿再一次用碱分解。另有人曾试验在热球磨机内进行分解，借钢球的摩擦力和撞击力使颗粒表面生成的氢氧化物脱掉，不断地露出新表面。这样，用较粗粒度的精矿，也可以达到较高的分解率，并可以大为节省氢氧化钠的用量；但热球磨机设备本身就是比较复杂的问题。从提高磨矿效率考虑，一般采用振动研磨机进行湿磨。

提高分解温度可以加快反应速度，但分解温度必须同氢氧化钠的浓度相适应，当温度超过该浓度碱液的沸点时，热碱液就会喷溅出来，造成事故。氢氧化钠溶液的浓度与沸点的关系见表7-13[2]。

表7-13 氢氧化钠溶液的浓度与沸点的关系

NaOH/%	沸点/℃
37.58	125
48.30	140
60.13	160
69.97	180
77.53	200

必须注意的是，随分解反应的进行，碱液中氢氧化钠逐渐消耗，浓度随之减小，溶液的沸点温度下降。使用碱的浓度和确定分解温度应考虑到这一点。

如上述，氢氧化钠用量为理论量的一倍多。如果减少氢氧化钠用量，势必降低反应速度，使分解率明显下降。

碱分解产物用水稀释至NaOH浓度约30%的程度，此时大部分磷酸钠进入溶液中。为了防止磷酸钠结晶析出并使其易于过滤，选择在100℃下进行热过滤。在90℃下用热水洗涤滤饼，直到其中含可溶性P_2O_5低于0.4%为止。

磷酸钠在20℃时，在37%NaOH溶液中的溶解度约1.3%。因此滤液经浓缩，大部分磷酸钠结晶析出。1t精矿大约可获得1t以上的磷酸钠副产品。浓缩后的残余母液返回分解工序，用来配制氢氧化钠溶液。

过滤出的滤饼用酸溶解，可用硝酸，也可用盐酸，这将视后续工序和最终产品形态的需要而定。

滤饼的主要成分为稀土、钍、铁等的氢氧化物，利用稀土和其他元素的碱性差异，用稀盐酸优先溶解稀土：

$$R(OH)_3 + 3HCl = RCl_3 + 3H_2O$$

优先溶解结束时，溶液pH值约为4.5，在该pH值下钍、铀、铁等仍残留在滤饼中。优先溶解产物经过滤所得的滤渣是提取铀、钍的原料（见铀、钍与稀土元素分离）。

过滤所得滤液尚含有微量钍、铀的放射性蜕变产物^{226}Ra和^{228}Ra，必须经过除镭处理。镭和钡同属ⅡA族元素，其硫酸盐溶度积均很小（298K时$BaSO_4$为1.1×10^{-10}，$RaSO_4$为4.2×10^{-11}）。往滤液中加入$BaSO_4$就可使镭被$BaSO_4$载带于沉淀中：

$$Ba^{2+}(Ra^{2+}) + 2SO_4^{2-} = BaSO_4(RaSO_4)\downarrow$$

除镭后的清液为纯净的 RCl_3 溶液，可直接浓缩、结晶析出混合稀土氯化物产品，也可先通过 P204 溶剂萃取分组（见稀土元素萃取分组分离）得到混合轻稀土氯化物和中、重稀土富集物两种产品。

目前生产中处理碱分解产物，也采用硝酸溶解碱分解产物。硝酸溶解碱分解产物是在带有搅拌器和排烟系统的密闭的不锈钢制反应器内进行。将滤饼加水做成浆状放入反应器内，逐渐加入约为理论计算量的 130% 的浓硝酸，有如下反应：

$$R(OH)_3 + 3HNO_3 \xlongequal{} R(NO_3)_3 + 3H_2O$$

$$Th(OH)_4 + 4HNO_3 \xlongequal{} Th(NO_3)_4 + 4H_2O$$

$$Na_2U_2O_7 + 6HNO_3 \xlongequal{} 2UO_2(NO_3)_2 + 2NaNO_3 + 3H_2O$$

此时有部分铁、钛和重金属杂质也变成硝酸盐而进入溶液中。硅呈胶态硅酸，使溶液澄清困难。一般是加入少量的聚丙烯酰胺作为凝聚剂，使硅酸凝聚和析离。

不溶残渣中含有：金红石、钛铁矿、锆英石、石英和未分解的独居石等。

硝酸溶解碱分解产物过程可以采取快速加酸的方法，利用反应所放出的热量使温度急剧升高至约 120℃ 以上，反应迅速完成，并有利于硅酸的凝聚，获得易于澄清的产物。溶解反应后，用前一次的洗渣水稀释，将料液放入澄清槽中澄清。澄清后将上清液抽出，用水洗不溶残渣，洗出液经浓缩后合并于上清液中，一部分用于稀释下一次酸溶解的料液。

分离出来的溶液中含有微量钍放射性衰变产物镭，需加以分离出去。目前除镭的方法仍沿用较早使用的化学沉淀法，即往溶液中加入适量的硫酸和硝酸钡，借生成的 $BaSO_4$ 作为载体，与生成的 $RaSO_4$ 呈类质同晶共沉淀析出。该法作业周期长，稀土被带入沉淀中较多。

除镭后的稀土硝酸溶液用 TBP 萃取，将其中少量的钍与铀一道分离出去。为此将料液调制成含约 150g/L R_2O_3 和 15g/L ThO_2 的 6mol/L HNO_3 溶液，用 50%TBP-煤油作为萃取剂，以相比 1∶1 进行八级萃取，使钍与铀进入有机相，随后用约 60℃ 的无盐水进行反萃取。分离钍、铀后的稀土硝酸溶液继续用萃取法进行分组分离和分离单一稀土作业。

第八节　含稀土氟碳酸盐精矿的硫酸分解法

氟碳铈矿的性质见表 7-14。

表 7-14　氟碳铈矿的性质

英文名	bastnaesite	条　痕	白
化学式	(Ce, La, Y)CO_3F	光　泽	玻璃光泽，油脂光泽，珍珠光泽
分　类	碳酸盐	折射率	$n_\omega = 1.717 \sim 1.722$，$n_\varepsilon = 1.818 \sim 1.823$
晶　系	六方晶系	透明度	透明到半透明
硬　度	4~5	解　理	完全，不清楚，断裂
密　度	4.95~5.0g/cm^3	断　口	不平整
颜　色	蜜黄色，红褐色	晶体常态	表格等分纹状晶体、颗粒状、块状

氟碳铈矿的实物如图 7-20 所示。

图 7-20 氟碳铈矿实物图

目前工业上用硫酸法分解氟碳铈矿-独居石的混合精矿是采取高温硫酸化焙烧的方法[36]。该法流程大致可分为以下两个阶段:

(1) 精矿的分解和浸出，使稀土进入硫酸溶液中。

(2) 从硫酸溶液中提取稀土（钍）。

一、精矿的分解和浸出

硫酸化焙烧分解精矿是基于在约 300℃的温度下发生如下反应[2,143]:

$$2RFCO_3 + 3H_2SO_4 = R_2(SO_4)_3 + 2HF\uparrow + 2H_2O\uparrow + 2CO_2\uparrow$$

$$2RPO_4 + 3H_2SO_4 = R_2(SO_4)_3 + 2H_3PO_4\uparrow$$

$$Th_3(PO_4)_4 + 6H_2SO_4 = 3Th(SO_4)_2 + 4H_3PO_4\uparrow$$

精矿中所含其他杂质也与硫酸作用:

$$CaF_2+H_2SO_4 = CaSO_4+2HF\uparrow$$

$$Fe_2O_3+3H_2SO_4 = Fe_2(SO_4)_3+3H_2O\uparrow$$

$$SiO_2+4HF = SiF_4\uparrow+2H_2O\uparrow$$

$$Ca_3(PO_4)_2+3H_2SO_4 = 3CaSO_4+2H_3PO_4\uparrow$$

在反应温度下，反应产物 HF、CO_2、SiF_4、H_2O、H_3PO_4等呈气态逸出。此外，还有部分的硫酸分解放出 SO_3和 H_2O。稀土（钍）生成可溶性硫酸盐，随后用水浸出。

硫酸焙烧法前一阶段的原则流程如图 7-21 所示。

硫酸化焙烧分解稀土矿石与其他方法比较，其优点是受精矿品位影响小和粒度不必磨得太细，就可以达到较高的分解率；但其缺点是对人体危害严重的氟的处理较为复杂。

浸出过程是将固体分解产物移入带有搅拌器的耐酸槽中用冷水浸出。因为稀土硫酸盐在水中的溶解度随温度的升高而降低，见表 7-15。浸出用水量依精矿组成和温度而异。一般在 25℃左右的温度下，1kg 固体分解产物约需 8L 水，即固液比约为 1∶8，以在最终浸出液中含

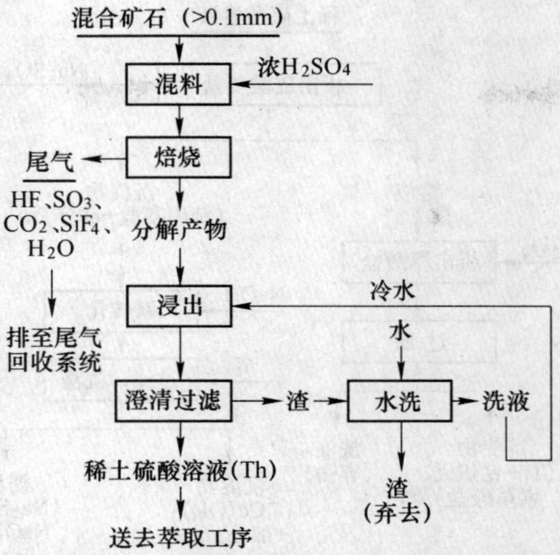

图 7-21　硫酸焙烧分解氟碳铈矿-独居石的混合矿石的原则流程

R_2O_3的浓度不超过 64g/L 为宜。如果 R_2O_3的浓度过高，则会在因偶然的原因使温度升高时，发生稀土硫酸盐结晶析出，使其损失于渣中。浸出时搅拌 1~2h，然后静置 4~8h，澄清后过滤。由于有硅酸和极细颗粒的硫酸钙存在，故使澄清和过滤困难。以往在溶液中加入少量的聚丙烯酰胺作为凝聚剂。

表 7-15　$R_2(SO_4)_3 \cdot 8H_2O$ 在水中的溶解度[137]

元素	溶解度/g·(100g H_2O)$^{-1}$		元素	溶解度/g·(100g H_2O)$^{-1}$	
	20℃	40℃		20℃	40℃
La	3.8	1.5	Tb	3.56	2.51
Ce	23.8	10.3	Dy	5.07	3.34
Pr	12.74	7.64	Ho	8.18	4.52
Nd	7.0	4.51	Er	16.00	6.53
Sm	2.67	1.99	Yb	34.73	22.9
Eu	2.56	1.93	Lu	47.67	16.93
Gd	2.89	2.19	Y	8.76	4.9

过滤出的硫酸溶液中含有稀土、钍、磷酸、硫酸、硅酸、铁、钙、锰、钛、铝、镁等，将其送到下一工序处理。残渣中有萤石、重晶石、二氧化硅、硫酸钙、铌和未分解的精矿。此外，还含有微量的镭（钍放射性衰变产物）。残渣用水洗涤后，将洗液返回用于浸出焙烧矿。

二、从硫酸溶液中提取稀土和钍

硫酸分解所获得的稀土硫酸溶液成分复杂[2,36,137]，精矿中大多数杂质成分都进入溶液中。从硫酸溶液提取稀土和钍最简便的方法是硫酸复盐法。

硫酸复盐法的依据是铈组稀土与钠或钾能够从硫酸溶液中生成难溶的硫酸复盐沉淀，可以将大多数非稀土杂质分离除去。虽然钾复盐比钠复盐的溶解度更小，但钠盐价格便宜，所以通常是采用钠盐进行沉淀作业，其流程如图 7-22 所示。

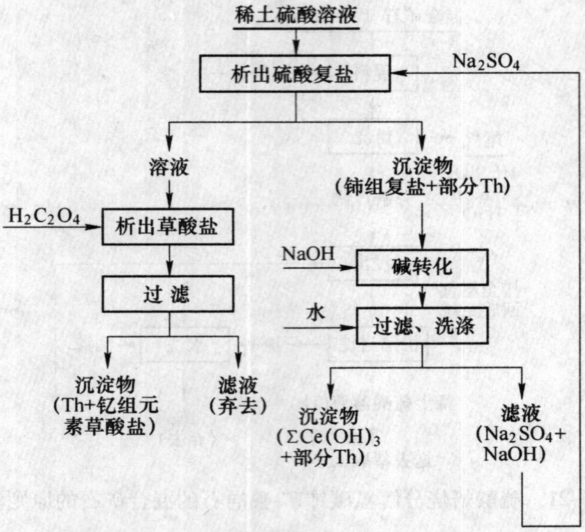

图 7-22 硫酸复盐法从硫酸溶液中提取稀土和钍的流程

该法是在不断地搅拌下，缓慢地加入固体的氯化钠或硫酸钠（或它们的饱和溶液），直至用吸收光谱检验母液中钕谱线消失为止。此时铈组稀土呈难溶的 $Na_2SO_4 \cdot R_2(SO_4)_3 \cdot xH_2O$（$x=1$ 或 2）形态析出，且沉淀呈粉末结晶，易于过滤。

如果是加入过量的钠盐时，钇组稀土也同时沉淀析出。钍生成可溶性复盐，即 $Na_2SO_4 \cdot Th(SO_4)_2 \cdot 6H_2O$，它的溶解度虽然比铈组复盐高，但也有一部分同时发生沉淀，因此钍分散于溶液和沉淀物两部分中。

为了提取残留在母液中的钇组稀土和钍，将过滤出来的母液加热至90℃左右，加入过量约25%或更大浓度的草酸，使其呈草酸盐形态沉淀出来。所以使用过量很多的草酸，是为了使稀土沉淀完全并使杂质铁呈配合物形态留在溶液中。稀土草酸盐在水中和酸中溶解度极小，且沉淀物颗粒粗大，易于过滤。

将沉淀出的硫酸复盐和草酸盐，分别在加热的条件下用浓 NaOH 溶液处理，有如下反应：

$$Na_2SO_4 \cdot R_2(SO_4)_3 + 6NaOH = 2R(OH)_3\downarrow + 4Na_2SO_4$$

$$Na_2SO_4 \cdot Th(SO_4)_2 + 4NaOH = Th(OH)_4\downarrow + 3Na_2SO_4$$

$$R_2(C_2O_4)_3 + 6NaOH = 2R(OH)_3\downarrow + 3Na_2C_2O_4$$

$$Th(C_2O_4)_2 + 4NaOH = Th(OH)_4\downarrow + 2Na_2C_2O_4$$

生成的硫酸钠溶液中尚含有一部分过量的 NaOH，返回复盐沉淀工序使用，而草酸钠溶液则留作下一次草酸沉淀使用。

第九节 碱法处理含稀土氟碳酸盐精矿的工艺

碱分解氟碳铈矿-独居石混合精矿的方法有苏打焙烧法及苛性钠溶液分解法。

一、苏打焙烧法

苏打焙烧是在600~700℃下进行，主要基于以下反应[137,143]：

$$2RFCO_3 + Na_2CO_3 = R_2(CO_3)_3 + 2NaF$$

$$2RPO_4 + 3Na_2CO_3 = R_2(CO_3)_3 + 2Na_3PO_4$$

$$Th_3(PO_4)_4 + 6Na_2CO_3 = 3ThOCO_3 + 4Na_3PO_4 + 3CO_2$$

苏打焙烧法的原则流程如图 7-23 所示。

焙烧是在回转窑内进行。1t 精矿用苏打量 0.3～0.4t，往往是使用稍低于理论需要量的苏打，分解结果也能达到十分完全的程度。焙烧时间大约 2h，分解产物中有部分的稀土碳酸盐变成了氧化物，铈被氧化成四价，微量的铌与碱作用生成铌酸钠。

虽然精矿中杂质氧化铁、萤石、重晶石等熔点都很高，在焙烧的温度下应该是呈固态存在，但实际上当温度超过 700℃时，炉料明显地发生熔化和黏结现象，在炉内产生炉瘤。这可能是由于某些成分形成低熔点共熔体所致。

在焙烧过程中有部分氧化铁与苏打作用生成铁酸盐，导致后面萃取工序中杂质铁含量增加，因此在精矿中铁含量高的情况下，要适当控制苏打的加入量。

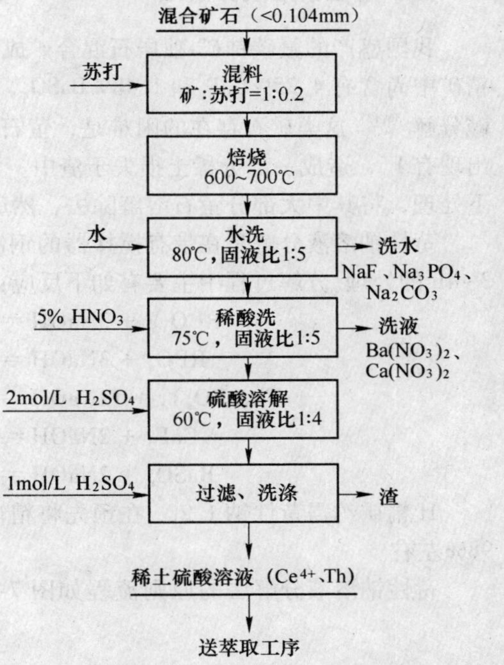

图 7-23　苏打焙烧法分解氟碳铈矿-独居石混合矿的原则流程

从窑中卸出的分解产物，加水进行湿磨后，用水洗，其目的是除去分解生成的 NaF 和 Na_3PO_4 以及过剩的 Na_2CO_3 等可溶性钠盐，以避免后面工序硫酸溶解时，稀土形成硫酸钠复盐沉淀和氟化物沉淀而造成损失。水洗是在 80℃下，固液比为 1∶5，加水搅拌 1～2h，实际上在水洗过程中只有约 20%的磷酸根被除掉，这是由于有钙、钡存在而生成难溶的磷酸钙和磷酸钡所致。水洗可以除去 35%左右的氟，其余的以萤石形态存在的氟不能洗掉。

稀酸洗的目的主要是为了除去钙、钡，用 5% HNO_3 溶液并以固液比为 1∶5 进行洗涤，在约 75℃下搅拌 2h。此时一部分钙和钡变成易溶的硝酸盐而溶解。酸洗中有少量的稀土溶解损失，酸洗除杂质率为 CaO 50%，BaO 65%，F 约 8%。

硫酸溶解使稀土和钍进入硫酸溶液中，与不溶渣分开。用浓度为 2.5mol/L H_2SO_4 溶液，在 60～65℃下，以固液比为 1∶4，搅拌 1～2h。过程有如下反应：

$$R_2(CO_3)_3 + 3H_2SO_4 = R_2(SO_4)_3 + 3H_2O + 3CO_2\uparrow$$

$$Ce(CO_3)_2 + 2H_2SO_4 = Ce(SO_4)_2 + 2H_2O + 2CO_2\uparrow$$

$$ThOCO_3 + 2H_2SO_4 = Th(SO_4)_2 + 2H_2O + CO_2\uparrow$$

溶解后进行过滤。残渣用 1～1.5mol/L H_2SO_4 溶液洗涤，其中大部分是氧化铁，以及钙、钡、铌及未分解的精矿。

稀土硫酸溶液的组成大致是：CeO_2 27～30g/L；R_2O_3 25～27g/L；ThO_2 0.21～0.24g/L；Fe 1.2～1.8g/L；F 3.7～4.9g/L；CaO 3.8～4.1g/L；P 0.08～1.5g/L。溶液含酸量为 1.5mol/L H_2SO_4。

可以看出，硫酸溶解过程中又出现了氟和钙，这是由萤石分解而产生的。因而有部分稀土生成氟化物沉淀而损失于渣中。少量的氟离子也给后续的萃取工序带来有害影响。

用 HDEHP 萃取，首先将四价铈与少量的钍一道分离出去，然后进行铈钍分离和分离单一稀土作业。

二、苛性钠溶液分解法

我国盛产的氟碳铈矿-独居石混合矿成分复杂，其中含有萤石和重晶石量较多。如前所述，精矿中尚含有 4.25% CaF_2 和 1.48% $BaSO_4$，而且一些较低品位的精矿中钙、钡的含量更高。用碱分解[36,137]这类矿石存在的困难是，萤石不能完全分解和除去，随后用酸溶解时，溶液中又出现有 F^-，造成一部分稀土损失于渣中。为了消除这一干扰，事先用 3mol/L HCl 溶液在 90℃下处理，将其中大部分萤石溶解除去，然后再进行苛性钠溶液分解作业。

苛性钠溶液分解是在带有搅拌器的钢制反应槽中；用 50% NaOH 溶液，在约 140℃下，经 3~4h 的处理。分解过程中主要有如下反应：

$$RCO_3F + 3NaOH = R(OH)_3 + Na_2CO_3 + NaF$$

$$RPO_4 + 3NaOH = R(OH)_3 + Na_3PO_4$$

$$Th_3(PO_4)_4 + 12NaOH = 3Th(OH)_4 + 4Na_3PO_4$$

$$CaF_2 + 2NaOH = Ca(OH)_2 + 2NaF$$

$$BaSO_4 + 2NaOH = Ba(OH)_2 + Na_2SO_4$$

1t 精矿约需苛性钠 1.2t。在预先将精矿磨细至粒径小于 0.044mm 的条件下，分解率可达 98%左右。

苛性钠溶液分解法的原则流程如图 7-24 所示[36,136]。分解产物在 80℃下用水洗然后用酸

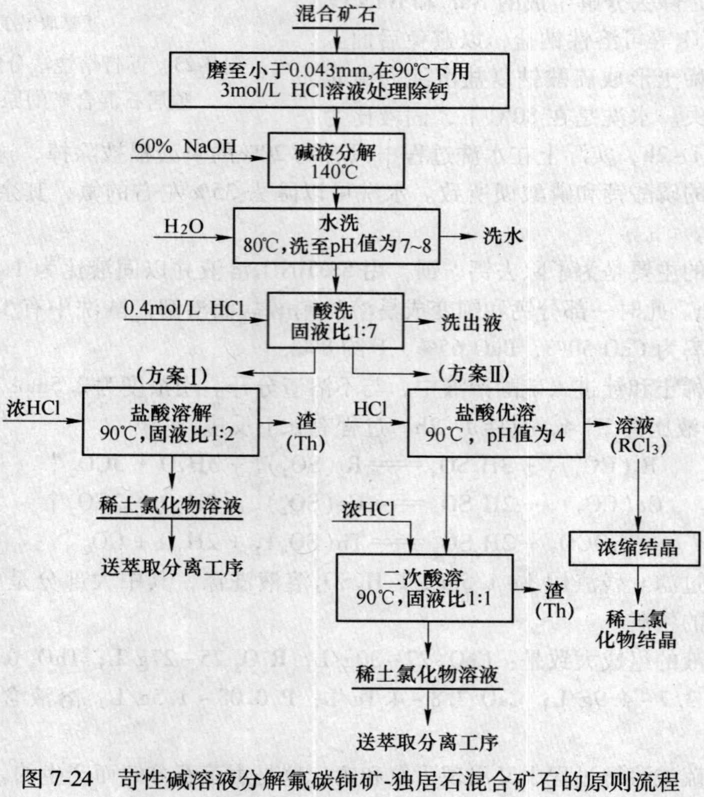

图 7-24 苛性碱溶液分解氟碳铈矿-独居石混合矿石的原则流程

洗。在水洗中只有约20%的磷酸钠被除去。同时 $Ba(OH)_2$ 虽然在水中的溶解度也很高（在80℃时，$Ba(OH)_2$ 的溶解度为55g/(100g H_2O)），但水洗过程中并没有被除去。在酸洗的过程中稀土损失小于0.4%。

下一步用盐酸溶解有两种方案。方案Ⅰ是用工业盐酸将稀土一次全溶出的方法。盐酸全溶所得稀土氯化物溶液大致组成是：P_2O_5 7g/L；R_2O_3 75g/L；ThO_2 0.07g/L；Fe 0.5g/L。精矿中所含的钍大部分留在不溶残渣中，不利于回收钍，也使废渣处理复杂化了。

方案Ⅱ是分两步溶解。首先是在控制溶液pH值为4.0~4.5的条件下，用盐酸优先溶解其中大部分稀土（占70%以上），获得较纯的且浓度较高的稀土氯化物溶液，其组成为：R_2O_3 63g/L；Ca 2.2g/L；Ba 1.9g/L；ThO_2<0.005g/L；其余Fe、P_2O_5、F等微量。该溶液可直接浓缩结晶，作为最终产品。

随后，将优溶残渣用工业盐酸进行第二次溶出，所得溶液组成是：P_2O_5 13g/L；R_2O_3 53g/L；ThO_2 0.038g/L；Fe 2.8g/L；F 0.24g/L；Ca微量。

苛性钠溶液分解法主要缺点是分解作业时间长。近年已成功地研究出两种改进方法。一种改进方法是“放电冶金法”。该法是在设有炭电极的分解槽中，在电场作用下强化了分解过程，分解温度为40℃，使用10%NaOH的稀溶液，分解时间仅15min，稀土的盐酸优溶率可达90%以上。另一种改进方案是采用更浓的碱液和更高的分解温度来强化分解过程。苛性钠溶液的浓度可以提高到65%~75%，分解温度大致为160℃，苛性钠用量以矿碱比以1∶0.8计算，分解时间大约30min即可达到完全。

第十节　稀土金属的生产工艺

从稀土化合物中制取稀土金属采用熔盐电解法和金属热还原法。

工业上采用熔盐电解法制取混合金属（以天然的铈组稀土矿石组成为基础的铈组稀土合金）和普通纯度的单一稀土金属（最高可达99.98%）。制取高纯稀土金属常采用金属热还原法。

制取纯度高的稀土金属必须使用高纯度的原料化合物，而且还原剂金属也必须是纯净的。

产品的纯度除取决于原料及还原剂的纯度外，还与所使用的熔炼坩埚和电解用的电极材料的高温惰性有关。

为了减少来自反应器的污染，使还原反应在较低的温度下进行，采取了低共熔点的中间合金法。例如，在有金属镁存在的条件下，还原过程中稀土与镁生成低熔点合金，随后用真空蒸馏法除去镁。该法对于高熔点的重稀土金属的制取有重要意义。另外，该法也被用来直接制取合金。

用熔盐电解法和金属热还原法制取稀土金属，主要是使用无水稀土氯化物、氟化物和氧化物作为原料。

稀土氧化物是通过草酸盐焙解而得。

无水稀土氯化物是由氯化物溶液浓缩结晶析出的水合物脱水，或在高温下用氯化剂作用于稀土氧化物而制得的。水合稀土氯化物脱水是在有限空气中，将其加热至200~300℃下脱水：

$$RCl_3 \cdot 6H_2O \xrightarrow{\triangle} RCl_3 + 6H_2O$$

但此时将有部分的氯化物被水解而产生氧氯化物。其反应如下：

$$RCl_3 + H_2O = ROCl + 2HCl$$

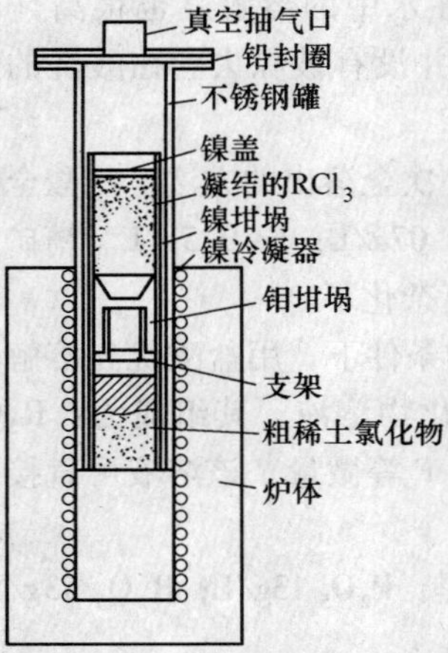

图 7-25　稀土氯化物蒸馏净化设备

为了防止氧氯化物的产生，脱水可在有氯化铵存在下进行。此时如果有氧氯化物产生，则发生以下反应而被消除：

$$ROCl + 2NH_4Cl \xlongequal{} RCl_3 + 2NH_3\uparrow + H_2O\uparrow$$

用上面方法制得的无水稀土氯化物尚含有氧、碳等杂质，如需要制取高纯的无水稀土氯化物时，可进一步进行真空蒸馏净化，蒸馏设备如图 7-25 所示[36,144]。

在蒸馏设备中，稀土氯化物放在镍坩埚中。用高真空泵抽真空至 0.053Pa 以上的真空度，并将坩埚下部加热至 850～950℃。稀土氯化物升华进入上部冷凝器内凝结下来，而氧、碳等杂质留在坩埚底部。这样一次处理 20kg 的粗稀土氯化物需 72h。随后充入氩气，并将蒸馏罐下移入炉底，将冷凝器部位加热至 900℃左右，使纯净的稀土氯化物熔化流入下面的钼坩埚内，冷却后取出。真空蒸馏可以除去氧、碳等杂质，并能获得块状结晶物。它比粉状结晶的表面积小，吸湿性较小，易于贮存。

无水稀土氟化物是由水合稀土氟化物脱水，或用氟化氢和氟化氢铵作用于稀土氧化物而制得。一般均采用前一种方法。

用氢氟酸从稀土溶液中沉淀析出的稀土氟化物是含水结晶，即 $RF\cdot xH_2O$ （$x=0.5$ 或 1）。沉淀出的稀土氟化物水合物可在真空中加热至 300℃脱水，或在氟化氢气流中，在 600℃下脱水。

第十一节　熔盐电解法制备稀土金属

一、氯化物电解

现时工业上采用在氯化钾或氯化钾和氯化钠熔体中，电解铈组稀土氯化物。电解是在高于所析出金属的熔点温度下进行，在阴极上析出稀土金属呈熔融状态。一般是在敞口电解槽中生产混合金属和普通纯度的铈、镧、钕、镨等。

用上述方法直接电解生产钇组金属是比较困难的。因为钇组金属除镱外，都具有较高的熔点（1300～1700℃），要想在这样高的温度下进行电解使析出的金属呈液态，则卤盐会蒸发，同时也难以选择合适的电解槽材料和电极材料。为了使这些金属能在不超过 1100℃的温度下电解析出液态金属，一般是采用熔融的镁或其他金属作为阴极，电解生成稀土金属与阴极金属的合金，随后用真空蒸馏法除去阴极金属。另外也采用该法直接制取合金。

（一）电解过程

工业用的小型生产金属铈的敞口电解槽如图 7-26 所示[36,144]。电解槽是采用容量约 4L 的石墨坩埚并将其作为阳极，在坩埚底部放一瓷皿用以盛放析出的金属。在坩埚中熔体上方插入一支钼棒作为阴极并用瓷套管保护使其不受腐蚀。钼棒下

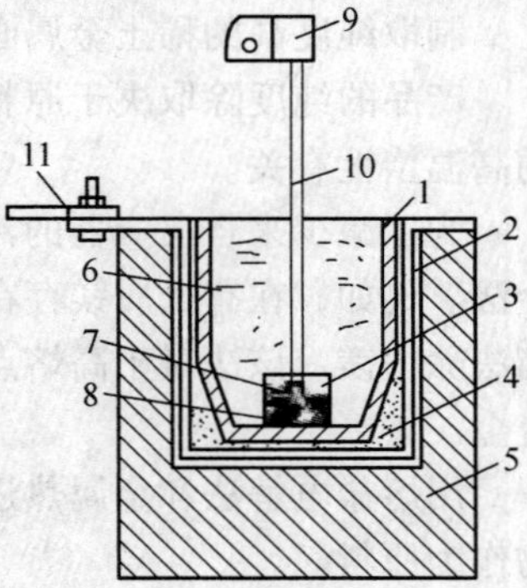

图 7-26　电解生产金属铈的小型电解槽

1—石墨坩埚；2—钢壳；3—瓷皿；4—炭粉；5—耐火砖隔热体；6—熔融电解质；7—钼极头；8—析出的金属铈；9—阴极电源接头；10—瓷套管；11—阳极接头

端与熔融金属接触，熔融金属表面即为阴极表面。当电流强度为750~800A时，阴极电流密度$D_K \approx 5A/cm^2$，阳极电流密度$D_A \approx 1A/cm^2$。电解中靠直流电通过电解质电阻产生的焦耳热来维持电解所需要的温度。

电解是在熔融的氯化钾中，逐渐加入氯化铈，在熔体中保持铈（按CeO_2计算）的含量约40%的浓度，最低不能低于25%。电解中发生如下反应：

$$CeCl_3 \rightleftharpoons Ce^{3+} + 3Cl^-$$

在阴极上　$Ce^{3+} + 3e \longrightarrow Ce$

在阳极上　$2Cl^- \longrightarrow Cl_2 + 2e$

电解产生的氯气用排风机通过排烟罩和管路排至氯化回收系统。随电解的进行，间歇地加入固体氯化铈，并随时补充氯化钾（挥发损失），使熔体体积维持不变。当瓷皿中盛满析出的金属时，取出更换一个，并及时将熔融金属注入锭模中冷凝。

电解过程中依靠调节电压和加料速度来控制电解温度。有时在熔体表面出现一种黑色类似油状物的物质，据检验是铈的氧化物，可加入少量的硼酸（与氯化钾混合加入）予以排除。

在容量为5~6kg熔融氯化钾的石墨坩埚内，在850~900℃的温度下，槽电压维持在16V左右，电流强度为750~800A，每昼夜可生产金属铈25kg，产出1kg铈的电能消耗约为14kW·h，电流效率为76%，金属提取率为89.4%，金属铈的纯度达99%以上，其中含铁、硅、氧、硫、碳和磷等杂质总量不超过2%。

根据法拉第定律，在电极上析出物质的量与电流强度、电流通过电解质的时间及电化当量等成正比：

$$\overline{W} = Itg_e$$

式中　$\overline{W}$——在任何一个电极上析出物质的量，g；

I——电流强度，A；

t——时间，h；

g_e——电化当量，g/(A·h)。

电流效率（E_a）可通过下式计算：

$$E_a = \frac{\overline{W}_P}{\overline{W}_i} \times 100\% = \frac{\overline{W}_P}{0.024Ig_e} \times 100\%$$

式中　$\overline{W}_P$——金属实际日产出量，kg/d；

$\overline{W}_i$——金属理论日析出量，kg/d。

电化当量是以$g_e = \frac{M}{26.8n}$来计算的，其中M为元素的相对原子质量；n为反应中的得失电子数。稀土元素的电化当量值见表7-16[141]。

表7-16　稀土元素的电化当量值

元　素	价　数	原子量	电化当量/g·(A·h)$^{-1}$
La	3	138.9	1.7276
Ce	3	140.1	1.7426
Ce	4	140.1	1.3070
Pr	3	140.9	1.7525
Nd	3	144.2	1.7942

续表 7-16

元素	价数	原子量	电化当量/g·(A·h)$^{-1}$
Sm	3	159.4	1.8707
Eu	3	151.9	1.8904
Gd	3	157.2	1.9510
Tb	3	158.9	1.9798
Dy	3	162.5	2.0203
Ho	3	164.9	2.033
Er	3	167.2	2.079
Tm	3	168.9	2.1067
Yb	3	173.0	2.1519
Lu	3	174.9	2.1705
Y	3	88.9	1.1058

(二) 对电解工艺的讨论

影响电解过程的因素较多，现仅就以下几个问题加以讨论。

(1) 关于电解质。电解质的组成只能从碱金属中钾、钠和碱土金属中钙、钡等盐类中选择。因为这些元素的析出电位负电性大，熔点低，能形成低共熔点体系，该体系的蒸气压、挥发性小，导电性好，黏度小，价格便宜，能够满足电解要求。

(2) 关于电解电压。为了熔盐电解过程中在电极上获得电解产物，必须在电极上加比极化电势稍大一些的电压。在任何情况下，极化电势都与电解时电流密度的大小有关。电流密度增大时，极化电势也增大。这是由于在碳阳极上产生超电压的结果。为了保证电解能够持续地进行，外加于电解槽上的电压的最小值称为“分解电压”。

在没有去极化作用并当电流效率等于100%时，可以得出熔盐的分解电压理论值。这个数值等于由在电极上析出的两种物质所构成的可逆电池的电势。因此，熔盐的理论分解电压值，可以从相应的原电池中产生电流的化学反应自由焓变化计算出来：

$$E = -\frac{\Delta Z}{NF}$$

式中 E——电池电动势；

ΔZ——化学反应自由焓；

N——物质的电子转移数；

F——法拉第常数。

通常，用测绘电流-电压的 IV 曲线或测量相应原电池的电动势或极化电势来确定熔盐的分解电压。稀土氯化物的分解电压见表 7-17[142]。当电解的槽电压超过分解电压时，电解就能持续进行下去。

表 7-17 稀土氯化物的分解电压 (V)

氧化物	800℃	900℃	1000℃
$LaCl_3$	2.997	2.936	2.876
$CeCl_3$	2.945	2.883	2.821

续表 7-17

氧 化 物	800℃	900℃	1000℃
$PrCl_3$	2.911	2.853	2.795
$NdCl_3$	2.856	2.796	2.736
$SmCl_3$	2.861	2.812	2.763
$EuCl_3$	2.828	2.821	2.815
$GdCl_3$	2.807	2.758	2.709
$TbCl_3$	2.754	2.705	2.657
$DyCl_3$	2.690	2.645	2.599
$HoCl_3$	2.610	2.556	2.511
$ErCl_3$	2.589	2.549	2.488
$TmCl_3$	2.553	2.500	2.447
$YbCl_3$	2.542	2.488	2.434
$LuCl_3$	2.478	2.417	2.356
YCl_3	2.643	2.596	2.540

(3) 电流密度。熔盐电解时，随着电流密度的增加，电能消耗增加。可见，电解质电导率越大，阴极电流密度就可以加大，电解槽的生产能力也就更大。此外，随着阴极电流密度的增大，也相应地增大了阳极电流密度。当阳极电流密度增加到一定限度时，就将在阳极上出现阳极效应，会破坏正常的电解过程持续进行。同时，当电流密度过大时，也会使其他金属阳离子在阴极上放电。

相反地，随着电流密度降低，相对地金属损失增加，电流效率相应地降低。当处在每种电解质及每种金属所固有的最小临界电流密度时，阴极上析出的金属量在绝对值上等于它的损失量，也就是说，此时尽管电解在进行，电流效率却等于零。当电流密度极小时，阳离子可能只部分放电，在这样小的电流密度下，阴极上就不可能析出金属。

(4) 氧氯化物的影响。影响稀土氯化物电解的重要因素之一是易产生氧氯化物（ROCl），即“红泥”，这主要来源于原料带来的水分或制取无水稀土氯化物时就产生了的杂质。此外，在熔体表面与湿空气接触时也产生红泥。

当熔盐中有红泥存在时，熔体黏度增大，导电性降低，析出的金属液滴不易聚集和从盐相中析出，流动到阳极区又被氧化造成损失。据研究，在红泥中存在 RO^+，因此它被吸附在阴极表面附近，即使将阴极钼棒提起来（不与瓷皿中熔融金属接触），红泥仍包围着阴极棒而不下沉于槽底。因此在电解中产生较多的红泥时，会将阴极表面覆盖住，使电解难以继续进行下去，而 RO^+ 又不能被电解消除。

从生产实践中得出，采用前述的坩埚式电解槽（见图 7-26），如在电解中有红泥产生，由于熔体的急剧的翻动，熔体是从上面坩埚的周壁移向中心并转而向下，至坩埚底部向四周又转而向上的流动方向，如图 7-27 所示。因此翻动的熔体在不断地冲刷着瓷皿，使瓷皿中金属液面向四壁运动，将金属面上的红泥推向周壁阳极区，在阳极上

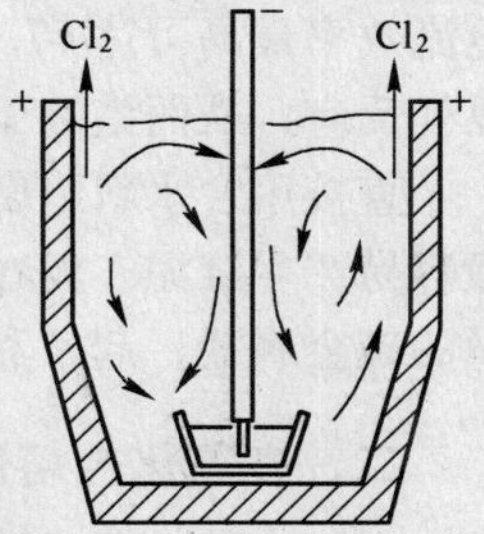

图 7-27　电解槽内熔体流动状况

发生如下反应而被消除：

$$ROCl + Cl_2 + C \longrightarrow RCl_3 + CO\uparrow$$

$$2ROCl + 2Cl_2 + C \longrightarrow 2RCl_3 + CO_2\uparrow$$

实践证明，每当槽内产生的红泥较多时，石墨坩埚底部周壁上就会发生严重的腐蚀现象；而且往往在电解正常进行时，即使是使用含水料，在槽内并没有红泥蓄积。这些足以说明上述转化反应的存在。

（5）金属的溶解损失。金属的溶解损失[2,36,145]是直接影响电流效率的因素之一。这是由于熔融金属与盐相之间发生化学作用的结果。金属与同种金属的盐之间的作用，是使金属原子失去外部电子层上最不牢固的电子，形成低价化合物而溶入盐相中：

$$R + RCl_3 = RCl + RCl_2$$

$$2R + RCl_3 = 3RCl$$

金属与不同种金属的盐作用，是金属与盐中金属阳离子发生置换反应所引起的。因此，金属的溶解损失的大小与电解质组成和性质有关。随温度的升高，溶解速度加快，金属在盐相中的溶解度也增加。在实践中，常将槽底部的温度控制在较低的范围，上部熔盐温度稍高一些。而极间距离取决于电解质的电导率，电导率越大，极间距离越大。

（6）变价元素的影响。变价元素尤其是在混合稀土料中的钐与铕，虽然含量极少，但随电解操作的延续，逐渐积少成多，影响越来越大。它们在电解中不能完全放电，流动到阳极区又被氧化，如此反复氧化还原导致电能的空耗。例如，在电解制取混合金属中，电解延续一个月后，电流效率由34%下降到27%。而电解10d后检验电解液中含钐、铕总量达6%~9%。

（7）碳杂质的影响。在电解质中有碳杂质时，对电解电流效率有显著的影响。据实验，当电解质中含碳量达0.2%时，电流效率仅20%左右。其原因被认为是碳与稀土生成难熔的碳化物，并且存在于熔体中的固体碳微粒阻碍着析出的金属液滴的聚集，散失于盐相中或在阳极上被氧化掉。以前曾有人在电解质中加入少量的稀土氧化物，其目的是为了使杂质碳与其作用生成氧化碳气体逸出，以消除碳杂质的影响。

碳杂质的来源主要是来自石墨坩埚或炭电极材料表面附着的炭粉。因此在使用前，可事先用废电解质熔浸处理之后再用。

（8）杂质铁、铝、硅、镁和铅等的影响。由于这些杂质的析出电位都比稀土低，因此在电解中它们将优先在阴极上析出，影响了稀土的纯度。如果这些杂质含量高，应采取预电解的办法将它们除掉。

（9）水分的影响。目前工业生产中，一种是采用无水稀土氯化物进行电解；另一种是采用含水结晶稀土氯化物进行电解。两者效果不相上下。如前所述，使用含水料电解易产生氧氯化物，使电解变坏。但据实验研究发现，使用含水料电解比用无水料电解的电流效率高，前者电流效率最高可达67.2%；后者最高仅36%。据判断这是由于水分与杂质碳作用发生类似水煤气反应，从而消除了碳杂质的有害影响所致。

直接用含水料电解，实际上是在电解槽内进行电解的同时，实行高温急剧脱水。此时，一般容易产生红泥。但在高温下水分急剧脱出，相对地在熔体中停留时间短，并且熔体中存在大量的碱金属盐，起“稀释”作用，因而可以减少生成红泥的机会。

二、在氟化盐熔体中电解稀土氧化物

由 LiF（12%~21%）、RF_3（60%~73%）或加入少量 BaF_2（8%~12%）组成的低熔点盐体系中[2,36,145]，可溶解3%~4%稀土氧化物，在这种氟化盐介质成分不变的情况下，连续电解溶入其中的稀土氧化物，以生产各种稀土金属、混合金属和合金。在电解中稀土氧化物发生分解，在阴极上析出金属，在阳极上产生氧并与阳极碳作用放出氧化碳（主要是 CO，有少量 CO_2）[2,36,144,163]。所加入的稀土氧化物量应控制在略低于其溶解度的范围内，以防止有过剩的未溶解的氧化物污染了析出金属。可想而知，由于稀土氧化物的溶解度低，从而减少了与析出金属发生逆反应的可能性。

电解在高于析出金属的熔点温度下进行，使金属呈液态析出，以便获得能与电解质很好分离的致密金属锭。电解制取铈、镧和混合金属是在 900~1000℃下，而制取钕、镨要在 1050~1100℃的温度下进行。由于氟化盐比氯化物导电性好，故阴极电流密度可以大一些（一般是 5~8A/cm^2）。电解质中氧化物的含量是有限的，此时特别容易发生阳极效应，所以一定要小心控制电解温度和加料速度，并且把阳极电流密度限制在 0.5A/cm^2以下为好。

电解制取金属铈时，使用二氧化铈会造成石墨阳极在熔体表面稍下处的腐蚀严重。此时，阳极气体 CO_2/CO 比值增高。如果用 Ce_2O_3作为原料就可以减少腐蚀发生。因此事先需将 CeO_2 用碳还原成 Ce_2O_3。

电解制取钆以后的高熔点的稀土金属时，需要在 1350~1700℃的温度下进行。这就要选择合适的电解槽结构材料以及热能供给方式。例如，用石墨坩埚作为电解槽，外部用铝矾土和高铝砖砌成，用石墨作为阳极，钨作为阴极，所需热量由两支石墨阳极通以交流电供给，所供给的能量约占总能量消耗的 3/4。在阳极上加交流电可以使阳极效应减少到最低限度。析出的金属留在槽底部。槽底部的温度同金属的回收率和纯度有关，为了减少金属与电解质发生逆反应和受污染，槽底部的温度要控制在低于金属熔点约 500℃，通过石墨坩埚底下的空气冷却蛇行管来实现。

第十二节　金属热还原法冶炼稀土金属

当某一金属 A 或 B 与它们中另一金属化合物发生置换反应时，可用下式表示[2,36,144]：

$$mA + B_nX_k \rightleftharpoons nB + A_mX_k \pm Q$$

上式在一定的温度和压力下反应进行的方向，可以通过反应的自由焓变化值来判断：

$$\Delta Z = \Delta H - T\Delta S$$

式中　ΔZ ——反应自由焓变化值，J；
ΔH ——反应的热焓变化值，J；
T ——热力学温度，K；
ΔS ——反应熵变化值，J/K。

当上面反应 $\Delta Z<0$ 时，反应正向进行；$\Delta Z>0$ 时，反应逆向进行；$\Delta Z=0$ 时，可逆平衡状态。

很显然，假定反应中的化合物是氟化物、氯化物或氧化物，反应进行的方向取决于金属 A 和 B 对氟、氯或氧的亲和力大小。也就是说，根据 A_mX_k 和 B_nX_k 的生成自由焓的负值大小来决定。如果 $|-\Delta Z_{A_mX_k}|>|-\Delta Z_{B_nX_k}|$时，则$(-\Delta Z_{A_mX_k})-(-\Delta Z_{B_nX_k})=-\Delta Z$，反应正向进行，而且$-\Delta Z$值越大，就越有利于正向反应。这样，A 就是 B 的一种良好的还原剂。

金属热还原是以化学活性大的金属作为还原剂，常用的有钙、钠、铝、锂、镁等。在还原过程中，多数是放热反应，即 Q 为正值。而 ΔZ 与温度有关，在恒压下将 ΔZ 对温度 T 微分，即$\frac{d\Delta Z}{dT}$，得出吉布斯-亥姆霍兹方程：

$$\Delta Z = \Delta H - T\left(\frac{d\Delta Z}{dT}\right)_P$$

由上式可以看出，ΔH 是温度的函数。$(d\Delta Z/dT)_P$ 也是温度的函数。所以由吉布斯-亥姆霍兹方程可得 $\Delta Z = \Delta H + aT$（a 为积分常数）。

某些金属卤化物的 ΔZ-T 关系曲线如图 7-28 所示。从图中可以看出，随温度的升高，自由焓的负值变小。

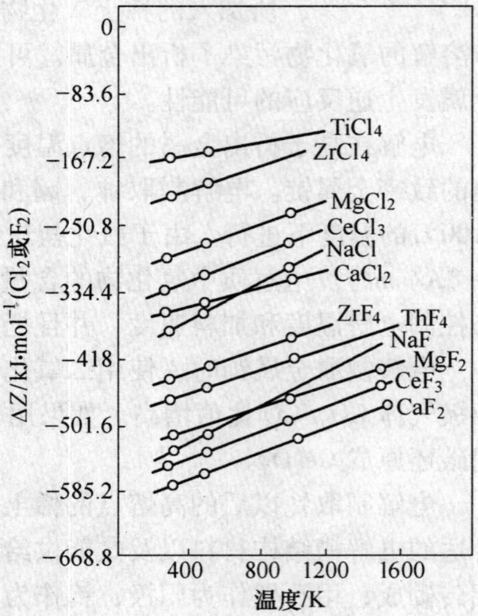

图 7-28 某些金属卤化物的 ΔZ-T 关系曲线

例如，在 1200~1300℃下用钙还原氟化铈，有如下反应：

$$2CeF_3 + 3Ca = 2Ce + 3CaF_2$$

在 1500K 时，$\Delta Z_{CaF_2} = -9139$kJ/mol（F）；$\Delta Z_{CeF_3} = -8398$kJ/mol（F），则上式反应的自由焓变化值为：

$$\Delta Z = 6 \times (\Delta Z_{CaF_2} - \Delta Z_{CeF_3})$$
$$= 6 \times [(-9139) - (-8398)] = -741\text{kJ}$$

因 ΔZ 是负值，而且足够大，说明反应能够进行。但自由焓变化只能表明反应进行的方向，不能表示出反应进行的程度。反应进行的程度如何可以用反应平衡常数值来判断。

在标准状态下，标准自由焓变化值（$\Delta Z^{\ominus}$）与平衡常数（K）的关系如下式：

$$\Delta Z^{\ominus} = -RT\ln K = -4.575\lg K$$

在恒温下，$\Delta Z^{\ominus}$是一常数，而 K 也是也是一常数。若 $\Delta Z^{\ominus}$已知，就可以求出 K 值。

化学反应平衡常数与温度的关系由范特霍夫方程式得出：

$$\frac{d\ln K}{dT} = \frac{\Delta H^{\ominus}}{RT}$$

若温度间隔不太大，$\Delta H^{\ominus}$可看做是一常数。将上式积分得：

$$\ln K = \frac{\Delta H^{\ominus}}{RT} + a \quad (a\text{ 为积分常数})$$

从上式可以看出，当反应为吸热反应即 $\Delta H>0$ 时，提高温度将使反应平衡常数增大，反应完全，并能加快反应速度；当反应为放热反应即 $\Delta H<0$ 时，提高温度会使反应平衡常数减小。

在还原实践中，不仅考虑平衡状态，还应考虑动力学因素，如反应速度等问题。一般是提高温度可以加快反应速度。

稀土及某些还原剂元素的氯化物及氟化物的生成热和自由焓见表 7-18[157]。

表 7-18 稀土及某些还原剂元素的氯化物及氟化物的生成热和自由焓

元素	氯化物/kJ·g⁻¹（Cl）			氟化物/kJ·g⁻¹（F）		
	$-\Delta H_{298K}$	$-\Delta Z_{298K}$	$-\Delta H_{1000K}$	$-\Delta H_{298K}$	$-\Delta Z_{298K}$	$-\Delta H_{1000K}$
La	368.4	344.5	291.8	586.7	560.3	501.7
Ce	363.0	339.1	287.6	580.0	553.2	494.5
Pr	360.1	336.2	285.9	561.6	549.0	492.0
Nd	354.6	330.7	280.5	571.7	544.9	486.2

续表 7-18

元素	氯化物/kJ · g⁻¹（Cl）			氟化物/kJ · g⁻¹（F）		
	$-\Delta H_{298K}$	$-\Delta Z_{298K}$	$-\Delta H_{1000K}$	$-\Delta H_{298K}$	$-\Delta Z_{298K}$	$-\Delta H_{1000K}$
Sm	346.2	323.6	275.1	564.5	538.1	479.5
Eu	325.2	302.6	255.4	544.9	523.7	461.1
Gd	312.0	319.4	272.1	563.3	538.1	479.5
Tb	294.3	272.1	226.0	557.4	532.3	473.6
Dy	329.4	306.8	259.6	554.9	529.8	471.1
Ho	325.2	302.6	252.5	550.7	525.6	468.2
Er	323.6	301.4	251.2	546.5	521.4	464.0
Tm	319.4	297.2	245.7	544.9	519.7	464.0
Yb	298.4	276.3	224.8	523.9	498.7	443.1
Lu	318.1	294.3	471.1	546.5	521.4	465.2
Y	314.4	—	—	—	—	—
Li	405.7	—	—	611.8	—	—
Na	411.5	385.2	321.1	568.7	539.4	470.7
Ca	399.0	376.8	327.3	606.7	581.7	521.8
Mg	320.7	295.1	241.1	549.9	526.8	471.5
Al	232.8	213.5	—	450.2	426.4	375.5

从表 7-18 中可以看出，对于氯化物最适宜的还原剂是钠、锂和钙；对于氟化物则是钙和锂。但以钠还原氯化物不能得到与渣分离很好的金属锭。

从使用氟化物和氯化物两种原料作比较，一般氟化物比较容易操作。这是因为氯化物吸湿性强，易受潮，但从稀土氟化物中除去微量的氧比较困难。在工业规模中稀土氟化物不能得到充分的脱水，会产生氧氟化物带入还原金属中，影响金属的纯度。

上述卤化物还原法不适用于制取金属钐、铕和镱，只能将它们还原到低价卤化物，不能还原成金属。制取这几种金属是以镧或铈作为还原剂还原钐、铕和镱的氧化物，同时将它们蒸馏出来。

一、用钙还原稀土氟化物

用钙还原稀土氟化物是基于下面反应：

$$2RF_3 + 3Ca = 2R + 3CaF_2$$

反应是在有惰性气氛保护下，在密闭的不锈钢制的反应器内进行。将预先经过蒸馏净化过的纯钙按理论计算量过量约 10% 与无水稀土氟化物充分混合，放入反应器内钽制坩埚中，用感应电炉加热。

开始反应温度根据所制取的金属种类而异，加热至 800~1000℃ 时，反应物料本身的温度出现突然升高，并且常常是超过炉温，这说明反应已经开始。反应需要继续加热至使渣和金属都熔化的程度，以便获得与渣很好分离的金属锭。一般还原制取镧、铈、镨、钕、钆、铽、镝等金属时，大约 1500℃ 的温度就已足够了。还原制取更高熔点的金属时，温度以超过金属熔点以上50℃左右为宜。

在达到所选定的温度下，继续保持十几分钟，使反应达到完全并使金属与渣充分离析。冷却后将上层脆性渣剥掉，脱去钽坩埚以获得金属锭，纯度为97%~99%，其中主要杂质是钙，含0.1%~2%，可通过真空蒸馏除去。

用该法制取的稀土金属，杂质含量比较高。在金属镧、铈、镨、钕中钽杂质的含量更高，为0.1%~0.5%。但由于钽溶解于稀土金属中不与稀土形成金属间化合物，并且也显示不出有固体溶液的迹象。因此，即使有钽存在也并不改变金属的性质。此外，也可以用钨制坩埚，这是因为钨很少能溶于稀土金属中。

用钙还原钇的卤化物的 ΔZ-T 关系曲线如图7-29所示[157]。据报道，在1600℃下，用钙还原氟化钇所制得的金属钇锭，经过自耗电极电弧熔炼之后，产品钇中所含杂质情况分析如下：O_2 0.14%~0.20%，F 0.05%，N_2 0.02%，C 0.01%，Fe 0.03%，Ca 0.001%，Ta 0.4%。

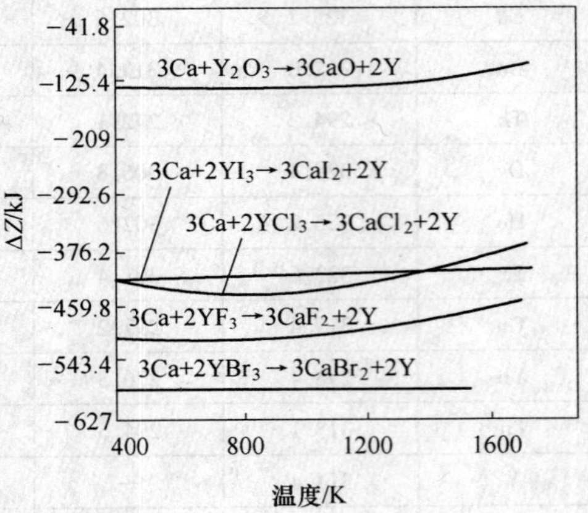

图7-29　钙还原钇的卤化物的 ΔZ-T 关系曲线

二、还原钐、铕、镱的氧化物

还原制取金属钐、铕和镱是依靠它们的蒸气压远远大于还原剂金属的蒸气压的特点，在还原的同时将其蒸馏出来的方法。该法也可以用来制取金属铥、镝和钬等。

稀土金属的蒸气压与温度的关系见表7-19[144,164]。选择还原温度一般根据所还原的金属的蒸气压达到133.322Pa以上的温度为准。

表7-19　稀土金属的蒸气压与温度的关系

金　属	蒸气压为1.33322Pa时的温度/℃	蒸气压为133.322Pa时的温度/℃	蒸气压为133.322Pa时的蒸馏速度/g·(cm²·h)⁻¹	沸点/℃
La	1754	2217	53	-3454±5
Ce	1744	2174	53	3257±30
Pr	1523	1968	56	3212±30
Nd	1341	1759	60	3127±5
Sm	722	964	83	1752±15
Eu	613	837	90	1597±5
Gd	1583	2022	59	3233±5
Tb	1524	1939	60	3041±30
Dy	1121	1439	71	2335±20
Ho	1179	1526	69	2572±20
Er	1271	1609	68	2510±20
Tm	850	1095	83	1732±20
Yb	471	651	108	1193±5
Lu	1657	2098	61	3315±5
Y	1637	2082	43	3337±5

还原反应可表示如下：

$$R'_2O_3(\text{固}) + 2La(\text{液}) \rightleftharpoons 2R'(\text{气}) + La_2O_3(\text{固}) \quad (7\text{-}22)$$

$$R'_2O_3(\text{固}) + 2Ce(\text{液}) \rightleftharpoons 2R'(\text{气}) + Ce_2O_3(\text{固}) \quad (7\text{-}23)$$

式中，R′为 Sm、Eu、Yb。

在上面的多相反应中，反应的平衡取决于气相成分的蒸气压。因为在反应的温度下，其他成分的蒸气压很小，可视为 0，而活度近似等于 1。根据化学等温方程式，反应的自由焓（ΔZ）为：

$$\Delta Z = \Delta Z^{\ominus} + RT\ln K_P = \Delta Z^{\ominus} + RT\ln P^2 \quad (7\text{-}24)$$

当在平衡状态下，$\Delta Z=0$，则：

$$\Delta Z^{\ominus} = -RT\ln K_P = -RT\ln P^2 \quad (7\text{-}25)$$

而平衡蒸气压 P_{mm} 与温度的关系为：

$$\lg P_{mm} = A - \frac{B}{T} \quad (A\text{、}B\text{ 为常数}) \quad (7\text{-}26)$$

将式（7-26）代入式（7-25）得：

$$\Delta Z^{\ominus} = A' + B'T \quad (A'\text{、}B'\text{ 为常数}) \quad (7\text{-}27)$$

这种还原反应的进行依赖于蒸馏条件。如果是在真空条件下就可以加快蒸馏速度。当还原反应在 $P=0.0133$Pa 的真空度下和 1473K 的温度下进行时，由式（7-24）可得：

$$\Delta Z = \Delta Z^{\ominus} + RT\ln P = \Delta Z^{\ominus} + 9.15T\ln P \quad (7\text{-}28)$$

可以求出 $\Delta Z<<0$，说明还原反应正向进行。

ΔZ 与压力及温度的关系如图 7-30 所示[36,144,164]。从图中可以看出，在 101.325kPa 时，还原蒸馏是不可能进行的。自由焓变化值 ΔZ 随真空度和温度的增高，它的负值增大。

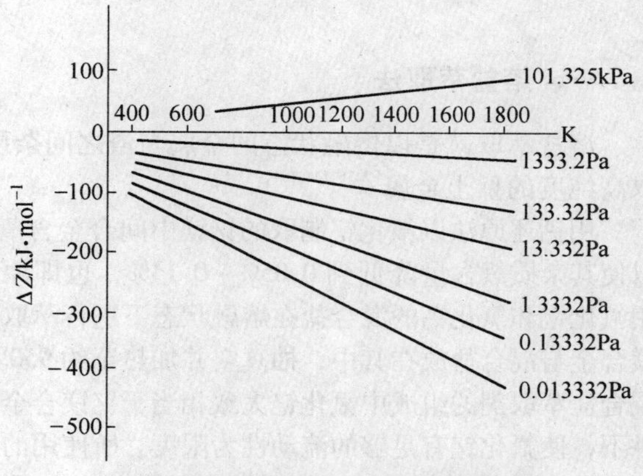

图 7-30　ΔZ_T^P 与压力及温度的关系

还原蒸馏条件见表 7-20。实践得出，使用未经压团的物料时，反应进行困难。其原因是由于还原剂金属暴露于空气中很容易与氧作用而在金属表面生成一层氧化膜，阻碍着还原剂金属在氧化钐、氧化铕和氧化镱的固体颗粒表面自由流散。当加压将它们压成块时，将使还原剂金属表面氧化膜发生变形，破坏了表面层的完整性。因而还原剂金属就容易浸润金属氧化物颗粒表面而与其发生作用。但随着压制压力的增大，降低了团块的孔隙率，从而增加了排出气体产物的阻力。

表 7-20　钐、铕、镱的氧化物的还原条件

氧化物 R_2O_3	还原剂 M	摩尔比 M/R_2O_3	压块压力 /MPa	还原蒸馏温度 /℃	真空度 /Pa	金属的产出率 /%
Sm_2O_3	La，Ce	2.5~3.0	250~500	1200	0.013332	90
Eu_2O_3	La，Ce	2.5~3.0	250~500	900	0.013332	90
Yb_2O_3	La，Ce	2.5~3.0	250~500	1100	0.013332	90

此外，还原蒸馏还与氧化物的结构和性质有关，还原与蒸馏设备如图 7-31 所示[2,36]。将反应物温度升高到大约 1250℃时，还原出来的金属便开始蒸馏出来。蒸馏出来的金属吸收了器内的残余气体，使真空度急剧提高至接近 1.3332×10^{-5}Pa。在上部冷凝器上凝结下来的金属呈粗大的结晶附着于其上。所获得的金属含钽或钼大约为 0.05%，但几乎不含有还原剂金属，收率约为 90%。

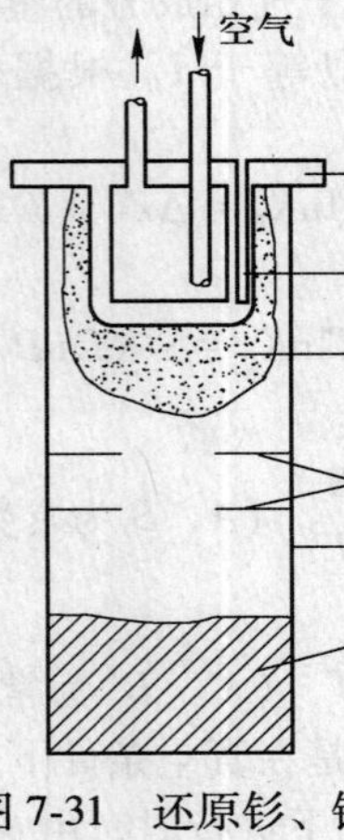

图 7-31 还原钐、铕、镱的设备

第十三节 稀土金属的制备

一、熔盐萃取法

熔盐萃取就是以熔融状态的金属与渣之间杂质的分布为基础的金属提纯方法，它适用于制取高纯度的稀土金属[2,36,144,164]。

用钙还原法以氟化钇制取的钇镁中间合金含氧杂质为 0.2%～0.5%。经过一次熔盐萃取，可以使其杂质氧含量降低到 0.05%～0.14%，也即原含氧量的 1/4 左右。其方法是在真空条件下，用氟化钇和氯化钙的混合盐在熔融状态下进行萃取。萃取是在钛制的带有搅拌器的坩埚内，将钇镁合金与混合盐放在其中，抽真空并加热至约 950℃，将搅拌器伸入熔体中，缓慢搅拌约 30min。混合盐萃取剂的组成中氟化钇大致相当于钇镁合金中钇的质量；氯化钙的含量是以保证在萃取条件下，使氟化钇有足够的流动性为限度。所使用的氟化钇中尚含有 0.04%的氧杂质。

用各种熔盐萃取剂，从钇镁合金中萃取杂质氧和氟的结果见表 7-21。从表 7-21 中可以看出，对于杂质氧的萃取是以 YF_3-$CaCl_2$作为萃取剂效果最佳；而对于杂质氟则以 YCl_3作为萃取剂时效果最佳。因此，根据所除杂质种类的不同来选择适当的盐相是必要的。经过熔盐萃取后，所获得的金属钇的纯度分析见表 7-22。

表 7-21 Y-Mg 合金中杂质氧和氟经各种熔盐萃取净化后的变化情况

钇镁合金及各种熔盐萃取剂		O_2/%	F/%
未经净化的 Y-Mg 合金		0.20	0.12
熔盐萃取净化	$CaCl_2$	0.17	0.045
	YF_3-$CaCl_2$	0.050	0.070
	YCl_3	0.060	0.035
	YF_3-$CaCl_2$（两次）	0.030	0.070
	第一次用 YF_3-$CaCl_2$，第二次用 YCl_3	0.018	0.007

表 7-22　用重复熔盐萃取法提纯的金属钇中杂质的含量

杂质元素	含量/%	杂质元素	含量/%
Fe	0.030	Cu	0.001
Ni	0.020	N	0.002
O	0.015	Ca	0.001
Si	<0.015	H	0.001
Ta	<0.010	Mg	0.001
C	0.003	Ti	0.001
F	0.006	其他稀土	<0.050

二、电泳法

将一支合金棒长时间地通以直流电流后发现，从棒的一端到另一端所含合金成分发生了变化。这种现象被应用于金属的提纯技术，称为电泳法[2,144]。

这种由于电流的通过而使金属内部某些成分元素的原子发生迁移的现象，说明了一部分电流是由固体金属中离子的传导而输送的。也就是说，原子在电场中不是中性，某种原子比另一种原子可以获得较多或较少的正电荷，因而就产生了不同的离子化行为。当一种合金放在电场中，发生选择性迁移的结果，则是带较多正电荷的原子趋向于阴极，而带较多负电荷的原子则趋向于阳极，即电流使带电荷的原子迁移于传导棒的一端。

电泳法适用于稀土金属的提纯。如前所述，用熔盐电解法制取的金属铈，其纯度最高可达到99.8%，其中主要杂质有铁、氧、碳、钼等。如果将金属铈再熔化并做成长约160mm，直径约13mm的棒。然后在有惰性气体保护的密闭容器中，将棒两端夹在水冷电极头夹具上，通以120V和500A的直流电，使铈棒加热至600±10℃（低于金属铈的熔点以下200℃左右）的温度下长时间通电，其中所含杂质铁、铜、硅和碳等移向阳极一端。说明这些杂质具有比铈更高的离子化势，因而获得比铈更负的电荷而移向阳极。该法提纯金属铈的结果见表7-23。

表 7-23　电泳前后金属铈中杂质的含量　（%）

杂质元素	精炼前组成均匀的棒	精炼后棒的中间段
C	0.04	0.014
O	0.005	0.035
Fe	0.13	0.003
Cu	0.012	0.004
Mo	0.04	0.044
Al	0.05	0.02
Ca	0.002	0.001
Mg	0.001	0.004
Si	0.025	0.007
合计	0.31	0.132
铈纯度	99.59	99.89

从实践中得出，碳杂质的有效迁移约需 10h，而铁则需约 5h 就已足够充分了。

曾以该法提纯金属钇。其方法是将金属钇做成直径约 10mm 和 20mm 的棒，在氩气保护下，通直流电 300~700A，在温度约为 1230℃下电泳 200h，所得结果见表 7-24。

表 7-24 电泳法提纯金属钇的情况（1230℃，200h）

杂质	电泳前/%	电泳后/%		
		接近阴极部分	中间部分	接近阳极部分
O	0.333	0.0665	0.31	1.09
N	0.051	0.0366	0.057	0.07
Si	0.0055	0.01	0.001	0.014
Fe	0.015	0.006	0.005	0.06
Mn	0.0009	<0.0001	<0.0001	0.0006
Mg	0.0005	0.001	<0.0005	0.0006
Zr	0.9	0.9	0.9	0.7
Ni	0.025	0.005	0.01	0.1
Cr	0.008	0.002	0.002	0.003
B	0.0007	0.0003	0.0006	0.0015
Ti	0.0009	<0.0003	<0.0003	0.003
Co	0.0001	<0.0001	<0.0001	0.0006

三、真空熔炼法

当用金属热还原法制取稀土金属时，一般都要经过真空再熔化。由钙还原制取的稀土金属经过真空熔炼以后，其中杂质钙的含量可由 1%降到 0.015%以下。

四、真空蒸馏法

该法基于元素的不同蒸发速度而使金属得到净化，对于分离除去某些金属杂质是比较有效的方法[140]。

真空蒸馏的温度制度是以在一定的真空度下具有相当高的蒸气压为前提的。对于纯物质的蒸馏速率 $E(g/(cm^2 \cdot s))$ 和该物质的蒸气压 P 的关系，以兰格缪尔方程式表示如下：

$$E = 0.0583aP\sqrt{\frac{M}{T}} \tag{7-29}$$

式中 a——冷凝系数，对于金属一般 $a \approx 1$；

M——物质的相对分子质量；

T——热力学温度，K。

蒸馏金属的纯度不仅取决于蒸发条件和原始金属的成分，而且还与冷凝表面的温度有关。如果杂质元素与集体金属的蒸气压很接近时，蒸馏则只有在一定温度下，在金属蒸气凝聚的过程中产生“分馏”现象才有可能。为此必须控制冷凝表面保持适当的温度。曾有人设计具有适当的温度梯度的凝结柱，由下往上以 15℃/cm 的梯度，由 1100℃到 800℃的凝结表面。

蒸馏出来的金属蒸气易受残余气体杂质氧、氮的污染。这同金属的物理化学性质和蒸馏条件有关。它取决于在真空条件下残余气体的平衡压力，这一压力又取决于真空系统与凝结金属的排气总速度。在一定条件下，当凝结金属排除蒸馏器空间的氧、氮等气体的速度（即吸气速度）高于真空系统排除这些气体的速度时，气体将从真空系统向蒸馏器逆流，从而导致金属中气体杂质含量增加。为了减少金属中气体杂质的含量，在一定温度下抽真空，然后用纯净的惰性气体进行气洗，反复进行2~3次。然后隔绝真空系统，在真空度1.333×10^{-5}Pa的条件下开始蒸馏。

真空蒸馏可将微量（0.01%~0.1%）杂质Fe、Mg、Al、Si、Cu、Ti、Ni、C等的含量降低一个数量级。

五、区域熔炼法

区域熔炼是早已被人们所知的方法，它被广泛地应用于制取高纯金属。

该法是将条状金属从一端宽度不大的熔区，按确定方向和移动速度向另一端移动，其中所含杂质元素发生不同的取向而向首尾两端移动。一般熔区的宽度应与条状金属的直径大小相适应，熔区移动的速度一般以0.5cm/min左右为限度。区域熔炼提纯金属钇的效果举例见表7-25。

表7-25 区域熔炼法提纯金属钇的情况

杂质	区熔前/%	区熔后/%		
		首端	中间部分	尾端
O	0.58	0.76	0.617	0.531
N	0.027	0.028	0.025	0.025
Fe	0.05	0.05	0.03	0.01
Cr	0.001	0.001	<0.0001	<0.0001
Cu	0.001	0.0002	0.00005	0.0005
Ni	0.005	0.005	0.005	0.005
Ti	0.01	0.01	0.01	0.01
Zr	0.47	0.43	0.81	0.275

习 题

1. 稀土在工业中的应用有哪些？
2. 稀土的分离方法有哪些？

参考文献

[1] 王捷．氧化铝生产工艺［M］．北京：冶金工业出版社，2006.
[2] 邱竹贤．有色金属冶金学［M］．北京：冶金工业出版社，2010.
[3] 鄢艳．我国铝土矿资源现状［J］．有色矿冶，2009，25（5）：58~60.
[4] 杨静，蒋周青，马鸿文，等．中国铝资源与高铝粉煤灰提取氧化铝研究进展［J］．地学前缘，2014，21（5）：313~324.
[5] 毕诗文，于海燕，杨毅宏，等．拜耳法生产氧化铝［M］．北京：冶金工业出版社，2007.
[6] B Dash，B C Tripathy，I N Bhattacharya，et al. Effect of temperature and alumina/caustic ratio on precipitation of boehmite in synthetic sodium aluminate liquor［J］. Hydrometallurgy，2007，88（1~4）：121~126.
[7] 杨重愚．氧化铝生产工艺学［M］．长沙：中南工业大学出版社，1993.
[8] Greg Power，Joanne S. C. Loh，Chris Vernon. Organic compounds in the processing of lateritic bauxites to alumina Part 2：Effects of organics in the Bayer process［J］. Hydrometallurgy，2012（127~128）：125~149.
[9] Glayson Stopa Gontijo，Antonio Carlos Brandão de Araújo，Shiva Prasad，et al. Improving the Bayer Process productivity-An industrial case study［J］. Minerals Engineering，2009，22（13）：1130~1136.
[10] 王刚．低品位一水铝石矿脱硅工艺探讨［J］．轻金属，2014（5）：11~15.
[11] 文华里．轻冶工业实用技术知识手册［M］．沈阳：东北大学出版社，2001.
[12] 李明照．有色金属冶金工艺［M］．北京：化学工业出版社，2010：173.
[13] 符岩，张阳春．氧化铝厂设计［M］．北京：冶金工业出版社，2008.
[14] 厉衡隆，顾松青．铝冶炼生产技术手册（上册）［M］．北京：冶金工业出版社，2011.
[15] 王鸿雁，于存贞．有色金属冶金技术问答［M］．北京：化学工业出版社，2013.
[16] 王庆义．氧化铝生产［M］．北京：冶金工业出版社，1995.
[17] 山东铝厂研究所．碱石灰烧结法熟料配方及其物相组成［J］．轻金属，1978：7~11.
[18] 戚立宽，罗玉长，杨思明．碱石灰烧结法生产 Al_2O_3 过程中硫的化合物的排除［J］．金属学报，1979，15（3）：299~304.
[19] 山东铝厂研究所．碱石灰烧结法熟料中硫的行为及存在形态［J］．轻金属，1977：33~38.
[20] 李旺兴．氧化铝生产理论与工艺［M］．长沙：中南工业大学出版社，2010.
[21] 杨重愚．氧化铝生产工艺学［M］．北京：冶金工业出版社，1982.
[22] 王祝堂，熊慧．烧结法与联合法提取氧化铝［J］．轻合金加工技术，2014，42（2）：59.
[23] 姜睿．铝的发现［J］．学生之友（初中版），2013（11）：44.
[24] 刘晓菲．世界重大发现与发明大全集（超值白金版）［M］．北京：中国华侨出版社，2010.
[25] 可可．2014年12月世界原铝产量报告（不含中国）［OL］．中铝网［2015-01-21］．http://market.cnal.com/statistics/2015/01-21/1421800945396184.shtml
[26] 袁海滨，冯月斌，徐宝强，等．低价氯化铝法从氧化铝直接碳还原炼铝的机理分析［J］．真空科学与技术学报，2010，30（3）：259~264.
[27] 蒋文龙，戴永年，杨斌，等．金属铝的碳热还原［J］．轻金属，2009（3）：25~28.
[28] 华一新．有色金属冶金概论［M］．北京：冶金工业出版社，2007.
[29] 邱竹贤．预焙槽炼铝［M］．北京：冶金工业出版社，2005.
[30] 邱竹贤．铝电解［M］．北京：冶金工业出版社，1995.
[31] 厉衡隆，顾松青．铝冶炼生产技术手册（上册）［M］．北京：冶金工业出版社，2011.
[32] 杨乐华．建设项目职业病危害因素识别［M］．北京：化学工业出版社，2006.
[33] 李庆义，贾鲁宁．炭阳极的裂纹性能［M］．北京：冶金工业出版社，2009.

[34] 刘凤琴．铝电解生产技术［M］．长沙：中南大学出版社，2010.
[35] 唐谟堂．火法冶金设备［J］．长沙：中南大学出版社，2003.
[36] 邱竹贤．有色金属冶金学［M］．北京：冶金工业出版社，1988.
[37] 邱竹贤．铝电解原理及应用［M］．长沙：中南大学出版社，1998.
[38] 张显鹏．铁合金辞典［M］．沈阳：辽宁科学技术出版社，1996.
[39] 江达．轻金属新技术［M］．北京：中国有色金属工业总公司情报研究所《轻金属新技术》编辑组，1989.
[40] 沈时英．铝电解质酸度的问题［J］．轻金属，1992（11）：24~31.
[41] 黄海波，邱仕麟．富锂氧化铝对铝电解生产的影响［J］．轻金属，2014（8）：26~28.
[42] 阚洪敏，班允刚，邱竹贤，等．铝电解质体系初晶温度、密度和电导率［J］．过程工程学报，2007，7（3）：604~609.
[43] Hu Xianwei，Qu Junyue，Gao Bingliang，et al. Raman spectroscopy and ionic structure of Na_3AlF_6-Al_2O_3 melts［J］. Transactions of Nonferrous Metals Society of China，2011，21：402~406.
[44] 李沪萍，向兰，夏家群．热工设备节能技术［M］．北京：化学工业出版社，2010.
[45] 肖劲，杨建红，胡国荣，等．Pilot study of mechanism of property-modified anode in aluminum electrolysis［J］. Transactions of Nonferrous Metals Society of China，2003，13（4）：1019~1022.
[46] 邱竹贤．铝冶金物理化学［M］．上海：上海科学技术出版社，1985.
[47] 邝生鲁．应用电化学［M］．武汉：华中理工大学出版社，1994.
[48] 厉衡隆，顾松青．铝冶炼生产技术手册（下册）［M］．北京：冶金工业出版社，2011.
[49] 汤斯达德，等．铝电解理论与新技术［M］．邱竹贤，刘海石，石忠宁，等译．3 版．北京：冶金工业出版社，2010.
[50] 张明杰，邱竹贤，王洪宽．铝电解中的电极过程（Ⅰ）：阳极过程［J］．东北大学学报（自然科学版），2001，22（2）：123~126.
[51] 刘业翔，李劼．现代铝电解技术［M］．北京：冶金工业出版社，2008.
[52] 刘海石．延长大型铝电解槽寿命的研究［D］．沈阳，东北大学，2006.
[53] 张保社．铝电解槽启动后期的管理［J］．新疆有色金属，2014（6）：66~67.
[54] 许并社，李明照．有色金属冶金 1200 问［M］．北京：化学工业出版社，2008.
[55] 王皓，王克勤．铝电解技术问答［M］．北京：化学工业出版社，2010.
[56] 中国环境科学学会．中国环境科学学会学术年会论文集 2009（第四卷）［M］．北京：航空航天大学出版社，2009.
[57] 李清．大型预焙槽炼铝生产工艺与操作实践［M］．长沙：中南大学出版社，2008.
[58] 潘复生，张丁非．铝合金及应用［M］．北京：化学工业出版社，2006.
[59] 中国冶金百科全书总编辑委员会．中国冶金百科全书·有色金属冶金［M］．北京：冶金工业出版社，1998.
[60] 田应甫．大型预焙铝电解槽生产实践［M］．长沙：中南工业大学出版社，1997.
[61] 李鸿江，刘清，赵有才．冶金过程固体废物处理与资源化［M］．北京：冶金工业出版社，2007.
[62] 杨光辉．精铝及铝精炼［J］．山西冶金，2005（2）：60~62.
[63] 东北工学院轻金属冶炼教研室，中南矿冶学院轻金属冶炼教研组．专业轻金属冶金学：电冶铝部分［M］．北京：中国工业出版社，1961.
[64] 孟树昆．镁研发路径［J］．中国金属通报，2011（44）：16~18.
[65] 亚洲金属网．镁资源储量和矿产产量［OL］．亚洲金属网［2014-12-24］．http://baike. asianmetal. cn/metal/mg/resources&production. shtml.
[66] 许兵社，李明照．镁冶炼与镁合金冶炼工艺［M］．北京：化学工业出版社，2006.
[67] 韩继龙，刘庆国．金属镁生产工艺进展［J］．2008，16（4）：59~65.

[68] 王龙蛟，罗洪杰，王耀武，等．熔盐电解法制镁工艺研究进展［J］．中国有色冶金，2014（5）：48~52.
[69] 张永健．镁电解生产工艺学［M］．长沙：中南大学出版社，2006.
[70] 东北工学院有色金属系轻金属冶炼教研室．专业轻金属冶金学（第三册）：镁铍冶金［M］．北京：中国工业出版社，1961.
[71] 彭志宏，潘金龙．镁氯化炉使用煅后焦问题浅析［J］．轻金属，1990（4）：37~39.
[72] 陈平，李长荣．电解质成分对无隔板镁电解槽电流效率影响的工业实践［J］．南方冶金，2011（181）：12~15.
[73] 高子忠．轻金属冶金学［M］．北京：冶金工业出版社，1993.
[74] 伍贺东，周新哲，康殿春，等．镁电解阳极氯气吸收-解吸过程的研究［J］．轻金属，2010（8）：53~57.
[75] 庞全世，潘燕，李建昌，等．两种不同结构的镁电解槽能耗分析与节能［J］．有色冶金节能，1996（2）：16~19.
[76] 令狐昌鸿．多极性镁电解槽的技术特点与引进应用［J］．钛工业进展，2011，28（4）：41~43.
[77] 耿亚鸽，张浩勤，刘金盾，等．无隔板镁电解槽研究进展［J］．冶金设备，2008，167（1）：58~62.
[78] 李保金，黎亮，杨松．提高镁电解生产能效的研究［J］．有色金属设计，2012，39（3）：23~26.
[79] 王中原，吴复忠，金会心．无隔板镁电解降低槽电压的技术措施［J］．贵州科学，2013，31（2）：56~58.
[80] 高枫，冯乃祥，彭建平，等．热还原法炼镁理论分析［J］．有色矿冶，2009，25（6）：33~35.
[81] 陈伟庆．冶金工程实验技术［M］．北京：冶金工业出版社，2004.
[82] 冯乃祥，王耀武．一种以菱镁石和白云石混合矿物为原料的真空热还原法炼镁技术［J］．中国有色金属学报，2011，21（10）：2678~2686.
[83] G Brooks，M Cooksey，G Wellwood，et al. Challenges in light metals production［J］. Mineral Processing and Extractive Metallurgy，2007，116（1）：25~33.
[84] 马大剑．铝热还原氧化镁制备金属镁的实验研究［D］．北京：中国地质大学，2012.
[85] 麦基 P J. 大型铜冶炼厂发展进程［J］．白雯，申殿邦，编译．世界有色金属，2014（7）：60~63.
[86] 俞斌．无机与分析化学教程［M］. 2 版．北京：化学工业出版社，2002.
[87] 周胜．开发和推广铜的新应用领域［C］//2010 年中国铜加工技术和应用论坛，2009.
[88] 汪贻水，王碧文，汪淑芬．发展中国铜业［C］//2003 年中国资源危机矿山对策研讨会论文，2003.
[89] 王政民．熔炼反射炉的计算新法［J］．有色金属（冶炼部分），1964（6）：18~24.
[90] 郑扶迁．国外火法炼铜发展趋势［J］．有色金属（冶炼部分），1977：49~57.
[91] 许并社，李明照．铜冶炼工艺［M］．北京：化学工业出版社，2007.
[92] 斯米尔诺夫 B H. 反射炉熔炼（理论与实践）［M］．迟新，译．北京：冶金工业出版社，1958.
[93] 莫斯托维奇．火法炼铜学［M］．邹培浩，译．北京：冶金工业出版社，1958.
[94] 李赋屏．铜论［M］．北京：科学出版社，2012.
[95] 云正宽．冶金工程设计（第 2 册）：工艺设计［M］．北京：冶金工业出版社，2006.
[96] 关效民．浅谈冶金行业中火法炼铜的技术现状［J］．中国高新技术企业，2012.
[97] 姜桂平，廖春发．闪速熔炼精矿喷嘴的发展历程及其生产实践［J］．铜业工程，2008（2）：31~35.
[98] 任鸿九，王立川. 有色金属提取冶金手册（铜镍卷）［M］. 北京：冶金工业出版社，2000.
[99] 邱竹贤，王延明，陈国发，等．有色金属冶金学［M］．北京：冶金工业出版社，1987.
[100] 中国冶金百科全书总编辑委员会《冶金建设》卷编辑委员会．三菱法连续炼铜车间设计［M］．

北京：冶金工业出版社，1999.
[101] 赵天从. 重有色金属冶金学 [M]. 北京：冶金工业出版社，1981.
[102] 宋兴诚. 重有色金属冶金 [M]. 北京：冶金工业出版社，2011.
[103] 罗庆文. 有色冶金概论 [M]. 北京：冶金工业出版社，1986.
[104] 冯桂林，何蔼平. 有色金属矿产资源的开发及加工技术 [M]. 昆明：云南科学技术出版社，2000.
[105] 杨绍利，盛继孚. 钛铁矿熔炼钛渣与生铁技术 [M]. 北京：冶金工业出版社，2006.
[106] 陈国发. 重金属冶金学 [M]. 北京：冶金工业出版社，1992.
[107] 张圣弼，李道子. 相图原理、计算及在冶金中的应用 [M]. 北京：冶金工业出版社，1986.
[108] 王翠芝. 粗铜火法精炼的技术的发展趋势 [J]. 有色矿冶，2005，21 (1)：27~29.
[109] 王鸿雁，于存贞. 有色金属冶金技术问答 [M]. 北京：化学工业出版社，2013.
[110] 彭容秋. 重金属冶金学 [M]. 长沙：中南工业大学出版社. 1991.
[111] Larouche Pascal. Minor elements in copper smelting and electrorefining [D]. M. Eng., McGill University (Canada), 2002
[112] 朱福良，张峰，樊丁，等. 铜电解精炼工艺 [J]. 兰州理工大学学报. 2007，33 (2)：9~12.
[113] 张春发. 铜的电解精炼工艺（二）[J]. 资源再生，2011 (6)：46~50.
[114] 马坝冶炼厂，广东矿冶学院. 硫化铜矿湿法冶金 [M]. 北京：冶金工业出版社，1978.
[115] 南君芳，李林波，杨志祥. 金精矿焙烧预处理冶炼技术 [M]. 北京：冶金工业出版社，2010.
[116] 胡凯光. 核工业微生物学 [M]. 哈尔滨：哈尔滨工程大学出版社，2009.
[117]《贵金属生产技术实用手册》编委会. 贵金属生产技术实用手册（上册）[M]. 北京：冶金工业出版社，2011.
[118] 李培静，吴延之. 黄金生产加工技术大全 [M]. 长沙：中南工业大学出版社，1995.
[119] 黄礼煌. 化学选矿 [M]. 北京：冶金工业出版社，2012.
[120] 沙霍夫 Г A. 冶金学普通教程（下册）[M]. 东北工学院冶金学系有色冶炼教研组，译. 北京：高等教育出版社，1954.
[121] 张锦瑞，贾清梅，张浩. 提金技术 [M]. 北京：冶金工业出版社，2013.
[122] 薛光，任文生，薛元昕. 金银湿法冶金及分析测试方法 [M]. 北京：科学出版社，2009.
[123] 赵俊学，李林波，李小明，等. 冶金原理 [M]. 北京：冶金工业出版社，2012.
[124] 中国科学技术情报研究所《有色金属技术新进展》编辑组. 有色金属技术新进展 [M]. 北京：科学技术文献出版社，1984.
[125] 黄礼煌. 金银提取技术 [M]. 北京：冶金工业出版社，2012.
[126] 黄天增. 灰吹炉在国内外贵铅精炼的应用 [J]. 工业炉，2009，31 (5)：15~17.
[127] 宾万达，卢宜源. 贵金属冶金学 [M]. 长沙：中南大学出版社，2011.
[128] 余继燮. 贵金属冶金学 [M]. 北京：冶金工业出版社，1985.
[129] 余继燮. 重金属冶金学 [M]. 北京：冶金工业出版社，1981.
[130] 孙戬. 金银冶金 [M]. 北京：冶金工业出版社，1998.
[131] 铜铅锌冶炼设计参考资料编写组. 铜铅锌冶炼设计参考资料（上册）[M]. 北京：冶金工业出版社. 1978.
[132] 陈景. 铂族金属冶金化学 [M]. 北京：科学出版社，2008.
[133] 刘时杰. 有色金属理论与技术前沿丛书：铂族金属冶金学 [M]. 长沙：中南大学出版社，2013.
[134] 张朝晖，李林波，韦武强. 冶金资源综合利用 [M]. 北京：冶金工业出版社，2011.
[135] 唐松云. 金银珠宝生产加工与鉴赏 [M]. 北京：冶金工业出版社，1999.
[136] 周全法，程洁红，陈娴. 废旧家电资源化技术 [M]. 北京：化学工业出版社，2012.
[137] 周全法，熊洁羽，傅江. 贵金属深加工工程 [M]. 北京：化学工业出版社，2010.

[138] 金永铎，冯安生．金属矿产利用指南［M］．北京：科学出版社，2007.
[139] 刘光华．稀土材料学［M］．北京：化学工业出版社，2007.
[140] 石富．稀土冶金技术［M］．北京：冶金工业出版社，2009.
[141] 王茹．高等无机化学［M］．北京：科学出版社，2012.
[142] 吕松涛．稀土冶金学［M］．北京：冶金工业出版社，1981.
[143]《稀土》编写组．稀土（上册）［M］．北京：冶金工业出版社，1978.
[144] 山内爱造．稀土元素的选择分离方法［J］．稀土，1988（5）：63~65.
[145] 董绍俊，李振洋，唐功本，等．一种还原铕的新方法［J］．化学通报，1980，286（5）：29~32.
[146] 黄桂文．稀土离子的特征颜色在串级萃取工艺控制中的应用研究［J］．江西冶金，1996，16（5）：26~27.
[147] 邹建新，李亮．钒钛产品生产工艺与设备［M］．北京：化学工业出版社，2014.
[148] 吴梧桐．生物制药工艺学［M］．北京：中国医药科技出版社，2013.
[149] 熊道陵，李金辉，李英．废铬资源再利用技术［M］．北京：冶金工业出版社，2012.
[150] 张爱华，王云庆．生化分离技术［M］．北京：化学工业出版社，2012.
[151] 李佩兰，余行祯．地质化学热力学：原理计算应用［M］．长沙：中南工业大学出版社，1989.
[152] 赵国虎，许辉．分析化学［M］．北京：中国农业出版社，2008.
[153] 夏玉宇．化验员实用手册［M］．北京：化学工业出版社，2012.
[154] 泽列克曼 A H，克列茵 O E. 稀有金属冶金学［M］．宋晨光，陆雨泽，译．北京：冶金工业出版社，1981.
[155] 石富．稀土冶金［M］．呼和浩特：内蒙古大学出版社，1994.
[156] 胡之德，关祖京．分析化学中溶剂萃取［M］．北京：科学出版社，2001.
[157] 徐帮学．稀土分离、制取工艺优化设计与稀土材料应用新技术实用手册（一）［M］．长春：吉林音像出版社，2003.
[158] 马荣骏．萃取冶金［M］．北京：冶金工业出版社，2009.
[159] 罗南川．分离科学基础［M］．北京：科学出版社，2012.
[160] 岳红．高等无机化学［M］．北京：机械工业出版社，2002.
[161] 马荔，陈虹锦．基础化学［M］．北京：化学工业出版社，2011.
[162] 蔡颖，宋金玲，韩剑宏．冶金化工过程与设备［M］．北京：化学工业出版社，2013.
[163] 黄礼煌．稀土提取技术［M］．北京：冶金工业出版社，2006.
[164] 郭年祥．有色冶金化工过程原理及设备［M］．北京：冶金工业出版社，2008.
[165] 覃诚真，杨子超．萃取化学［M］．桂林：广西师范大学出版社，1991.
[166] 东北工学院有色系，有色冶金过程及设备教研组．有色冶金过程及设备［M］．沈阳：东北工学院，1974.